U0197758

DK生物大百科

（修订版）

本书各部分的作者、译者、审校者如下：
《昆虫》　　劳伦斯·芒得 著，徐甲 译，王俊卿 审
《恐龙》　　大卫·诺曼 安琪拉·米尔娜 著，袁峰 译，邢立达 审
《鸟类》　　大卫·伯尼尔 著，陈栋 译，刘阳 审
《哺乳动物》　　史蒂夫·帕克 著，任娟娟 孙玲玲 译，张劲硕 审
《植物》　　大卫·伯尼尔 著，王珍妮 尹世萍 姚雁青 译，史军 审
参与本书翻译工作的还有李美惠。

版权贸易合同登记号　图字：01-2018-3986

图书在版编目（CIP）数据

DK生物大百科 / 英国DK公司编著；徐甲等译.—修订本.—北京：电子工业出版社，2019.1
ISBN 978-7-121-35177-8

Ⅰ.①D… Ⅱ.①英… ②徐… Ⅲ.①生物学－少儿读物 Ⅳ.①Q-49

中国版本图书馆CIP数据核字（2018）第230366号

策划编辑：董子晔
责任编辑：杨　鸲
印　　刷：鸿博昊天科技有限公司
装　　订：鸿博昊天科技有限公司
出版发行：电子工业出版社
　　　　　北京市海淀区万寿路173信箱　邮编：100036
开　　本：889×1194　1/16　印张：20.75　字数：669千字
版　　次：2013年1月第1版
　　　　　2019年1月第2版
印　　次：2025年4月第24次印刷
定　　价：158.00元

凡所购买电子工业出版社图书有缺损问题，请向购买书店调换。若书店售缺，请与本社发行部联系，联系及邮购电话：（010）88254888，88258888。
质量投诉请发邮件至zlts@phei.com.cn，盗版侵权举报请发邮件至dbqq@phei.com.cn。
本书咨询联系方式：（010）88254161-1865，dongzy@phei.com.cn。

www.dk.com

DK生物大百科

（修订版）

英国DK公司/编著　徐甲 等/译　王俊卿 等/审

電子工業出版社
Publishing House of Electronics Industry
北京·BEIJING

目　录

第一章　昆虫

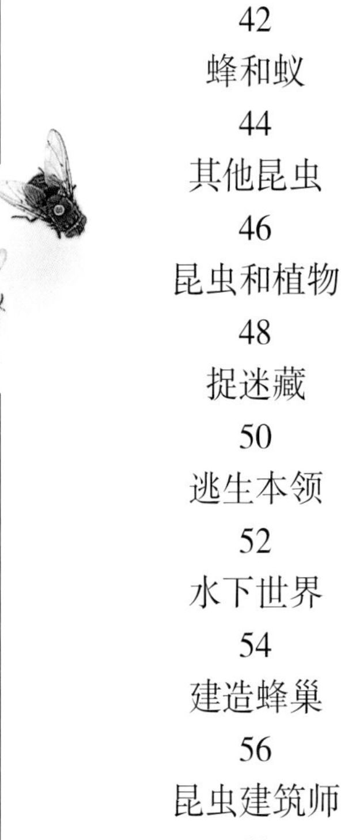

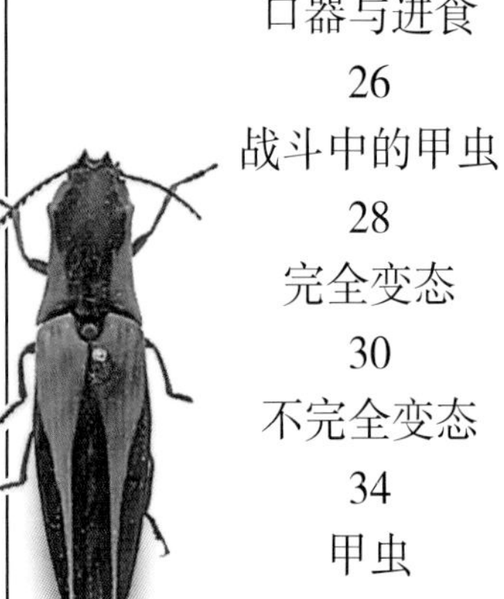

第二章　恐龙

第三章　鸟

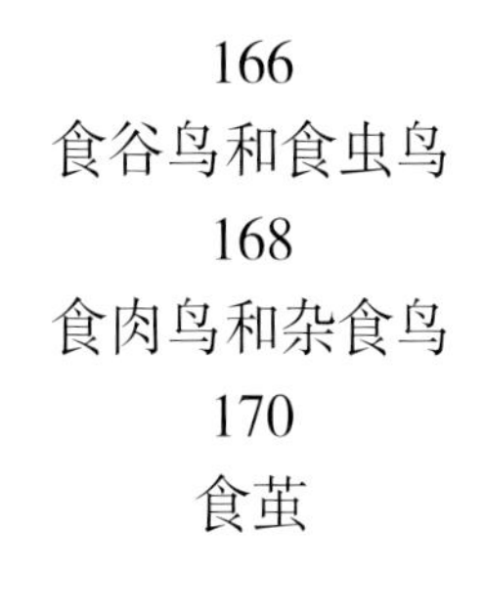

第四章　哺乳动物

第五章　植物

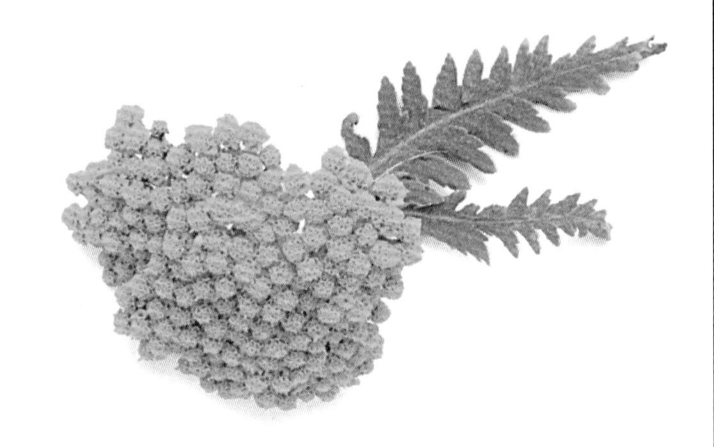

第一章
昆　虫

在整个动物王国里，昆虫是最成功的生物。它们的适应性很强，生活在陆地上、空中以及水中。从灼热的沙漠和温泉到冰冷的湖泊和雪山，昆虫无处不在。

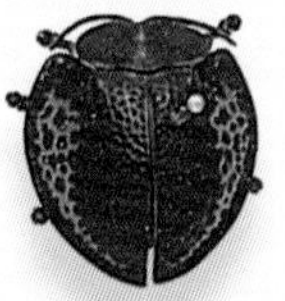

昆虫的身体构造

昆虫长有坚硬的外骨骼，所以它们成年以后就不再生长了。外骨骼主要是由坚韧的几丁质组成，覆盖着昆虫的整个身体。幼小的昆虫要想长大，就必须蜕掉这些外层物质，这种行为称为蜕皮。昆虫一生中要蜕好几次皮。很多幼虫的形态与成虫相差甚远。

跗节
胫节
腿节
爪

折叠点
翅膀前沿
翅膀的尖端
翅膀根部会折叠到下面

折叠的后翼

甲虫用后翼来飞行，后翼比较大，生长在翅鞘的下面，通常是折叠起来的。

这是放大3倍的南美洲吉丁虫成虫。它表现出了典型的昆虫身体构造，包括3部分——头部、胸部和腹部，每部分都是一环一环的，腿部是一节一节的。

腹部

昆虫的腹部容纳着大部分身体器官——消化系统、心脏、性器官。腹部也覆盖着外骨骼，但3部分依然相当灵活。昆虫身体表面覆盖着一薄层蜡状物，可以防止体内水分过度流失。

前翅

甲虫的前翅是一对坚硬的翅鞘。它们保护着甲虫的身体，色彩鲜艳，飞行时向前展开。

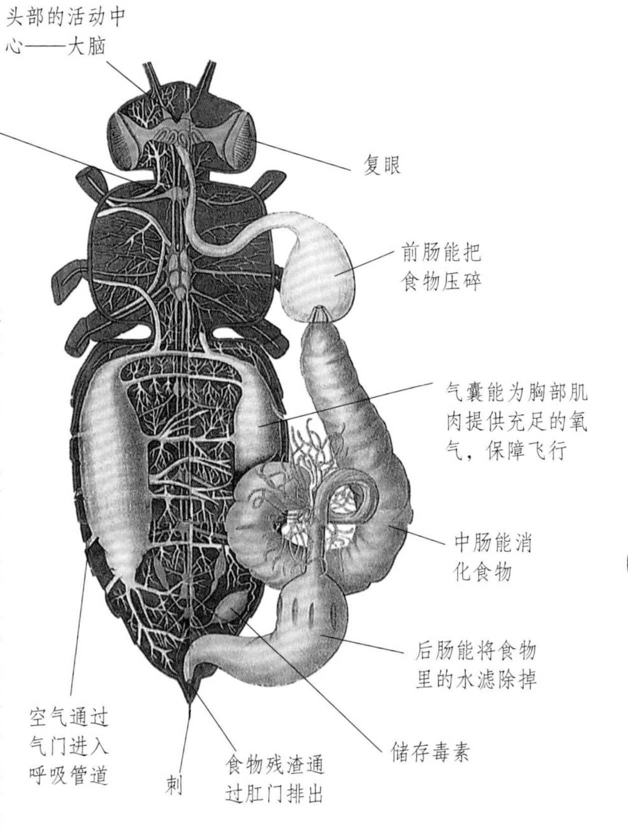

内部构造

此图向我们展示了工蜂身体的内部构造。从身体中部延伸出来的消化系统（黄色）是一条管道，分为前肠、中肠和后肠。呼吸系统（白色）由网状的气管分支组成，将从气门进入的空气送达身体的各个部分。腹部的两个大气囊是为胸部用于飞行的肌肉提供氧气的。蜜蜂的心脏是一条细长的管子，控制血液流动于身体上半部分。血液从心脏出发，将营养物质带到其他器官。蜜蜂的神经系统（蓝色）由一条主神经及大量的神经元或者神经中枢组成，头部的中心是昆虫的大脑。图中的绿色部分是雌性的生殖器官和储存毒素的地方（延伸到刺）。

腿

昆虫有3对节腿，可以用来行走、奔跑或者跳跃。每一条腿主要分为4部分：连接腿和胸的髋部；有着有力肌肉的大腿；长刺的小腿；还有踝部，分为1～5段，包括两个爪，有的还有小吸盘。

装甲

大型甲虫就像坦克，坚硬外壳可保护内部。

传送信息

头部长有取食器官，还有感觉器官，比如复眼、触角和须肢。须肢附着在口器上，帮助昆虫辨别食物的味道和气味。

触角

昆虫触角的大小和形状不一。蟋蟀的触角又细又长，而某些苍蝇的触角像短小的绒毛。昆虫的触角都能够感知到事物的移动、振动和气味。

复眼

昆虫的眼睛叫作复眼，是由千百个单眼组成的。这些单眼使昆虫能够立刻觉察到周围任何风吹草动。

胸部

甲虫胸部分3节。第一节长有一双腿，第二节和第三节上分别长有一对翅膀和一双腿。第一节与第二、三节分开明显。而后者紧紧接着腹部。

展开的后翅

翅鞘打开后，胸部肌肉拉动后翅的前端，使其展开。

昆虫关闭气门阻止空气进入，控制水分流失

呼吸新鲜空气

昆虫网状气管延伸到表皮，形成气门。有些昆虫的每一节上都有一些气门，就像这只毛虫一样。通常昆虫的活动量越大，气门的个数越少。

昆虫的定义

步行虫

瓢虫

动物王国里，昆虫是最成功的生物。它们的适应性很强，无处不在。它们的体形较小，这使它们能够进入到狭小的空间，而且无需大量食物供养。昆虫没有脊椎，属于无脊椎动物中的节肢动物，其特点是长有外骨骼和一节一节的腿。与其他节肢动物不同，昆虫仅有6条腿，大部分都长有翅膀，可以用来逃生或扩展觅食区域。迄今为止，我们知道的昆虫有超过100万种，还有更多的物种待我们去认识。昆虫的每一个物种的结构特征都相同，是一个庞大的家族。

甲虫

甲虫属于鞘翅目，“鞘翅”的意思是“像保护套一样的翅膀”。甲虫的前翅是鞘状的，这对鞘翅可闭合起来，保护甲虫脆弱的后翅和身体。

蜉蝣的成虫

蜉蝣

蜉蝣成虫寿命很短。它们的幼虫在水下生活、捕食。

苍蝇

苍蝇

苍蝇属于双翅目，但它们独特之处是仅有一对翅膀，后翅变成了一对细小的平衡棒。

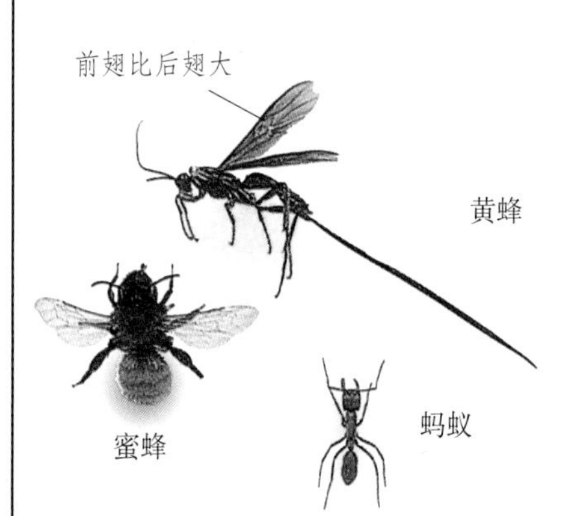

黄蜂

蜜蜂

蚂蚁

黄蜂、蚂蚁和蜜蜂

所有黄蜂、蚂蚁和蜜蜂都属于膜翅目，“膜翅”指这类昆虫具有两对带有脉纹的薄薄的翅膀。雄性的膜翅目昆虫比较特殊，是由未受精卵发育而来的。很多雌性的膜翅目昆虫则长有螫刺。

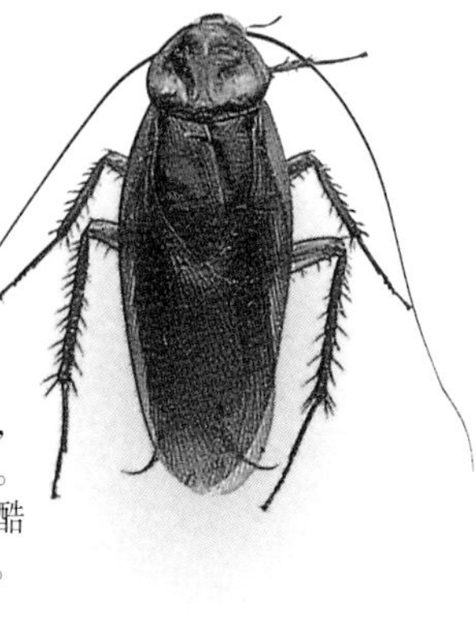

蟑螂

蟑螂是一种扁平的昆虫，前翅坚硬，交叠在一起。蟑螂的若虫体形较小，酷似成虫，不过没有翅膀。

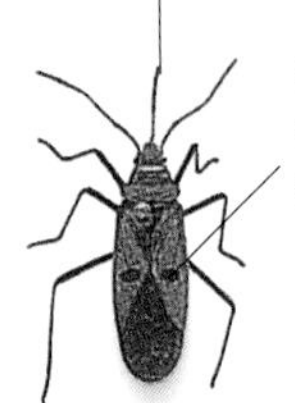

臭虫

臭虫

臭虫属于半翅目，这类昆虫只具有“半块翅膀”，指的是翅膀基部坚硬，但翅尖柔软。臭虫的口器也是分节的，可用来刺穿和吸吮食物。

竹节虫

蜻蜓

蜻蜓和豆娘

两种昆虫同属于蜻蜓目。它们的颚比较大，适合在空中捕捉飞虫。它们的幼虫生活在水中，快要变为成虫时才离开水里。

蠼螋

蠼螋

蠼螋属于革翅目，有一对像皮革一样的后翅。它们的前翅很短，后翅折叠在前翅下面。

蝴蝶

蝴蝶和蛾

蝴蝶和蛾属于鳞翅目，鳞片覆盖着身体和翅膀，使它们看上去色彩斑斓。

蛾

蟋蟀

蟋蟀和蝗虫

这类昆虫属于直翅目，指它们的翅膀是直的。它们的后腿可用来跳跃和发出声响。

竹节虫

竹节虫的身体细长，静止不动时很像它们的食物——嫩枝和叶子。

脊椎动物
猴子是脊椎动物。脊椎动物用肺或者腮呼吸，在身体中心附近长有一个心脏。脊椎动物没有6条腿，身体也并不以节来划分。

这些不是昆虫

很多人会混淆其他节肢动物和昆虫。蜘蛛和蝎子不但有4对节腿，而且身体也由3部分组成，但它们的头部和胸部结合在一起，没有翅膀、触角和复眼。螃蟹、对虾、木虱和蜈蚣长有更多的节腿，倍足纲节肢动物的每一节上甚至长有2对节腿。蚯蚓的身体虽然分为很多节，但却没有腿，头部也不明显。鼻涕虫（蛞蝓）、蜗牛和海星的身体构造并不以节来划分。

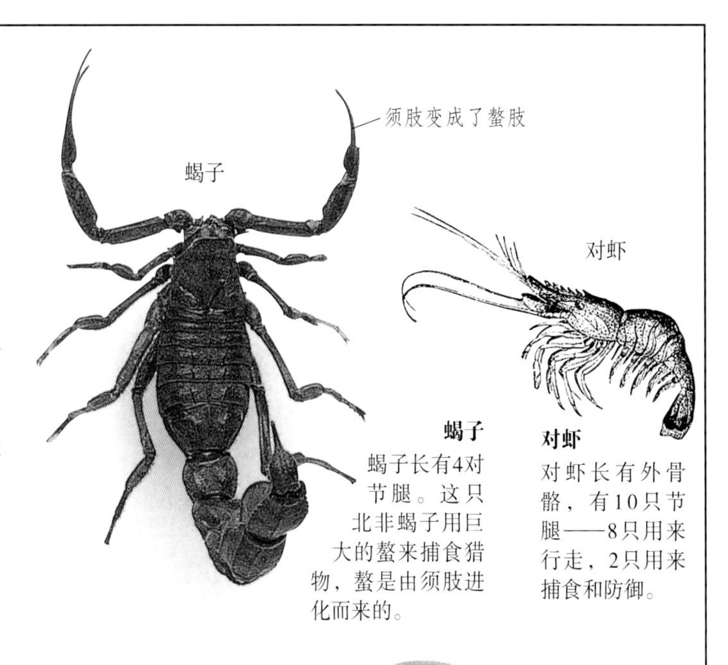

蝎子
蝎子长有4对节腿。这只北非蝎子用巨大的螯来捕食猎物，螯是由须肢进化而来的。

对虾
对虾长有外骨骼，有10只节腿——8只用来行走，2只用来捕食和防御。

蚯蚓
头部
环状节

蚯蚓
蚯蚓由很多环状节组成，与昆虫不同的是它们没有腿和坚硬的外壳。一般很难判断出它的哪一端是头部。巨型的蚯蚓有2米长。

千足虫
每一节长有2对节腿
触角

滩蚤
滩蚤外表上很像昆虫，但有10条腿，而不是6条。它们生活在潮湿的海滩上，受到打扰时会用前面两对腿跳开，跳跃距离十分惊人。

千足虫
千足虫的头部和昆虫一样长有一对触角。与昆虫不同的是它的身体分为很多节，每一节上都有2对节腿。千足虫以植物为食，是花园里的害虫。

木虱

木虱
木虱和球潮虫是滩蚤的近亲。它们生活在阴冷的潮湿地带，以腐烂的木头和叶子为食。当感到危险时，它们会缩紧身体，滚成球状，利用外层的鳞甲御敌。

用来捕食的“毒爪”是由前腿演化而来的
蜈蚣

蜈蚣
蜈蚣不属于倍足纲动物，它们每一节上仅长有一对节腿。蜈蚣生活在泥土里面，以泥土里的生物为食。它们用毒爪（一对带有毒腺的前腿）来捕食。

须肢可起到触须的作用
颚
腿
狼蛛

蜘蛛
生活在斯里兰卡的狼蛛是世界上体形最大的蜘蛛之一。在它们8条节腿的前面是一对像腿的附属肢体，叫作须肢，可起到触须的作用。捕食时它们会用巨大的颚把毒素注入猎物，将食物变成液态后吸吮进食。它们的腹部含有2对像鱼腮一样的书肺。书肺只有保持湿润，才能顺畅地呼吸。

早期的昆虫

3亿年前，昆虫就出现在森林里了，后来森林形成了煤。我们可以在化石中找到一些昆虫的身影，比如蜻蜓和蟑螂。不过，我们在化石中看到的只是现存物种的同类而已。某些远古种类的昆虫的翅膀很宽大(可长达70厘米)，而且不能折叠起来，这使它们不能迅速地逃跑，只能成为捕猎者的活靶子。观察化石是研究昆虫演化的唯一途径。然而，由于昆虫的身体往往在被覆盖之前就已经腐烂了，极少形成化石，我们还无法对昆虫的进化做出定论。

琥珀

琥珀一直被视为珍贵的宝石。上图这块产于波罗的海的琥珀包裹着3种完全不同的飞虫。

这块英格兰南部的石灰石化石上面留有一只蛾翅膀的印迹

化石上的色彩

这只昆虫鳞片上的色素在化石的形成过程中并没有完全消失。

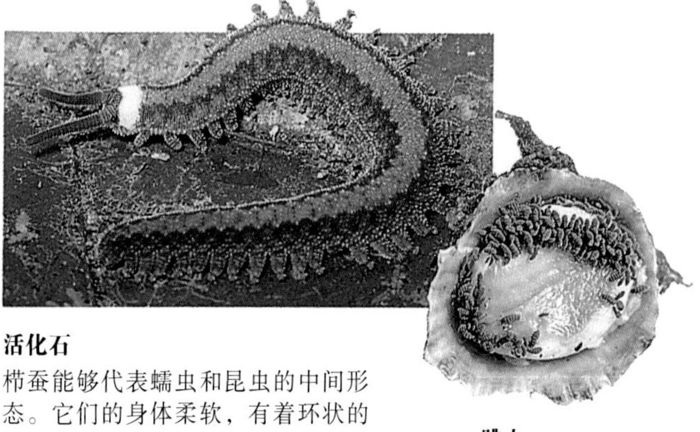

活化石

栉蚕能够代表蠕虫和昆虫的中间形态。它们的身体柔软，有着环状的节，却同时长有像昆虫一样带爪的腿、心脏和呼吸系统。

跳虫

跳虫尾巴下面都有一个跳跃器官，以此而得名。上图帽贝底面的这种跳虫生活在海岸上。跳虫曾被列在原始昆虫之列，现在被当成是一个独立的物种。

早期的大蚊

大约3 500万年以前，在现在的美国科罗拉多州地区，一只大蚊被困在了泥土中，当泥土变成岩石的时候，这只昆虫的翅膀和腿被完整地保存了下来。这只昆虫和现在的大蚊很相似。柔弱的翅膀、长而纤细的腿完全适应早期美洲大陆的生活环境。

琥珀是怎样形成的

4 000万年前，地球上长满了松树，琥珀就是松树树脂的化石。树脂从树干的裂缝中渗出来，昆虫被黏稠的树脂粘住并包裹了起来。天长日久，包裹着昆虫的树脂就会变硬，然后被埋入泥土中，又被冲刷进大海，经过慢长的演化，就成了琥珀。柯巴脂化石很像琥珀，不过形成的时间要晚得多。

光足无刺蜂

柯巴脂里面的蜜蜂

这是桑给巴尔岛（非洲东海岸附近的一座小岛）的柯巴脂化石，约有1 000万到100万年的历史了。放大以后，我们可以看到一只光足无刺蜂。

黏稠的树脂

松树树干渗出的树脂吸引了大量的爬虫和飞虫。这些昆虫一旦降落，就会被困死在里面。

最老的蜻蜓

这块化石里面的翅膀属于最古老的蜻蜓。它是在英国博尔索弗煤矿中发现的。这只蜻蜓生活在距今3亿年前，翅膀展开时约有20厘米长，比所有现代昆虫的翅膀都要大。

开花植物

开花植物直到1亿年前才开始出现。一方面，它们为昆虫提供了花粉和花蜜，使昆虫世界出现了空前的繁荣。另一方面，由于昆虫的授粉，开花植物也空前繁荣。昆虫和植物的数量同时增长，这叫作“协同进化”。

最大的蜻蜓

这只来自婆罗洲的蜻蜓属于最大的蜻蜓种类之一。迄今所知最大的蜻蜓出现在美国的某块化石标本中，翅膀有60厘米长。

蜻蜓的天敌

创作者的想象超乎了生物学范畴。如今的蜻蜓轻巧灵活，古代的蜻蜓跟现代的很相似，所以它们应该不会轻易成为翼龙的食物。

溺死的蠼螋

这块湖泊沉积物化石来自美国科罗拉多州的佛罗瑞，大约有3 500万年的历史。这个时间段形成的化石较好，因为这些昆虫是不慎跌到水里而溺死的。

现在的蠼螋

变成石头

这块化石标本来自英格兰南部，小型蜻蜓的化石比较常见。这个标本缺少了一只翅膀，但仍然可以清楚地看到翅膀上的脉纹。

翅膀和飞行

昆虫是最早会飞的生物，这使它们可以迅速逃离掠食动物，也能够在更广阔的区域找到食物。另外，翅膀对昆虫寻找和吸引配偶也是极其重要的——鲜艳的色彩、特殊的气味或者振动产生的声音都能带来帮助。不过，我们还不知道翅膀的起源。某些早期昆虫能用原始的翼状物从树上滑行下来，因此具有了优势。慢慢地，其中两对翼状物作用越来越突出，就渐渐进化成了翅膀。最早会飞的昆虫与现在的蜻蜓很像，有2对不能收起来的翅膀。晚期出现的昆虫，比如蝴蝶、黄蜂和甲虫，前翅和后翅连接在一个点上，这样4个飞行平面减少到了2个。而苍蝇的后翅则退化成了平衡棒。

褶皱的翅膀

刚刚蜕变出来的蝉的翅膀小而柔软，并且皱巴巴的。当血液进入脉纹时，翅膀就会迅速展开变硬，蝉就可以展翅而飞了。

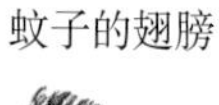

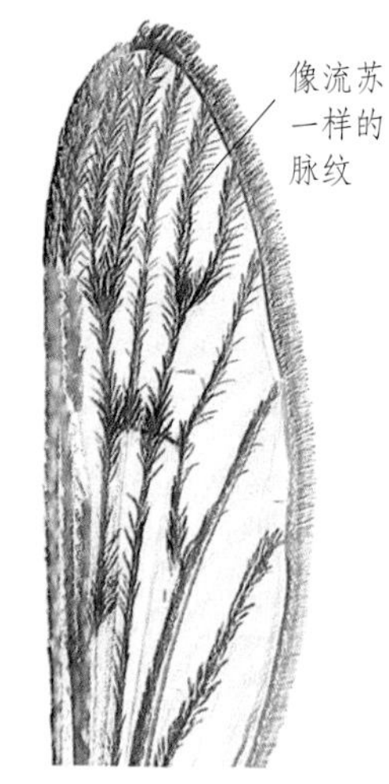

像流苏一样的脉纹

小型昆虫飞行比较困难。这只蚊子的翅膀脉纹很像流苏，减少飞行的阻力。更小昆虫的翅膀会更狭长，具有更长的流苏脉纹。

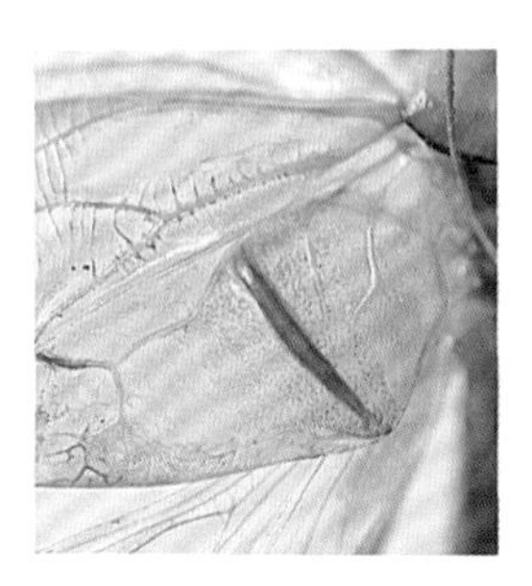

蟋蟀的鸣叫

雄性蟋蟀用前翅来发出鸣叫声。左前翅（上左图）上长有“锉”，而右前翅（上右图）上长有“鼓”，两者摩擦，便能发出鸣叫声。雄性蟋蟀的鸣叫声能传播很远，用来吸引雌性。

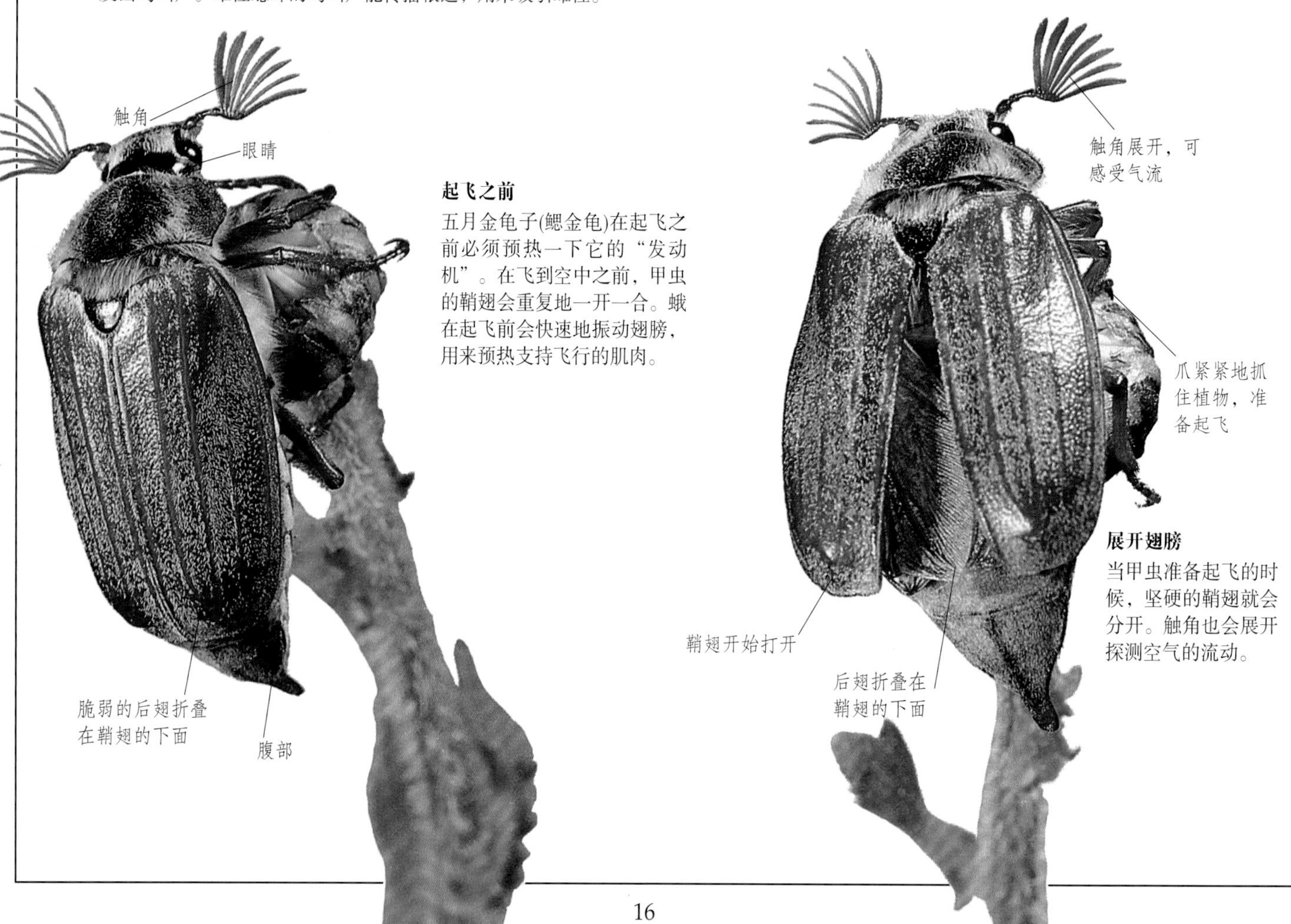

起飞之前

五月金龟子(鳃金龟)在起飞之前必须预热一下它的“发动机”。在飞到空中之前，甲虫的鞘翅会重复地一开一合。蛾在起飞前会快速地振动翅膀，用来预热支持飞行的肌肉。

展开翅膀

当甲虫准备起飞的时候，坚硬的鞘翅就会分开。触角也会展开探测空气的流动。

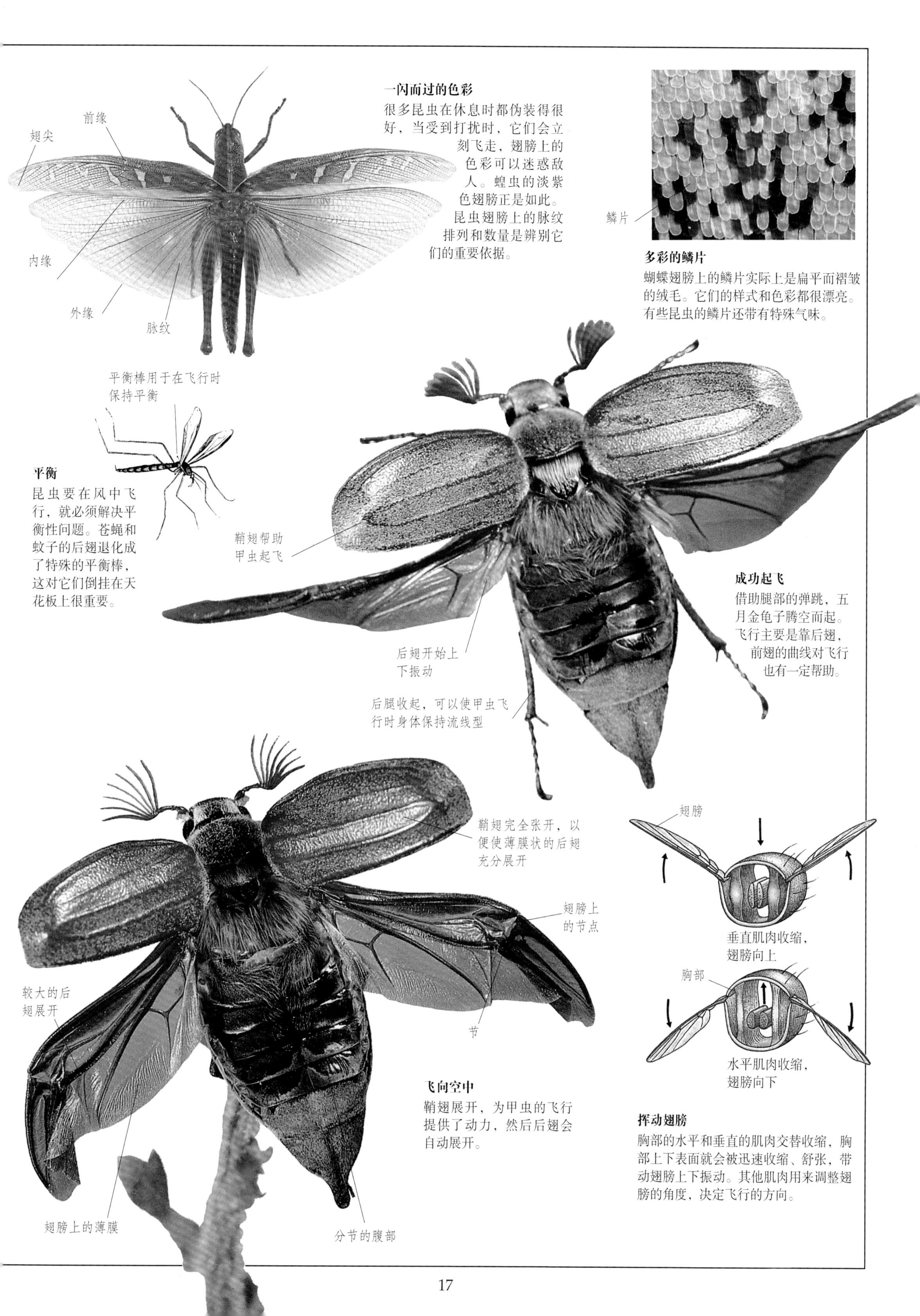

一闪而过的色彩

很多昆虫在休息时都伪装得很好，当受到打扰时，它们会立刻飞走，翅膀上的色彩可以迷惑敌人。蝗虫的淡紫色翅膀正是如此。昆虫翅膀上的脉纹排列和数量是辨别它们的重要依据。

多彩的鳞片

蝴蝶翅膀上的鳞片实际上是扁平而褶皱的绒毛。它们的样式和色彩都很漂亮。有些昆虫的鳞片还带有特殊气味。

平衡

昆虫要在风中飞行，就必须解决平衡性问题。苍蝇和蚊子的后翅退化成了特殊的平衡棒，这对它们倒挂在天花板上很重要。

成功起飞

借助腿部的弹跳，五月金龟子腾空而起。飞行主要是靠后翅，前翅的曲线对飞行也有一定帮助。

飞向空中

鞘翅展开，为甲虫的飞行提供了动力，然后后翅会自动展开。

挥动翅膀

胸部的水平和垂直的肌肉交替收缩，胸部上下表面就会被迅速收缩、舒张，带动翅膀上下振动。其他肌肉用来调整翅膀的角度，决定飞行的方向。

昆虫的眼睛

我们难以确定颜色甚至光线对昆虫意味着什么。昆虫的某些感觉要比人类敏感得多。但是我们不知道在昆虫的眼里，这个世界是个什么样子。大型蜜蜂可以觉察到几米之外移动的物体，但它能够分辨出移动的是一个人还是一匹马呢？臭虫能够被紫外线和黄光吸引，但对蓝光和红光却毫无反应，它们可以辨别出黑色和白色么？昆虫进化出不同的特征来解决不同的问题。黄昏时，人类看不清空中的蚊子，而蜻蜓却可以轻而易举地捕捉到它们。然而，蜻蜓是看到了它们，还是觉察到了它们的声音和运动呢？关于昆虫的感觉，我们充满了疑问。

被光源吸引

夜晚，明亮的灯光会吸引很多昆虫前来。夜间飞行昆虫的眼睛似乎与月光保持着一定的角度，用来指引它们的“航向”，人造光也会起到类似的作用。昆虫沿直线飞向灯光，到了以后就会围着灯转圈飞。

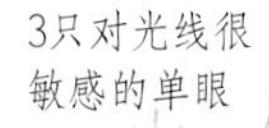

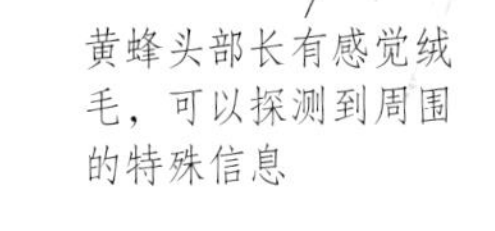

自然光下

紫外线下

分节的触角用来探测气味；在建造蜂巢中，触角还用来测量蜂房的大小和形状

美丽的谎言

昆虫能够看到人眼看不到的东西。上图是两只硫磺蝴蝶，左边的是在自然光下拍摄的，右边的是在紫外线下拍摄的。昆虫看到的可能是有着两大块深灰色斑块的灰色蝴蝶。靠昆虫授粉的植物也会用紫外线来吸引蜜蜂。花朵里面有花蜜的地方都有在紫外线下才能看到的标志。

黄蜂的脸

典型的昆虫头部长有一对大大的复眼，在头部顶端还有3只单眼。这只黄蜂的复眼向下延伸到面颊，不过长触角的地方没有发育。分节的触角不但可以探测气味，还可以测量出每一个蜂房的大小和形状。有力的颚是黄蜂的“双手”和工具，可以切断食物、挖掘材料、建造蜂巢。黄蜂身上鲜艳的黄色和黑色图样警告其他动物：它们长有毒刺。

强有力的颚可用来切断食物、建造蜂房

昆虫眼睛的内部

复眼由成百上千的单眼以六边形的方式拼在一起。每一个单眼的表面和内部各有一个透镜，成圆锥形，可以把光线聚焦到感杆束上（它对光线非常敏感，而且直接连接着视觉神经和大脑）。

食肉蝇

这只食肉蝇头部红色的复眼是由成百上千个单眼组成的。它对振动很敏感，哪怕是极微弱的移动，所以它们很难被捕捉。

拼图

现在，人们普遍认为：六边形复眼产生的图像是由很多像点组成的，就像上图中的花朵。但是昆虫看到的图像还要看它的大脑是如何“翻译”这些信号的。

我盯着你呢

组成复眼的单眼很小，一旦有物体移动，螳螂会迅速做出反应。它经常来回转动头部，以测量猎物的体形，估算攻击距离。

黑蝇的眼睛

这是南美洲的吸血黑蝇，还不到2毫米长。上图是用电子显微镜拍摄的头部，我们可以看到由众多单眼构成的复眼，一直延伸到触角附近。右图是黑蝇放大了4 000倍的单眼。表面覆盖着细小的褶皱和柱状的突起。透过成百上千只单眼，黑蝇到底看到了什么呢？

触觉、嗅觉和听觉

很多昆虫仅仅依靠嗅觉和味觉而生活。大部分昆虫长有眼睛，但是光线并不是多么重要。蚂蚁在走过的地方留下特殊的化学物质，通过相互接触传递蚁巢的气味。很多昆虫还会释放化学物质用于预警，同类会立刻做出反应。雌蛾会用化学物质吸引远方的雄蛾。屎壳郎能在粪便被排出后的60秒内锁定粪便的位置。有的昆虫（比如树皮甲虫）会释放化学物质来召集同类；有的昆虫（例如果蛆）在一个水果上产卵以后，就会释放化学物质告诉其他雌性不要在这个水果上产卵了。昆虫的世界里还充满了人类听不到的振动和声响，昆虫特有的“耳朵”能够感知到。蟋蟀的前腿、蝗虫和蝉的腹部上都长有这样的器官，有的昆虫还能通过腿和触角“听”到这些声响。

羽状触角

雄蛾的触角酷似羽毛，十分敏感。中间的棒状物长有很多侧枝，侧枝被细小的感觉绒毛覆盖着。

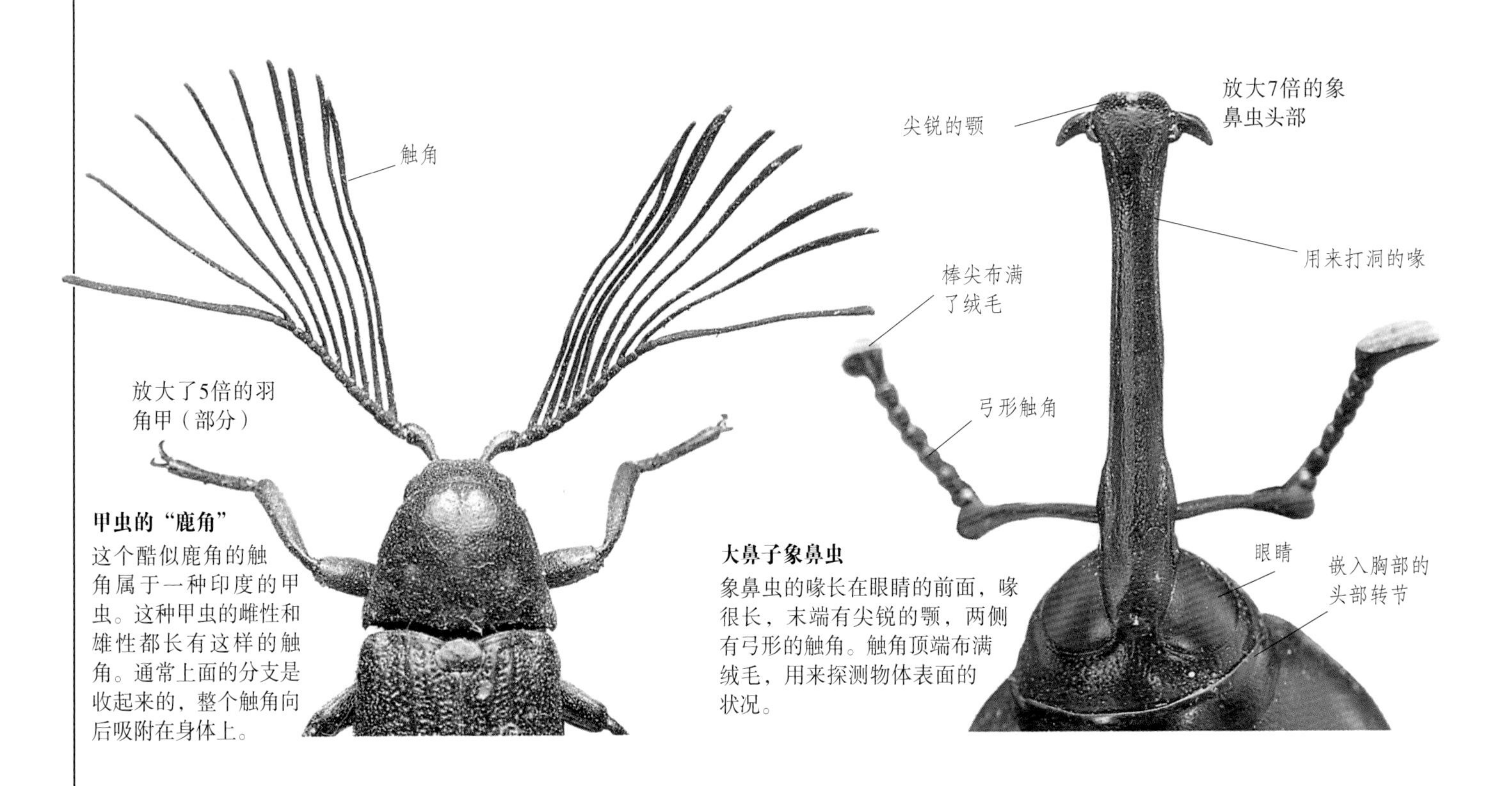

甲虫的“鹿角”

这个酷似鹿角的触角属于一种印度的甲虫。这种甲虫的雌性和雄性都长有这样的触角。通常上面的分支是收起来的，整个触角向后吸附在身体上。

大鼻子象鼻虫

象鼻虫的喙长在眼睛的前面，喙很长，末端有尖锐的颚，两侧有弓形的触角。触角顶端布满绒毛，用来探测物体表面的状况。

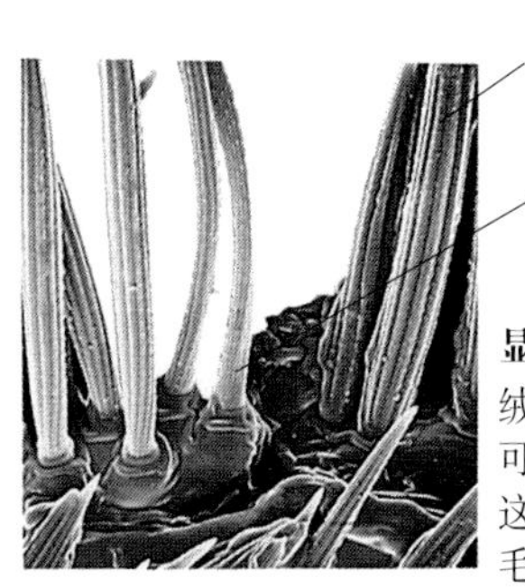

显微镜下的触角

绒毛放大1 000倍以后，我们可以清楚地看到它的结构。这是皮蠹幼虫嘴部周围的绒毛，每一个绒毛都有山脊形的球状“底座”和“接口”，对振动非常敏感。

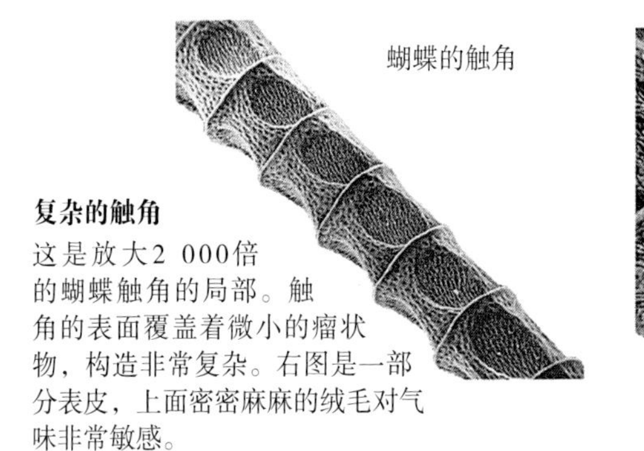

复杂的触角

这是放大2 000倍的蝴蝶触角的局部。触角的表面覆盖着微小的瘤状物，构造非常复杂。右图是一部分表皮，上面密密麻麻的绒毛对气味非常敏感。

放大了2 000倍的蝴蝶触角

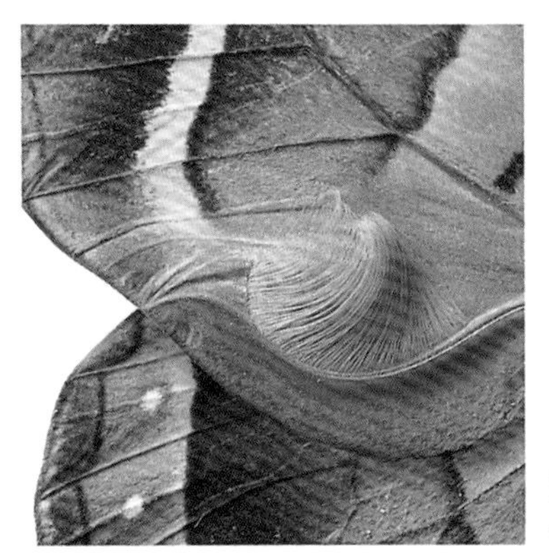

翅膀下面用来感觉气味的“刷子”

香味“刷子”

有一种南美洲森林里的蝴蝶，前翅底部长有绒毛，可与后翅尖上的鳞片相摩擦，香味就会传播开来，吸引雌性同类前来。

良好的感觉

这是一只尼日利亚中部的蟋蟀。它的触角很长，是和身体比例最大的一种昆虫。这特别适合探测振动和空气流动，但并不擅长探测气味。

长触须可以在黑暗中觅食

敏感精准的触角能帮助蟋蟀在黑暗中活动

腹部顶端长有一对长长的“尾毛”，上面布满了感觉功能的绒毛

蟋蟀生活在洞里面（实际大小）

触角的侧枝

眼睛

触角分为很多节

放大4倍的天牛

天牛的鹿角

天牛的名字源于它那长长的触角。大多数昆虫的触角没有分支或者分支很少。但是这只马来群岛雄性天牛的触角很长，而且有很多覆盖着细绒毛的分支，这使得它的触角更加敏感。

像风扇翅一样的触角

放大了5倍的五月金龟子（鳃金龟）

眼睛

金龟子的“风扇”

所有圣甲虫都长着扇形的触角。四处行走时，“扇翅”一般都是闭合的，起飞时就会张开，用来探测风向和风中的气味。

放大8倍的蟋蟀腿

节

腿节

耳朵

胫节

膝盖上的“耳朵”

蟋蟀和沙螽的前腿膝盖正下方都长着一个小突起“耳朵”。前腿的两侧还长着鼓膜，对振动很敏感。很多昆虫的鼓膜都长在身体里面，但蟋蟀的腿在“耳朵”周围肿胀了起来。

腿部工作

用来清洁身体的腿

清洁身体用的腿

为了更好地飞行，苍蝇必须保持绒毛的清洁和顺滑。家蝇的爪间长有特殊的吸盘，使它们能倒挂在光滑表面上。

对大多数生物来说，腿都相当重要。在昆虫世界里，腿的作用就更大了。蜜蜂的腿上长着“小刷子”和“小篮子”，用来采集和存放花粉。蝗虫用后腿上的“小锉刀”摩擦前翅来唱歌。蟋蟀的耳朵就长在膝盖上。很多昆虫的腿变得适合战斗或者在交配时抓住异性。一些水生昆虫扁平的腿上长着长长的绒毛，很像船桨；而另一些昆虫则长着像高跷的腿，用来在水面上行走。所有昆虫的腿都分为6节，有4个主要部分：腿部和胸部的顶端是基节连接，下面是腿节、胫节、跗节和爪，有的爪间还长着吸盘，可以攀缘光滑平面。

下潜

这是一只沙漠中的蟋蟀，它的脚酷似螺旋推进器，可以在沙子中迅速地打洞，并在数秒钟之内垂直潜入到沙中。它们翅膀的末端像一根弹簧，可以帮助它们从沙子里面钻出来。

着陆

会飞的昆虫必须能安全着陆。这只蝗虫（非洲沙漠蝗）在降落时会把腿伸展开，后翅竖起，前翅弯曲，利用空气阻力减缓速度。就像鸟类和飞机一样，这种形状的翅膀能够使它们缓缓地着陆。在蝗科昆虫里，蝗虫比较特别，经常组成一个数达几十亿的群体一起迁徙。

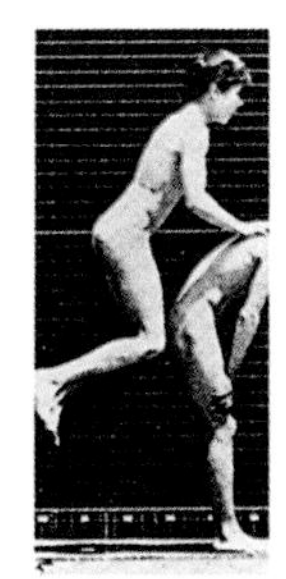

跳跃的男孩

这是迈布里奇（1830—1903年）拍摄的，展示了脊椎动物通过一个动作起跳、着陆、再起跳。昆虫两次跳跃之间必须休息一会。

准备起跳

蝗虫起跳前把后腿胫节支在身体的重心处，胫节的顶端连接着大腿。肌肉突然收缩，腿马上会伸直，然后就跳到了空中。

“小型鼹鼠”

蝼蛄有着扁平有力的前腿，这是挖地洞的“铲子”。蝼蛄的口器就像是一把剪刀，以植物的根为食，是一种草坪害虫。

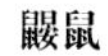

鼹鼠

鼹鼠和蝼蛄拥有很多相同的特征。比如，它们都长着一对像铲子一样可挖洞的前腿。这就是生物学上的“趋同进化”，生活方式类似的动植物会进化出相似的生理结构。

锋利尖锐的前腿在进食时紧抓猎物

用来抓握的腿

很多昆虫都长着用来抓握的腿。它们就像这只螳螂一样，进食时，锋利的前腿紧抓猎物，更重要的是在交配时紧抓住自己的配偶，或者在搏斗时当作武器使用。

前翅和后翅都充分地伸展开

腿也保持流线型

跳跃途中

蝗虫跳到足够高后，2对翅膀会充分打开，迅速挥动，这样可以跳得更远。然后后腿后伸，保持流线型，前腿前张，准备着陆。

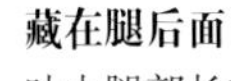

触角

胸部

流线型的翅膀使蝗虫跳得更高

腿缩在身体下方

跳向高处

蝗虫的身体呈流线型，有效地减少了空气阻力，所以可以跳得很高。跳向高处时，蝗虫就会闭合翅膀，将腿伸直缩起。在大小相同的情况下，蝗虫肌肉的力度是人类肌肉的1 000倍。蝗虫一次最长可以跳50厘米，是它们身长的10倍。

藏在腿后面

叶虫腿部长有附着物，颜色外形都酷似树叶，捕食者很难发现它们。

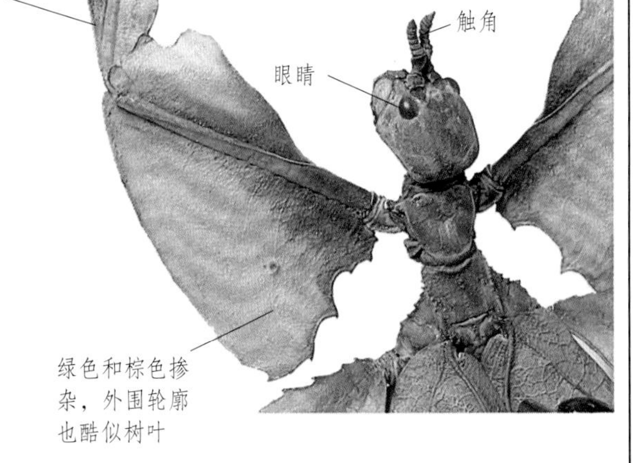

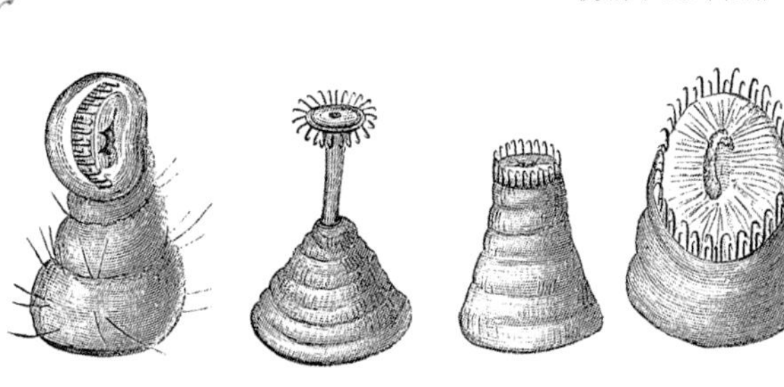

假腿

毛虫腹部的“腿”只是肌肉的延伸物，叫作腹足。腹足的顶端长着一圈绒毛。毛虫依靠腹足移动，胸部3对真正的腿只用来抓取食物。

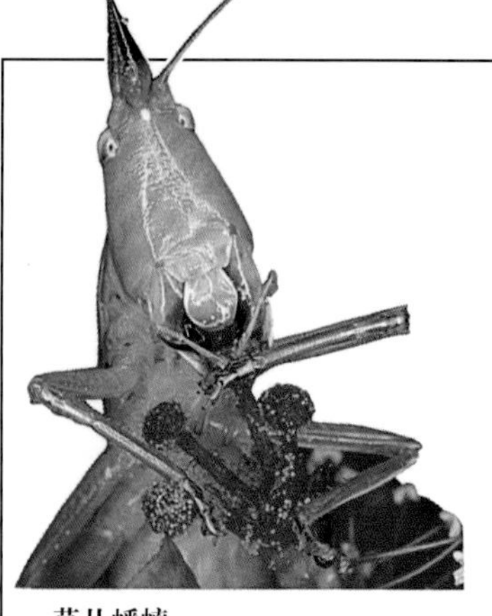

草丛蟋蟀

这只草丛蟋蟀正在吞食花瓣。它用前腿抓住花朵，同时用下颚咀嚼花瓣。蟋蟀还会吃其他昆虫，甚至包括自己的后代。

口器与进食

昆虫祖先的头部长有3对颚。现代昆虫中会咀嚼的物种还完好地保留着第一对颚——下颚，而第二对颚则变得很小，主要用来辅助进食。第三对颚则结合在一起，共同形成了下唇瓣。不过，针对不同的食物，不同昆虫这3对颚进化成了不同的口器——尖状嘴、吸管或用于吸吮的海绵体。

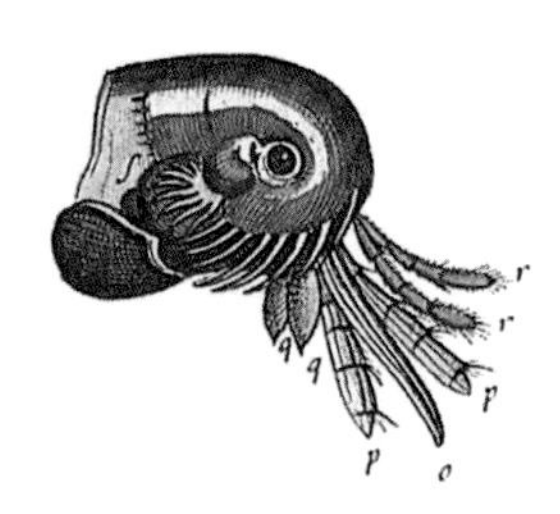

跳蚤的叮咬

这幅古老的版画很好地展示了跳蚤的口器——2对触须（感觉器官）围绕着一个强有力的吸管。

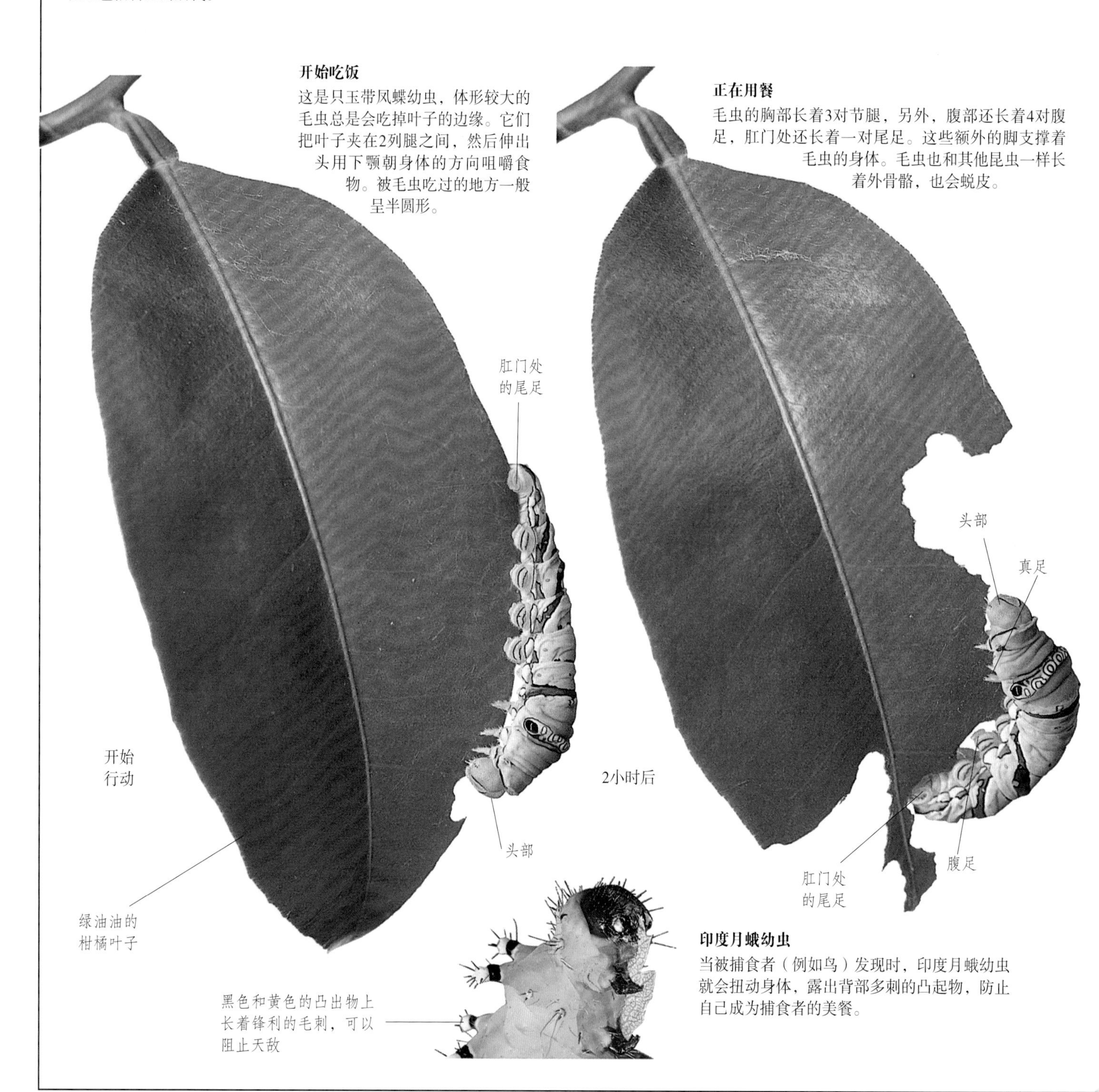

开始吃饭

这是只玉带凤蝶幼虫，体形较大的毛虫总是会吃掉叶子的边缘。它们把叶子夹在2列腿之间，然后伸出头用下颚朝身体的方向咀嚼食物。被毛虫吃过的地方一般呈半圆形。

正在用餐

毛虫的胸部长着3对节腿，另外，腹部还长着4对腹足，肛门处还长着一对尾足。这些额外的脚支撑着毛虫的身体。毛虫也和其他昆虫一样长着外骨骼，也会蜕皮。

印度月蛾幼虫

当被捕食者（例如鸟）发现时，印度月蛾幼虫就会扭动身体，露出背部多刺的凸起物，防止自己成为捕食者的美餐。

蚂蚁和蚜虫

某些吸食植物汁液的小型昆虫（比如蚜虫）经常会和蚂蚁生活在一起。蚂蚁甚至还会为蚜虫建造一些小型遮挡物。蚜虫分泌甜性物质——蜜露，而蚂蚁正好以蜜露为食。因此，防治蚜虫时不要让蚂蚁保护它们。

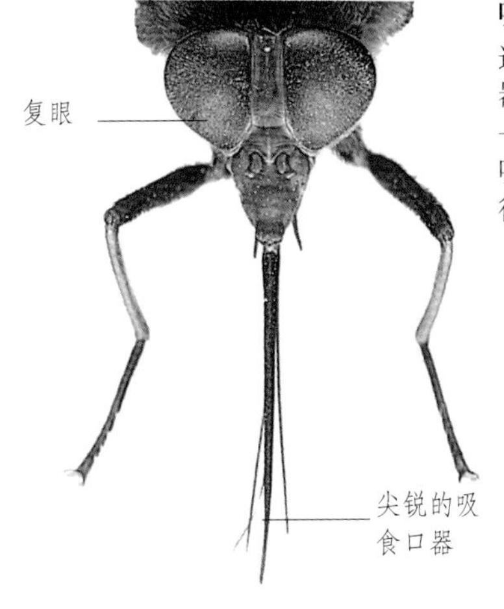

吸血飞虫

这是一只虻虫，它长着长而尖锐的口器，可用来刺破皮肤。其余部分形成了一个吸管，用来吸食血液。这种昆虫能吸食人血和猴子的血液。被虻虫咬一口很痛，皮肤上会留下裂口。

8小时后，爬向另一片叶子

马上就吃完了

为了躲避捕食者，毛虫都在晚上进食。毛虫要经过5次蜕皮才能变成蛹。

6小时后

吃了一半

毛虫在叶子两面来回移动，首先把柔软多汁的部分吃掉。

美餐结束

8小时以后，叶子被吃光了，再吃掉一些后，毛虫进行最后一次蜕皮，然后变成蛹，最后破蛹成为成虫。

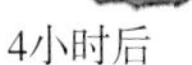

4小时后

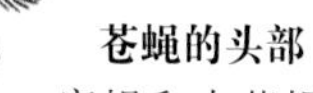

苍蝇的头部

家蝇和大苍蝇口器的下颚和下唇瓣发育成了海绵状的结构，可用来吸食液态的食物。

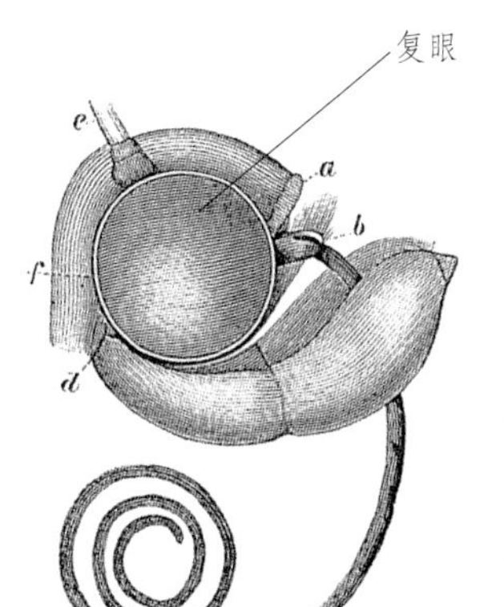

蝴蝶的头部

这幅版画展示了蛾和蝴蝶的吸食管（或者叫作长鼻）是如何卷曲在头部下面的。蝴蝶的成虫下颚进化成吸食管。

切断

这是一只东非步行虫，它的下颚强壮有力，会交合成一把剪刀。这种甲虫能够把幼虫切为两半，其他甲虫有时也会惨遭毒手。

战斗中的甲虫

天气温暖时，蚜虫在一周之内可产下50个后代，而后代一周就会成熟。如果照这个速度繁殖下去，几周之后蚜虫就能漫过人的膝盖，但因为蚜虫的食物有限，周围充满了捕食者，这限制了蚜虫的数量。尽管如此，大型蝗群还是有可能出现的。有的昆虫以腐木为食，整日都在为食物和产卵地争斗。这些昆虫中，雄性昆虫一般都长有大型的角或者颚，这是它们的武器。

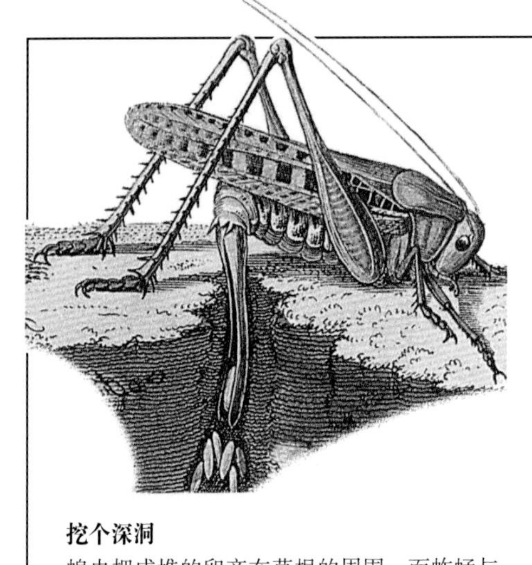

挖个深洞

蝗虫把成堆的卵产在草根的周围。而蚱蜢与蝗虫不同，它们会像这只草丛蟋蟀一样，用又长又直的产卵器在泥土里钻个洞，然后把它们的卵产在地下，接着把洞填满。它们接下来还会在洞口来回走几次，去掉痕迹，以掩蔽洞口的位置。

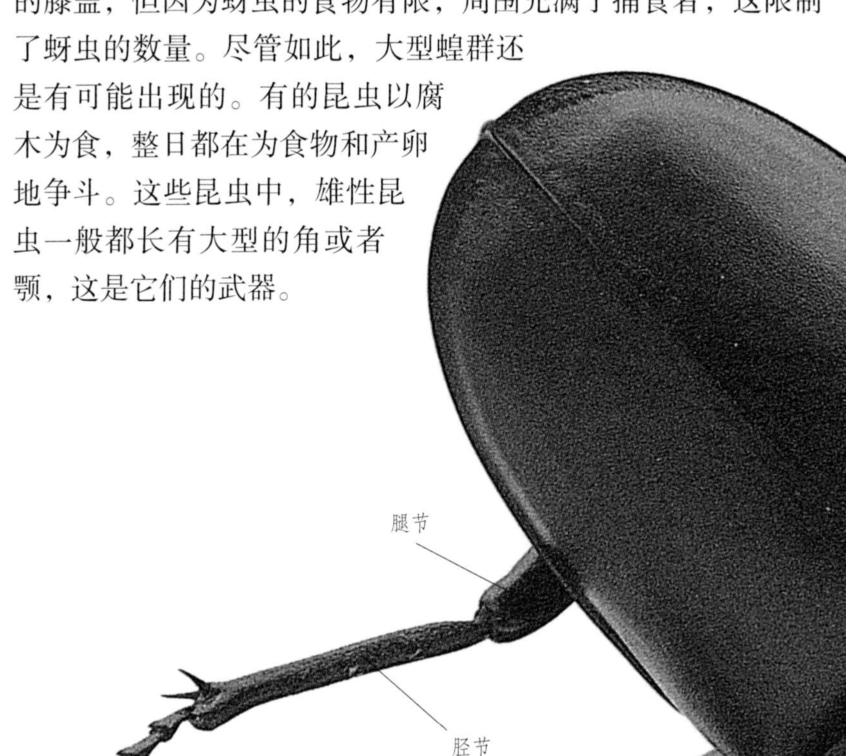

看看谁是强者！

鹿角一样的颚

触角向外伸出，尽量多地获得对手的信息

胸部

坚硬的黑翅鞘

1 盯着对手

上图是两只欧洲的雄性鹿角虫，头上长着带有分支的“角”，这正是其名字的由来。实际上，这些“角”是大型的颚，主要用来战斗。黄昏时，雄性鹿角虫就会占据有利位置，时刻准备为保护领地而战斗。

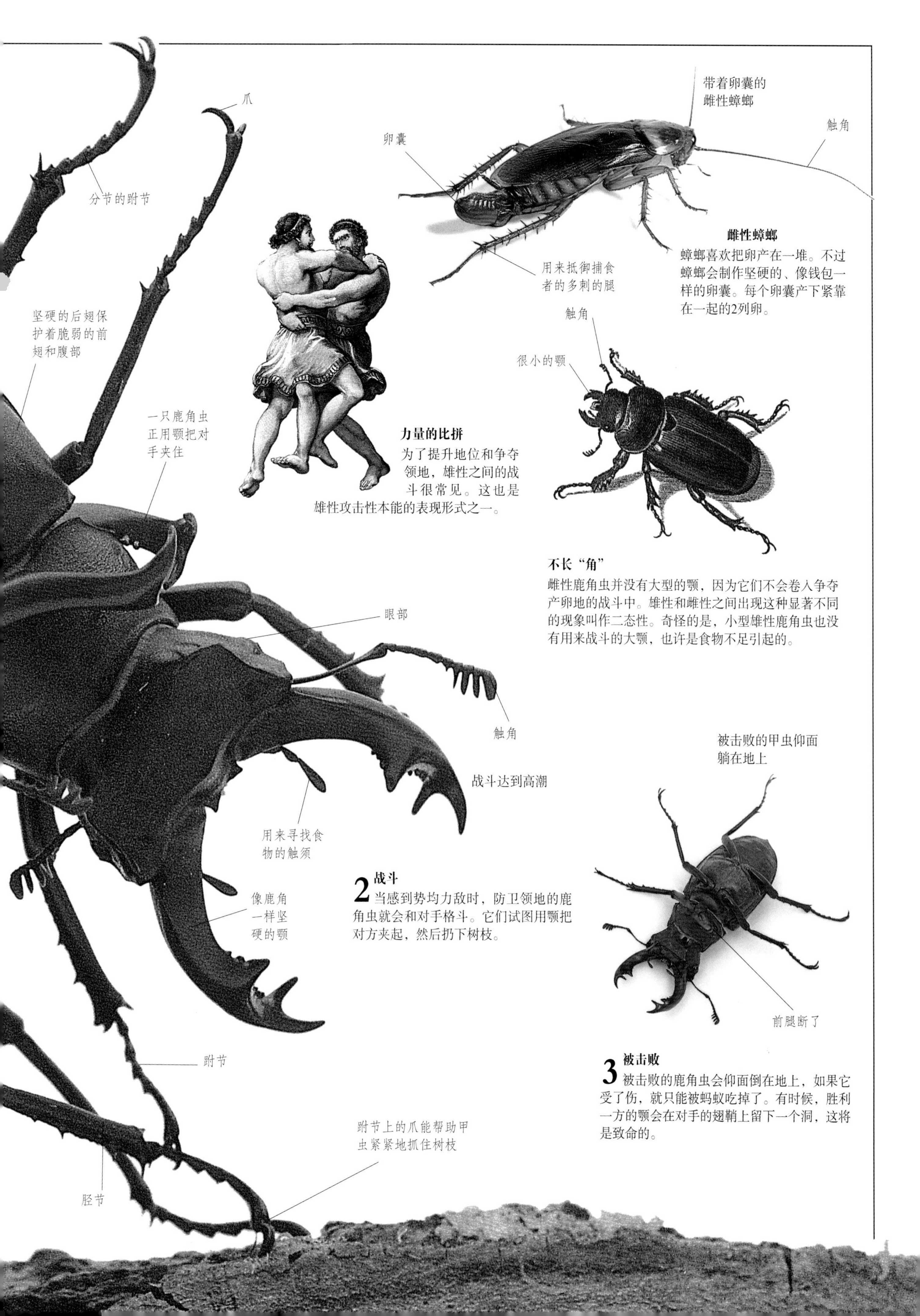

雌性蟑螂

蟑螂喜欢把卵产在一堆。不过蟑螂会制作坚硬的、像钱包一样的卵囊。每个卵囊产下紧靠在一起的2列卵。

力量的比拼

为了提升地位和争夺领地，雄性之间的战斗很常见。这也是雄性攻击性本能的表现形式之一。

不长“角”

雌性鹿角虫并没有大型的颚，因为它们不会卷入争夺产卵地的战斗中。雄性和雌性之间出现这种显著不同的现象叫作二态性。奇怪的是，小型雄性鹿角虫也没有用来战斗的大颚，也许是食物不足引起的。

2 战斗

当感到势均力敌时，防卫领地的鹿角虫就会和对手格斗。它们试图用颚把对方夹起，然后扔下树枝。

3 被击败

被击败的鹿角虫会仰面倒在地上，如果它受了伤，就只能被蚂蚁吃掉了。有时候，胜利一方的颚会在对手的翅鞘上留下一个洞，这将是致命的。

完全变态

“变态”的意思是“身体构造和外表发生变化”。高等昆虫有着一种叫作“完全变态”的复杂生长过程。首先，卵孵化出幼虫（毛虫或者蛆），在身体结构和外表上幼虫都与成虫完全不同。幼虫经过几次蜕皮之后，就会形成蛹，最终变成长有翅膀的成虫。在演变过程中，幼虫的主要任务是进食，而成虫则负责繁殖和寻找新的栖息地。属于完全变态的昆虫有：黄蜂、蜜蜂、蚂蚁、苍蝇、甲虫、蝴蝶、蛾、石蛾、跳蚤、草蜻蛉和蝎蛉等。但也有例外：有些甲虫的成虫和幼虫很相似；某些雌性山蛾并没有翅膀；还有些蝇类根本就没有成虫，因为它们的幼虫就能产出幼虫。

交配
墨西哥豆瓢虫是一种以植物为食的瓢虫。雌性和雄性样子很相似，交配很频繁。

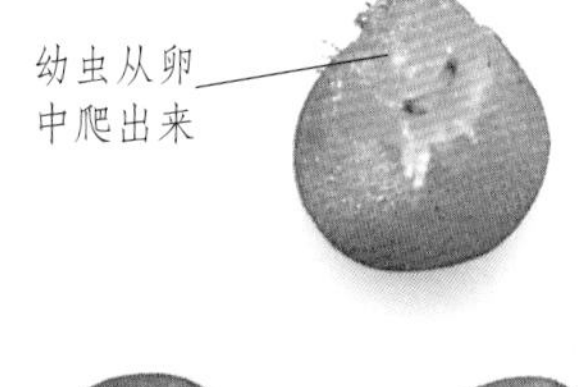

卵
雌性墨西哥豆瓢虫每次会产下大约50枚卵。它们把卵产在叶子的背面，每一枚卵的末端都粘在叶子上，竖直地立着。大约一周以后，卵就能孵化成幼虫。

1 卵的孵化
卵也需要呼吸。空气可以进入卵的内部。卵在产下一周以后，幼虫就孵化出来了。

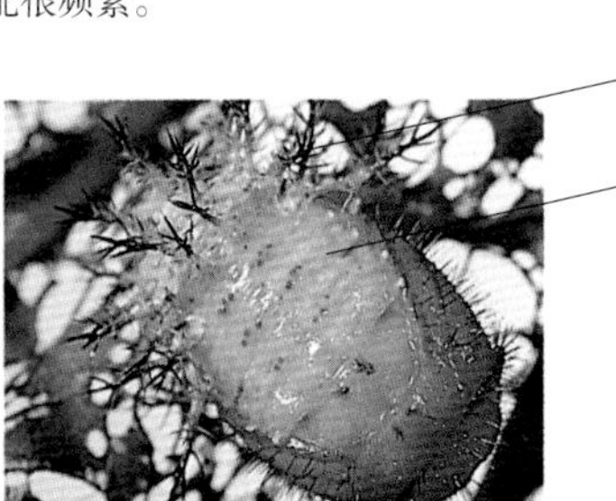

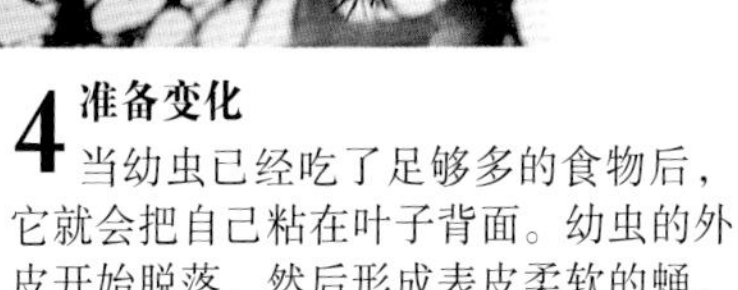

4 准备变化
当幼虫已经吃了足够多的食物后，它就会把自己粘在叶子背面。幼虫的外皮开始脱落，然后形成表皮柔软的蛹，迅速变硬。

吃植物的叶
墨西哥豆瓢虫幼虫和成虫都以叶子为食。被它们吃过的叶子都呈网状，而且带有花边。

幼虫身上长着长尖刺的旧表皮

蛹上长着短尖刺的新表皮

被幼虫吃过的带有花边的枯死叶子

5 休眠
蛹阶段通常又被称为“休眠期”，但是蛹身体内部所有的肌肉、神经和其他结构都在解体，组成新的身体。在这幅图里面，透过蛹多刺的新皮肤，我们可以看到甲虫成虫的翅鞘和胸部的第一节。

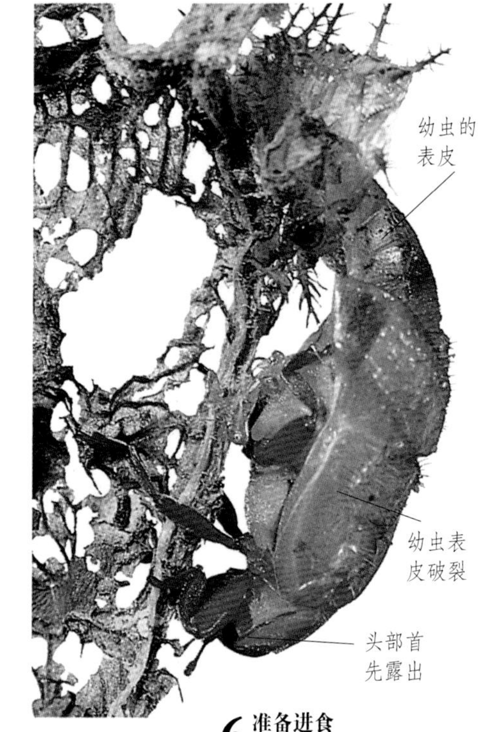

6 准备进食
薄薄的蛹壁从下面裂开，成虫头部慢慢从蛹内挣脱出来。从蛹壁开始破裂到成虫脱离蛹壁大约需要一个小时。

鹿角虫的发育

鹿角虫的幼虫身体一般呈“C”字形。雄性的蛹长着较大的角，而雌性不是这样，很容易区分。

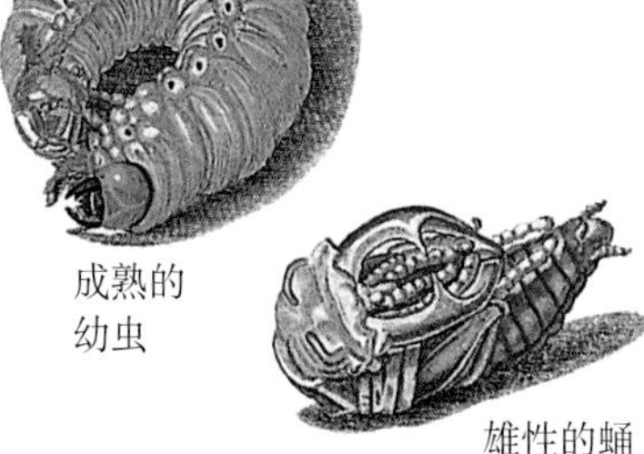

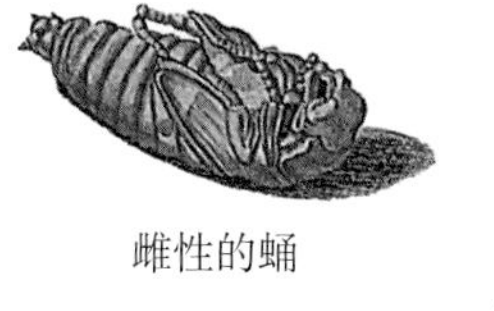

蝎蛉

与蚁狮一样，蝎蛉的成长过程也是完全变态的。上图展示了幼虫和长有翅芽的蛹。

变形人

这是一幅芭芭拉·骆豪士创作的油画，描绘了卡夫卡的《变形记》里主人公变成了一只昆虫的场景。

2 孵化出幼虫

刚孵出的幼虫身上的刺比较软，头部两侧都长着3个由单眼组成的红色斑点。

3 第一顿饭

很多幼虫孵化出来后马上会吃掉自己的卵壳，因为卵壳含有丰富的营养物质。幼虫身体表面的尖刺会迅速变硬。

防御寄生虫

幼虫表皮的刺很硬，尖锐而且分叉。所有以植物为食的瓢虫都长着这样的刺，而肉食性瓢虫都没有刺。这些尖刺能有效地保护幼虫不被鸟类吞食，也能阻止寄生虫在它们身上产卵。

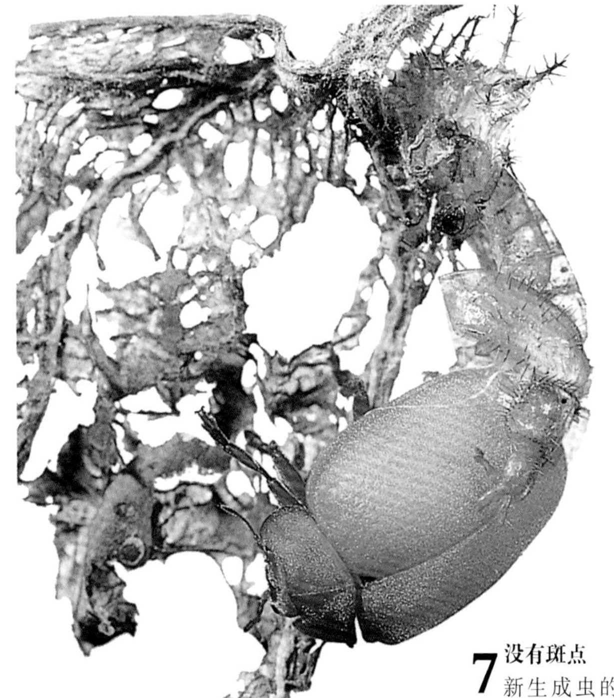

7 没有斑点

新生成虫的身体是黄色的，而且没有斑点。它们的翅鞘会马上变硬。在之后的两三个小时内，它把鞘翅撑起来，让后翅展开，晾干。这是甲虫飞行之前必须要做的工作。

8 又一只成虫形成了

24小时以后，成虫的翅鞘上会长出斑点。从黄色完全变成铜色需要7～10天的时间。

不完全变态

那些比较低等的昆虫经历的是不完全变态，就是说幼虫在外形上和成虫很像，只发生一系列缓慢的变化，就变成了成虫。属于这一类的昆虫有蝗虫、蟑螂、白蚁、飞蝼蛄、蜻蜓和臭虫等。刚孵化出来的幼虫身上没有翅膀，稍后胸部就会长出翅芽，翅膀会从翅芽里发育出来。翅芽随着蜕皮长大，当幼虫变成成虫时，翅膀就形成了。陆生不完全变态昆虫的幼虫称为若虫。而某些昆虫的幼虫生活在水下（称为稚虫），只有快变成成虫时才会爬出水面。接下来我们以豆娘为例，介绍这一过程。

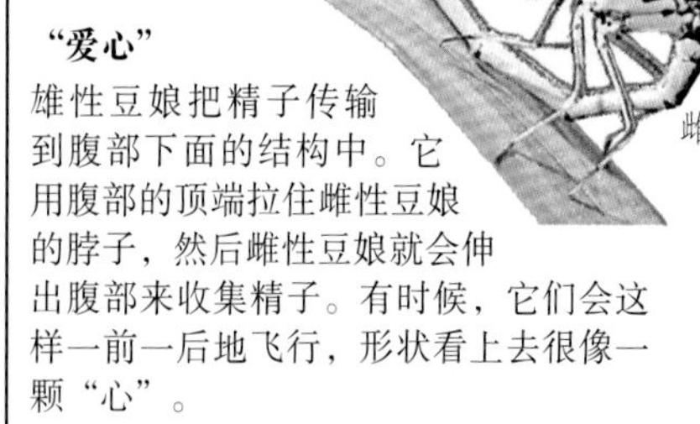

"爱心"

雄性豆娘把精子传输到腹部下面的结构中。它用腹部的顶端拉住雌性豆娘的脖子，然后雌性豆娘就会伸出腹部来收集精子。有时候，它们会这样一前一后地飞行，形状看上去很像一颗"心"。

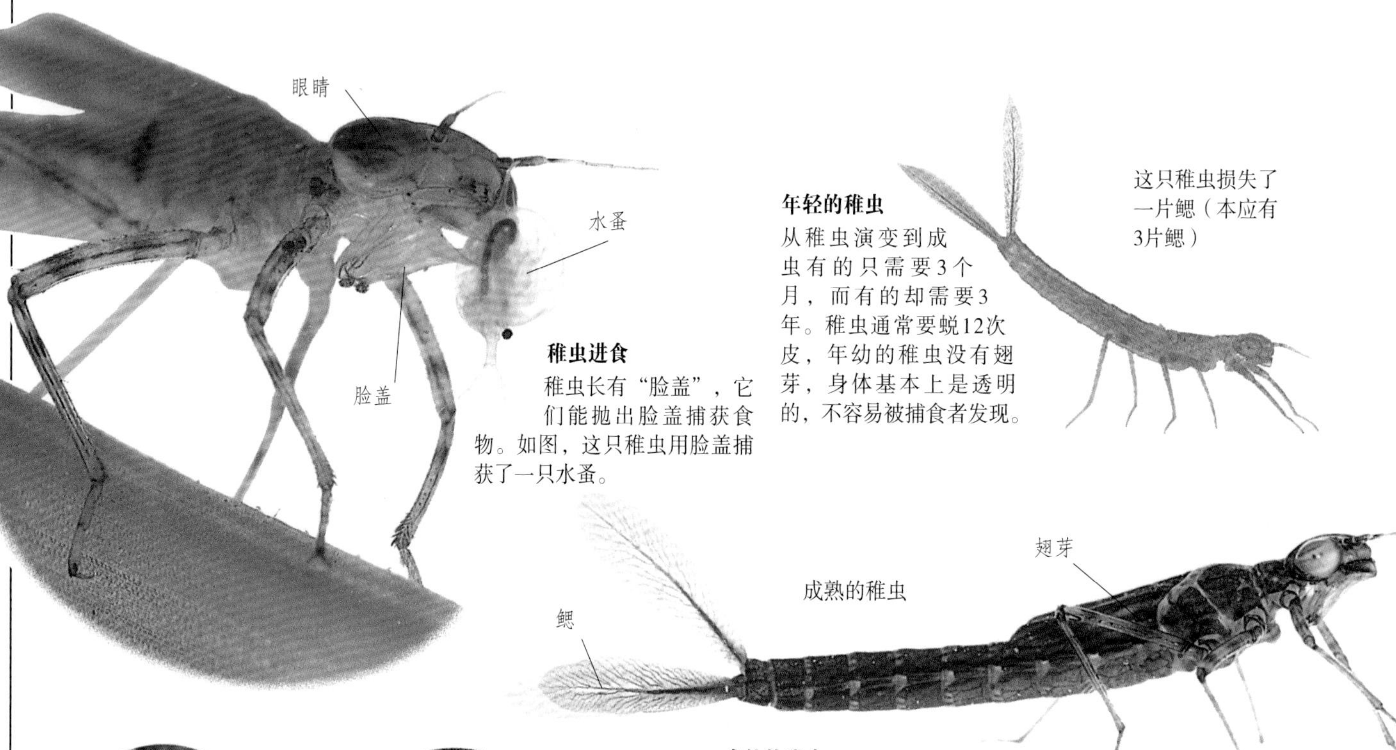

稚虫进食

稚虫长有"脸盖"，它们能抛出脸盖捕获食物。如图，这只稚虫用脸盖捕获了一只水蚤。

年轻的稚虫

从稚虫演变到成虫有的只需要3个月，而有的却需要3年。稚虫通常要蜕12次皮，年幼的稚虫没有翅芽，身体基本上是透明的，不容易被捕食者发现。

成熟的稚虫

稚虫长大以后，身体颜色就会和周边环境融为一体。从图中可以看出，翅芽从胸部延伸到腹部的前3节。

蠼螋

雌性蠼螋过群居生活。一般它们会挖一个洞来产卵，还会一直待在卵的旁边，保护它们。若虫孵化出来以后，蠼螋还会待到它们可以自力更生为止。

在水下呼吸

像鱼一样，蜻蜓和豆娘的稚虫也用鳃呼吸——吸入氧气，呼出二氧化碳。不过它们的鳃是长在尾巴上的3个扇形结构。也许这些鳃只是用来转移攻击者的注意力的，从而保护它的头部。

成熟的稚虫顺着植物的茎爬出水面，准备蜕化为成虫

成虫现身

透过成熟稚虫的身体，我们可以清晰地看到成虫的身体结构。左图中这只稚虫飞行用的肌肉和厚厚的胸部已经形成，不过翅膀还有待进一步发育。稚虫一旦爬出水面，就必须迅速地蜕变为成虫，飞到空中（整个过程大约需要2小时），否则就会被其他动物吃掉。

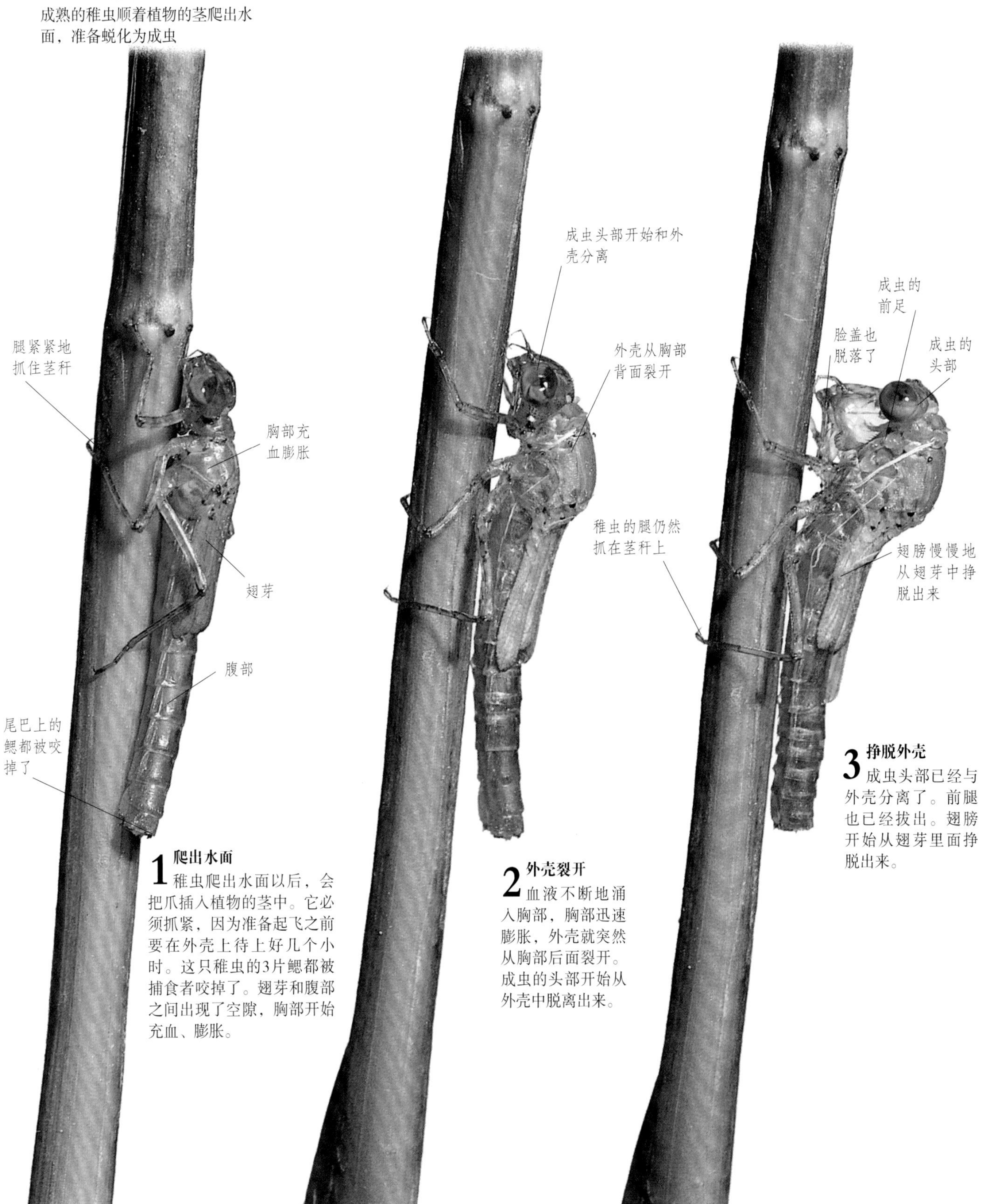

1 爬出水面
稚虫爬出水面以后，会把爪插入植物的茎中。它必须抓紧，因为准备起飞之前要在外壳上待上好几个小时。这只稚虫的3片鳃都被捕食者咬掉了。翅芽和腹部之间出现了空隙，胸部开始充血、膨胀。

2 外壳裂开
血液不断地涌入胸部，胸部迅速膨胀，外壳就突然从胸部后面裂开。成虫的头部开始从外壳中脱离出来。

3 挣脱外壳
成虫头部已经与外壳分离了。前腿也已经拔出。翅膀开始从翅芽里面挣脱出来。

蜻蜓

蜻蜓的不完全变态过程跟豆娘很相似，但时间要长一些。最大的蜻蜓从卵到成虫需要2~3年的时间。另外，蜻蜓稚虫腹部顶端内长着更复杂的鳃。不断有水流入和流出鳃部，靠着这样的喷射推力，蜻蜓稚虫四处游动。蜻蜓的成虫比豆娘更活跃，休息时总把翅膀水平地展开着。

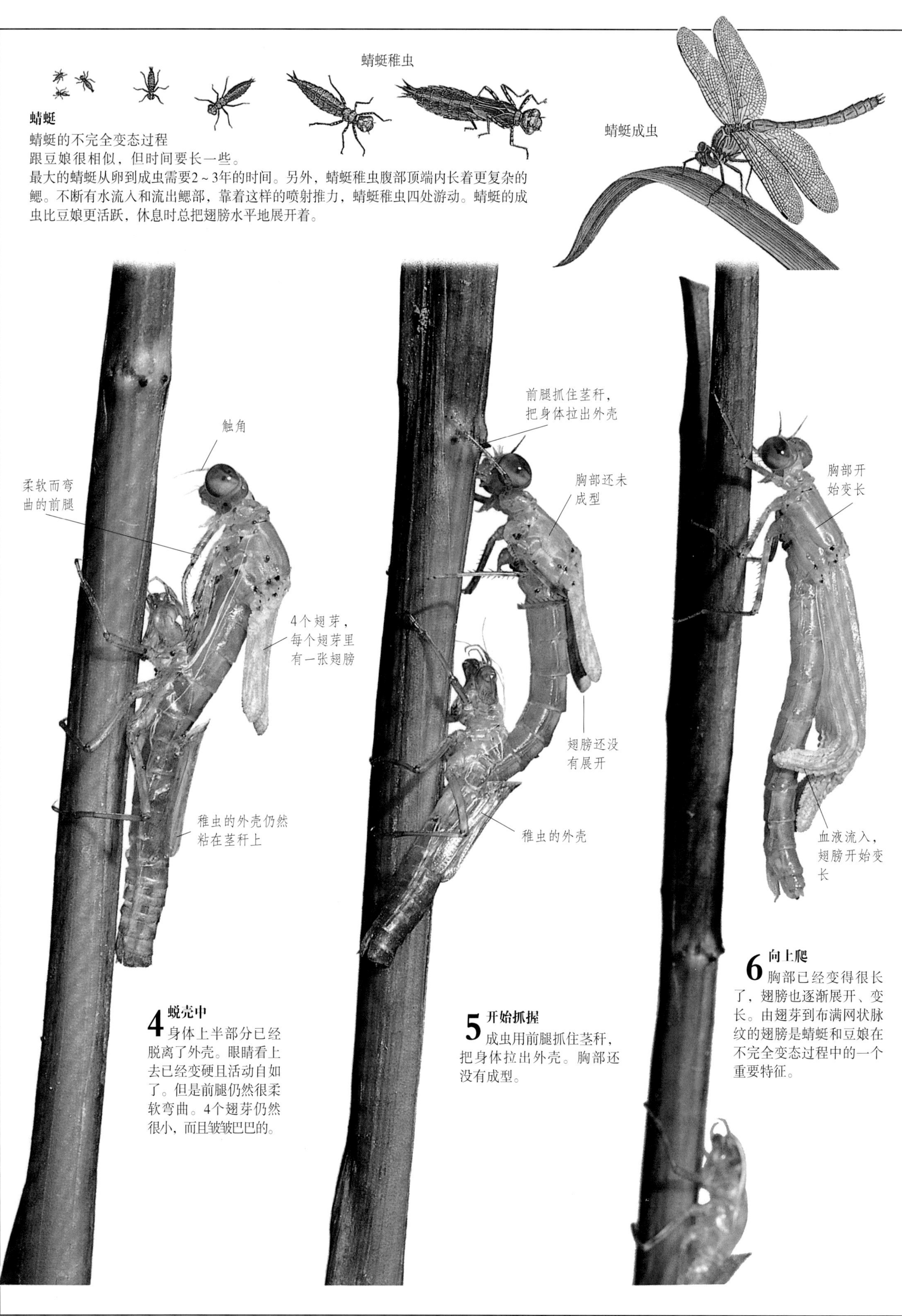

4 蜕壳中
身体上半部分已经脱离了外壳。眼睛看上去已经变硬且活动自如了。但是前腿仍然很柔软弯曲。4个翅芽仍然很小，而且皱皱巴巴的。

5 开始抓握
成虫用前腿抓住茎秆，把身体拉出外壳。胸部还没有成型。

6 向上爬
胸部已经变得很长了，翅膀也逐渐展开、变长。由翅芽到布满网状脉纹的翅膀是蜻蜓和豆娘在不完全变态过程中的一个重要特征。

续上页

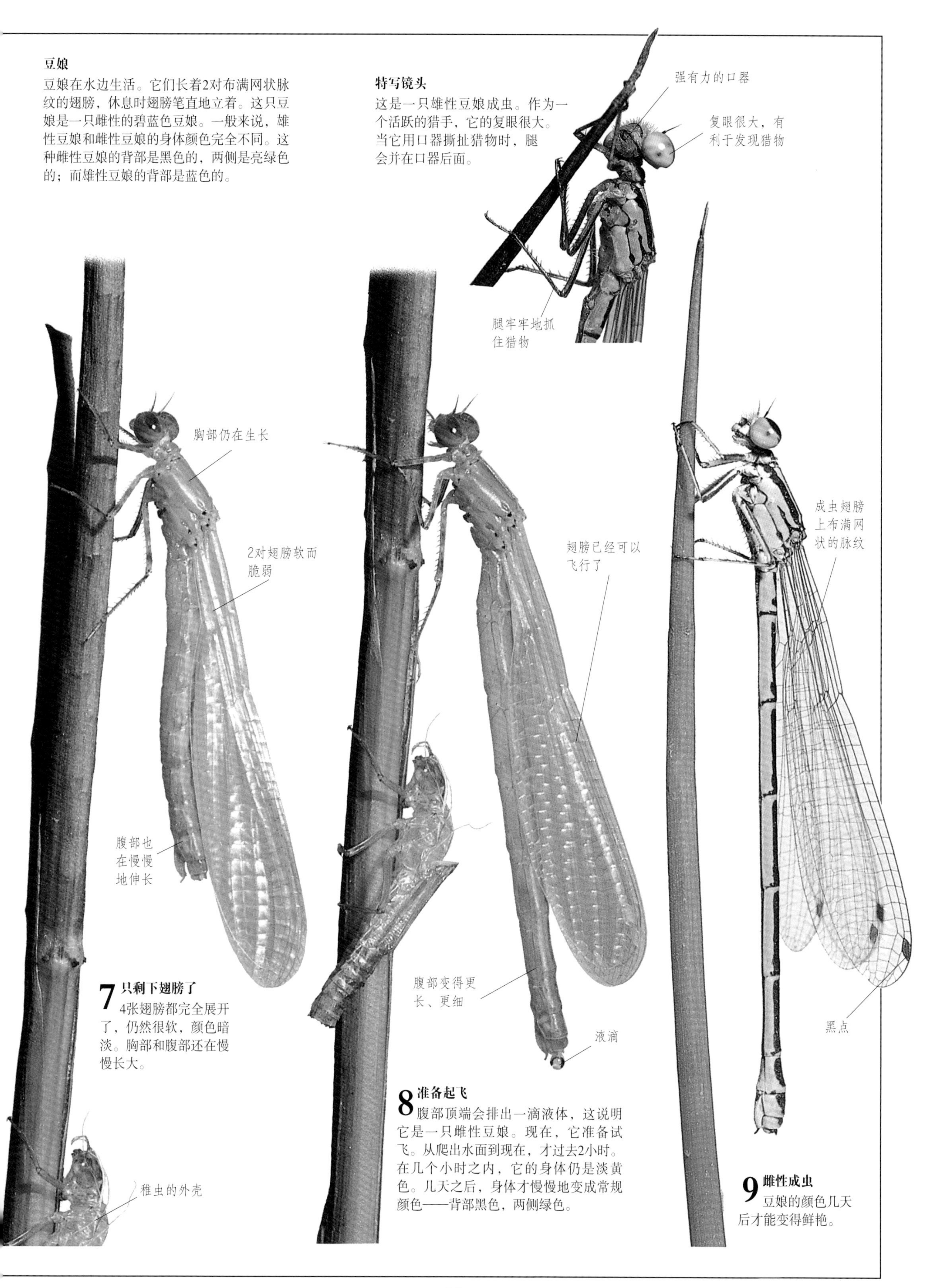

豆娘

豆娘在水边生活。它们长着2对布满网状脉纹的翅膀，休息时翅膀笔直地立着。这只豆娘是一只雌性的碧蓝色豆娘。一般来说，雄性豆娘和雌性豆娘的身体颜色完全不同。这种雌性豆娘的背部是黑色的，两侧是亮绿色的；而雄性豆娘的背部是蓝色的。

特写镜头

这是一只雄性豆娘成虫。作为一个活跃的猎手，它的复眼很大。当它用口器撕扯猎物时，腿会并在口器后面。

7 只剩下翅膀了

4张翅膀都完全展开了，仍然很软，颜色暗淡。胸部和腹部还在慢慢长大。

8 准备起飞

腹部顶端会排出一滴液体，这说明它是一只雌性豆娘。现在，它准备试飞。从爬出水面到现在，才过去2小时。在几个小时之内，它的身体仍是淡黄色。几天之后，身体才慢慢地变成常规颜色——背部黑色，两侧绿色。

9 雌性成虫

豆娘的颜色几天后才能变得鲜艳。

甲虫

世界上至少有30万种甲虫。甲虫以各种动植物为食，也是鸟类、蜥蜴和某些小型哺乳动物的食物。它们破坏庄稼，损毁粮仓，算是一种害虫。所有甲虫经历的都是完全变态。卵孵化出幼虫，经过一段时间的进食和生长后就变成蛹，最终变为成虫。甲虫成虫的前翅很硬，覆盖并保护后翅。最小的甲虫是真菌甲虫，它比针头还要小；最大的是巨人甲虫，最长可达15厘米。

圣甲虫
古埃及人认为屎壳郎滚动着粪球，象征着太阳神拉（Ra）滚动着太阳，使万物复苏。

巨人甲虫
非洲巨人甲虫是世界上“装甲”最厚的甲虫，也是最大的会飞昆虫之一。成虫的体长可达15厘米，体重约100克。幼虫生活在腐烂的植物中，成虫飞到树上，以水果为食，并完成交配。

马来西亚蛙腿甲虫（雄性）

后腿酷似蛙腿

生活在叶子上
叶甲虫大多有着鲜艳的色彩。马来西亚蛙腿甲虫的后腿像是青蛙的腿，交配时用来抓住雌性的身体。南美蛙腿甲虫生活在南美洲，在叶子上面生活。

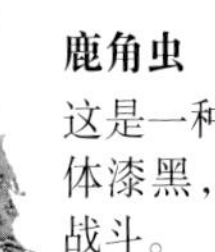

鹿角虫

鹿角虫
这是一种非洲雄性鹿角虫，它通体漆黑，颚强有力而多刺，用来战斗。

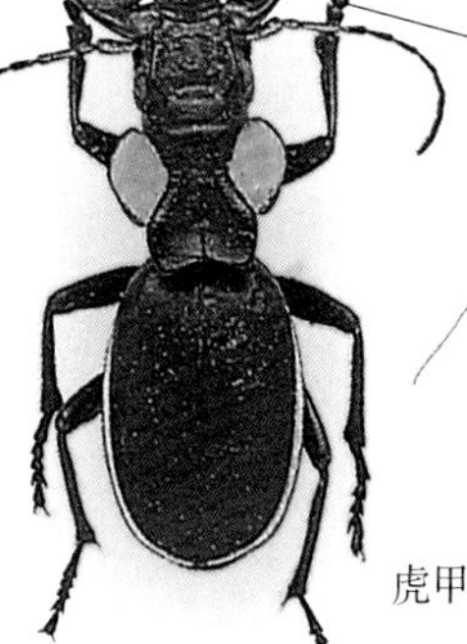

达尔文甲虫

达尔文甲虫
据说英国自然学家查尔斯·达尔文到巴西旅行时，被这种雄性的鹿角虫（智利长牙锹）咬了一口。这种甲虫的颚长而多刺，可用来攻击。

象鼻虫
象鼻虫的头部长有喙，喙的顶端是尖锐的颚。象鼻虫多以植物为食。有的身上长满了毛状物，可用来防止被吞食；而上图中间3种菲律宾的象鼻虫则依靠酷似蜘蛛的外表来迷惑捕食者。

杀手甲虫
步行虫和虎甲虫是近亲，它们都善于猎杀体形较小的昆虫。上左图是非洲的一种步行虫，它们可以快速地追赶猎物。上右图是一种澳大利亚的虎甲虫，善于奔跑和飞行。

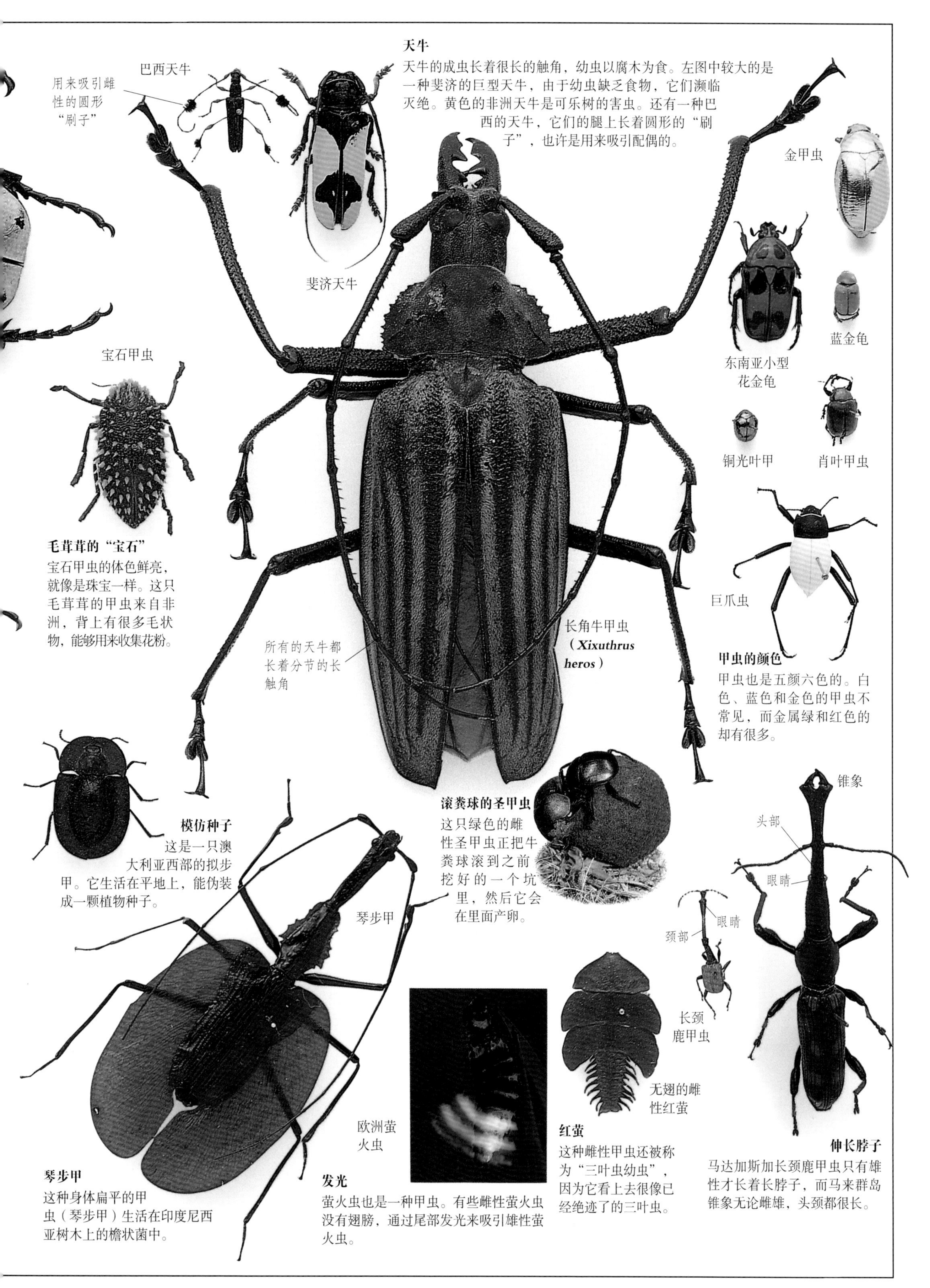

天牛

天牛的成虫长着很长的触角，幼虫以腐木为食。左图中较大的是一种斐济的巨型天牛，由于幼虫缺乏食物，它们濒临灭绝。黄色的非洲天牛是可乐树的害虫。还有一种巴西的天牛，它们的腿上长着圆形的“刷子”，也许是用来吸引配偶的。

毛茸茸的“宝石”

宝石甲虫的体色鲜亮，就像是珠宝一样。这只毛茸茸的甲虫来自非洲，背上有很多毛状物，能够用来收集花粉。

甲虫的颜色

甲虫也是五颜六色的。白色、蓝色和金色的甲虫不常见，而金属绿和红色的却有很多。

模仿种子

这是一只澳大利亚西部的拟步甲。它生活在平地上，能伪装成一颗植物种子。

滚粪球的圣甲虫

这只绿色的雌性圣甲虫正把牛粪球滚到之前挖好的一个坑里，然后它会在里面产卵。

琴步甲

这种身体扁平的甲虫（琴步甲）生活在印度尼西亚树木上的檐状菌中。

发光

萤火虫也是一种甲虫。有些雌性萤火虫没有翅膀，通过尾部发光来吸引雄性萤火虫。

红萤

这种雌性甲虫还被称为“三叶虫幼虫”，因为它看上去很像已经绝迹了的三叶虫。

伸长脖子

马达加斯加长颈鹿甲虫只有雄性才长着长脖子，而马来群岛锥象无论雌雄，头颈都很长。

我身上没有苍蝇！
电影《苍蝇归来》中的主人公变成了一只苍蝇。

苍蝇

苍蝇只有一对翅膀，而蝴蝶和蜻蜓等飞虫却长着两对翅膀。苍蝇的后翅退化成了平衡棒，用来维持飞行的平衡。苍蝇的复眼很大，脚上长着爪和吸盘，这使它们能够在光滑的平面上行走。它们善于在空中“表演杂技”，比如倒挂、倒飞以及盘旋。飞虫无处不在，有些能给植物授粉，有的却是害虫，比如蚊子携带着细菌，会传播疟疾和昏睡症。蝇类昆虫都要经历完全变态，幼虫大多滋生在腐烂的动植物遗体上，只有极少数仅在活着的动植物身上觅食。

没有翅膀
这只微小的蝙蝠蝇没有翅膀。它们生活在蝙蝠的皮毛下面，以吸食蝙蝠血液为生。幼虫从成虫体内产下时就已经成熟了，然后掉到地面上变成蛹。

欧洲大蚊

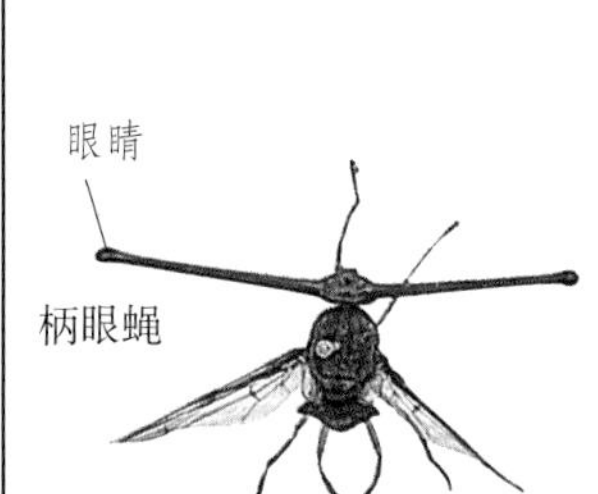

眼对眼
这是一只新几内亚的雄性柄眼蝇。这种蝇会利用长眼柄恐吓其他雄性，眼柄越长者越占优势。

用来保持平衡的平衡棒

世界上最大的大蚊

长腿大蚊
世界上大约有一万多种大蚊，而这种中国的大蚊科昆虫是体形最大的物种之一。最小的大蚊科生物（*Ctenophora ornata*）生活在欧洲。大蚊幼虫的皮肤很坚硬，又叫作“皮夹克”，生活在潮湿的地面上或者泥泞的溪流中，以植物的根为食。

甲蝇

绿皮肤
南美洲的水虻是绿色的，这是因为它们的表皮里含有一种特殊的绿色素。

模仿甲虫
这只小蝇（*Celyphus hyacinthus*）来自马来群岛，看上去酷似一只甲虫。

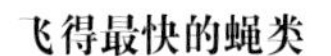

飞得最快的蝇类
这种南美苍蝇（*Pantophthalmus bellardii*）的幼虫喜欢在活树木上钻洞。

粪蝇
左图是一只欧洲的粪蝇，它滋生在新鲜的牛粪上。家蝇以动物的粪便、腐烂的肉和蔬菜为食，还会传播疾病。

眼睛上没有柄状物
这种非洲苍蝇（*Clitodoca fenestralis*）的眼睛上没有柄状物，生活习性鲜为人知。它们花哨的翅膀和红色的头部也许是用来求偶的。

嗜人瘤蝇

青蝇

吃肉的苍蝇
雌性嗜人瘤蝇会把卵产在蚊子的身上，当蚊子吸食人血的时候，卵就进入到了人体内，幼虫孵化出来以后的6周时间里，它们会一直在人的皮肤下面钻洞、取食。和家蝇一样，青蝇也是一种害虫，滋生在腐肉和死亡的动物身体上，也会传播疾病。

蜜蜂和狮子

《旧约全书》中写到，参孙见到一群蜜蜂围着一只腐烂的狮子尸体。事实上，他看到的是黄黑相间的蜂蝇。蜂蝇看上去很像蜜蜂，幼虫生活在污水中，成虫以腐肉为食，圣经的作者误认为蜜蜂生活在死亡的动物体内。

用来吸食花蜜的长舌头

吃蜘蛛的蝇

这种蝇（*Lasia corvina*）的幼虫寄生在狼蛛体内。

吃花蜜的扁平昆虫

这种蝇（*Trichophthalma philippii*）生活在阿根廷，以花蜜为食，幼虫寄生在圣甲虫体内。

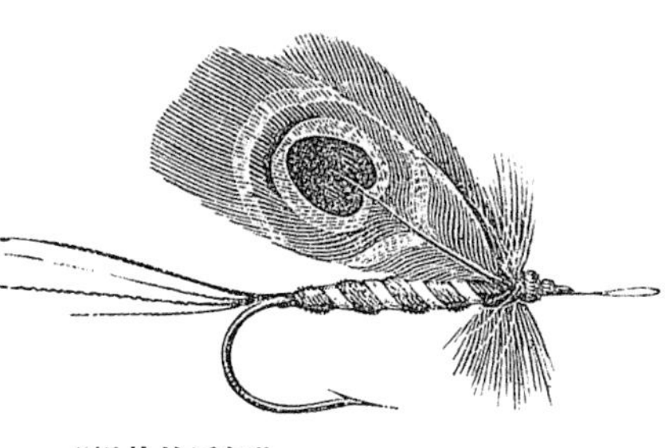

“蝇状的诱饵”

渔夫们用羽毛和麻线做成如上图所示的鱼钩，鱼儿会以为它是一只掉进水里的昆虫。

短而尖锐的口器

杂食昆虫

这是一种尼泊尔的马蝇，它们短小而尖锐的口器用来吸血，长长的舌头用来吸食花蜜。

寄蝇

世界上有成千上万种寄蝇。它们的幼虫大多寄生在其他活着的昆虫体内。因此，它们能够有效地控制害虫的数量。左边黄色寄蝇（*Paradejeania rutiloides*）生活在美洲，以蛾类的毛虫为食；右边亮绿色的（*Formosia moneta*）生活在新几内亚，以圣甲虫的幼虫为食。

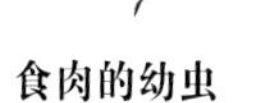

食肉的幼虫

这种蜂蝇生活在非洲，以花蜜为食，但幼虫却生活在黄蜂的巢内，以黄蜂幼虫为食。

身材苗条

图中是一种蜂蝇（蜂虻的一种），身体很苗条，以花蜜为食。而它们的幼虫却以活着的毛虫为食。

用来吸吮花蜜的蜂状长舌

吃蜜蜂的蜂蝇

这种欧洲的蜂蝇也以花蜜为食，经常会被误认为是大黄蜂。它们的幼虫寄生在蜜蜂的巢里，以蜜蜂幼虫为食。

野食蚜蝇

黑带蜂蚜蝇

食蚜蝇

这种蝇能够悬停在空中，然后迅速地飞走，速度极快。大多数食蚜蝇都是黑黄相间的，酷似蜜蜂或者黄蜂。其中一种体形最小的野食蚜蝇生活在欧洲，幼虫以蚜虫为食。黑带蜂蚜蝇（*Volucella zonaria*）的幼虫喜欢在黄蜂的巢下觅食。

这只盗蝇（*Dioctria linearis*）正在享用它刚抓住的姬蜂

毛贼蝇

大翼蝇

蚕饰腹蝇

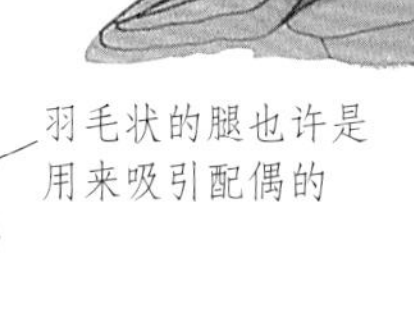

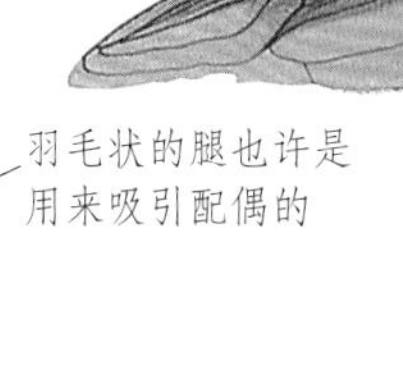

羽毛状的腿也许是用来吸引配偶的

小扁翅蝇

盗蝇

盗蝇总是潜伏在有利位置，袭击飞过的其他昆虫，因而得名。比如它们会栖息在蜂巢附近，杀死回巢的蜜蜂。上图中这种体形较大的黑色物种（*Mallophora atra*）生活在南美洲，擅长伪装成木蜂。长着羽毛状腿的物种（*Pegesimallus teratodes*）来自非洲，它也许会挥舞腿来吸引配偶。

最大的蝇

这种南美洲的拟食虫虻（*Mydas heros*）也许是世界上最大的蝇类昆虫。它的幼虫生活在蚁巢内，它们的食物是蚁巢内以蚂蚁的生活垃圾为食的甲虫。

是不是蜜蜂?

这种天蛾（*Hemaris tityus*）生活在欧洲，对人类没有害处，但人们常把它与有毒刺的蜜蜂混淆。

蝴蝶和蛾

世界上已知的蝴蝶和蛾大约有20万种。蝴蝶和蛾很难分辨。不过，通常蝴蝶都有着鲜艳的色彩，在白天或者傍晚飞行。而蛾的体色相对较暗，大多在夜间飞行。大多数蝴蝶的触角都是棒状的，而蛾类的大多是笔直的或者羽毛状的；蝴蝶休息的时候，翅膀立在背部的上方，蛾类则水平展开，罩着它们的身体。蝴蝶和蛾的成虫都会用长而卷曲的鼻子吸食液体，身体表面都覆盖着“鳞片”，所谓鳞片实际上是一些扁平而褶皱的毛状物。所有蝴蝶和蛾都经历完全变态，幼虫的体色跟成虫完全不同。

是蝴蝶还是蛾?

弄蝶是一类介于蝴蝶和蛾之间的物种。它们的触角很粗，顶端呈钩状，而不是棒状的。图中这两种秘鲁的弄蝶色彩很鲜亮，但大多数弄蝶都是褐色的。

蛱蝶

这只蛱蝶身上的深蓝色是由翅膀上的鳞片反射光线形成的。

尺蠖蛾

尺蠖蛾的幼虫叫作尺蠖。正如这只欧洲三栉条尺蠖一样，大多数尺蠖蛾都是淡绿色或者浅棕色的。而东南亚的尺蠖（*Milionia welskei*）体色非常鲜艳（见上图），在白天飞行，并不合鸟类的口味。

不要吃我!

在昆虫世界里，红、黄、黑相间的物种一般都是有毒的。这只东南亚环带锦斑蛾（*Campylotes desgodinsi*）在白天出没。身上的警告色能让它们逃过鸟类的捕食。

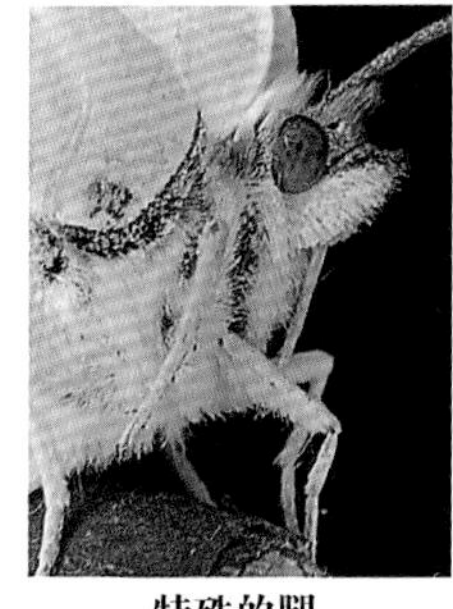

特殊的腿

有些蝴蝶的前腿是用来清洁眼睛的，而不是用来行走的。

老妇蛾

欧洲老妇蛾（*Mormo maura*）夜间出没，白天休息，土褐色的身体使得它们很容易隐蔽。

尾巴末端

这是一只非洲月蛾（*Argema mimosae*），身体上长着眼点，用来转移捕食者的注意力，保护脆弱的身体。当受到攻击时，它长长的尾部会断开。在光照下，绿色会很快褪掉。

燕蛾

燕蛾只生活在热带地区。像这只马达加斯加的日落蛾（*Chrysiridia ripheus*）一样，很多燕蛾都在白天飞行，不善于长途迁徙。燕蛾翅膀上亮丽的色彩是鳞片反射太阳光形成的。右边这种来自新几内亚的蓝白色燕蛾（*Alcides aurora*）长着扇形的后翅。

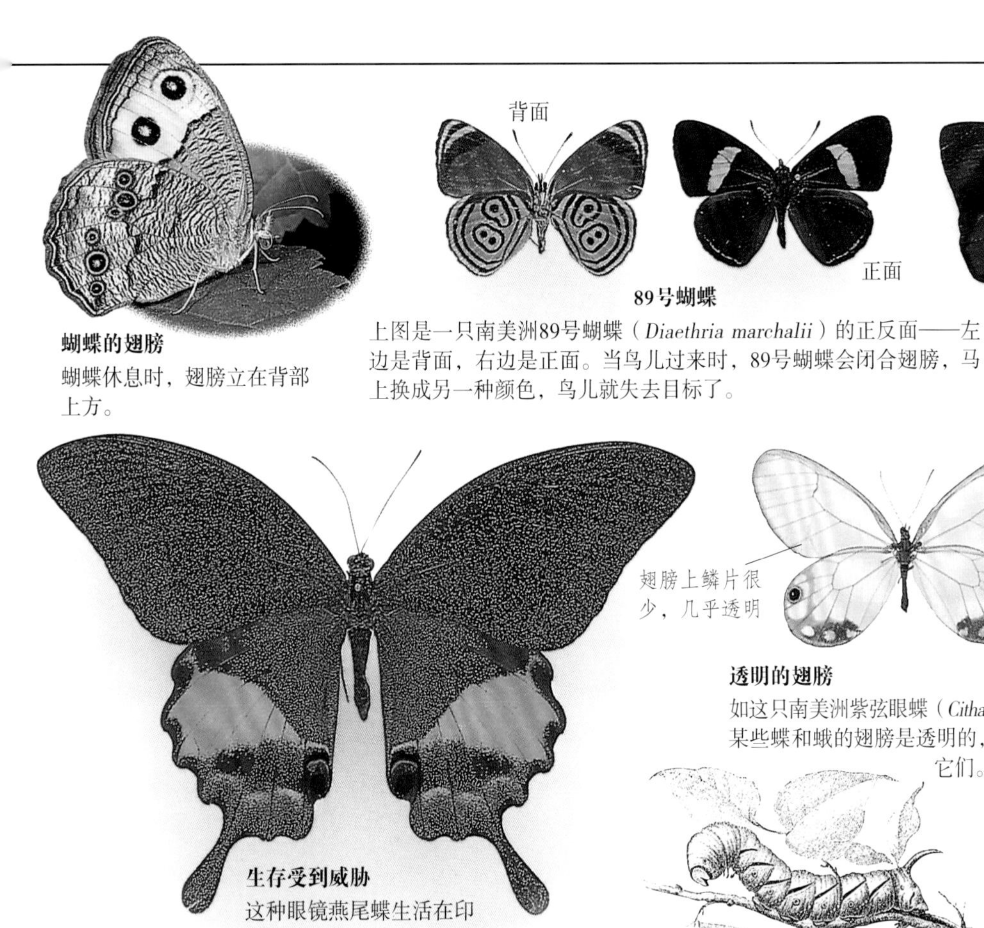

蝴蝶的翅膀

蝴蝶休息时，翅膀立在背部上方。

89号蝴蝶

上图是一只南美洲89号蝴蝶（*Diaethria marchalii*）的正反面——左边是背面，右边是正面。当鸟儿过来时，89号蝴蝶会闭合翅膀，马上换成另一种颜色，鸟儿就失去目标了。

吸引雌性的香味

这种南美洲彩蝶（*Agrias claudina sardanapalus*）以腐烂的水果为食。雄性翅膀上金黄色的鳞片散发着用来吸引雌性的香味。

透明的翅膀

如这只南美洲紫弦眼蝶（*Cithaerias esmeralda*），某些蝶和蛾的翅膀是透明的，捕食者很难发现它们。

生存受到威胁

这种眼镜燕尾蝶生活在印度尼西亚的雨林中，已经濒临灭绝了。

茧

毛虫发育完全后就会变成蛹，破茧而出后变成了成虫。

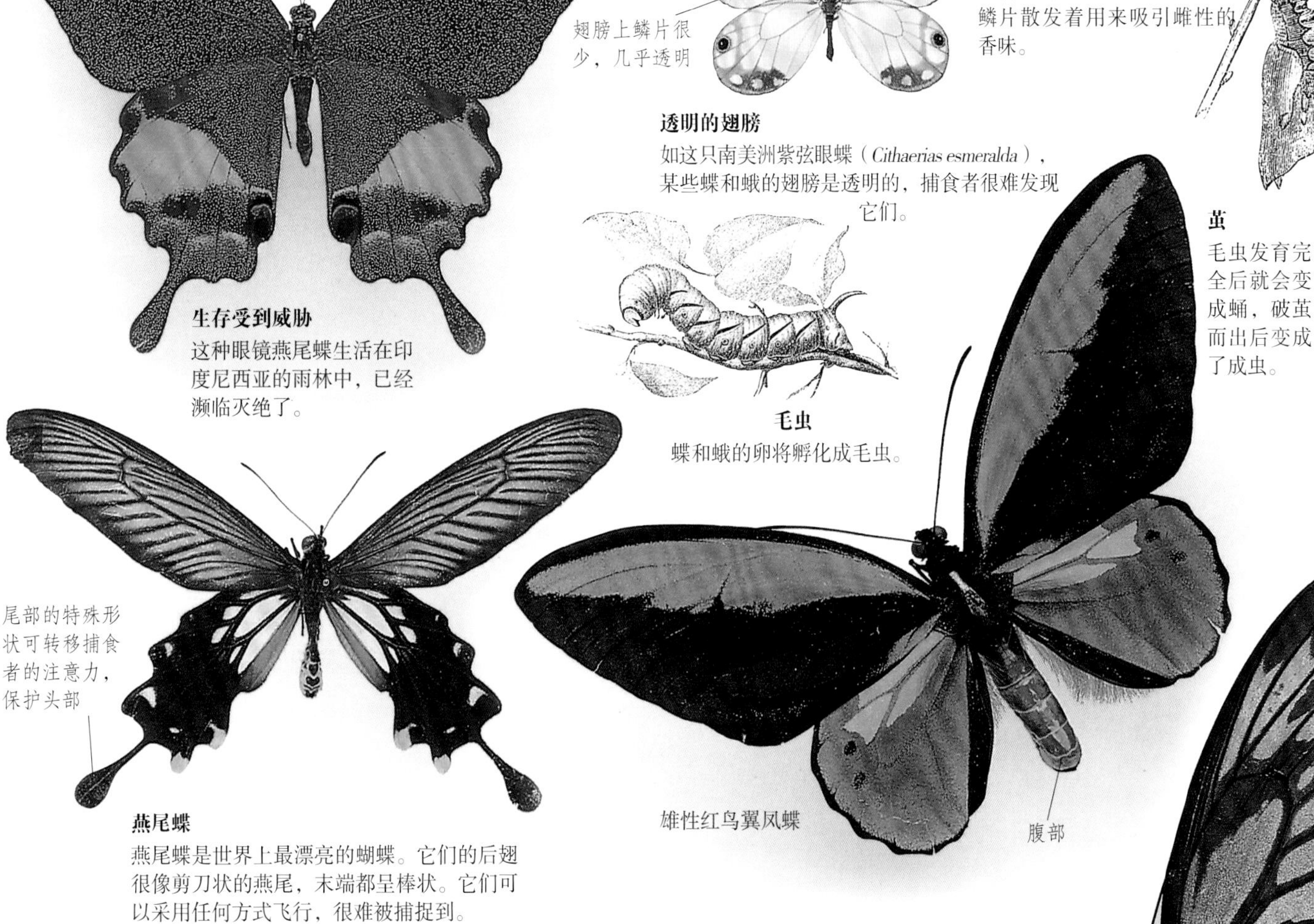

毛虫

蝶和蛾的卵将孵化成毛虫。

燕尾蝶

燕尾蝶是世界上最漂亮的蝴蝶。它们的后翅很像剪刀状的燕尾，末端都呈棒状。它们可以采用任何方式飞行，很难被捕捉到。

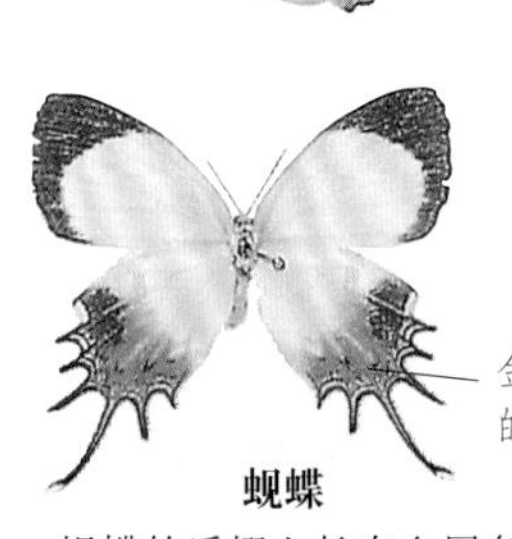

蚬蝶

蚬蝶的后翅上长有金属色的斑纹。图中这种蚬蝶（亮须拟蚬蝶）后翅上有6个分叉，可以迷惑捕食者。

红色翅膀

红色滑翔机蝶（*Cymothoe coccinata*）的身体呈深红色，生活在西非的热带雨林里面，很难被发现。它们身体的底面是褐色的，就像一片枯叶。

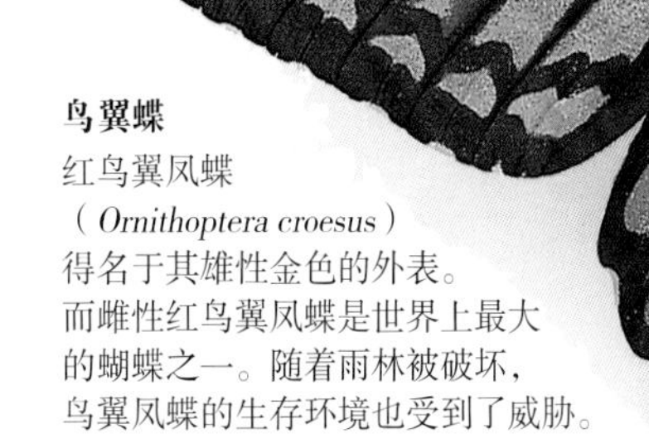

鸟翼蝶

红鸟翼凤蝶（*Ornithoptera croesus*）得名于其雄性金色的外表。而雌性红鸟翼凤蝶是世界上最大的蝴蝶之一。随着雨林被破坏，鸟翼凤蝶的生存环境也受到了威胁。

臭虫

“Bug”现在泛指昆虫，但原本特指臭虫科昆虫。臭虫科昆虫都长着长而分节的吸管。其中包括吸食昆虫体液的仰泳蝽、水黾，吸食植物体液的蚜虫、介壳虫、盾蝽和光蝉，以及有些会吸血的床虱和双斑粗股猎蝽。很多臭虫的前翅坚硬，基部和顶端比较细，两只前翅重叠保护薄膜状后翅。所有的臭虫都经历不完全变态，若虫体形较小而且没有翅膀。

单性生殖
很多蚜虫能够直接产下幼虫，属于单性生殖。

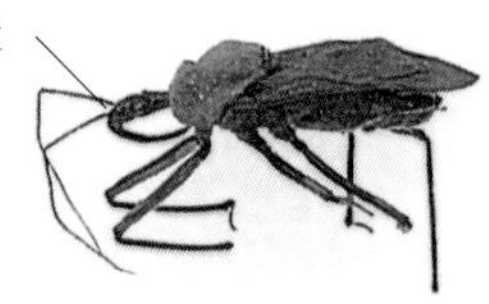

猎蝽
猎蝽会发出嘶嘶的声音。这是它们弯曲的喙与身体下方锉刀结构摩擦产生的。

非洲沫蝉成虫

吹泡虫
吹泡虫分泌泡沫以保持身体湿润，避免被捕食。

唾液如雨
上右图中的非洲沫蝉（*Locris species*）在树上吐了很多唾液。

叶蝉
这种叶蝉以杜鹃花的叶子为食。叶蝉大多是绿色的，以植物的叶子为食。

放大了的床虱

床虱实际大小

眼睛

用来抓住昆虫的强有力的前腿

黑夜里的害虫
这种床虱（*Cimex lectularius*）属于小型吸血臭虫，大多生活在蝙蝠和鸟类的巢穴里。床虱都是吸血昆虫，可以几个月不吃东西，在温暖的环境下可以迅速繁殖。

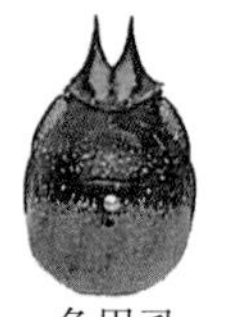
角甲虱

地底下的珍珠
这些“地底下的珍珠”是一种以植物的根为食的臭虫外壳。

珠蚧

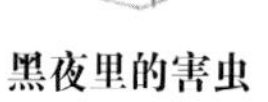

多刺的腿

用来防御鸟的刺

魔鬼角蝉

不寻常的植食昆虫
很多植食臭虫都有古怪的外表。有些长着特殊的腿，如上左图中这只臭虫（*Thasus acutangulus*）的腿上就有很多刺；有的有着奇怪的外形，如魔鬼角蝉（*Hemikyptha marginata*），有的有独特的角（如*Ceratocoris horni*）。

介壳虫

粉蚧

吸食树液
雌性粉蚧、介壳虫和珠蚧都没有翅膀，身体比蚜虫还要小。

鸣叫的蝉
像印度的蝉（*Angamiana aetherea*）一样，雄性蝉会用“歌声”来吸引雌性。蝉的幼虫生活在地下，以吸食植物根部的汁液为生。北美洲有一种蝉要经过17年才变成成虫，然后爬到树上“尽情地歌唱”。

猎蝽（*Centraspis* species）

猎蝽（*Gardena melanarthrum*）

猎蝽(*Platymers biguttata*)正在吃一只蟑螂

致命的猎蝽

猎蝽具有侵略性。*Gardena melanarthrum*的腿又细又长，善于从蜘蛛网上偷取猎物。*Centraspis*的身体比较结实，擅长攻击比较灵活的昆虫。生活在南美洲的锥猎蝽携带着查格斯氏病菌。

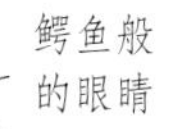

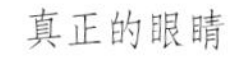

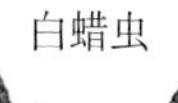

会飞的鳄鱼

这种白蜡虫的头部前端很像是一只鳄鱼头，可以看到牙齿、鼻孔和眼睛的轮廓。而它们真正的眼睛和触角却长在头部的后端。白蜡虫生活在树上，头部的“灯笼”在晚上并不会亮。

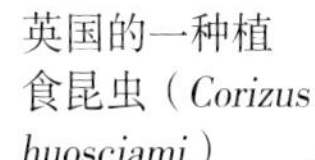

英国的一种植食昆虫（*Corizus huosciami*）

美味的田鳖

田鳖分布在热带，生活在水下，以捕食蜗牛或者体形较小的青蛙和鱼类为生。某些中餐里面就加有田鳖，别有一番滋味。

管状口器

臭虫的管状口器一般都向下后方弯曲。这个粉红色标本（*Lohita grandis*）的进食管被拉直了。这种臭虫以棉花和木槿的种子为食。

飞动的旗帜

这只以吸食汁液为生的缘蝽（*Bitta flavolineata*）腿上翻卷着“旗帜”，这有利于分散捕食者的注意力。

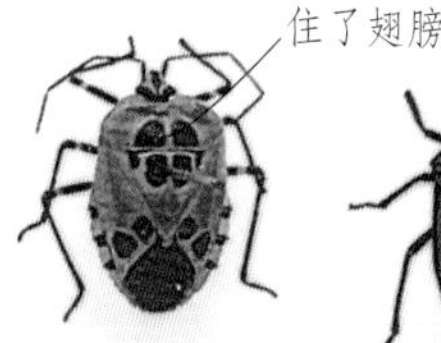

饰蚊蝽

美丽蝽

盾蝽的成虫

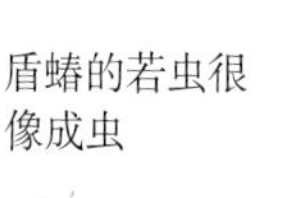

盾蝽的若虫很像成虫

丽盾蝽

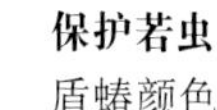

保护若虫

盾蝽颜色多种多样，形状和大小也不尽相同。有些雌性盾蝽总是待在若虫的周围，保护着它们。比如上左图中的这两种，很多盾蝽的颜色都很鲜艳。它们身上长着一个很大的“盾牌”，保护翅膀和身体。

闪烁的色彩

这只中美洲的臭虫（*Phrictus quinquepartitus*）和白蜡虫一样，后翅上都长着鲜亮的彩斑，头部的形状都很奇特。这也许是用来恐吓捕食者的。

改变食性

这只很像蛾的昆虫是一种姬缘蝽（*Derbe longitudinalis*）。它们的幼虫以菌类为食，而成虫是一种植物害虫。

无论是花色还是体形，盾蝽都很像某些部落使用的盾牌

蜂和蚁

蜂和蚁及近亲组成了世界上最大的昆虫种群之一。迄今为止，我们已发现的蜂和蚁大约有20万种，还有更多的物种正在不断地被人们认识。除了叶蜂之外，大多数蜂和蚁都长着细细的“腰”，很容易辨认。大多数雌蜂的腹部末端的产卵器都变成了用来自卫的螫刺。某些种类的蜂和蚁属于群居昆虫，它们生活在自己建造的巢穴里面，共同生活，抵御外敌。我们对黄蜂知之甚少。很多黄蜂一生中要吃掉大量的农作物害虫。黄蜂也会为植物授粉，确保了我们水果和蔬菜的丰收。

黄蜂腰
19世纪晚期，蜂腰曾经是女士们的最爱。

雄蜂

树蜂
夏季，树蜂中的工蜂会捕食农田里的毛虫来喂养它们的幼虫。秋季的时候，它们就会飞进房子里面寻找糖类食品。

蜂王

工蜂

螫刺能把毒素注射到受害者体内

螫刺
这是一张螫刺的放大图。蜜蜂或黄蜂的螫刺是由产卵器变来的。

大黄蜂

大黄蜂
大黄蜂是欧洲体形最大的黄蜂，它们的螫刺毒性很强。蜂王在春天开始建造蜂巢。它的第一批卵孵化成工蜂，工蜂继续扩建蜂巢，喂养幼虫和蜂王。此后，蜂王就只负责产卵了。

蜘蛛杀手
长毛蜘蛛鹰（*Pepsis heros*）是世界上体形最大的黄蜂。雌蜂能捕捉到大型蜘蛛，并用螫刺将其麻醉，然后把卵产到蜘蛛体内。当卵孵化出幼虫后，幼虫就有新鲜的蜘蛛肉吃了。

寄生蜂

寄生蜂
和蜜蜂不一样，很多蜂都不是群居昆虫，也不建造大型的蜂巢。左图中是一只体形较大的蓝色寄生蜂。它把卵产到兰蜂（下图）的蜂房里面，幼虫会吃掉蜂巢里的食物，甚至兰蜂的幼虫。

兰蜂

一种长舌花蜂

另一种长舌花蜂

香水制造者
南美洲的兰蜂被称为香水制造者。这是因为雄性兰蜂能够采集花里的物质，并转化成香味来吸引雌性。

最大的蜂
亚洲木蜂是世界上体形最大的蜂。它们能在腐烂的木头里面建造巢穴。

熊蜂
熊蜂也是一种群居昆虫，广泛地分布在北半球的温带地区。这是一只山地熊蜂，一般都在靠近越橘丛的地洞里生活。

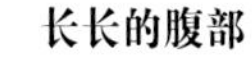

雄蜂

长长的腹部

这种雌性黄蜂（*Pelecinus polyturator*）的腹部又细又长，能够把卵产到木头里的甲虫蛹体内。

雌蜂的产卵器很长

长长的产卵器

在树上钻孔

姬蜂会把卵产到其他昆虫的体内，幼虫孵化出来以后，就会把昆虫吃掉。左图中是欧洲雌性黑背皱背姬蜂，它们的产卵器特别长，能够钻透木头，把卵产到叶蜂的蛹里面。

茧蜂的茧

棘钝姬蜂

茧

寄生黄蜂

一只毛虫里面也许存在很多茧蜂的幼虫。非洲绒茧蜂会把卵产到毛虫体内，幼虫把毛虫吃空以后就在毛虫的表面结成了茧。

挑剔的黄蜂

很多种黄蜂都像这只欧洲棘钝姬蜂一样，它们的幼虫只在特定的蛾茧里才能发育。

从里边开始吃

寄生蜂的幼虫寄生在天蛾毛虫的体内，现在就要破茧而出了。

右图所示这种叶蜂（*Chalinus imperialis*）生活在非洲，幼虫以木头中的甲虫幼虫为食

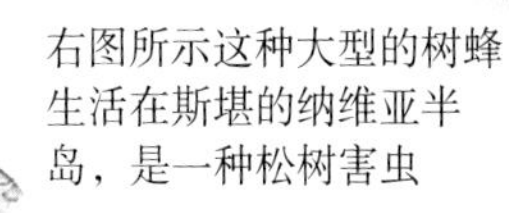

右图所示这种大型的树蜂生活在斯堪的纳维亚半岛，是一种松树害虫

左图所示这种欧洲叶蜂（*Cimbex femoratus*）的幼虫以白桦树叶为食

蝴蝶杀手

这种黄蜂（*Editha magnifica*）生活在南美洲，善于攻击在地面上的蝴蝶群。一只黄蜂每次只攻击一只蝴蝶。用螫刺把蝴蝶麻醉，咬掉蝴蝶的翅膀，然后将其储存到地洞里。它们会在地洞里产卵，幼虫会吃掉蝴蝶，直到变成蛹。

叶蜂

叶蜂（锯蝇）没有典型的“蜂腰”。叶蜂的产卵器上长着锯齿状的刃，因此得名锯蝇。叶蜂把卵产到植物组织里面，幼虫以植物为食。与大多数昆虫不同，叶蜂分布在温带，在热带地区却很少见。

蚂蚁

蚂蚁是群居昆虫，一个蚁群中的蚂蚁数量可以达到10万只。它们的下颚有力，可以用来叮咬。有的蚂蚁还把蚁酸喷到它咬过的伤口上，使受害者更加疼痛。

雄性非洲行军蚁

会飞的香肠

雄性非洲行军蚁长有翅膀，它们的身体长而肥大，被称为“会飞的香肠”。

捕猎黄蜂

这种印度和婆罗洲地区美丽的黄蜂（叶齿金绿泥蜂，*Chlorion lobatum*）能够用螫刺蜇到蟋蟀。孵化出的幼虫就以蟋蟀的躯体为食。

子弹蚁

最大的蚂蚁

南美洲的子弹蚁是世界上最大的工蚁。它们分成小群居住在一起，但捕食是单独行动。

行军蚁的工蚁

行军蚁的蚁王

行军蚁

这种非洲行军蚁（*Dorylus nigricans*）没有固定的巢穴。蚁王产卵时，它们会搭起温暖的“帐篷”，然后带着发育中的幼虫四处移动。它们会排成一个扇形，吃掉路上的任何东西。

蚂蚁通过触觉和嗅觉来相互交流

迪斯尼公司的吉姆利蟋蟀是世界上唯一的一只四脚蟋蟀！

其他昆虫

甲虫、臭虫、蝇、蜂（包括蜂和蚁）和蝶（包括蝶和蛾）这五大类占了昆虫的3/4。除此之外，还有15小类，包括蟑螂、蠼螋、蚁狮、蜻蜓、螳螂、蝗虫和竹节虫，另外还有书虱、牧草虫、鸟虱、跳蚤和吸虱等。

斯蒂芬森岛上的沙螽

这种沙螽曾经在新西兰很常见，不过如今几乎快要灭绝了。

斯蒂芬森岛上的沙螽（新西兰沙螽）

强壮的后腿使跳蚤跳得很远

正在交配的跳蚤

跳蚤

跳蚤的成虫都以吸血为生。不同的跳蚤会吸食不同动物的血液。跳蚤的幼虫是白色的，体形很小，生活在鸟巢或者地毯中的腐败物中。成虫可以长时间不吃东西，不过当有食物经过时，它会迅速地跳上去。

细长的节腿

竹节虫

竹节虫一般是绿色或褐色的，都长着细长的腿和触角。它们白天时一动不动地挂在灌木丛或者树上。它们在晚上活动，以植物的叶子为食。雄性竹节虫大多长着翅膀，而雌性一般都没有翅膀。

翅膀

新几内亚的斑海虫

巴布亚新几内亚岛的宽眼虫

触角

腿上的尖刺可使其免受攻击

弯曲的前腿使螳螂看上去很像是在祈祷

一种非洲螳螂（*Sibylla pretiosa*）

螳螂捕食

螳螂的身体细长，呈现绿色或暗褐色的，这是一种保护色。螳螂以其他昆虫为食，它们的前腿很适合捕获猎物。

歌唱的技巧

雄性蝗虫会用后腿与坚硬的前翅摩擦而发出的"歌声"来吸引雌性。这种淡绿色的非洲蝗虫（*Physemacris variolosa*）的腹部向外伸展，就像一个共鸣箱。而蟋蟀的"歌声"是通过两个前翅的摩擦发出的，比如右图中这只马来西亚蟋蟀（*Trachyzulpha fruhstorferi*）。

这种颜色使蟋蟀能够隐藏在长满地衣的树枝上

蝗虫的腹部向外伸展，就像是一个共鸣箱

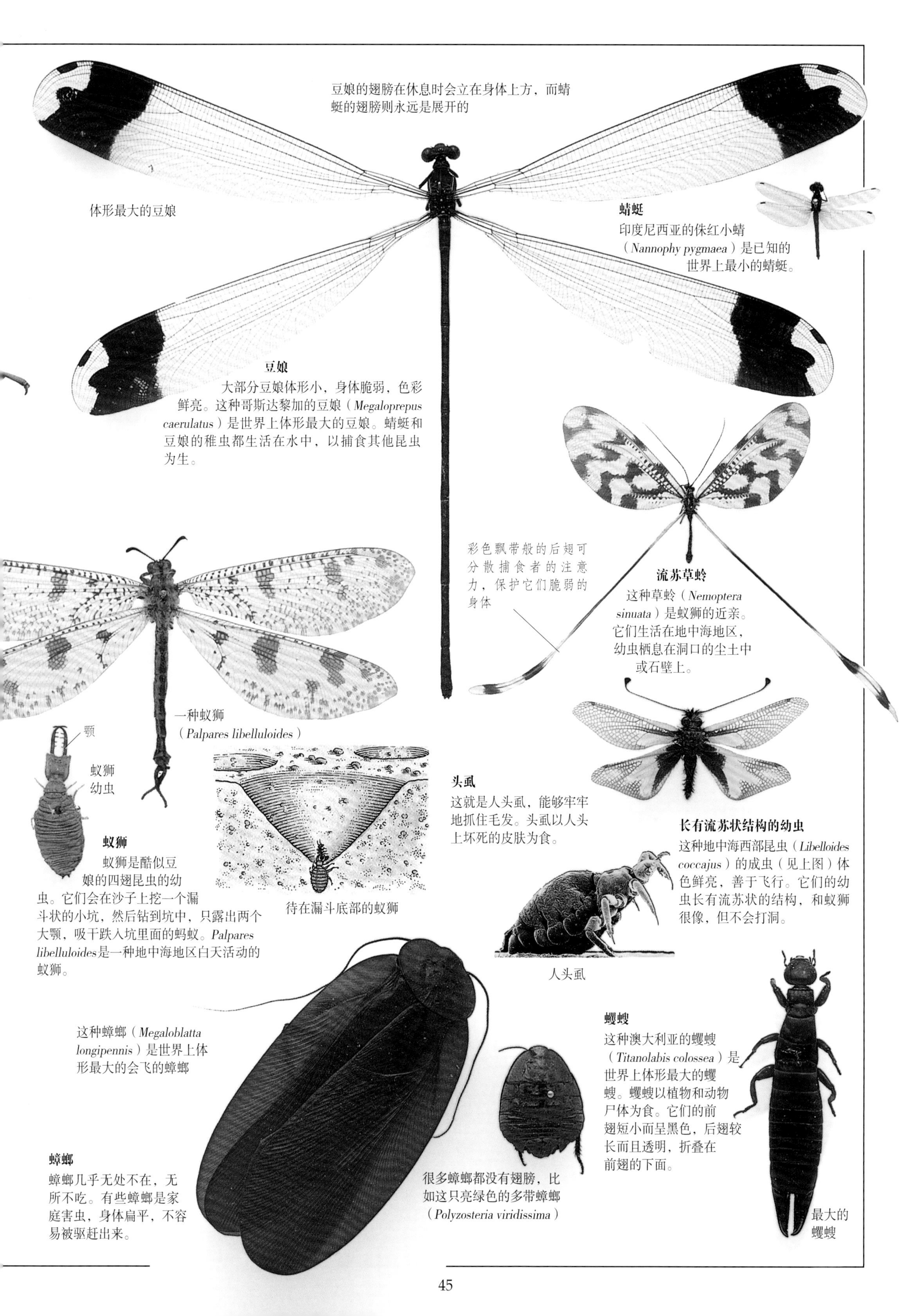

豆娘的翅膀在休息时会立在身体上方，而蜻蜓的翅膀则永远是展开的

体形最大的豆娘

蜻蜓

印度尼西亚的侏红小蜻（*Nannophy pygmaea*）是已知的世界上最小的蜻蜓。

豆娘

大部分豆娘体形小，身体脆弱，色彩鲜亮。这种哥斯达黎加的豆娘（*Megaloprepus caerulatus*）是世界上体形最大的豆娘。蜻蜓和豆娘的稚虫都生活在水中，以捕食其他昆虫为生。

彩色飘带般的后翅可分散捕食者的注意力，保护它们脆弱的身体

流苏草蛉

这种草蛉（*Nemoptera sinuata*）是蚁狮的近亲。它们生活在地中海地区，幼虫栖息在洞口的尘土中或石壁上。

一种蚁狮（*Palpares libelluloides*）

颚

蚁狮幼虫

蚁狮

蚁狮是酷似豆娘的四翅昆虫的幼虫。它们会在沙子上挖一个漏斗状的小坑，然后钻到坑中，只露出两个大颚，吸干跌入坑里面的蚂蚁。*Palpares libelluloides*是一种地中海地区白天活动的蚁狮。

待在漏斗底部的蚁狮

头虱

这就是人头虱，能够牢牢地抓住毛发。头虱以人头上坏死的皮肤为食。

人头虱

长有流苏状结构的幼虫

这种地中海西部昆虫（*Libelloides coccajus*）的成虫（见上图）体色鲜亮，善于飞行。它们的幼虫长有流苏状的结构，和蚁狮很像，但不会打洞。

这种蟑螂（*Megaloblatta longipennis*）是世界上体形最大的会飞的蟑螂

蠼螋

这种澳大利亚的蠼螋（*Titanolabis colossea*）是世界上体形最大的蠼螋。蠼螋以植物和动物尸体为食。它们的前翅短小而呈黑色，后翅较长而且透明，折叠在前翅的下面。

蟑螂

蟑螂几乎无处不在，无所不吃。有些蟑螂是家庭害虫，身体扁平，不容易被驱赶出来。

很多蟑螂都没有翅膀，比如这只亮绿色的多带蟑螂（*Polyzosteria viridissima*）

最大的蠼螋

昆虫和植物

3亿年前，地球上昆虫种类很少。随着开花植物的出现和植物种类的不断增加，新的昆虫物种开始出现了。有的昆虫能够给植物授粉，有的以植物为食。植物和昆虫的种类的进化几乎是携手并进的。此外，腐食昆虫和肉食昆虫的出现也具有重要意义。

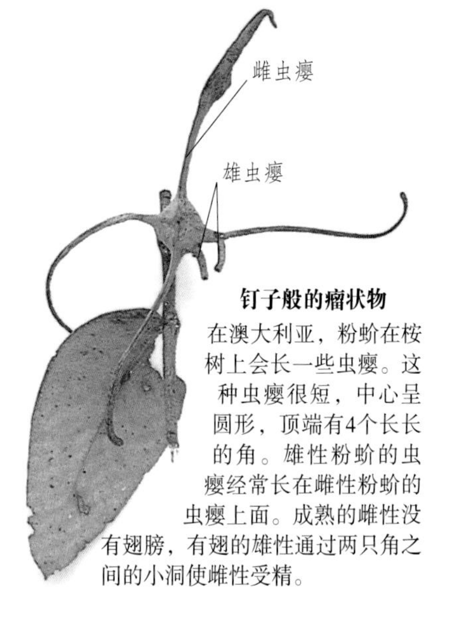

钉子般的瘤状物
在澳大利亚，粉蚧在桉树上会长一些虫瘿。这种虫瘿很短，中心呈圆形，顶端有4个长长的角。雄性粉蚧的虫瘿经常长在雌性粉蚧的虫瘿上面。成熟的雌性没有翅膀，有翅的雄性通过两只角之间的小洞使雌性受精。

花
很多花都靠昆虫来授粉。

潜叶虫
这片叶子上弯曲的白道是潜叶虫（*Phytomyza vitalbiae*）留下的。它们的幼虫会吃掉叶子上下表面之间的部分，黑线是它们的排泄物，标明了行进路线。这种昆虫对植物的伤害是致命的。

甲虫造成的瘤状物
这种甲虫（*Sagra femorata*）的雌性在攀缘植物的茎内产卵。随着幼虫的发育，茎上的虫瘿会逐渐膨胀，直到幼虫蜕变为成虫。

干净的熊蜂
蜜蜂帮助植物授粉，植物才能结果。很多花的颜色鲜艳，散发香味，以便吸引蜜蜂或者其他能授粉的昆虫。

金黄色的花粉沾到身上
当熊蜂吸吮犬蔷薇的花蜜时，花粉就会沾到它们毛茸茸的身体上面。

紫杉木上的瘤状物

瘿蚊使紫杉树的芽形成一个包含着很多小叶的球状物。一个球里面只有一只瘿蚊的幼虫。

橡树上的云石瘿

欧洲的橡树上面经常长着一种“石弹”。这是由某种单性生殖的雌性小瘿蜂（*Andricus kollar*）造成的。

橡树云石瘿

橡树上的樱桃

小瘿蜂在橡树的叶脉上产卵，形成一个樱桃状的虫瘿，保护着里面的幼虫，并为幼虫提供食物。

新形成的虫瘿是浅色的

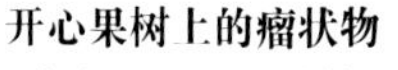

开心果树上的瘤状物

在地中海地区，这种管状的虫瘿是瘿绵蚜在开心果树上留下的。这种蚜虫两代并存，生活在两株植物上。

开心果虫瘿

叶子

玫瑰上的虫瘿

玫瑰上的虫瘿也叫作针褥瘿。雌性瘿蜂在玫瑰花芽里产卵，每一个虫瘿里面都有很多幼虫，分别生活在独立的囊里面。

风玫瑰

古波斯人认为这些粉红色苔藓状的虫瘿是风造成的，因此叫它“风玫瑰”。

剖开的醋栗

虫瘿

虫瘿里面的幼虫

橡树叶子上的樱桃虫瘿

未成熟的幼虫

成熟的幼虫

樱桃虫瘿

只有雌性的瘿蜂(如*Cynips quercusfolii*)是在樱桃虫瘿中发育的。雌性成虫冬季在橡树芽上产卵，春天幼虫就开始发育。

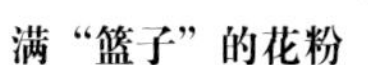

满“篮子”的花粉

大黄蜂会用粉刷把花粉都刷进后腿上的“花粉篮”内，飞回蜂巢。

丝

安然无恙

有的毛虫会把一片叶子卷起来，然后用丝线捆住。这样它的蛹就能安然无恙地躺在里面了。

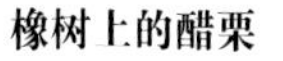

橡树上的醋栗

春天，一些雌性瘿蜂（如*Neuroterus quercusbaccarum*）会在橡树花上产卵，形成醋栗状的虫瘿。每一个虫瘿里面包裹着一只幼虫，很快就会发育成新一代雄蜂和雌蜂。夏天，它们交配后，雌性又会在橡树的叶子上产卵。

橡树瘿

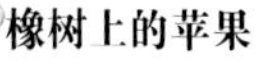

橡树上的苹果

橡树瘿是由一种无翅的雌性瘿蜂（*Biorhiza pallida*）在橡树芽上产卵后形成的苹果状虫瘿。由单性生殖而产生的幼虫发育成有翅的雄性和雌性成虫。它们交配以后，在橡树根上产卵发育出的雌性是无翅的，它们得爬到橡树的芽上产卵，第二年橡树上就会再结出“苹果”。

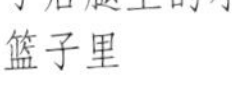

花粉都被刷进了后腿上的小篮子里

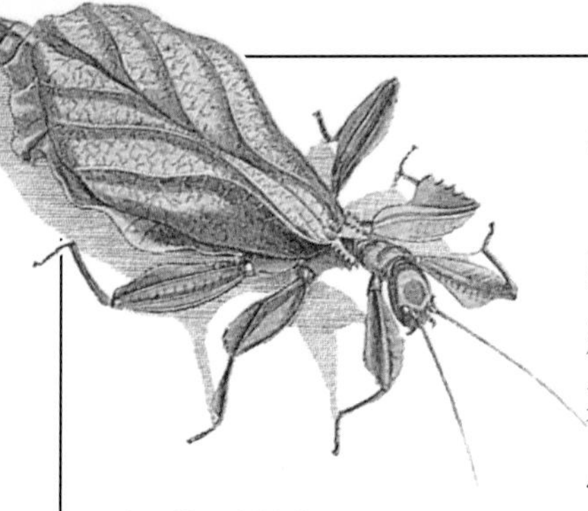

我只是一片树叶！

有的竹节虫可以伪装成树叶。上面这只不但翅膀看上去像树叶，腿上扁平的外沿模糊了轮廓，很好地保护了自己。

捉迷藏

昆虫是很多动物的食物，有些地区的人也吃昆虫。所以，很多昆虫都有着特殊的颜色、体形以及模仿其他物体的能力。比如有的昆虫长着古怪或带有斑点的翅膀，与树皮的颜色一致；有的昆虫（比如叶虫和竹节虫）可以模仿成树叶或树枝，从而躲避捕食者的攻击。

树皮上的蛾蜡蝉

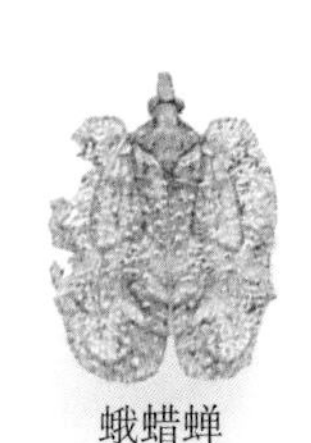

蛾蜡蝉

树皮虫

我们对蛾蜡蝉知之甚少。这是一种中美洲的蛾蜡蝉（*Flatides dealbatus*），它趴在树干上，深褐色的体色使它很难被发现。蛾蜡蝉有的是透明的，而有的是褐色或者灰色的，可以隐藏在长有地衣的树皮上。

模仿枯死的植物

这只巴西草蟋蟀（*Ommatoptera pictifolia*）一动不动地趴在树枝上，伪装成一片枯死的树叶，“叶脉”也清晰可见。

翅膀上的脉纹看上去就像是叶脉

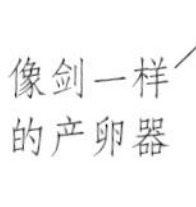

像剑一样的产卵器

腿支撑着身体，使它更像是一片叶子

边缘参差不齐的腿模糊了昆虫的轮廓

触角水平地贴在树皮上

翅膀跟树皮融合在了一起

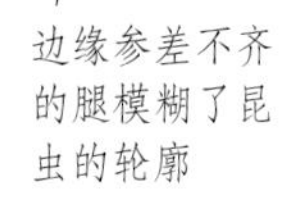

伪装成树皮

当这只来自印度的灰褐色的灌丛蟋蟀（*Sathrophyllia rugosa*）紧贴在一段树枝上的时候，它看上去就像是一块树皮。

树皮上的叩头虫

这只尼日利亚叩头虫（*Alaus* species）身上的白色斑点跟树皮上的白色地衣混在了一起。

改变轮廓

拟态需要让其他动物看不出自己的身体轮廓。像这只螳螂（*Gongylus gongylodes*）一样，很多昆虫的身体或者腿部都长着扁平的外沿，使它们身体轮廓变得模糊。

地衣天牛

天牛善于模仿周围环境中的事物。这是一种马达加斯加天牛，擅长藏身于长满地衣的树枝上面。

竹节虫的拟态

如果竹节虫一动不动地待在树叶或者树枝上，你就几乎看不到它们。它们有些会不时地左右摇摆，看起来不过是一片随风飘动的树叶而已。竹节虫的卵很像是植物的种子。

梅里蛾

很多夜间活动的蛾白天都在树皮上休息。它们很善于伪装。这只梅里蛾（*Dichonia aprilina*）看上去就是一块地衣。一旦撤去地衣背景，它就会很容易被发现。

逃生本领

很多昆虫必须学会如何避免被吃掉。有的昆虫利用保护色或者拟态，隐藏在周围的环境中。捕食动物会对有毒性或者怪味的昆虫置之不理，对长有螯刺或者会叮咬的昆虫更是避而远之。有的昆虫就利用了这一点，它们能伪装成有毒或者有螯刺的昆虫，捕食动物也就不会打它们的主意了。昆虫还有其他保护自己的办法，比如显眼的尖刺、明艳的色彩、强有力的颚、强壮擅踢的腿。

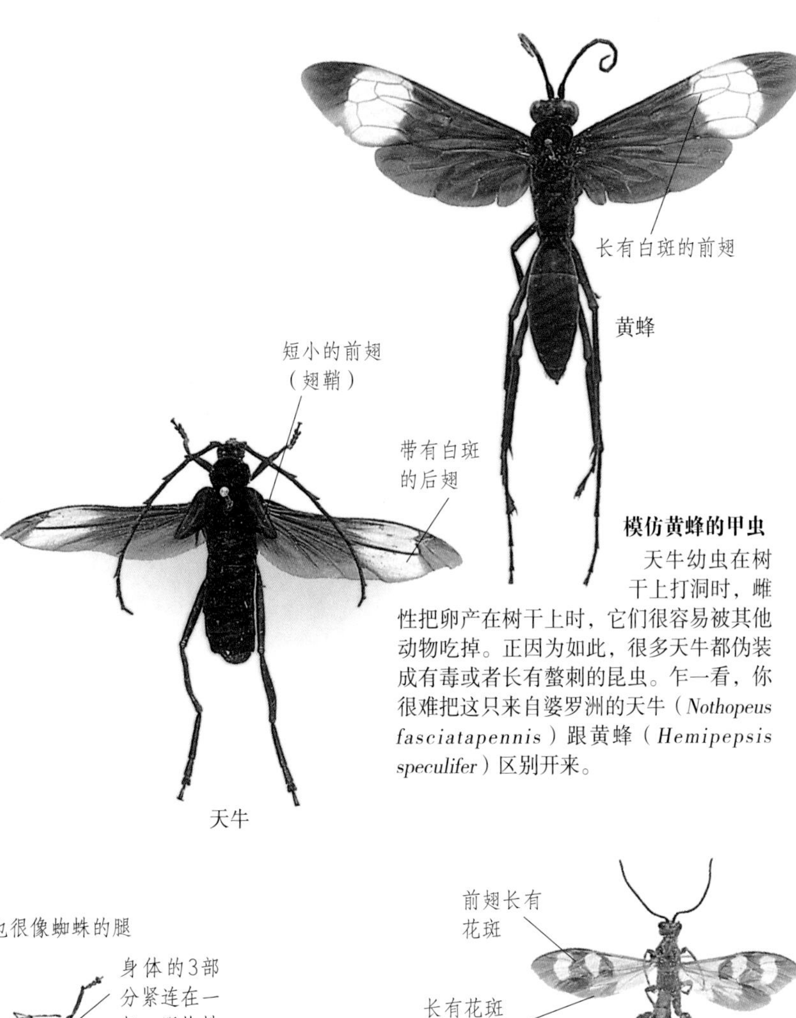

模仿黄蜂的甲虫

天牛幼虫在树干上打洞时，雌性把卵产在树干上时，它们很容易被其他动物吃掉。正因为如此，很多天牛都伪装成有毒或者长有螯刺的昆虫。乍一看，你很难把这只来自婆罗洲的天牛（*Nothopeus fasciatapennis*）跟黄蜂（*Hemipepsis speculifer*）区别开来。

天鹅绒蚁

蚁状腰

非洲步行虫

模仿蚂蚁

很多小型昆虫会模仿蚂蚁。这种非洲步行虫（*Eccoptoptera cupricollis*）就善于模仿长着螯刺的天鹅绒蚁。

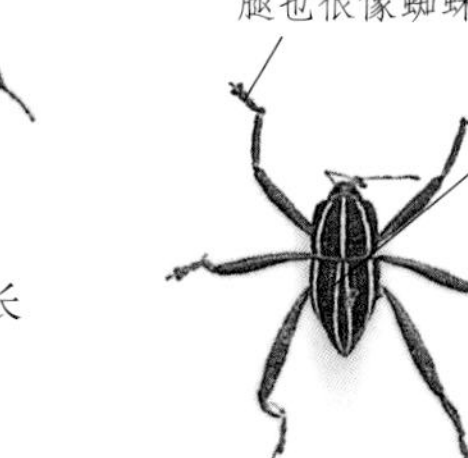

模仿蜘蛛

有些昆虫还会模仿蜘蛛。这种新几内亚的象鼻虫像是蜘蛛。不过蜘蛛有8条腿，而它们只有6条。

前翅长有
花斑

长有花斑
的后翅

黄蜂

模仿黄蜂

这种非洲天牛（*Nitocris patricia*）收起前翅就形成了“黄蜂腰”。这种天牛可能会和黄蜂在同一个树干上飞行、休息。

小心“蜜蜂”！

有一类透翅蛾（*Melittia gloriosa*）看上去很像黄蜂。不过，当它（见上图）把腿靠在腹部时，又像一只大毛蜂。捕食动物就会避而远之。

模仿大黄蜂

很多昆虫（如食蚜蝇）像黄蜂。上图所示这种透翅蛾（*Sesia apiformis*）酷似大黄蜂，捕食动物不会打它的主意了。

眼点

用来警告的眼点

就像这只蜡蝉（*Fulgora laternaria*）一样，很多昆虫的后翅上都长着奇特的眼点。如果受到骚扰，它们会马上露出眼点，吓跑入侵者。

眼点看上去就像猫头鹰的大眼睛

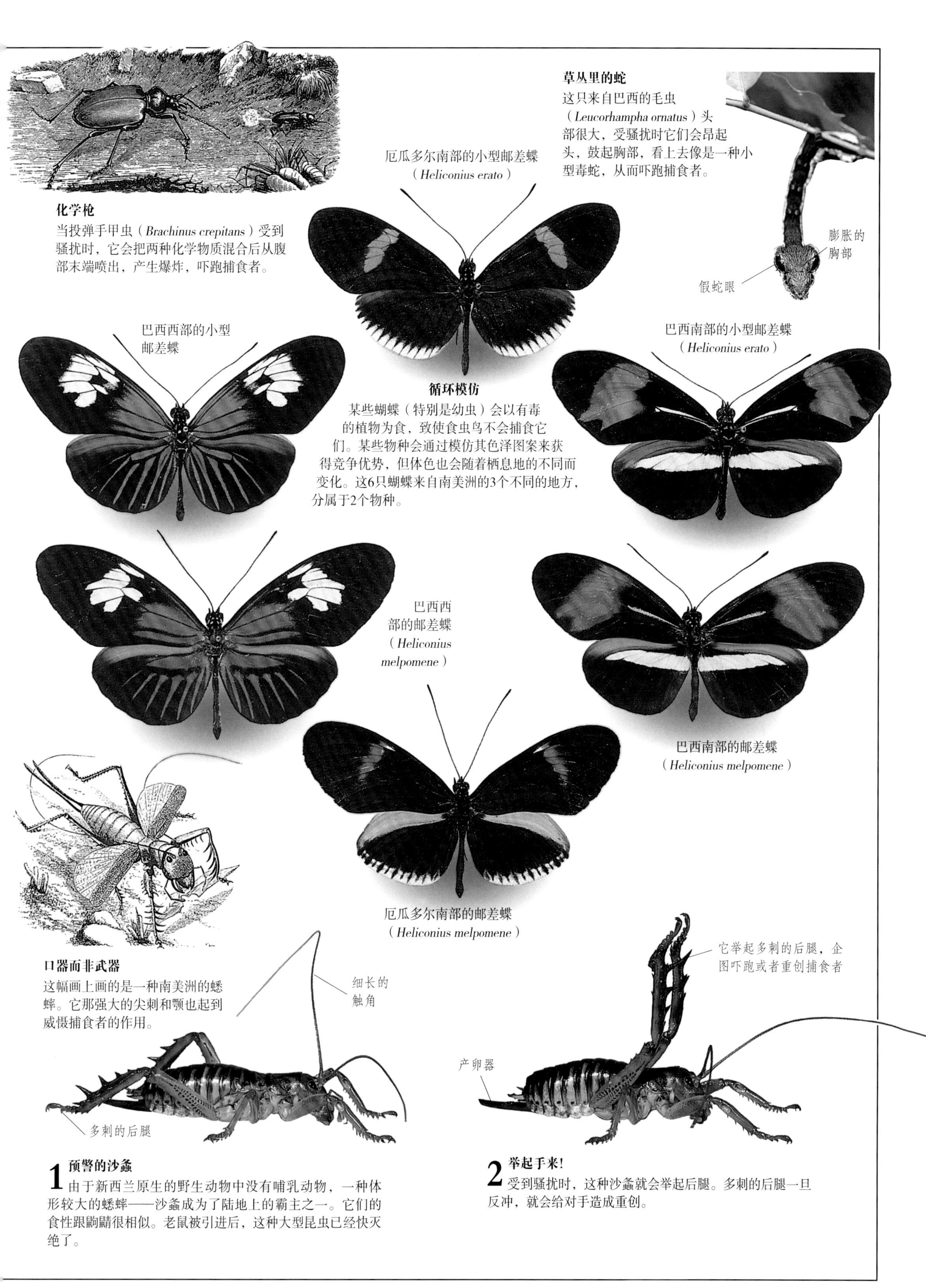

化学枪

当投弹手甲虫（*Brachinus crepitans*）受到骚扰时，它会把两种化学物质混合后从腹部末端喷出，产生爆炸，吓跑捕食者。

草丛里的蛇

这只来自巴西的毛虫（*Leucorhampha ornatus*）头部很大，受骚扰时它们会昂起头，鼓起胸部，看上去像是一种小型毒蛇，从而吓跑捕食者。

厄瓜多尔南部的小型邮差蝶（*Heliconius erato*）

巴西西部的小型邮差蝶

巴西南部的小型邮差蝶（*Heliconius erato*）

循环模仿

某些蝴蝶（特别是幼虫）会以有毒的植物为食，致使食虫鸟不会捕食它们。某些物种会通过模仿其色泽图案来获得竞争优势，但体色也会随着栖息地的不同而变化。这6只蝴蝶来自南美洲的3个不同的地方，分属于2个物种。

巴西西部的邮差蝶（*Heliconius melpomene*）

巴西南部的邮差蝶（*Heliconius melpomene*）

厄瓜多尔南部的邮差蝶（*Heliconius melpomene*）

口器而非武器

这幅画上画的是一种南美洲的蟋蟀。它那强大的尖刺和颚也起到威慑捕食者的作用。

1 预警的沙螽

由于新西兰原生的野生动物中没有哺乳动物，一种体形较大的蟋蟀——沙螽成为了陆地上的霸主之一。它们的食性跟鼩鼱很相似。老鼠被引进后，这种大型昆虫已经快灭绝了。

2 举起手来！

受到骚扰时，这种沙螽就会举起后腿。多刺的后腿一旦反冲，就会给对手造成重创。

水下世界

生活在水中的昆虫必须学会从水里吸收氧气。蜻蜓和蝇类昆虫的幼虫生活在水中，而成虫则生活在陆地上。有的昆虫只有在换水域的时候，成虫才离开水面。大部分水生昆虫都是捕食者。

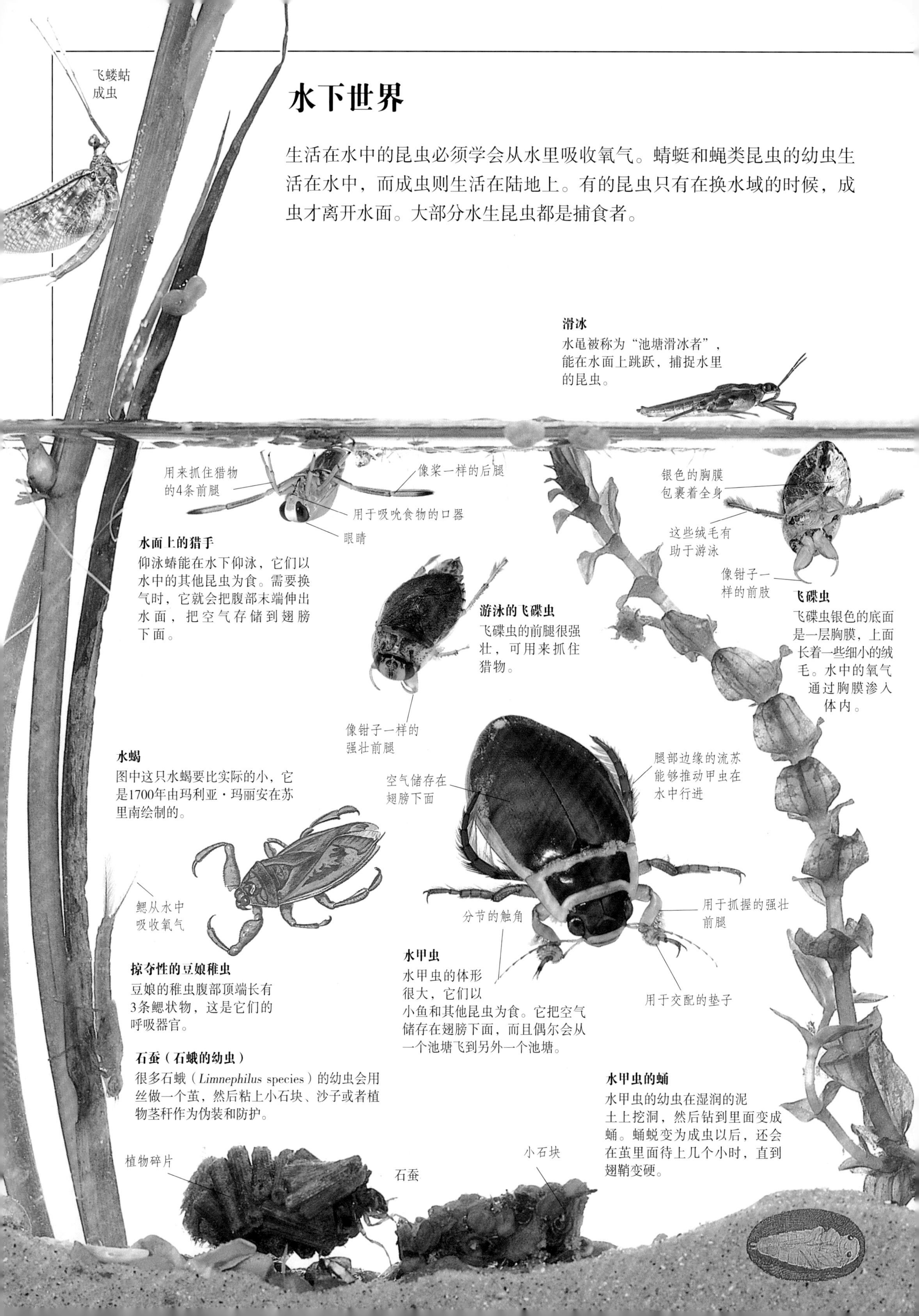

滑冰

水黾被称为“池塘滑冰者”，能在水面上跳跃，捕捉水里的昆虫。

水面上的猎手

仰泳蝽能在水下仰泳，它们以水中的其他昆虫为食。需要换气时，它就会把腹部末端伸出水面，把空气存储到翅膀下面。

游泳的飞碟虫

飞碟虫的前腿很强壮，可用来抓住猎物。

飞碟虫

飞碟虫银色的底面是一层胸膜，上面长着一些细小的绒毛。水中的氧气通过胸膜渗入体内。

水蝎

图中这只水蝎要比实际的小，它是1700年由玛利亚·玛丽安在苏里南绘制的。

掠夺性的豆娘稚虫

豆娘的稚虫腹部顶端长有3条鳃状物，这是它们的呼吸器官。

水甲虫

水甲虫的体形很大，它们以小鱼和其他昆虫为食。它把空气储存在翅膀下面，而且偶尔会从一个池塘飞到另外一个池塘。

石蚕（石蛾的幼虫）

很多石蛾（*Limnephilus* species）的幼虫会用丝做一个茧，然后粘上小石块、沙子或者植物茎秆作为伪装和防护。

水甲虫的蛹

水甲虫的幼虫在湿润的泥土上挖洞，然后钻到里面变成蛹。蛹蜕变为成虫以后，还会在茧里面待上几个小时，直到翅鞘变硬。

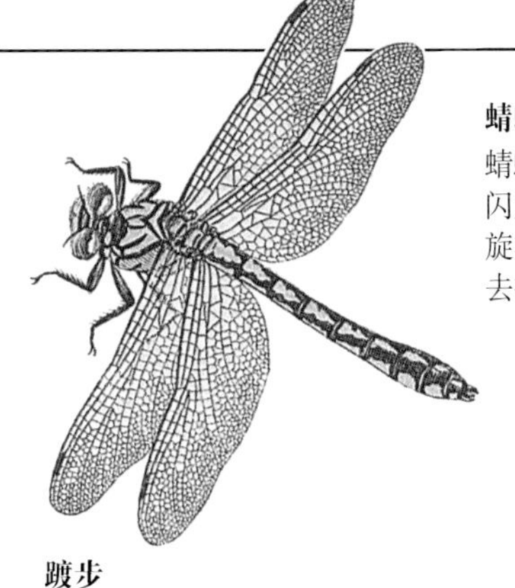

蜻蜓成虫

蜻蜓的色彩鲜艳，在阳光下还闪闪发光，很具有观赏性。它们盘旋在水面上方，时刻准备俯冲下去抓住猎物。

蜻蜓的诞生

蜻蜓的稚虫没有翅膀，成熟时就会爬出水面，蜕化成有翅的成虫。

用于呼吸空气的虹吸管

虹吸管

蚊子的幼虫没有腿，它们急速地扭动身体，蜿蜒前行。换气时，它们浮出水面，用腹部顶端的虹吸管吸收氧气。

踱步

尺蝽的腿很长，总是在水面上慢慢地踱步，以濒死或者死亡了的昆虫为食。

它们晃动着“刷子”，使食物微粒漂进嘴里

长长的触角

水甲虫的幼虫

水甲虫幼虫的颚是管状的，将消化液注入到猎物体内，等猎物被消化以后，幼虫就用虹吸管吸进嘴里。

锋利的管状颚

后腿像带边饰的船桨

蜻蜓的卵依附在植物上，几天之后孵化出稚虫

蜻蜓稚虫没有外鳃

小型的仰泳蝽

小型的仰泳蝽生活在污水中。它们是掠食性昆虫，但也吃腐烂的动植物。

被胶状物包裹着的卵

蜻蜓稚虫需要2～3年才能变为成虫。它们以小鱼和蝌蚪为食

锋利的钩

展开的脸盖

摇蚊很小，不咬人，成群地在水面上空飞行。幼虫以细菌为食，对污水处理很有帮助。

摇蚊的幼虫

稚虫的脸盖

蜻蜓稚虫能把脸盖射出去，抓住猎物以后马上缩回来。

飞蝼蛄的若虫

飞蝼蛄的若虫以植物为食。腹部边缘羽毛状的鳃是它们的呼吸器官。

脸盖

蜻蜓的稚虫

羽毛状的鳃

建造蜂巢

开始
黄蜂的蜂王会先建造一个酒杯状的盖子，下面有四五个蜂房，在每个蜂房的底部产下一个卵。

黄蜂（*Vespula vulgaris*）的蜂巢最先是由一只蜂王独自开建的。蜂王首先会咀嚼植物纤维，建成几个纸状包膜，然后把卵产在里面。它把第一批卵抚养为成虫。这些成虫就是这个蜂巢的第一批工蜂，负责扩建蜂巢、搜寻食物。蜂王则留在蜂巢里继续产卵。每年春天，黄蜂都必须重新建巢。不过在新西兰部分地区，冬季比较温暖，德国黄蜂的巢可以留存好几年。

1 隔离层
蜂王建造了一些包膜，包裹着蜂巢，为幼虫遮风避雨。黄蜂蜂巢的入口建造在底部，这与某些热带黄蜂不同。

2 白房子
这只蜂王发现了一块全白的巢材，它到这里咀嚼木质纤维，制成“纸张”。

蜂王在每一个单元的底部产下一个卵

照看卵
蜂王必须为它们寻找到足够食物，还要继续扩建蜂巢。

3 警戒
蜂巢的入口很小，蜂王能够轻松地抵御外敌。较小的入口还能维持蜂巢内的温度和湿度。

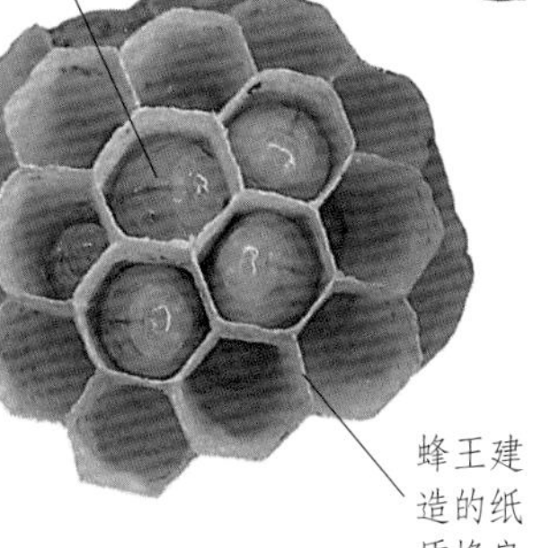

幼虫
每一个蜂房里只有一只幼虫，长得很快。蜂从幼虫到成虫的发育周期，大约是5周。

建造墙壁
蜂王会用触角测量包膜和蜂房的尺寸。

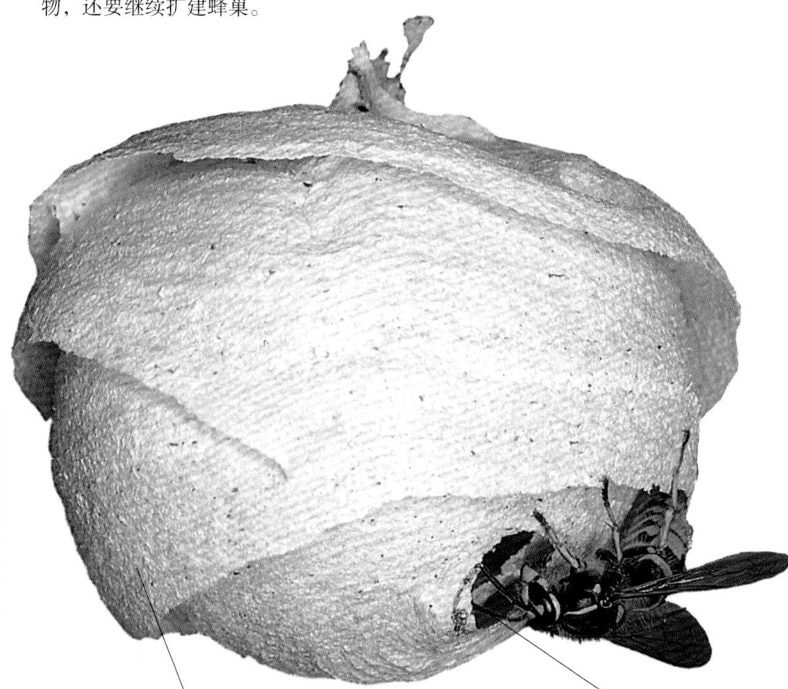

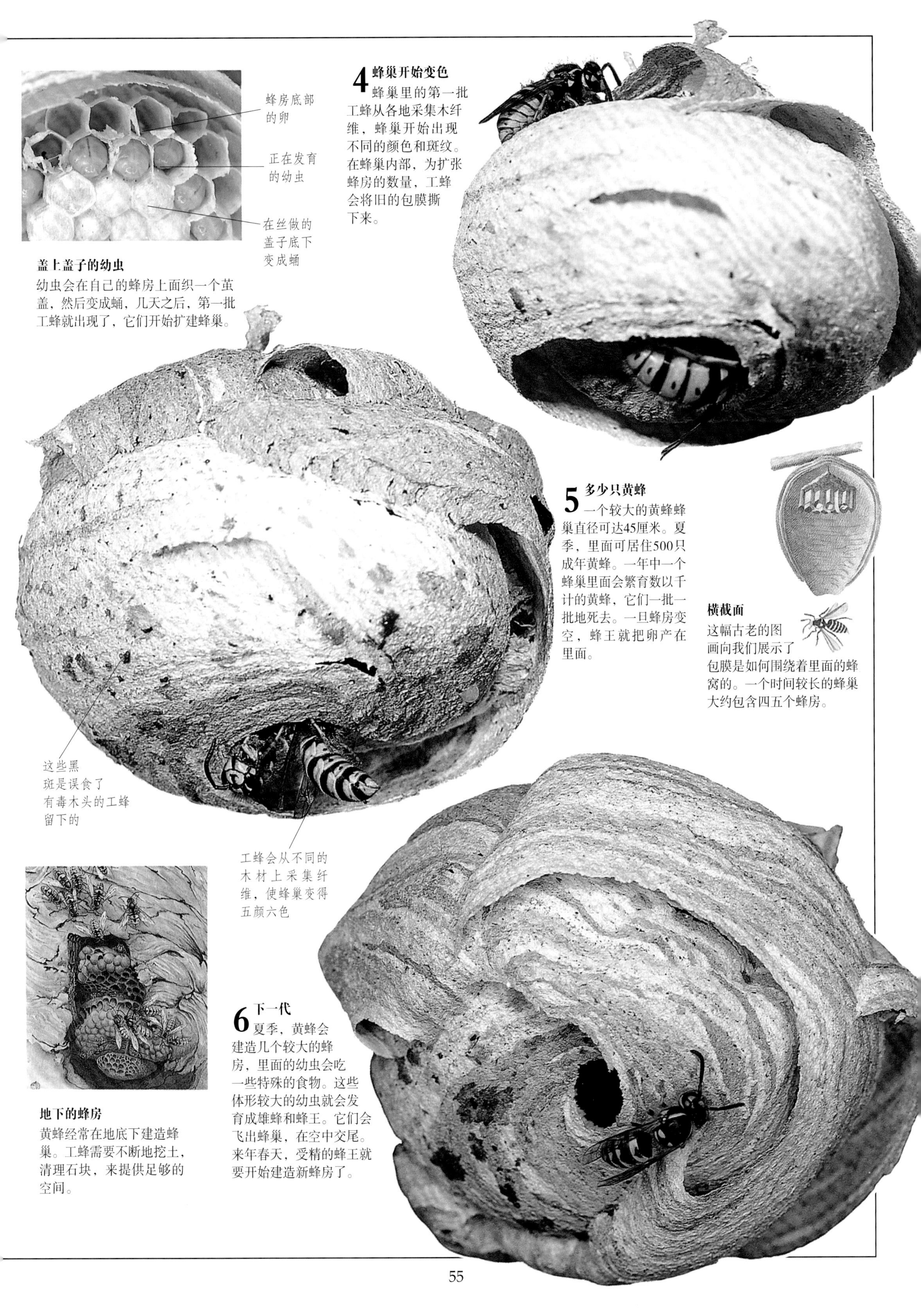

盖上盖子的幼虫

幼虫会在自己的蜂房上面织一个茧盖，然后变成蛹，几天之后，第一批工蜂就出现了，它们开始扩建蜂巢。

4 蜂巢开始变色

蜂巢里的第一批工蜂从各地采集木纤维，蜂巢开始出现不同的颜色和斑纹。在蜂巢内部，为扩张蜂房的数量，工蜂会将旧的包膜撕下来。

5 多少只黄蜂

一个较大的黄蜂蜂巢直径可达45厘米。夏季，里面可居住500只成年黄蜂。一年中一个蜂巢里面会繁育数以千计的黄蜂，它们一批一批地死去。一旦蜂房变空，蜂王就把卵产在里面。

横截面

这幅古老的图画向我们展示了包膜是如何围绕着里面的蜂窝的。一个时间较长的蜂巢大约包含四五个蜂房。

6 下一代

夏季，黄蜂会建造几个较大的蜂房，里面的幼虫会吃一些特殊的食物。这些体形较大的幼虫就会发育成雄蜂和蜂王。它们会飞出蜂巢，在空中交尾。来年春天，受精的蜂王就要开始建造新蜂房了。

地下的蜂房

黄蜂经常在地底下建造蜂巢。工蜂需要不断地挖土，清理石块，来提供足够的空间。

昆虫建筑师

黄蜂、蜜蜂、蚂蚁、白蚁建造巢穴来保护它们的幼虫。细腰蜂在泥土中打洞，这是一种最简单的巢穴。最复杂的是白蚁的巢，里面居住着数以百万的工蚁和一只蚁王。而黄蜂的巢开始是由一只蜂王建造的，第一批工蜂出现后会被扩建。蜜蜂的巢也是由一只蜂王开始建造的，但蜂王会得到原来的蜂巢的工蜂帮助。在南美洲，黄蜂的巢更是多种多样。建造者可能是一只雌蜂，或者几组雌性黄蜂，或者一群雌性黄蜂。

又长又细

非洲和澳大利亚铃腹蜂（*Ropalidia*）建造的巢穴很简陋，而且是开放的。巢中心是一个柄状物，上面挂着蜂房。雌性铃腹蜂会在每一个蜂房里产下一颗卵，并抚养幼蜂长大。

开放的房子

这个蜂房是由温带的长脚蜂（*Polistes*）建造的。由于它是开放性的，有时别的黄蜂会占据这个蜂巢。

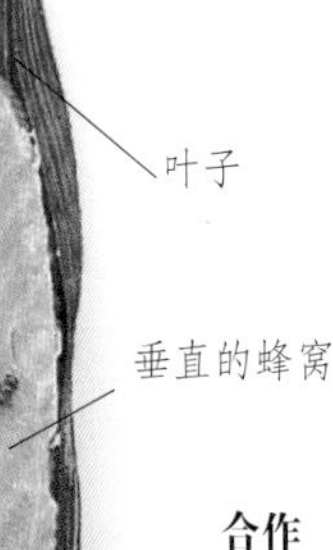

合作

这种非洲黄蜂（*Belanogaster*）的蜂巢暴露在外，蜂房很长。蜂巢最开始由一只雌性黄蜂开始建造，后续会有其他雌性加入，它们并没有特殊的分工，只不过其中一只产的卵比较多而已。

叶子

垂直的蜂窝

叶子上的蜂巢

这是一个南美洲黄蜂（*Protopolybia sedula*）建造的蜂巢。它位于植物叶子之间，由10个蜂房组成，可容纳1万只黄蜂。

泥瓶

东方狭腹胡蜂（*Stenogaster*）的蜂巢很漂亮。蜂巢的外形像是一个花瓶，是由泥土或泥土和植物纤维的混合物建成的。整个蜂巢由一只雌性蜂建造，它会在里面产下两三枚卵，并喂养幼蜂，然后把它们密封起来，幼蜂在里面变成蛹。

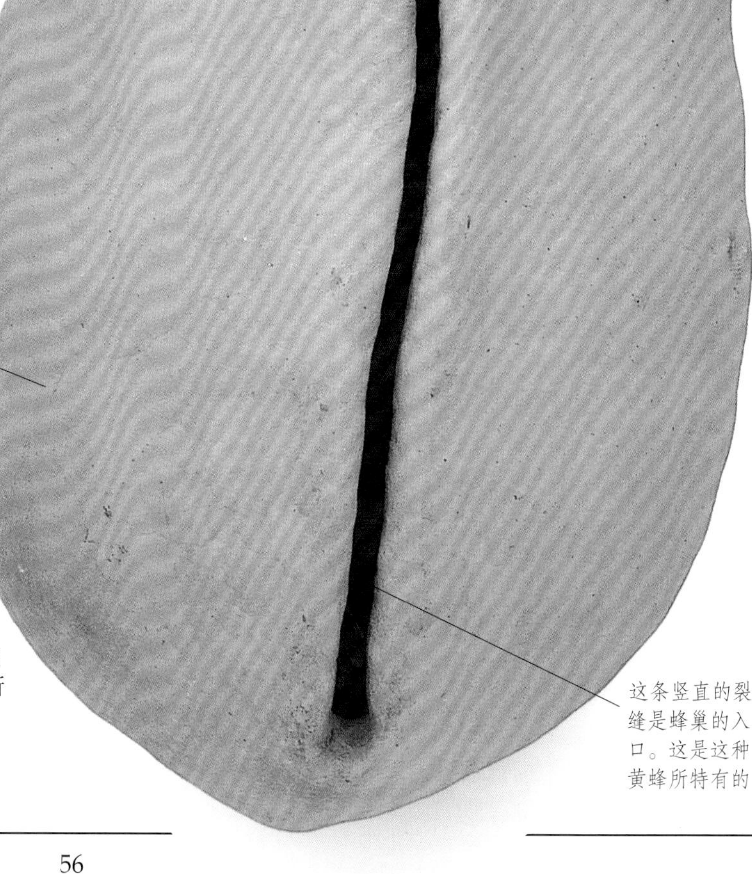

树枝从这个孔里穿过

蜂巢壁是用工蜂在溪流边采集的泥土建成的

这条竖直的裂缝是蜂巢的入口。这是这种黄蜂所特有的

泥蜂巢

很多大型蜂巢都是由很轻的植物纤维建成的。但是有一种黄蜂（*Polybia singularis*）的蜂巢主要是用泥做成的，所以它很重。

纸做的圆锥体

南美黄蜂（*Chartergus globiventris*）的蜂巢是一个圆锥体，底部有一个很小的入口。最小的巢长约5厘米，宽3厘米；而最大的长达100厘米，宽约15厘米。大型蜂巢可以容纳数以千计的黄蜂，包括好几个蜂王。蜂巢的大小似乎跟建造它的蜂群规模有关系。

多刺的蜂巢

异腹胡蜂（*Polybia scutellaris*）生活在阿根廷和巴西南部，蜂巢是由咀嚼过的植物纤维建成的，外面盖着一层多刺的包膜。

蜂巢的剖面图

上图是南美黄蜂蜂巢的剖面图。黄蜂成虫把植物纤维咀嚼成胶状物质来建造蜂巢。巢里面有好几层蜂窝，用来抚养幼蜂。每一层的中间都有一个孔，方便黄蜂在上下层之间活动。新建的蜂窝加在蜂巢的底部，外面盖着一层新的包膜。

树上的房子

这幅图中的蜂巢也是圆锥形的，不过入口跟南美黄蜂的不同，说明是另一种黄蜂建造的。

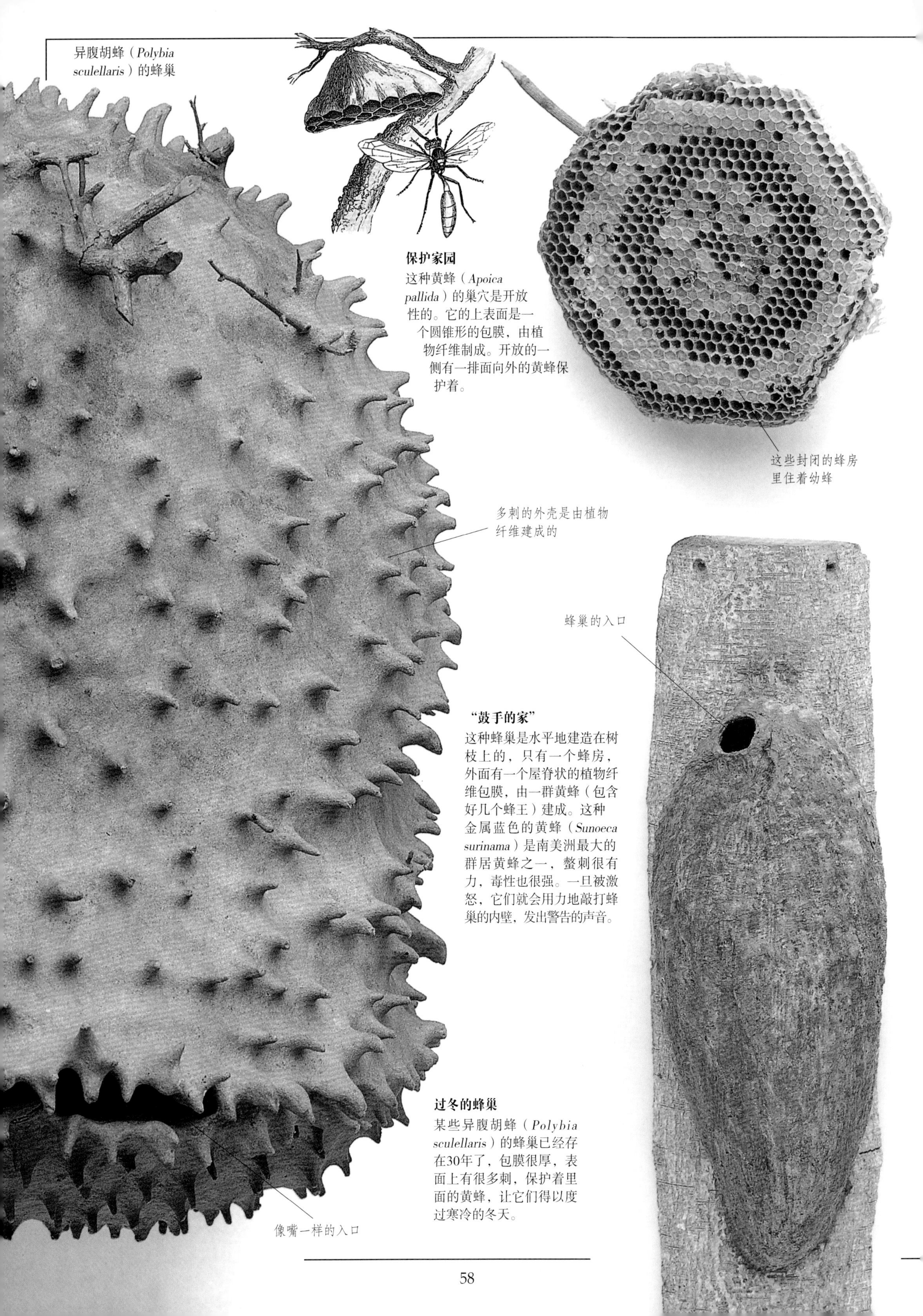

保护家园

这种黄蜂（*Apoica pallida*）的巢穴是开放性的。它的上表面是一个圆锥形的包膜，由植物纤维制成。开放的一侧有一排面向外的黄蜂保护着。

“鼓手的家”

这种蜂巢是水平地建造在树枝上的，只有一个蜂房，外面有一个屋脊状的植物纤维包膜，由一群黄蜂（包含好几个蜂王）建成。这种金属蓝色的黄蜂（*Sunoeca surinama*）是南美洲最大的群居黄蜂之一，螯刺很有力，毒性也很强。一旦被激怒，它们就会用力地敲打蜂巢的内壁，发出警告的声音。

过冬的蜂巢

某些异腹胡蜂（*Polybia sculellaris*）的蜂巢已经存在30年了，包膜很厚，表面上有很多刺，保护着里面的黄蜂，让它们得以度过寒冷的冬天。

白蚁

最大、最复杂的巢当属白蚁的巢。以西非大白蚁（*Macrotermes bellicosus*）建造的蚁巢（下图）为例，有些蚁巢可以容纳多达500万只白蚁。蚁巢的结构都很复杂，有着全套的空气调节系统。通常，每一个蚁巢有一个蚁后，负责产卵，还有一个蚁王，负责给卵授精，蚁王和蚁后可以存活15年。蚁后每3秒钟就会产下一颗卵，蚁巢内的工蚁不断地喂养着它。蚁巢内的通道四通八达，都由兵蚁保卫着。工蚁通过这些通道把食物运到蚁巢内。与蚂蚁不同的是，白蚁的工蚁和兵蚁有雌性也有雄性，而且它们只吃植物。有些品种的白蚁以鲜嫩的植物为食，有的以植物的种子为食。不过大多数白蚁都以腐烂的木头为食，或者种植一些特殊的菌类为食。

树上的白蚁

很多种白蚁都把部分蚁巢建在树里，巢的其他部分建造在地面或者其他树里面，在它们之间白蚁会用泥土粘成通道，架在蚁巢上，或者在木头里面和地下建造隧道。右图中展示的这些通道和隧道占地约有1公顷。

装有空调的城市

这个塔形的土堆是西非大白蚁（*Macrotermes bellicosus*）建造的通风筒，蚁巢内的热气从这里散发出去。塔底是一个直径约3米的主洞穴，里面含有育婴室、蚁后室以及真菌花园。在主洞穴的下面有很多10米或更深的洞腔，用于取水。主洞穴的顶部有一个孔，白蚁们可以缩小或者扩大这个孔，从而控制气流的速度，使蚁巢内的温度波动不超过1℃。

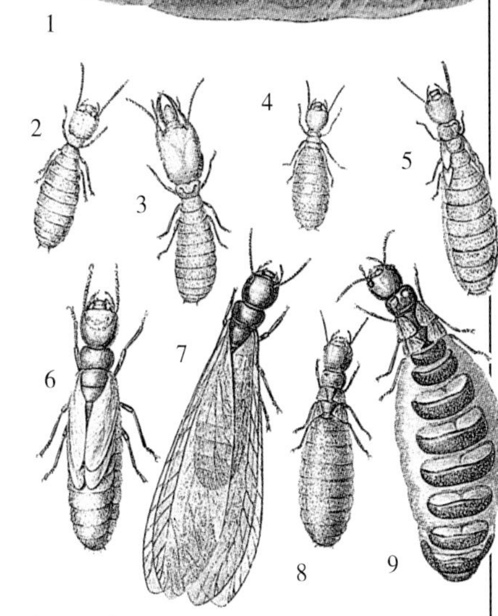

白蚁的分类

1）蚁后有着肥胖的腹部，头部和胸部被挤得很小；2）工蚁；3）兵蚁；4）幼蚁；5）短翅幼蚁；6）长翅幼蚁；7）雄蚁；8）年幼的雌蚁；9）产卵的雌蚁（注：交配以后，翅膀就消失了）。

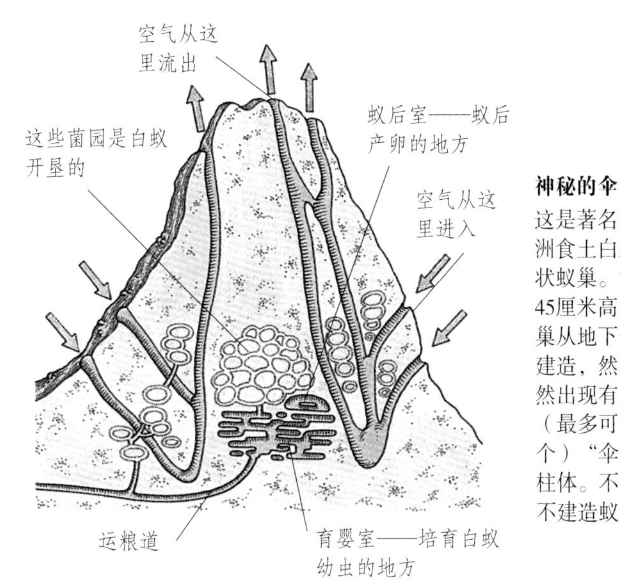

白蚁巢内部

东非大白蚁（*Macrotermes subhyalinus*）和西非大白蚁（*M. bellicosus*）是近亲。它们维持蚁巢内温度稳定的原理是一样的。

神秘的伞

这是著名的非洲食土白蚁的伞状蚁巢。它大约有45厘米高。蚁巢从地下开始建造，然后突然出现有几个（最多可达5个）“伞盖”的圆柱体。不过这些白蚁并不建造蚁后室。

这些柱体的建筑材料是一些混合了唾液的细小泥土颗粒

食蚁兽
食蚁兽以蚂蚁为食。它们长着强有力的爪子，能够轻松地挖开蚁巢和白蚁堆。它们的鼻子很长，能够伸到蚁巢的内部。

群居的蚂蚁

蚂蚁是一种群居昆虫，跟蜜蜂和黄蜂是近亲。它们会建造复杂的蚁巢用来培育幼蚁。蚁巢开始是由一只蚁后独自建造的，所有卵都是蚁后产下的，蚁巢中没有蚁王。刚从蛹里蜕变出来的年轻蚁后长有翅膀，它马上会跟长有翅膀的雄蚁交配，然后把精子存到体内，供其一生使用。然后蚁后会咬掉自己的翅膀，开始建造新的蚁巢。工蚁是雌性的，没有翅膀，不能生育。它们扩建蚁巢，寻找食物，照顾卵和幼虫。蚂蚁的种类很多：有能单独行动的寄生蚂蚁；有的会抚养其他蚁巢中的工蚁作为奴隶；还有的蚁后会说服其他蚁巢的工蚁杀死原来的蚁后，从而占据这个蚁巢。

举重好手
蚂蚁可以举起比它自身重得多的物体。当蚁巢被破坏了以后，它们首先会把卵移到蚁巢的深处。但这张图片中的白色物体是一个即将成熟的蛹。

林蚁
林蚁生活在森林中，较大的蚁群一天可以杀死数以千计的害虫。一个较大的蚁巢能留存很多年，可以容纳10万只蚂蚁，包括好几只蚁后。1880年，林蚁成为德国亚琛地区第一种被法律保护的昆虫。

“打伞”的切叶蚁

切叶蚁生活在美洲的热带地区。它们经常“打着太阳伞”，这实际上是在运输一些植物的叶子和花的碎块。在蚁巢里，它们还会把这些碎块切得更碎，用来培育一种它们赖以为生的真菌。切叶蚁通常把蚁巢建在地下，蚁巢有着特殊的空气调节系统，温度和湿度保持恒定。一个较大的蚁巢直径可达几米，包括几个真菌园和一些独立的育婴室。切叶蚁会消耗掉大量的叶子，如果它们栖息到农田里面，它们就会破坏庄稼，造成严重的虫害。

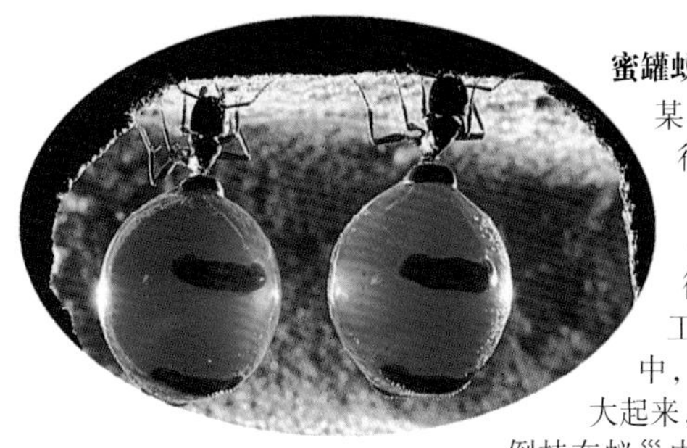

蜜罐蚁

某些半沙漠地区生活着很多蚂蚁，为了在干旱的季节生存，它们进化出了很多显著的特征。雨季的时候，一些工蚁把食物储存在嗉囊中，于是腹部前端就会肿大起来，不能四处走动，只能倒挂在蚁巢中，变成了有生命的储藏室。在漫长的旱季里，它们身上储存的食物就供其他蚂蚁进食。

缝合

非洲和澳大利亚的热带地区生活着一种蚂蚁。它们会把一些较大的叶子缝合起来作为蚁巢。一行蚂蚁先把两片叶子的边缘靠在一起，其他工蚁都用颚夹着一只幼虫——用幼虫的唾液腺分泌出的丝把叶子缝合起来。建造完成的蚁巢看上去就是一个叶球。一旦蚁巢受到骚扰，里面成千上万的蚂蚁就会敲打树叶，发出警告的声音。这种蚂蚁咬伤对手的同时会把蚁酸泼洒到伤口上，使对手更加疼痛。

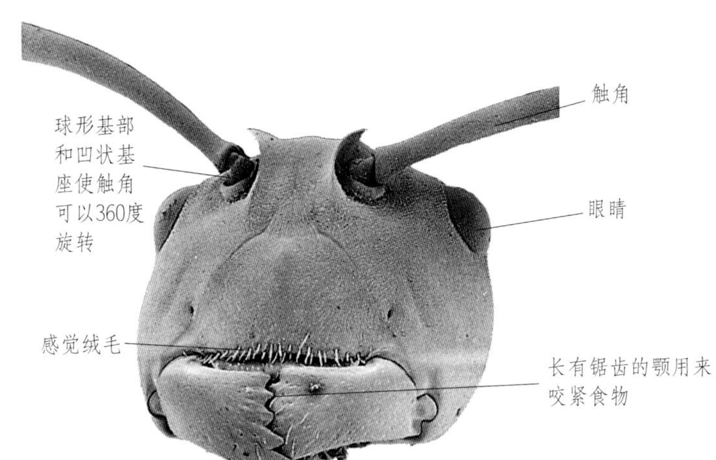

颚和食物

上图是一只树蚁的头部。它的颚结构简单，因为它们主要以柔软的昆虫为食。掠食性蚂蚁的颚细长而锋利；而有的蚂蚁是植食昆虫。收获蚁的颚扁平而宽大，无齿，适合压碎植物的种子。

两只蚂蚁用颚切下了一大块叶子

切叶蚁正在寻找可以切开并运回蚁巢的叶片

切叶蚁

“树叶长龙”

白天，切叶蚁会扛着成块的绿叶，在叶源和蚁巢之间排成一条长龙。有些工蚁会鼓励和帮助身边的同伴。

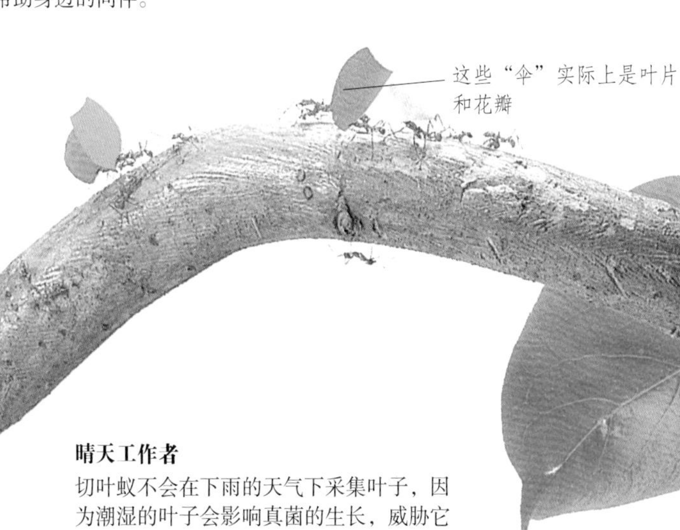

晴天工作者

切叶蚁不会在下雨的天气下采集叶子，因为潮湿的叶子会影响真菌的生长，威胁它们的食物来源。

蜜蜂和蜂巢

很早以前，人们就学会了从蜜蜂的巢内采集蜂蜜，最早的记录是一幅有9 000年历史的西班牙壁画。对古埃及陪葬品的研究显示，人类在2 500年前就已经在养殖蜜蜂了。大约几百年前，人们培育出了一种温顺的蜜蜂，使蜂蜜的产量得到了大幅度提高。现代蜂巢中含有3种蜜蜂：蜂王——负责产卵，蜂王有时一天可以产下1 000多颗卵；几百只雄蜂——它们的工作是跟新产生的蜂王交尾；雌性的工蜂——不能生育，负责蜂巢所有的工作，数量可达6万只。

忙碌的蜜蜂

这是400年前稻草编织的蜂箱。几千年以来，人们就一直用这种容器来养殖蜜蜂。

蜂群

在新蜂王破茧而出之前，老蜂王和一半的工蜂就会飞走。上图中的人正在把蜂群召集到蜂箱中。第一个破茧而出的蜂王会把其他蛹杀死，从而占据蜂巢的统治地位。

蜂巢的底框

如下图所示，蜂巢安置在蜂箱的底层，蜂蜜和花粉储存在蜂房上层，而幼蜂住在蜂房下层。如果一只蜜蜂发现了蜜源，它就会在蜂窝上跳特殊的“舞蹈”，告诉其他蜜蜂蜜源的远近及其与太阳的位置关系。田野上，采蜜的蜜蜂会形成一条“蜜蜂线”。

较大的雄蜂蜂房

蜂房壁用蜂蜡制成，是工蜂的腹节处的腺体分泌的

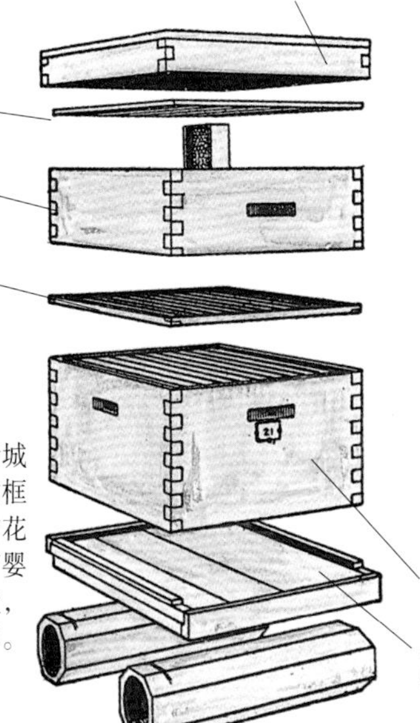

现代蜂箱

郎氏蜂箱是1851年在美国的费城被发明的。蜜蜂装在可拆卸的框架上；上面是用来存储花蜜和花粉的地方，下面是育婴室。育婴室上面有一个隔离蜂王的装置，防止蜂王到上面的蜂房中产卵。

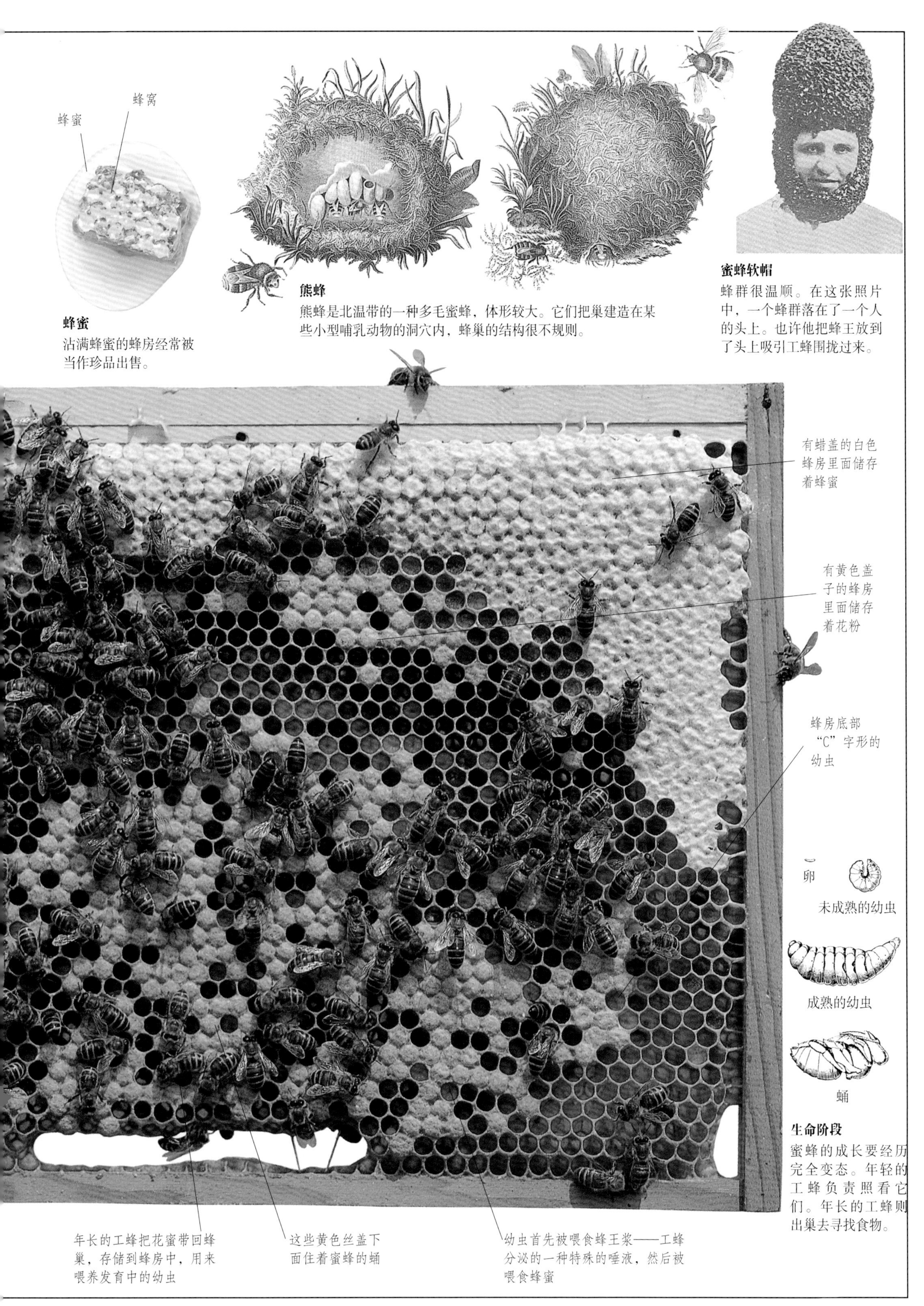

蜂蜜

沾满蜂蜜的蜂房经常被当作珍品出售。

熊蜂

熊蜂是北温带的一种多毛蜜蜂，体形较大。它们把巢建造在某些小型哺乳动物的洞穴内，蜂巢的结构很不规则。

蜜蜂软帽

蜂群很温顺。在这张照片中，一个蜂群落在了一个人的头上。也许他把蜂王放到了头上吸引工蜂围拢过来。

生命阶段

蜜蜂的成长要经历完全变态。年轻的工蜂负责照看它们。年长的工蜂则出巢去寻找食物。

益虫和害虫

昆虫跟人类的关系很密切。蜜蜂、苍蝇和蝴蝶能够为农作物授粉，黄蜂和瓢虫会杀死以植物为食的毛虫和蚜虫，甲虫和蝇可以清理动物粪便和死亡的动植物躯体。昆虫还是很多动物的食物，有的人也会吃肥胖多汁的毛虫和幼虫。蜜蜂为我们提供蜂蜜和蜂蜡；蛾的幼虫为我们提供丝；某些食用色素也是通过压榨甲虫制成的。但很多昆虫能够在人、动物和植物之间传播疾病，而且世界上每年有15%的粮食被昆虫所破坏。

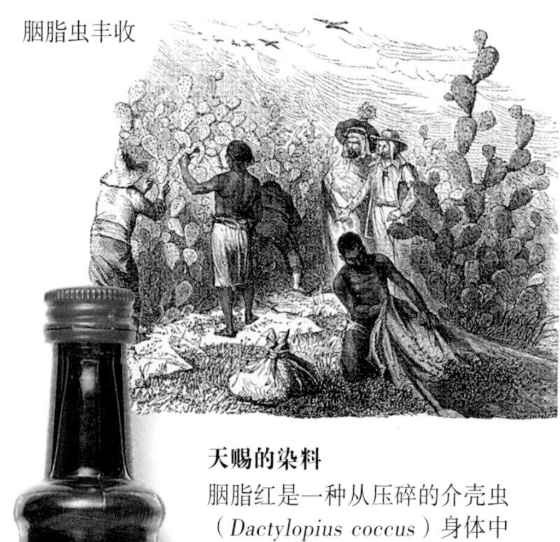

胭脂虫丰收

天赐的染料

胭脂红是一种从压碎的介壳虫（*Dactylopius coccus*）身体中分离出的食用色素。这种昆虫原来生活在墨西哥，以仙人掌为食。

胭脂虫色素

科罗拉多甲虫以马铃薯的叶子和芽为食，会造成马铃薯的死亡

科罗拉多甲虫

美国落基山脉地区的科罗拉多甲虫（*Leptinotarsa decemlineata*）以植物叶子为食，原本并不是一种害虫。但马铃薯引进以后，它们就顺着马铃薯地向美国东部蔓延，沿途破坏了大量的农作物。

毒镖

这是一种生活在非洲的叶甲虫，它的蛹有剧毒。非洲的布希曼族人喜欢把这种毒抹在弓箭上来打猎。

周期性的害虫

在印度，这种天牛（*Hoplocerambyx spinocorrus*）会攻击死亡或濒死的婆罗双树。它们的幼虫会在树干上钻出大而长的孔洞。有时候，活婆罗双树也会成为攻击目标甚至给森林造成毁灭性的破坏。

烟草甲虫

烟草甲虫（*Lasioderma serricorne*）的幼虫以烟草为食。它们的成虫并不吃东西但会藏身于塞满马毛的沙发中。

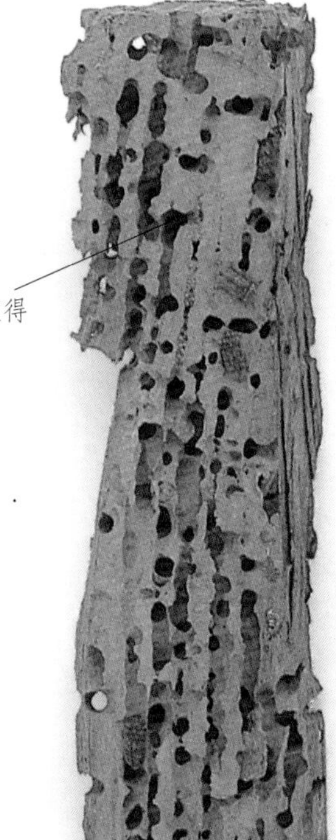

蛀虫将木料蛀得千疮百孔

临终看护

以室内木料为食的蛀虫（*Xestobium rufovillosum*）是一种害虫。春天，成年蛀虫会用头部前端敲打着木头，发出声响，作为求偶的信号。人们迷信地把这种声音跟死亡联系在一起，所以这种蛀虫又叫作报死虫。

蚱蜢

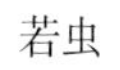

若虫

若虫

成虫

蚱蜢成虫长有翅膀，而若虫没有翅膀

蝗群

蝗虫有时候会形成蝗群，它们的身体结构和生活习性也会因此而发生很大变化。

成群的蝗虫

一个蝗群繁衍几个月后，它们的数量就会过亿。蝗群会吃掉途中的所有植物，造成农作物颗粒无收。

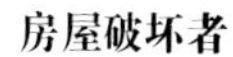

房屋破坏者

有时，白蚁会吃掉房屋木料的内部组织，只留下刷有油漆的坚硬外壳。圣赫勒拿岛的门楣上出现过一个28厘米宽的空洞。

不速之客

两位昆虫学家1920年访问亚历山大市，晚上不睡觉，而在捕捉臭虫。

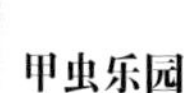

谷类象鼻虫

赤拟谷盗虫

甲虫乐园

赤拟谷盗虫是一种生活在面粉袋和粮仓中的害虫。

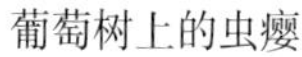

葡萄树上的虫瘿

蚜虫成虫

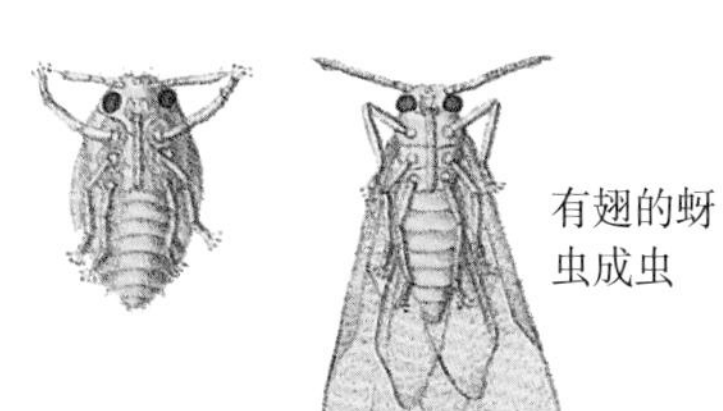

有翅的蚜虫成虫

葡萄藤上的害虫

葡萄根瘤蚜是一种葡萄害虫。1860年蔓延到了欧洲后的25年内，它们破坏了100万公顷的葡萄树。它们的繁衍方式错综复杂。在美国，葡萄树的叶子和根上都会长有虫瘿，蚜虫的生命周期为2年；而在欧洲，只有葡萄根部长有虫瘿。

传播疾病者

蚊子长有用于叮咬和吸吮的口器，以吸血为生，会在人群中传播一些疾病，比如黄热病和疟疾。

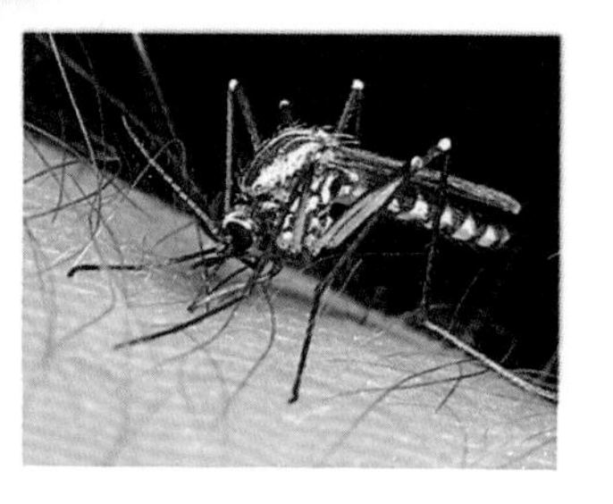

蛛形虫

这种蛛形虫（*Ptinus tectus*）的幼虫和成虫食性相同，都以干燥的食物为食，比如调料和谷类。它们经常出现在仓库里面。

蛛形虫正在啃食一块干燥的木头

白蚁把木头里面柔软的部分吃掉了，只剩下了坚硬的外层

观察昆虫

欧洲人从300年前开始收集和研究昆虫，现在欧洲大部分地区的昆虫都已经被人们认识，但我们对美洲和热带地区的昆虫知之甚少。当今社会，我们收集昆虫主要是用来研究：昆虫在生态平衡中的作用；它们为鲜花和树木授粉的意义；哪些昆虫能够分解枯木和落叶提供营养物质；一年有多少昆虫会被其他动物吃掉。此外，观察昆虫也是一种乐趣，只需要耐心、一个放大镜和一个照相机。

这个雕刻品展示的是一个19世纪精致的生态缸，人们可以从中观察到昆虫的生活

让·法布尔

法国自然学家让·法布尔撰写了很多关于昆虫的畅销书。

氯仿瓶

这个铜质容器里盛有氯仿，一滴即可杀死昆虫。

象牙手柄

发明塑料之前，一些小器械都是用昂贵的材料制成的，比如黄铜和象牙。这个精致的透镜可以把昆虫放到一定的高度来观察。它是英国昆虫学家爱德华·梅丽克（1854—1938年）使用多年的仪器。

便携式透镜

放大镜是基本工具，以前用的大多是巨大的低倍放大镜，现在能够放大10～25倍的折叠放大镜能揣到口袋里。

采集罐

昆虫学家把昆虫用大头针钉在软木采集罐中。图中是法国的一种采集罐。

田野日记

观察昆虫要做好详细的记录。这是英国昆虫学家查尔斯·杜博斯的日记，其中记录了他发现的昆虫的手绘插图及其生活习性的详细描述。

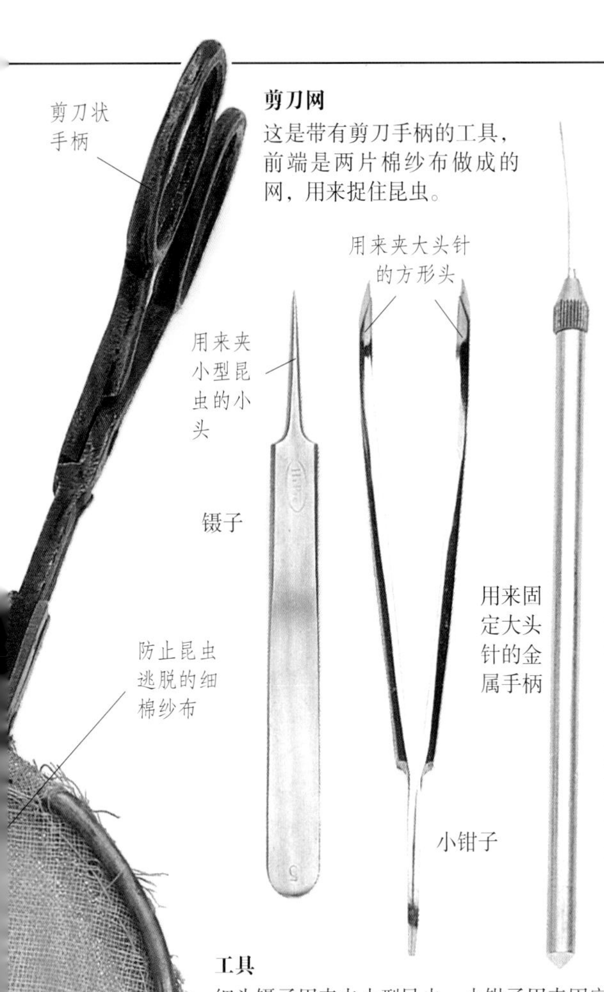

剪刀状手柄

剪刀网

这是带有剪刀手柄的工具，前端是两片棉纱布做成的网，用来捉住昆虫。

用来夹大头针的方形头

用来夹小型昆虫的小头

镊子

用来固定大头针的金属手柄

小钳子

防止昆虫逃脱的细棉纱布

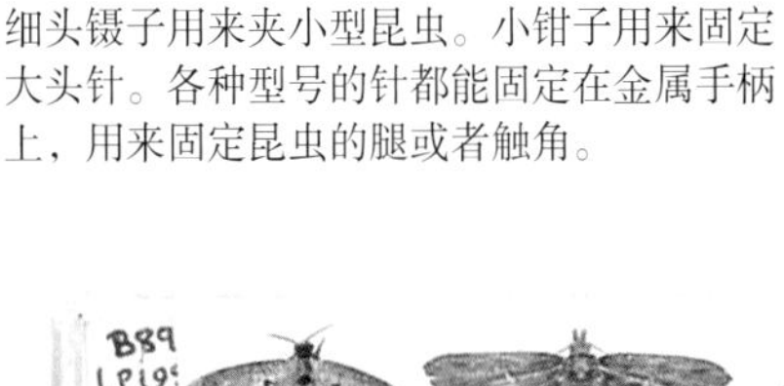

工具

细头镊子用来夹小型昆虫。小钳子用来固定大头针。各种型号的针都能固定在金属手柄上，用来固定昆虫的腿或者触角。

昆虫捕手

这副图是列奥米尔(R.A.F.De Reaumur)在1740年绘制的，图上的绅士们正在用帽状网捕捉昆虫。

老式大头针盒

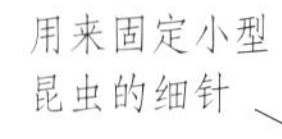

用来固定小型昆虫的细针

昆虫针

昆虫针的大小根据昆虫而调整。很小的昆虫可以粘到卡板上，或者固定在显微镜的玻璃片上来研究。

长而粗的大头针，用来固定体形较大的昆虫

标签

标签上的信息在一定程度上体现了昆虫科研价值的大小。信息包括：昆虫是在何时何地被捉到的；它们以什么为食等。标签虽小，但要清晰。右图是一种小型叶蝉的标签。

标签

显微镜的玻璃片

小型昆虫

某些昆虫的体形很小，一般都是存放在装有酒精的瓶子里。观察时，要把它们放到玻璃盘子里面或者显微镜的玻璃片上。

盛有酒精的玻璃盘

盒子底部是白色泡沫

现代塑料采集盒

塑料比金属轻，而且可以做成透明的。夜晚，右图中的设施用来捕捉逐光的蛾类昆虫。

现代陷阱

马氏挂网可以捕捉到大量飞虫。昆虫一旦飞到里面，就会顺着网向上爬，钻进顶端的瓶子里面。

物种灭绝

近年来，由于自然环境受到了很大的破坏，很多种昆虫都消失了——有些甚至在被发现之前已经灭绝了。圣赫勒拿岛蠼螋生活在南大西洋海域的岛上，现在已经灭绝了。

灭绝了的圣赫勒拿蠼螋

昆虫的分类

现在世界上已知的昆虫超过了100万种，而专家估计总共会有1 000万种。下面我们列出了主要的几种昆虫。

食蚜蝇

食蚜蝇常被误当成黄蜂

蝇、蚊、蚋

这一大类包括家蝇、蚊子等，约90万个物种。苍蝇可以传播疾病。

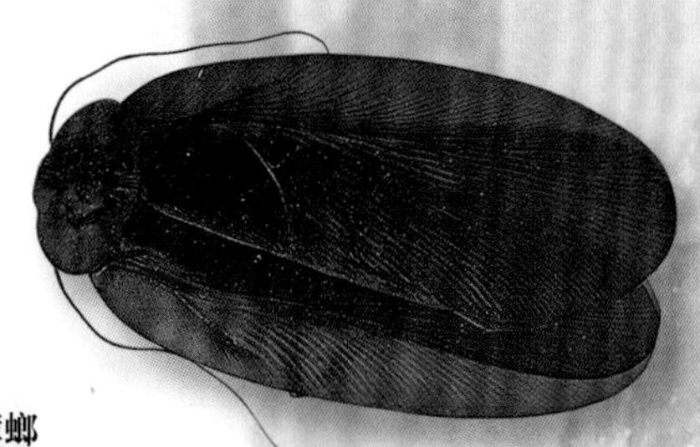

会飞的蟑螂

蟑螂

蟑螂已经生活4亿年了，约有5 500个物种。蟑螂奔跑速度可达3千米/时，在夜间活动，还可以当作宠物。

雄性大黄蜂

蜜蜂和黄蜂

蜜蜂和黄蜂可以为花授粉，还可以吃掉农作物上的害虫。蜜蜂和黄蜂是群居昆虫，它们会成群地居住和工作。

臭虫

臭虫包括蚜虫、盾蝽象、蝉和水黾等。世界上大约有6 500种盾蝽象，它们身上特殊的腺体可以喷出恶臭的液体。

盾蝽象

毛虱

虱

虱不长翅膀，寄生在人和动物的体毛下，以皮肤和血液为食。人虱分为3种：头虱、体虱和毛虱。

竹节虫

竹节虫包含2 500个物种，主要分布在热带地区。并不是所有的竹节虫都长着翅膀，它们的体色与周围植物的颜色相似，常伪装成一段树枝。

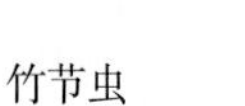

竹节虫

鹿角甲虫

甲虫

甲虫家族是最大的昆虫家族，约有350万个物种，包括无翅的萤火虫、蚀船虫（以木头为食的甲虫幼虫）以及瓢虫等。

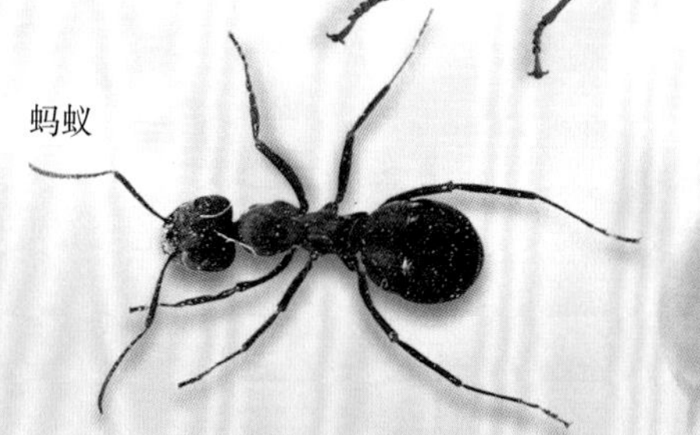

蚂蚁

蚁

蚁的数量占动物总数的1／10，是世界上数量最多的昆虫物种。蚁是群居昆虫，生活在地下蚁巢中。

燕尾蝶

眼点用来转移捕食者的注意力

蝶和蛾

蝶和蛾总共有300多万种，遍布在世界各地。但很多种蝴蝶都濒临灭绝。

石蝇

螳螂

世界上约有1 700种螳螂。大部分物种都生活在温带地区，以蜜蜂、甲虫和蝴蝶为食，有时还会捕食小型的田鼠和鸟。雌性螳螂腹部有很多卵，无法起飞。在交配以后，雌性的螳螂会吃掉配偶。

螳螂

雌螳螂是体形最大的昆虫之一

石蝇

这种昆虫叫作石蝇，因为它们经常在石头上面休息。石蝇生活在水中，约有2 000个物种。很多鱼类都喜欢吃石蝇。

蝎蛉

跳蚤

跳蚤

跳蚤以吸血为生。一只跳蚤平均每天吸的血可以达到自身质量的15倍。跳蚤一生中只有5%的时间是成虫，95%的时间是卵、幼虫或者蛹。成虫不吸血就无法产卵，甚至无法生存。

蝎蛉

蝎蛉仅有400个物种，体长约2厘米。雄性的尾部像是蝎子的尾巴，名字正来源于此。不过蝎蛉的尾部没有毒，也不会蜇人。

衣鱼

蛀虫

蛀虫约有600个物种。上图中的衣鱼体长仅有1厘米。蛀虫没有翅膀，以人类的生活垃圾为食。

蓟马

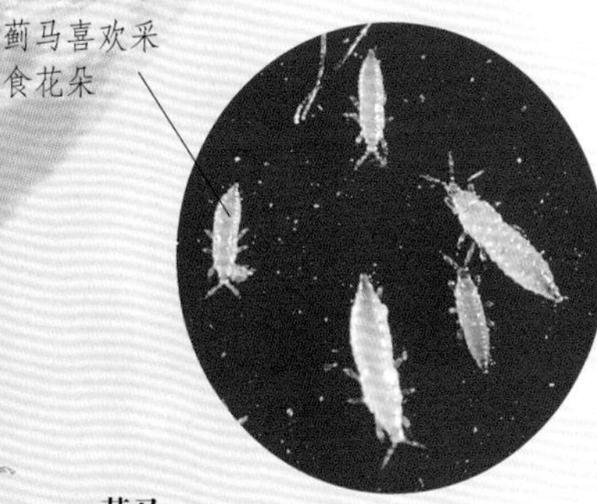

蓟马喜欢采食花朵

蝗虫

蜻蜓

蜻蜓的颚强劲有力，它们用前腿捕捉猎物。蜻蜓比恐龙出现得还要早。它们长着两只大大的眼睛，视力很好。

蝗虫和蟋蟀

这一类昆虫包含17万个物种，其中包括沙漠蝗虫。蟋蟀的触角很长，北美蟋蟀通常叫作“美洲大螽斯”。

蓟马

蓟马约有3 000个物种，体长仅有0.25厘米，属于小型昆虫。它们生活在农田里，是一种害虫。蓟马成群飞行时被人们叫作“打雷虫”。

蜻蜓

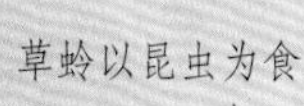

草蛉以昆虫为食

草蛉

草蛉的翅膀上面布满错综复杂的脉纹，约有6 000个物种。它们的幼虫会藏在猎物的躯壳下面。

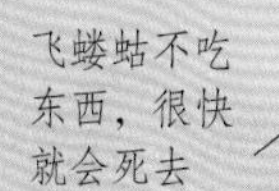

草蛉

飞蝼蛄

飞蝼蛄不吃东西，很快就会死去

飞蝼蛄

飞蝼蛄是一种漂亮的昆虫，身体小巧，成虫寿命很短。它们需要3年的时间才能由幼虫变为成虫，几小时后就会死去。

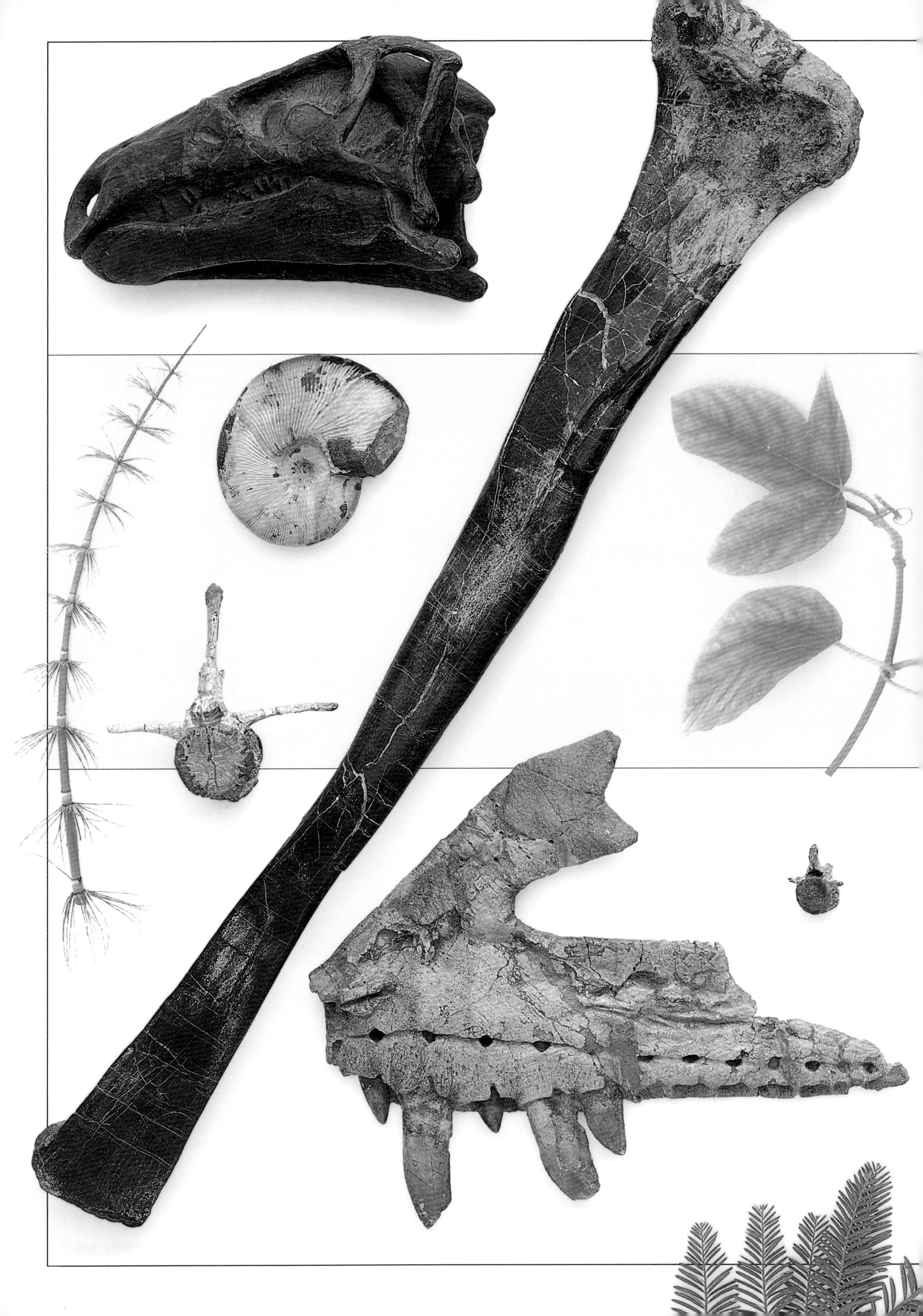

第二章 恐龙

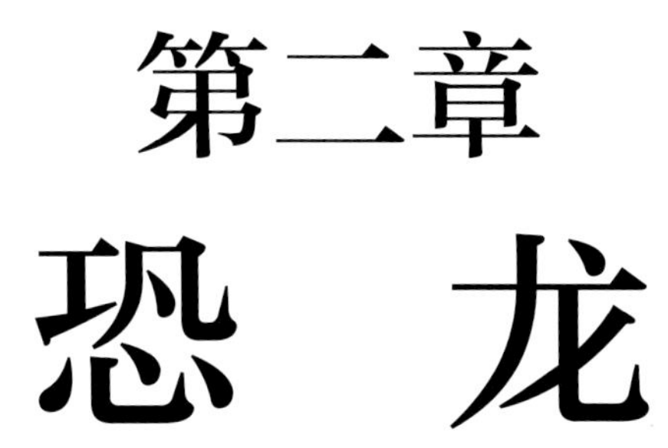

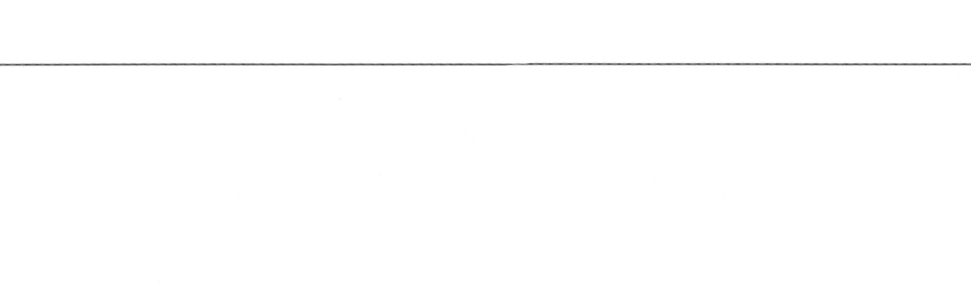

拨开时间的迷雾，回到1.5亿多年前，当时地球上生活着一群特别的动物。这些动物被称为恐龙，它们称霸地球很久，最后在一场神秘的物种大灭绝中消失了。

什么是恐龙

恐龙在地球上存活了1.5亿多年，然后在一场神秘的物种大灭绝中消失了。许多恐龙都是庞然大物，但也有一些体形仅如鸡一般瘦小。有些恐龙十分温和，只吃植物；有些恐龙则性情暴躁，并且长有利齿。恐龙是爬行动物，形态类似于现存的美洲鬣蜥。但恐龙躯干下面长有长腿，跑动起来更加敏捷。大多数恐龙只生活在陆地上。我们今天通过化石来了解这些早已灭绝了的动物。

臀部可以说明问题

根据腰带结构的不同，恐龙分为两种主要类别。蜥臀目恐龙臀部底端的两块骨头指向相反的方向；鸟臀目恐龙腰带底部的两块骨头则并列在一起。

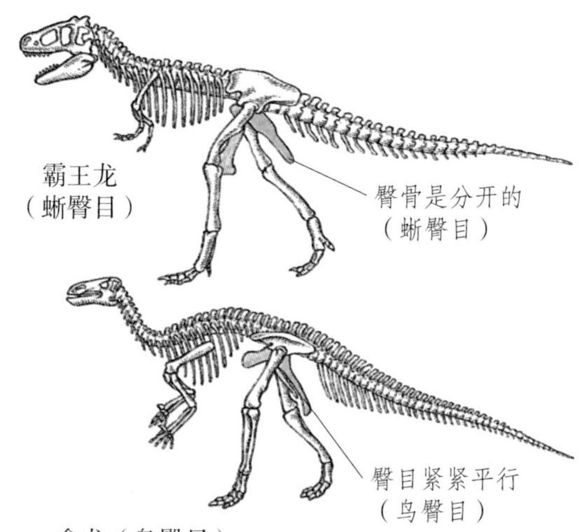

翼龙不是恐龙

翼龙正在食用三角龙的尸体。翼龙是一种能够飞行的爬行动物，但并不是恐龙。

现存的恐龙?

楔齿蜥是一种濒危爬行动物，只在新西兰海岸附近的岛屿上被发现过。楔齿蜥的某些近亲曾生活在恐龙时代，不过现已灭绝。楔齿蜥背部的尖刺很像某些恐龙背部的尖刺。

恐龙是如何进化的

现存爬行动物中和恐龙亲缘关系最近的是鳄鱼。数亿年前，早期的鳄形动物（槽齿类，一种长有槽齿的爬行动物）进化出了在陆地上快速爬行的结构，后来改变了移动四肢的方式，体形变小，速度变得更快了，逐渐进化成了早期的恐龙。

水中生活

古鳄是一种早期槽齿类动物，它大部分时间在水中度过。

用四肢行走

派克鳄之类的槽齿类动物开始在陆地上生活，用四肢行走。

鸟鳄

鸟鳄是随后出现的肉食性槽齿类动物，用两条腿行走，是早期恐龙的表亲。

直立

南十字龙完全直立的形态使它能迅速奔跑，这也让它比以前的槽齿类动物更有优势。

还有什么……

绿色有鳞片的美洲鬣蜥看上去就像恐龙，事实上它具备几个与恐龙相似的特征，比如皮肤的纹理和锋利的爪子。已发现的最早期的恐龙之一就是以它命名的。

恐龙人

这幅漫画描绘的是理查德·欧文爵士，他正骑跨在一只巨大的地懒化石（在南非发现的一具哺乳动物化石）上。他发明了“恐龙”这个名词。

早期发现

在19世纪之前，人们对恐龙一无所知。英国医生吉迪恩·曼特尔是最早发现恐龙的人之一。1820年，曼特尔医生和妻子玛丽·安在石头中发现了一些巨大的牙齿，随后又在附近发现了一些骨头。此后，经过一系列的研究，他得出结论，这些牙齿和骨头属于某种巨大的爬行动物，他称之为“禽龙”。随后，又有两种巨型爬行动物的化石在英国被发现，分别被命名为巨龙和森林龙。直到1841年，著名科学家理查德·欧文爵士将这些物种统称为“恐龙”，意思是“可怕的蜥蜴”。此后，伟大的恐龙大发现拉开了序幕。

禽龙下颌牙齿

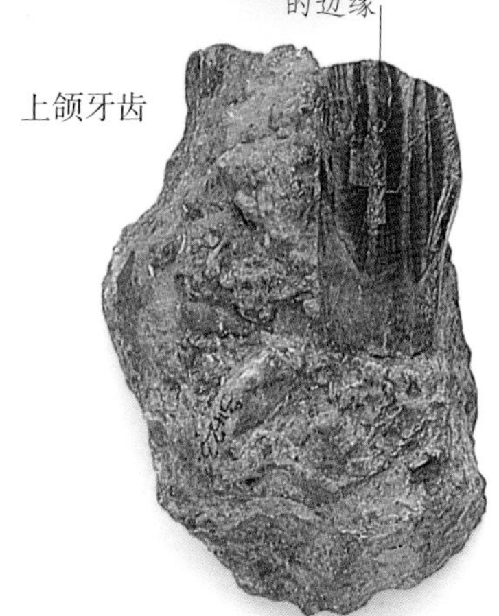

最早的牙齿

这块石头是曼特尔夫妇发现的，镶嵌其中的是史前禽龙的牙齿。牙齿上端还留有因咀嚼植物而受到磨损的痕迹。

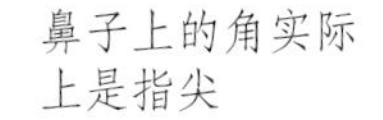

草图

曼特尔医生发现了一批骨头和牙齿的化石。他将化石主人画成了一只巨大的蜥蜴，有点像美洲鬣蜥。

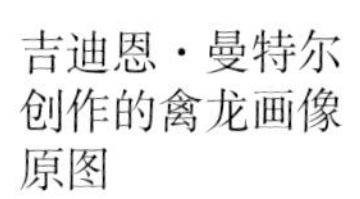

吉迪恩·曼特尔创作的禽龙画像原图

神秘的骨头

1809年，一个名叫威廉·史密斯的人在英国苏塞克斯发现了这块胫骨，后来这块骨头被确认属于禽龙。

发现者

医生吉迪恩·曼特尔是一个狂热的石头和化石收藏家。他的家像一个博物馆。

更多的骨头

吉迪恩·曼特尔收集的一段脊椎骨，这块骨头长在禽龙的腰带中间。

恐龙体内的晚餐

伦敦水晶宫的花园中举行了一场大型模型展览。科学家们在禽龙模型内部举行了20人的晚餐。

公园中的怪物

这两具禽龙的水泥模型由雕刻家班杰明·瓦特豪斯·郝金斯在19世纪制作完成。模型并不逼真，现存于伦敦水晶宫的公园中。

恐龙时代的植被

智利南美杉：南洋杉

恐龙在地球上生存了1.5亿多年。在这段时期内，世界发生过巨大变化。

陆地曾是一块超级大陆，经过不断漂流、分离，直至形成今天我们熟悉的布局。气候也在发生变化，进而影响了植物和动物。在恐龙时代的开始阶段，地表以低矮的灌木状蕨类植物为主，广阔的针叶林和苏铁类小树林随后繁荣了起来，接着出现了早期的开花植物，地表景观出现了重大变化。许多当时的植物现在还存活着。

冷杉宴

像上图中的副栉龙一样，鸭嘴龙类恐龙拥有强健的双颌和坚硬的牙齿，可以食用坚硬的植物，甚至包括冷杉的针叶。

古杉

现存的智利南美杉和在恐龙时代以前的古杉有着亲缘关系。

苏铁

苏铁在恐龙时代的大部分时间内都很繁盛，到今天已经十分稀少。

恐龙家园一隅

上图描绘的是大约1.3亿年前地球上的一处景观。地面上遍布着木贼、蕨类和苏铁。

松类：花旗松

开花植物

最早的开花植物出现在恐龙时代的最后时期。开花植物比其他植物繁殖得更快，迅速统治了植物界。开花植物显著地改变了恐龙的饮食结构。

木兰

1亿年前木兰出现，很快成为许多植食性恐龙的美餐。

小型和大型

和楼房一样高
这幅法国版画描绘了人们对于恐龙这种庞然大物的普遍印象：恐龙正在向一栋高楼的6层阳台里张望。

许多人把所有恐龙都想象成大型物种，实际上恐龙中也有一些小型种类。地球上已知的最大物种是蜥脚类恐龙，它们都是植食性动物。以前腕龙是我们知道的最大的蜥脚类恐龙，它重约70吨，长达22米，直立时有12米高。不过，现在我们已发现更大动物的骨骼化石。发现于非洲的潮汐龙和腕龙的体重相当，但它可能长达30米。发现于南美的阿根廷龙约有40米长，其体重可能和20头大象的质量相当。与这些安详的庞然大物形成鲜明对比的是，美颌龙（右页图）之类的小型恐龙大都是敏捷狡猾的肉食性动物，它们其中一些还没有一只猫重。

腕龙的腿骨
右图中这根巨大的腿骨属于腕龙。它的柱状前肢比后肢还要长。

奇异的股骨
这位先生（左图）正在查看一根迷惑龙的股骨，这根骨头有2.1米长。迷惑龙是另外一种蜥脚类恐龙。

一只大腕龙股骨的局部

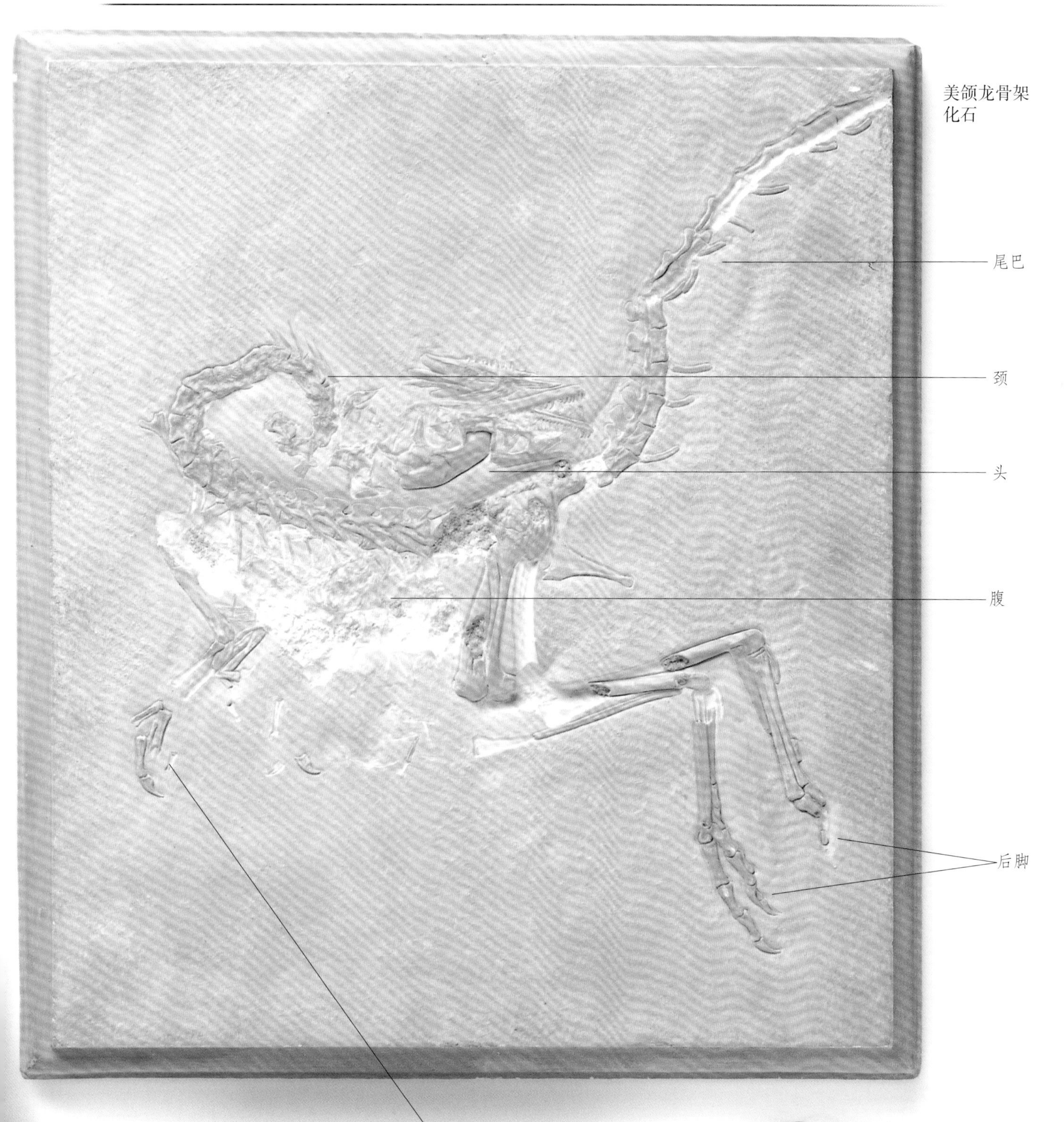

美颌龙

美颌龙（上图）是已知最小的恐龙之一。这块化石不比一只公鸡大多少。图中这个个体可能还没有完全长大，我们已经发现了更大一些的美颌龙化石。

美颌龙和一只公鸡大小相当

行动中

美颌龙行动敏捷、奔跑迅速。它们长有细小尖锐的牙齿，能捕食到多种小型动物，包括昆虫、青蛙、蜗牛和小蜥蜴等。

长颈野兽

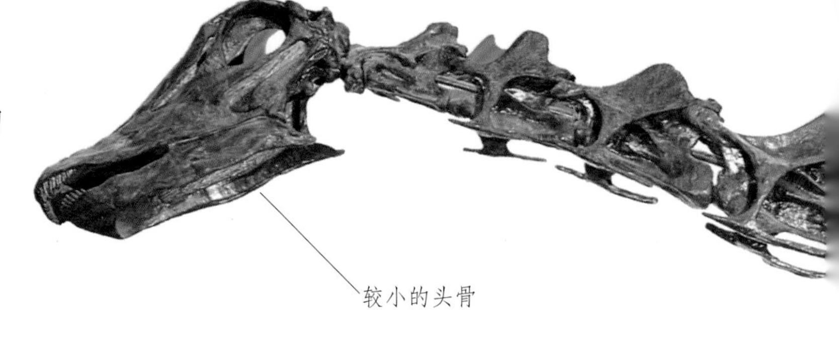

接下来我们将要看到曾经行走在地球上的最大恐龙之一——梁龙。它也属于蜥脚类。梁龙的脖子和尾巴都很长，头部和其他部位比起来显得很小。梁龙的这种身体结构完美地适应了它的生活方式。当时地球上生长着许多高大的树种，梁龙细长的脖子能够帮助它够到树梢，而小脑袋能够在枝叶间自由穿梭，方便它进食，而其他种类的恐龙则无法吃到这些植物。梁龙的这种取食方式需要脖子强壮、轻便并且灵活，以便升降自如。一旦将一个地方的食物吃光，梁龙就会寻找新的进食区域。当梁龙遭遇到肉食性动物的威胁时，它的防御武器就是它的巨大身躯和长长的鞭状尾巴。

颈部的支持

这个头和颈属于腕龙。和梁龙一样，腕龙的颈部肌肉十分强健，足够支撑起它的头部。腕龙的心脏也强壮有力，具备较大的压力将血液压到大脑中。

短且灵活

和梁龙不同，霸王龙（左图）之类的猎食性动物需要短而强健、灵活的脖子。它的脖子必须能支撑巨大且具攻击性的头部，又能来回摇摆脑袋，将猎物身上的肉撕扯下来。

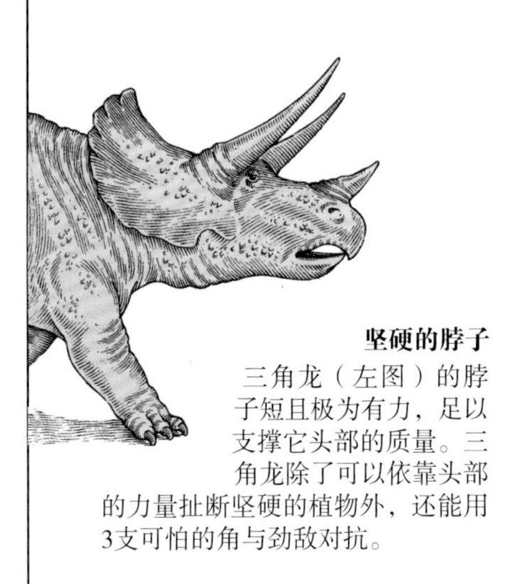

坚硬的脖子

三角龙（左图）的脖子短且极为有力，足以支撑它头部的质量。三角龙除了可以依靠头部的力量扯断坚硬的植物外，还能用3支可怕的角与劲敌对抗。

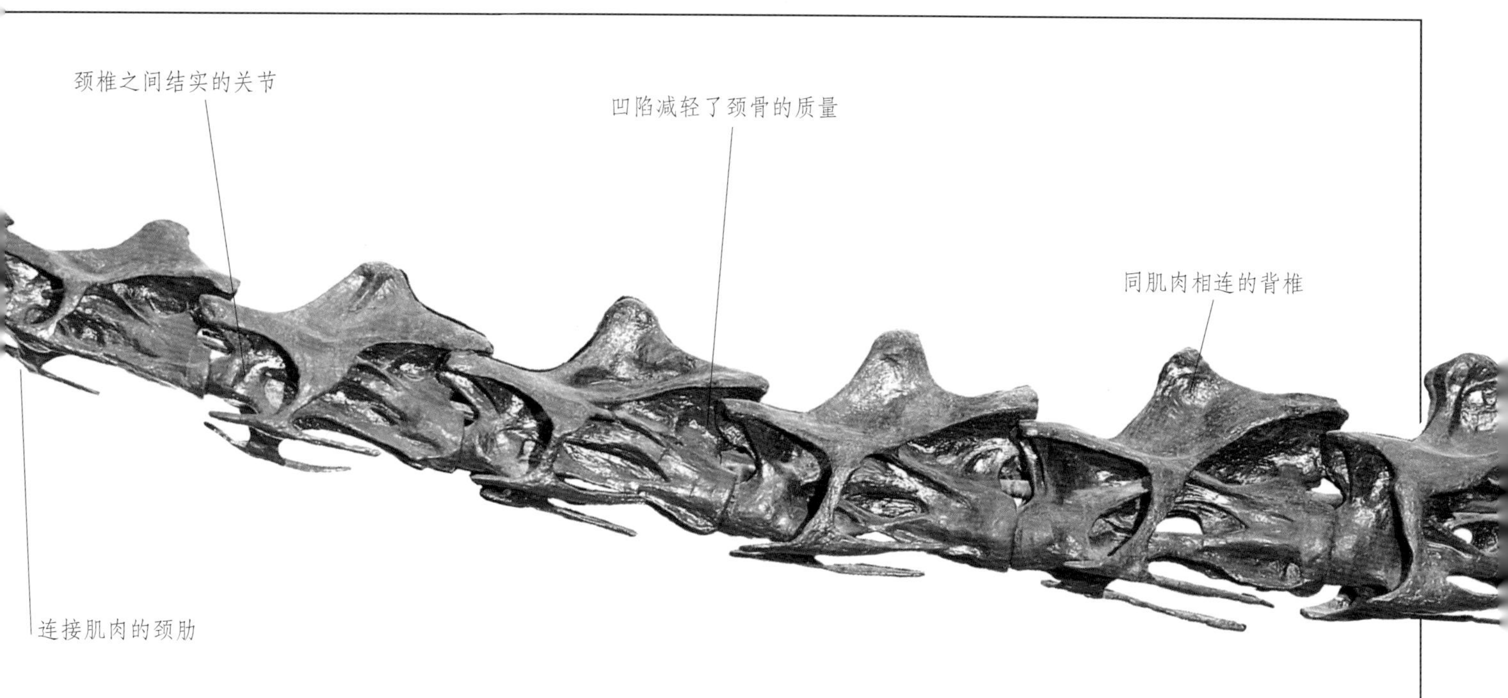

侏罗纪饕餮

腕龙体积庞大，必须大量进食。它们以族群为单位进行迁徙，以寻找足够的食物。腕龙能够吃到高大树木的叶子，也可以吃到低矮的蕨类植物。在非洲、欧洲和亚洲都发现了腕龙的化石。

伸长脖子

梁龙脖子的结构和起重机的构造十分相似。梁龙的脖子就像起重机的起重臂。起重机的底座十分沉重，从而使它不至于翻车，梁龙强健的躯干类似于底座。起重机的起重臂必须轻而结实，梁龙脖子内的骨头质量轻且结实，可以轻易地举起和放下。

脊椎简介

梁龙的身体结构可以帮助它承受和移动巨大沉重的躯体，脊椎是整个身体的动力室。脊椎必须足够强壮以支撑颈部、尾巴和腹部的巨大质量。脊椎中也有空腔，这样可以减轻质量。脊椎上狭窄神经脊向上突起，附着背部强健的肌肉；长长的肋骨向下环绕着腹部，让脊椎得以承受起沉重的腹部而不致移位变形，同时也保护恐龙的内脏器官。

腿像支柱一样

梁龙用强壮的腿支撑着身体，就像这座希腊神庙用支柱支撑着沉重的庙顶一样。梁龙的腿骨厚重、结实，能够支撑起沉重的躯体。

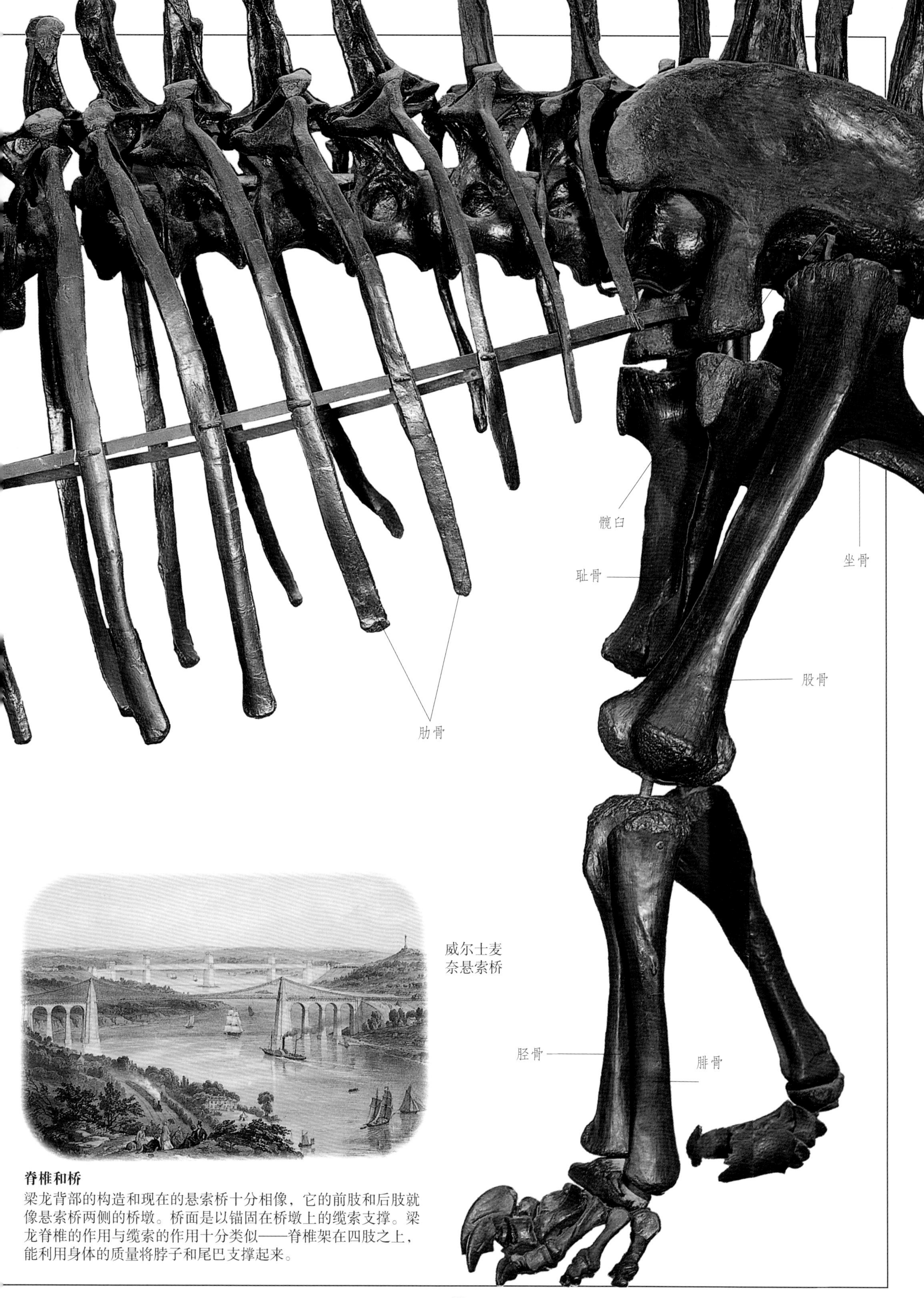

威尔士麦奈悬索桥

脊椎和桥

梁龙背部的构造和现在的悬索桥十分相像，它的前肢和后肢就像悬索桥两侧的桥墩。桥面是以锚固在桥墩上的缆索支撑。梁龙脊椎的作用与缆索的作用十分类似——脊椎架在四肢之上，能利用身体的质量将脖子和尾巴支撑起来。

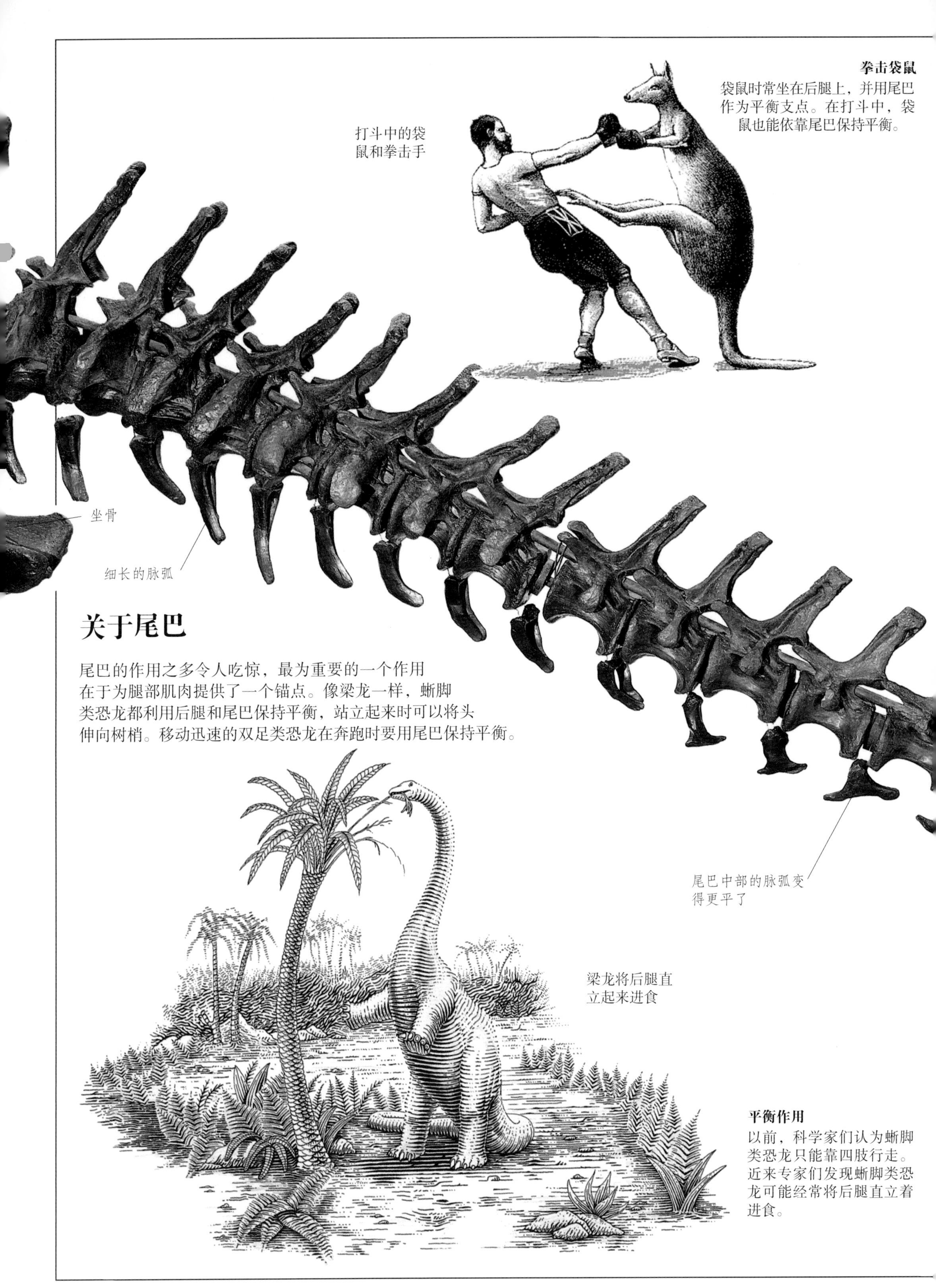

拳击袋鼠

袋鼠时常坐在后腿上，并用尾巴作为平衡支点。在打斗中，袋鼠也能依靠尾巴保持平衡。

关于尾巴

尾巴的作用之多令人吃惊，最为重要的一个作用在于为腿部肌肉提供了一个锚点。像梁龙一样，蜥脚类恐龙都利用后腿和尾巴保持平衡，站立起来时可以将头伸向树梢。移动迅速的双足类恐龙在奔跑时要用尾巴保持平衡。

平衡作用

以前，科学家们认为蜥脚类恐龙只能靠四肢行走。近来专家们发现蜥脚类恐龙可能经常将后腿直立着进食。

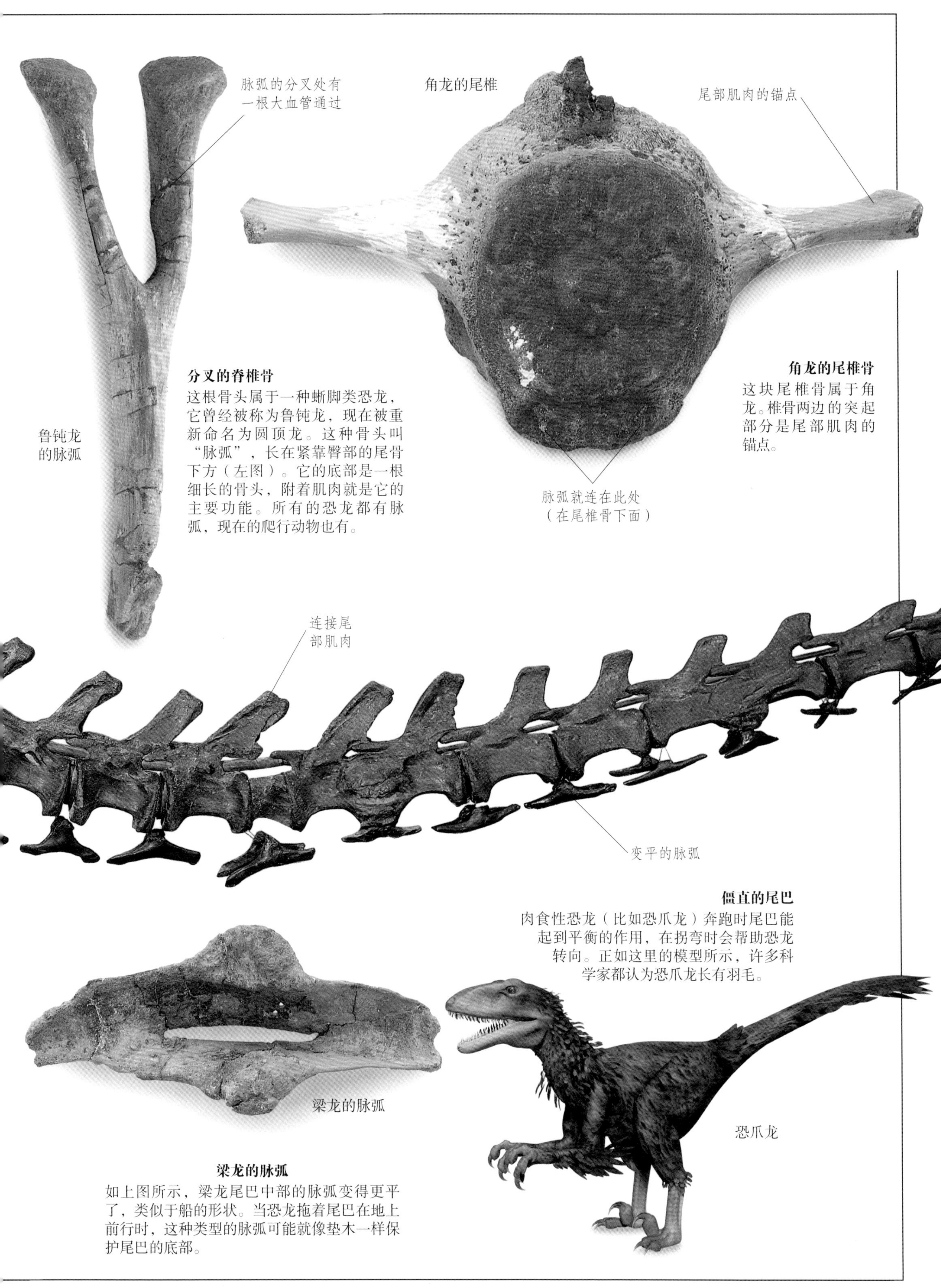

分叉的脊椎骨

这根骨头属于一种蜥脚类恐龙，它曾经被称为鲁钝龙，现在被重新命名为圆顶龙。这种骨头叫"脉弧"，长在紧靠臀部的尾骨下方（左图）。它的底部是一根细长的骨头，附着肌肉就是它的主要功能。所有的恐龙都有脉弧，现在的爬行动物也有。

角龙的尾椎骨

这块尾椎骨属于角龙。椎骨两边的突起部分是尾部肌肉的锚点。

僵直的尾巴

肉食性恐龙（比如恐爪龙）奔跑时尾巴能起到平衡的作用，在拐弯时会帮助恐龙转向。正如这里的模型所示，许多科学家都认为恐爪龙长有羽毛。

梁龙的脉弧

如上图所示，梁龙尾巴中部的脉弧变得更平了，类似于船的形状。当恐龙拖着尾巴在地上前行时，这种类型的脉弧可能就像垫木一样保护尾巴的底部。

用于防御的尾巴

许多植食性恐龙的尾巴是一种有用的防御武器，可以弥补牙齿和爪子上的劣势。某些恐龙尾巴可以当作鞭子使用。剑龙的尾巴上长有骨钉，从头到脚都有护甲保护。当受到攻击时，它们会挥舞长满尖利骨钉的尾巴痛击入侵者。恐龙的尾巴上通常长有可怕的骨钉或骨棒，而现存爬行动物用于防御的尾巴上都没有这么明显的附着物。

运动的“荆棘丛”
加斯顿龙身披厚甲，其身长和一辆大型汽车差不多。加斯顿龙尾巴上有着巨大的骨刺，这让它的尾巴成为了一件可怕的武器。加斯顿龙身体的其他部位也布满了用于防御的尖利的骨钉。

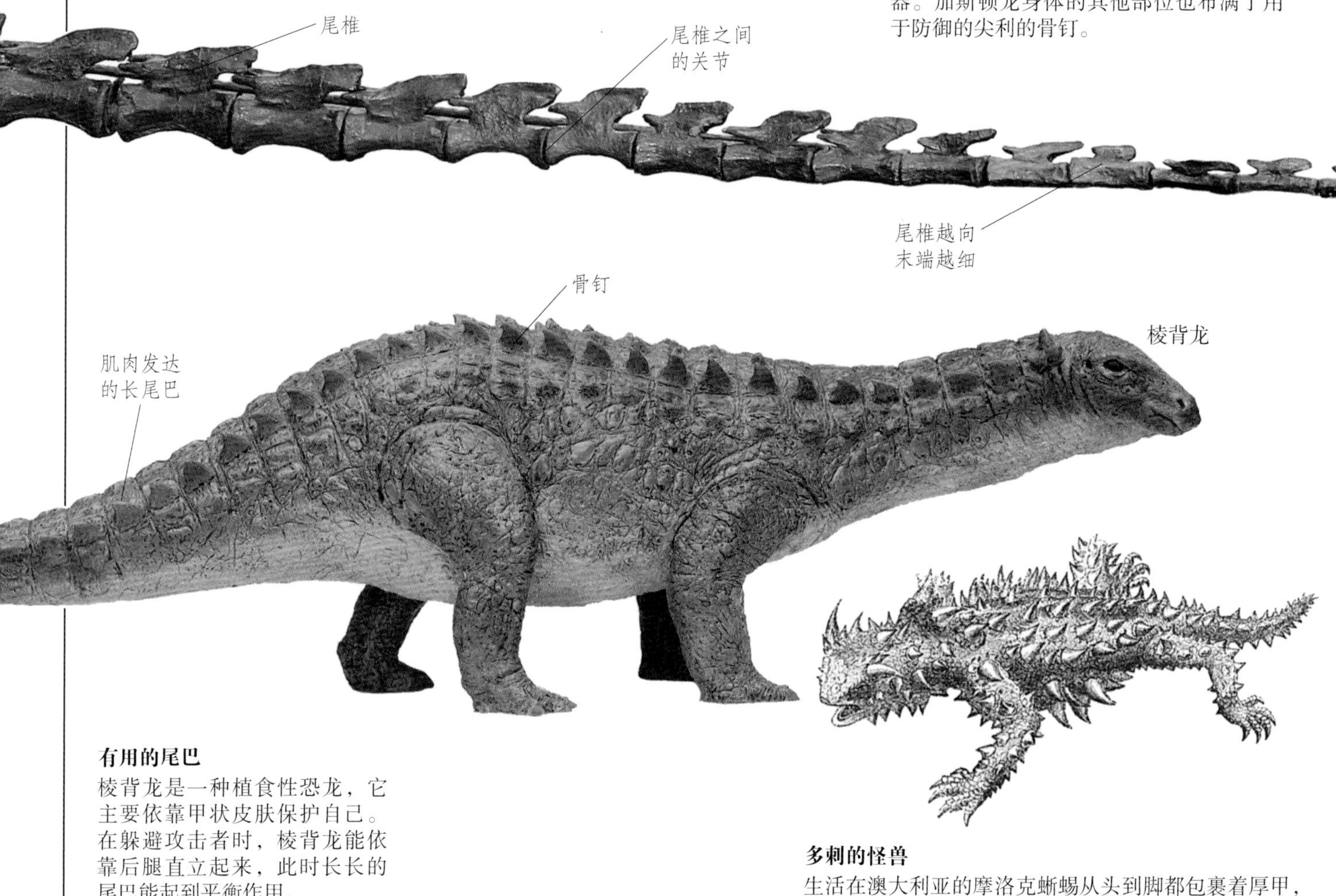

有用的尾巴
棱背龙是一种植食性恐龙，它主要依靠甲状皮肤保护自己。在躲避攻击者时，棱背龙能依靠后腿直立起来，此时长长的尾巴能起到平衡作用。

多刺的怪兽
生活在澳大利亚的摩洛克蜥蜴从头到脚都包裹着厚甲，因此它们不需要特殊的具有防御功能的尾巴。

用尾巴防御

所有用尾巴进行防御的恐龙都是四足行走的植食性恐龙。梁龙等蜥脚类恐龙长有鞭状尾巴，这让大型的肉食性恐龙一筹莫展，被这种尾巴击中会产生强烈痛感。甲龙和剑龙身上那些令人畏惧的骨棒和骨钉则意味着一种无言的警告——就像在说：“别再靠近！”

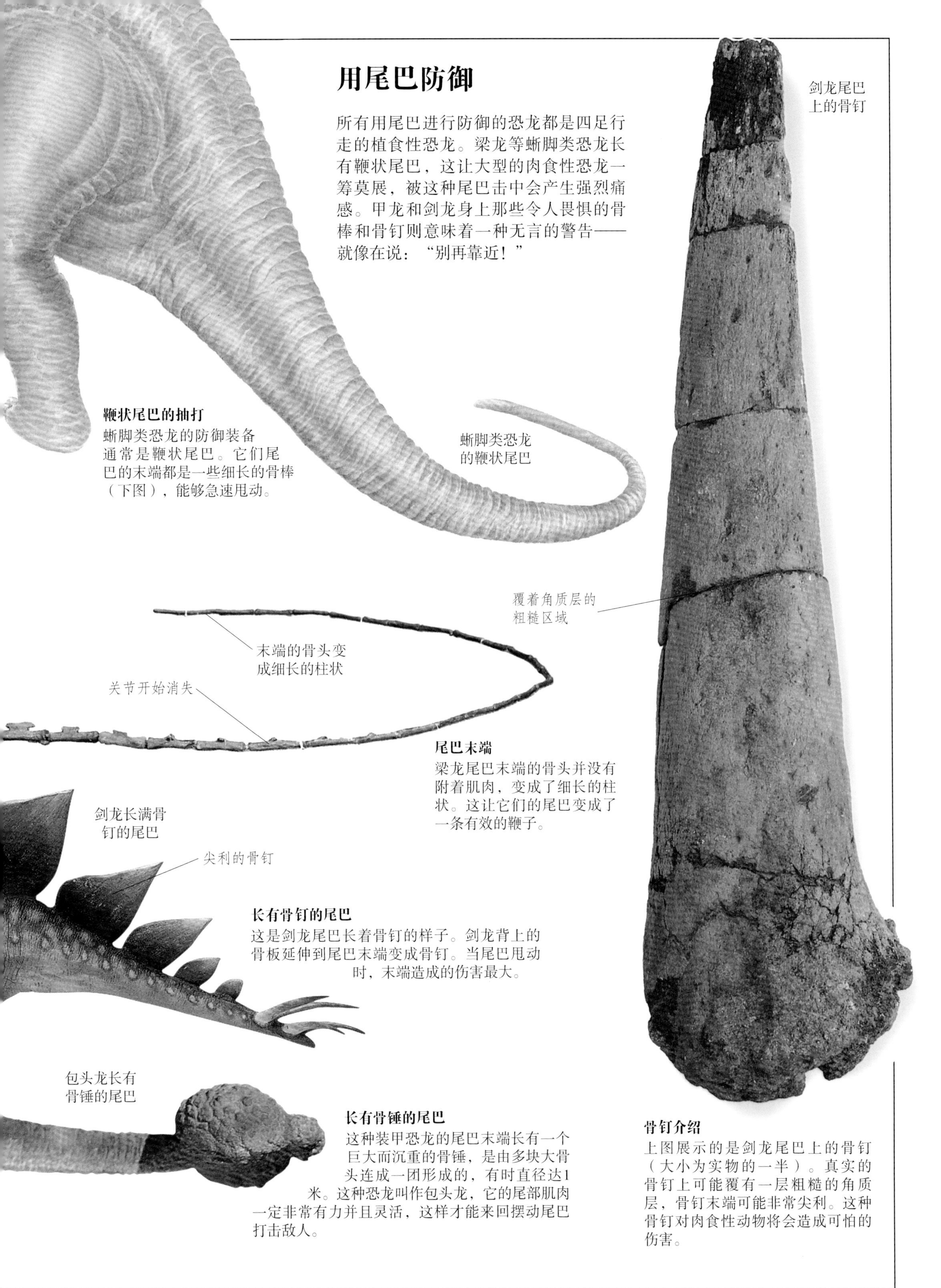

鞭状尾巴的抽打

蜥脚类恐龙的防御装备通常是鞭状尾巴。它们尾巴的末端都是一些细长的骨棒（下图），能够急速甩动。

尾巴末端

梁龙尾巴末端的骨头并没有附着肌肉，变成了细长的柱状。这让它们的尾巴变成了一条有效的鞭子。

长有骨钉的尾巴

这是剑龙尾巴长着骨钉的样子。剑龙背上的骨板延伸到尾巴末端变成骨钉。当尾巴甩动时，末端造成的伤害最大。

长有骨锤的尾巴

这种装甲恐龙的尾巴末端长有一个巨大而沉重的骨锤，是由多块大骨头连成一团形成的，有时直径达1米。这种恐龙叫作包头龙，它的尾部肌肉一定非常有力并且灵活，这样才能来回摆动尾巴打击敌人。

骨钉介绍

上图展示的是剑龙尾巴上的骨钉（大小为实物的一半）。真实的骨钉上可能覆有一层粗糙的角质层，骨钉末端可能非常尖利。这种骨钉对肉食性动物将会造成可怕的伤害。

恐龙的食物

大多数恐龙实际上是十分安详的植食性恐龙。其余恐龙则是既吃肉又吃素的杂食动物。那些非植食性动物不仅吃恐龙，还吃所有移动的动物，包括昆虫和鸟类。恐龙两颌和牙齿的化石告诉我们很多关于恐龙食物的信息。我们甚至能够通过化石了解恐龙的形体——肉食性恐龙通常头部较大，脖子短而有力，这让它们能够将大块的肉从猎物身上撕扯下来。许多植食性恐龙有长长的脖子，这对于到树梢取食十分有用。

在河边

这幅20世纪早期的插画描绘了1.9亿年前的一个场景，肉食性恐龙、游动的爬行动物和翼龙生活在一起。然而，实际上它们不大可能以这种方式共同生活。

植食性恐龙的头骨

这是大型植食性动物梁龙的头骨。它的牙齿呈铅笔状，比较细小，全部位于嘴巴的前部，可以像耙子一样将植物拢进嘴里。梁龙不能咀嚼，只能将食物整个地吞下去。

眼眶

铅笔状的牙齿

薄弱的下颌

梁龙的头骨

恐怖的牙齿

下图是异特龙的头骨，一排排锯齿状的弯曲牙齿在肉食性动物中很具有代表性。这个巨大头骨中存在很多“窗口”，这有效地减轻了头颅的质量。异特龙很可能以植食性恐龙的幼龙为食。

异特龙的头骨

大椎龙的头骨

地震龙

地震龙（左图）是种庞大的蜥脚类恐龙。它的头骨和梁龙的头骨非常相似，前颌部分长有钉状牙齿，用来咬断针叶。

杂食性恐龙

上面是大椎龙的头骨。大椎龙的牙齿细小且边缘粗糙，既适于撕咬肉类，也适合咀嚼植物。像这样具有多重食性的动物，我们称之为杂食动物。

肉食性恐龙

所有肉食性恐龙都属于兽脚亚目，某些肉食性恐龙被直接称为肉食龙。这些大型动物都有巨大的头部、强壮的后肢以及短小的前肢。肉食龙用两条腿行走，行动不快。肉食龙类的两颌很长，两颌内长有锯齿状牙齿。肉食龙类通常捕食其他种类的恐龙，食物匮乏时也吃尸体。它们会借助长有尖爪的脚杀死猎物，然后用牙齿和尖利的前肢把猎物的肉撕扯下来。还有一些肉食性恐龙被称为虚骨龙类，身体轻灵敏捷，前肢很长，爪子细长，适于抓握。虚骨龙类奔跑速度极快，能捕捉到小型哺乳动物和昆虫。当肉食龙类吃饱之后，虚骨龙通常会赶来吃掉猎物的残渣。

小却凶残
伤齿龙的牙齿（左）比人类的门牙（右）还小。

王者

霸王龙是肉食龙类中最著名的（也是最恐怖的）一种。它的身长可达12米，巨大的头部长有强健的两颌，锯齿状牙齿长达18厘米。躺下之后，霸王龙可以用细小的前臂把自己撑起来。

戈尔冈龙的下颌

向后弯曲的牙齿能够更好地咬住猎物

侦查龙的牙齿
这颗岩石中的牙齿来自一种小型肉食性恐龙——侦查龙。

较小的牙齿
霸王龙这颗牙齿较小且形状弯曲，适于钩住猎物。

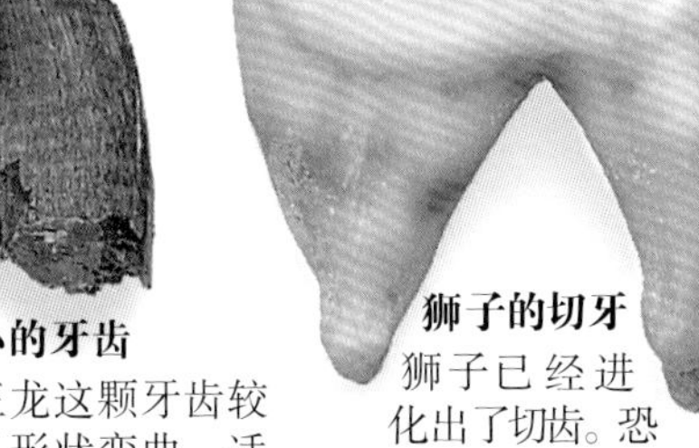

狮子的切牙
狮子已经进化出了切齿。恐龙没有这种切齿。

新牙
肉食性恐龙的牙齿一直都在生长，并不断地更换。巨齿龙的这颗牙齿是颗“新牙”。

巨齿龙巨大而弯曲的牙齿

细小锯齿

化石中的裂纹

巨大牙齿
这颗巨齿龙牙齿向后弯曲，这在肉食龙类牙齿中十分典型。这颗牙齿的边缘锋利并长有锯齿，可以用来切碎肉。这颗牙齿样本上的裂纹是在化石形成过程中产生的。

注定失败的战斗
这幅维多利亚女王时期的版画描绘了一只禽龙（左）和一只巨龙（右）在打斗。禽龙实际上是一只植食性恐龙，鼻子上的“角”是它真正用来防御的唯一武器。

角鼻龙的头骨（下图）

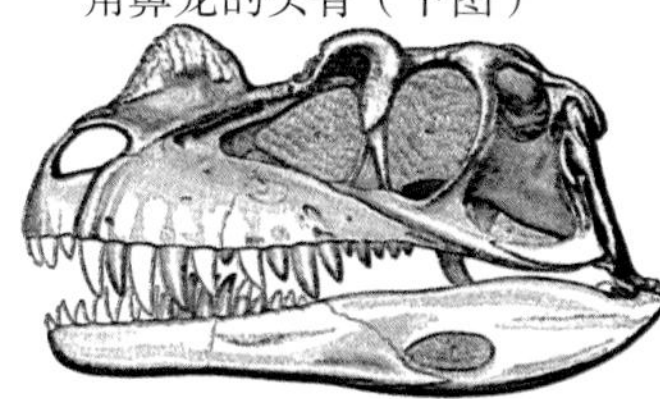

致命的颌骨
戈尔冈龙的下颌（左图）延长了头骨的长度。强健的颌肌一直延伸到眼睛后面，使戈尔冈龙有非常大的咬合力。上图角鼻龙的头骨也有相同的基本构造。

植食性恐龙

微小的牙齿
这个颌部来自棘齿龙，它是最小的植食性恐龙之一。棘齿龙的牙齿很小，带有钉状边缘，像极了美洲大蜥蜴的牙齿。美洲大蜥蜴为杂食性动物。

许多恐龙都是植食性恐龙，其中包括体形最为庞大的蜥脚类恐龙。植物由纤维素和木质素等坚硬的成分构成，只有先被磨碎后才能进入胃中被消化。植食性恐龙有多种方法处理食物。蜥脚类恐龙将植物整个地吞下，在胃中由胃石进行研磨，或者被细菌发酵。鸭嘴龙长有特殊的牙齿，它们会先将食物切断、磨碎，然后再吞下。角龙用它格外强健的两颌和剪刀状的牙齿对付坚硬的植物。所有的鸟臀目恐龙都是植食性恐龙。

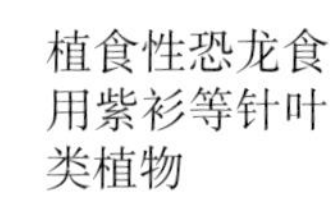

植食性恐龙食用紫衫等针叶类植物

大颌骨

角龙的喙

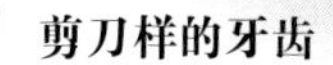

剪刀样的牙齿
这颗牙齿来自于角龙科动物（如下图的三角龙）。角龙先用喙状嘴（最左图）扯断植物，然后用尖利的牙齿把食物切碎。

新牙的凹槽

苏铁

松球

新食物
一些专家认为，角龙能够食用坚硬的新品种植物。它们可能食用苏铁（上左图）的叶子和松球（上右图）。

善于咀嚼
三角龙之类的恐龙喜欢食用坚硬且多纤维的植物。三角龙和许多角龙都长有极其强健的两颌和尖利的牙齿，这可以帮助它有效地处理食物。

三角龙

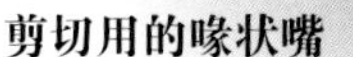

剪切用的喙状嘴
角龙的喙状嘴非常适于切断坚硬的植物。骨头上面粗糙的凹槽都附着角质层，下端很宽，可以和下颌紧紧地咬合。

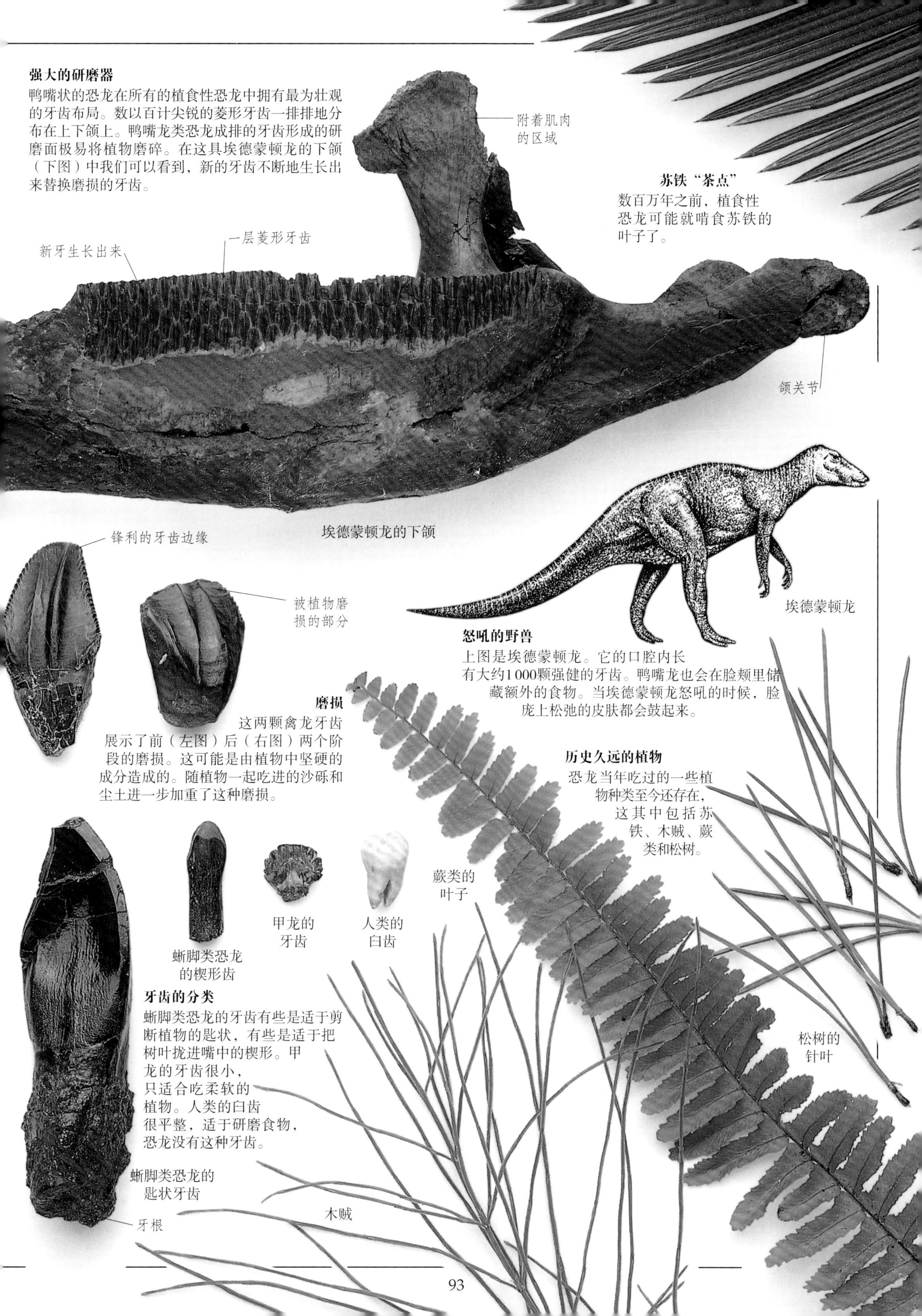

埃德蒙顿龙的下颌

强大的研磨器

鸭嘴状的恐龙在所有的植食性恐龙中拥有最为壮观的牙齿布局。数以百计尖锐的菱形牙齿一排排地分布在上下颌上。鸭嘴龙类恐龙成排的牙齿形成的研磨面极易将植物磨碎。在这具埃德蒙顿龙的下颌（下图）中我们可以看到，新的牙齿不断地生长出来替换磨损的牙齿。

苏铁“茶点”

数百万年之前，植食性恐龙可能就啃食苏铁的叶子了。

怒吼的野兽

上图是埃德蒙顿龙。它的口腔内长有大约1 000颗强健的牙齿。鸭嘴龙也会在脸颊里储藏额外的食物。当埃德蒙顿龙怒吼的时候，脸庞上松弛的皮肤都会鼓起来。

磨损

这两颗禽龙牙齿展示了前（左图）后（右图）两个阶段的磨损。这可能是由植物中坚硬的成分造成的。随植物一起吃进的沙砾和尘土进一步加重了这种磨损。

历史久远的植物

恐龙当年吃过的一些植物种类至今还存在，这其中包括苏铁、木贼、蕨类和松树。

牙齿的分类

蜥脚类恐龙的牙齿有些是适于剪断植物的匙状，有些是适于把树叶拢进嘴中的楔形。甲龙的牙齿很小，只适合吃柔软的植物。人类的臼齿很平整，适于研磨食物，恐龙没有这种牙齿。

奇异的头部

某些恐龙的脑袋很怪异，上面长有奇怪的突出的骨头，比如隆起物、肿块、冠状物、钉状物和盔状物等。这些恐龙脑袋上的附着物非常醒目，可能用来吸引配偶、吓跑敌人或者简单地表明自己的感受——高兴或生气！这些附着物也经常被用来进攻或者防御。最为奇异的还要数鸭嘴龙的脑袋，这种恐龙有一个宽大而没有牙齿的喙部。

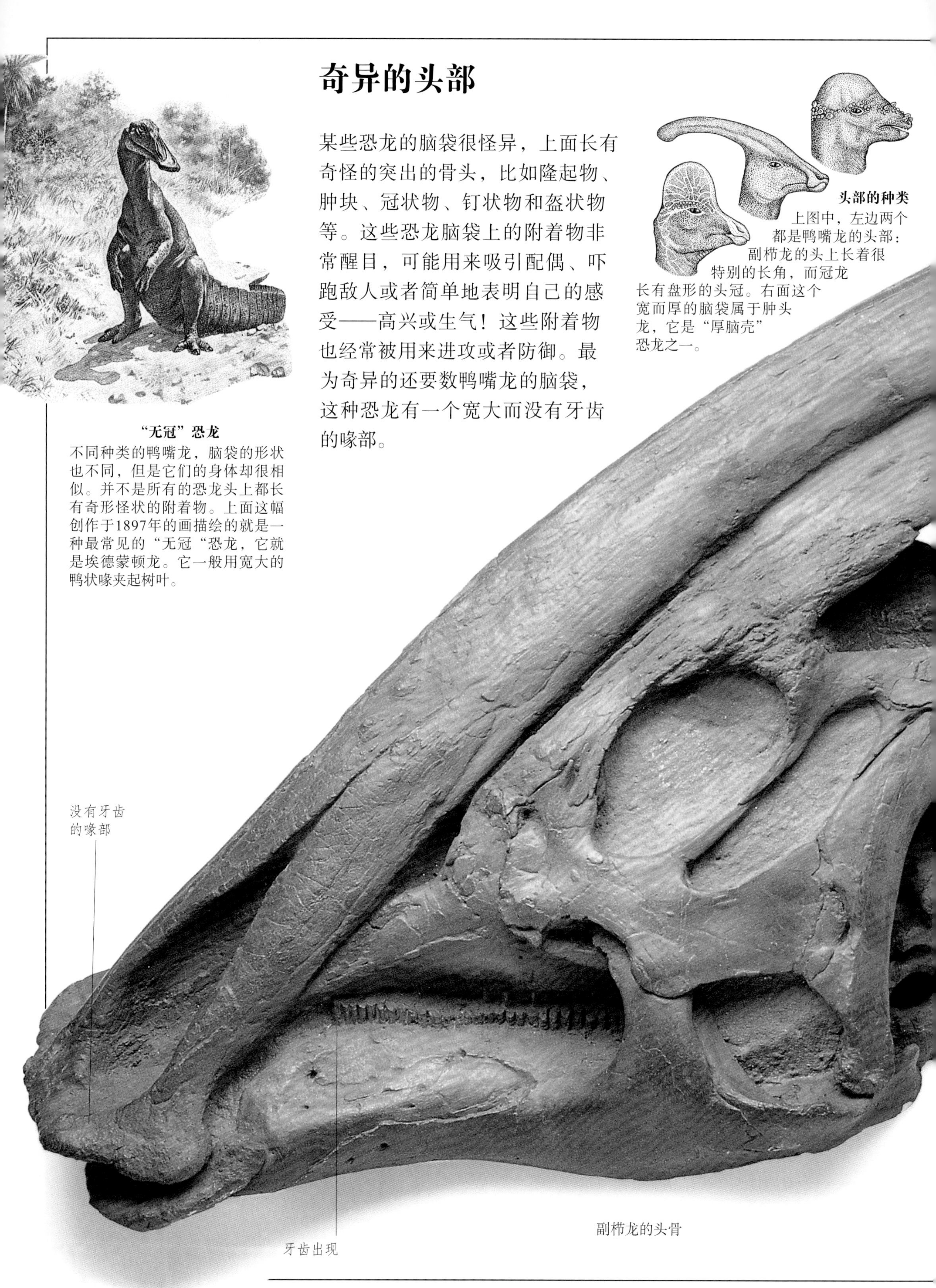

头部的种类
上图中，左边两个都是鸭嘴龙的头部：副栉龙的头上长着很特别的长角，而冠龙长有盘形的头冠。右面这个宽而厚的脑袋属于肿头龙，它是“厚脑壳”恐龙之一。

“无冠”恐龙
不同种类的鸭嘴龙，脑袋的形状也不同，但是它们的身体却很相似。并不是所有的恐龙头上都长有奇形怪状的附着物。上面这幅创作于1897年的画描绘的就是一种最常见的“无冠“恐龙，它就是埃德蒙顿龙。它一般用宽大的鸭状喙夹起树叶。

副栉龙的头骨

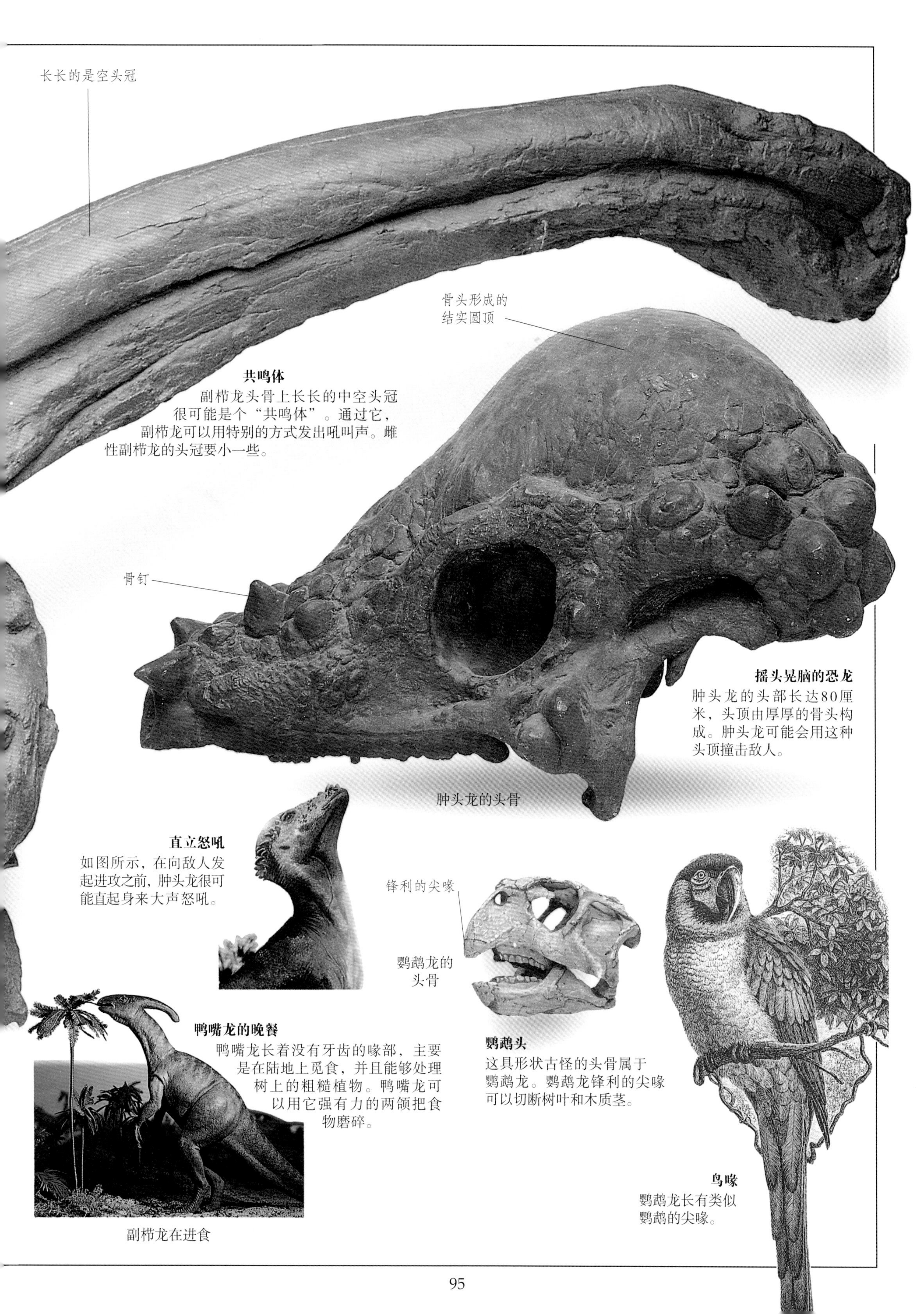

共鸣体

副栉龙头骨上长长的中空头冠很可能是个“共鸣体”。通过它，副栉龙可以用特别的方式发出吼叫声。雌性副栉龙的头冠要小一些。

摇头晃脑的恐龙

肿头龙的头部长达80厘米，头顶由厚厚的骨头构成。肿头龙可能会用这种头顶撞击敌人。

肿头龙的头骨

直立怒吼

如图所示，在向敌人发起进攻之前，肿头龙很可能直起身来大声怒吼。

鹦鹉龙的头骨

鸭嘴龙的晚餐

鸭嘴龙长着没有牙齿的喙部，主要是在陆地上觅食，并且能够处理树上的粗糙植物。鸭嘴龙可以用它强有力的两颌把食物磨碎。

副栉龙在进食

鹦鹉头

这具形状古怪的头骨属于鹦鹉龙。鹦鹉龙锋利的尖喙可以切断树叶和木质茎。

鸟喙

鹦鹉龙长有类似鹦鹉的尖喙。

三角龙

三角龙属于角龙的一种。每一种角龙都长有指向头骨后方并且遮盖颈部的骨质颈盾，鼻子上或眼睛上方长有角，并且长有细窄的钩状喙。大多数角龙都很矮胖，四足着地，形如现在的犀牛。角龙是植食性恐龙，成群迁徙时会遭遇肉食性动物威胁。随着不断演化，角龙的冠状物变得更加明显。三角龙是“角龙之王”，它生活在恐龙时期的最后阶段，长有所有角龙里结构最为奇特的角和颈盾：它的头部占到身体长度的近三分之一。三角龙低下头把角指向前方，并用它庞大的身躯做后盾，这样就能对抗霸王龙一类的捕食者。

形似犀牛的三角龙

这具复原模型是基于三角龙骨架化石的全面研究组建的，应该十分接近实物。很容易发现，三角龙和现在的犀牛具有非常显著的相似性。

眉角

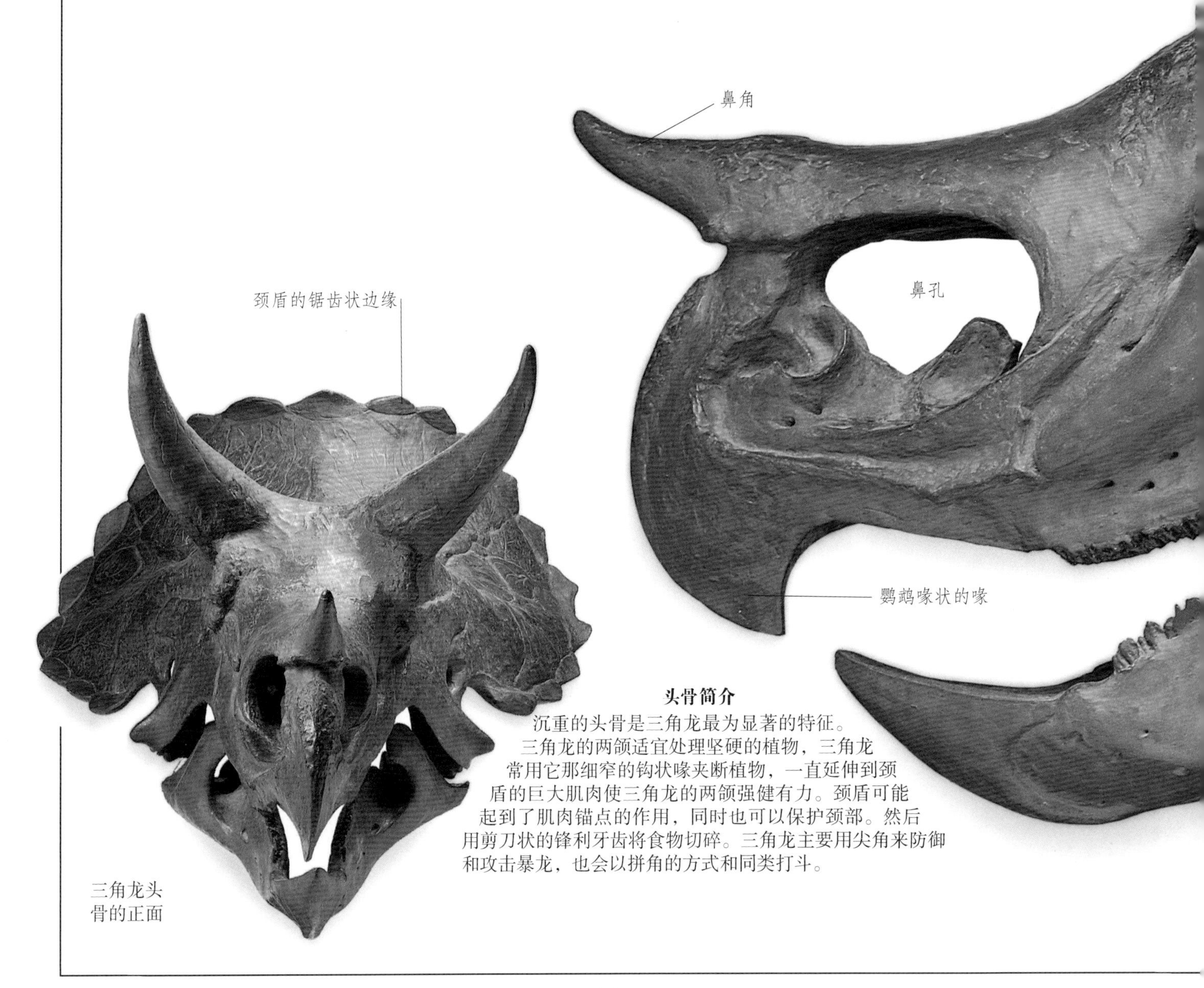

三角龙头骨的正面

头骨简介

沉重的头骨是三角龙最为显著的特征。三角龙的两颌适宜处理坚硬的植物，三角龙常用它那细窄的钩状喙夹断植物，一直延伸到颈盾的巨大肌肉使三角龙的两颌强健有力。颈盾可能起到了肌肉锚点的作用，同时也可以保护颈部。然后用剪刀状的锋利牙齿将食物切碎。三角龙主要用尖角来防御和攻击暴龙，也会以拼角的方式和同类打斗。

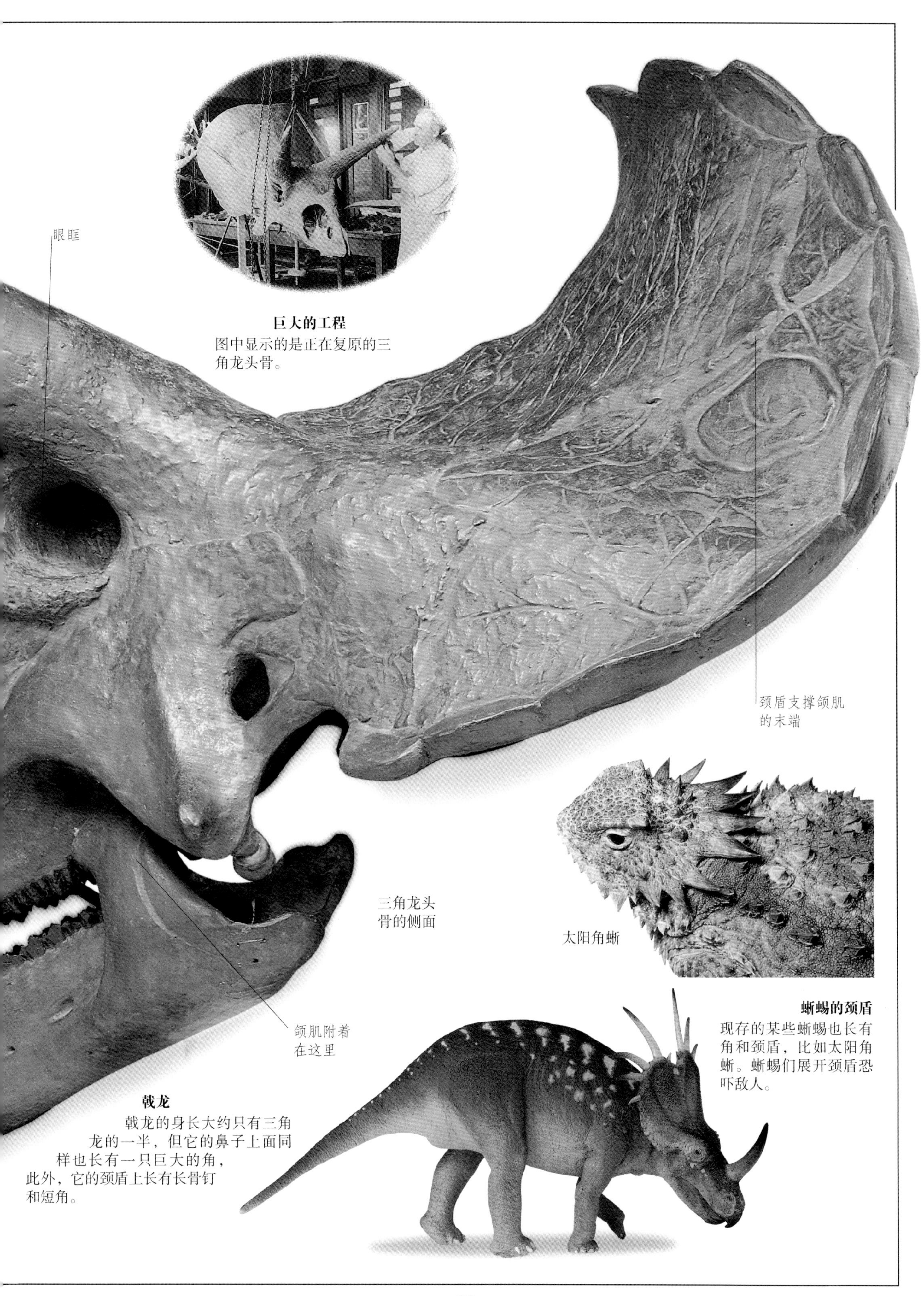

巨大的工程

图中显示的是正在复原的三角龙头骨。

三角龙头骨的侧面

蜥蜴的颈盾

现存的某些蜥蜴也长有角和颈盾，比如太阳角蜥。蜥蜴们展开颈盾恐吓敌人。

戟龙

戟龙的身长大约只有三角龙的一半，但它的鼻子上面同样也长有一只巨大的角，此外，它的颈盾上长有长骨钉和短角。

坚硬的皮肤

恐龙皮肤的化石遗迹告诉我们：它们的皮肤与爬行动物的一样，都覆有鳞片，有些表面还长有角质板块。恐龙的皮肤可以完美地适应陆地生活。就像爬行动物的皮肤一样，恐龙的皮肤防水、坚硬，并且长有角质。

防水的皮肤可以使它们避免在灼热的空气中迅速干燥。当这些动物在乱石堆中行走或摔倒时，粗糙带鳞的皮肤就会保护它们。如图所示，恐龙的皮肤遗迹通常很小，但也有几乎完整的皮肤遗迹保存下来。没有人可以肯定恐龙的颜色和图案，一般用绿色和棕色的暗色调来表现恐龙。

长有鳞甲的哺乳动物
就像甲龙一样，生存在今天的犰狳（上图）也被它的骨质鳞甲很好地保护着。当受到捕食者威胁的时候，它们也会放低身体靠近地面。没有袭击者能够抓住犰狳坚硬的身体。

相同的体色
就像这只鬣蜥一样，恐龙的皮肤很可能颜色鲜艳。皮肤的颜色既可以用来伪装，也可以用作一种警告信号。这只蜥蜴很可能用它的鲜绿色标识领地，或者吸引配偶。

结节
刺甲龙鳞片下的皮肤上“漂浮”着这种结节。

刺甲龙的皮肤印痕

起保护作用的突出骨节

有节的皮肤
这块凹凸不平的皮肤印痕来自刺甲龙。刺甲龙腿短矮胖，身长可达4米，背上有尖刺。刺甲龙身上的尖刺和层叠的骨板起到保护作用。

像只鳄鱼
鳄鱼有着和恐龙相似的皮肤——可以完美地适应干燥的陆地环境。这只鳄鱼身上布满疙瘩的皮肤很像刺甲龙的皮肤遗迹（左图）。

甲龙

甲龙的骨头形成了骨质鳞甲。甲龙身体矮胖沉重，两颌很小，牙齿薄弱，适于食用植物。当遭遇袭击时，甲龙会蜷缩身体紧贴在地上，完全依靠坚硬的皮肤保护自己。

完整的野兽

这是最大的甲龙之一——埃德蒙顿甲龙的样子。它的鳞甲由成排的骨板和骨钉组成，保护肩膀和侧腹不受攻击。

甲龙的结节

甲龙结节的底部附着在背上，长长的中脊可为甲龙提供保护。实际上，结核上面还覆有一片角质鳞片。在这幅图中，我们还可以辨认出连接鳞片的凹痕。

无护甲有鳞片

这块蜥脚类恐龙的皮肤印痕显得相当光滑。皮肤上长有鳞片，但不像甲龙的皮肤那样多骨板，不能用来抵御攻击。鳞片的衔接很紧密而且柔韧，可以灵活地运动。从这块皮肤遗迹上可以看出，鳞片的大小不一，皮肤弯折处的鳞片更小一些。

剑龙

剑龙是一类最不寻常的恐龙，身上有贯穿背脊的两排骨板。它们的尾巴末端长有尖利的骨钉，可以痛击敌人。剑龙类恐龙虽然都长相可怕，但是它们都是植食性动物。它们牙齿细小、脆弱，通常用四足行走，啃食低矮的植物。“stegosaur（剑龙）”这个词的意思是“带有顶棚的蜥蜴”，这是因为人们曾经认为剑龙的骨板是平放在背上的。但是这两排骨板更可能是沿着剑龙的背部直立排列的。有些人认为骨板是连接在骨架上的，而实际上这些骨板镶嵌在剑龙厚厚的皮肤中。

骨板之争

科学家们对于剑龙骨板是交替还是成对排列争论了很长时间。这些骨板由骨头构成，中间还带有蜂窝状的空隙，并不是用来防御的鳞甲板。

怪异的剑龙

古生物学家们曾认为，剑龙身上长有类似刺猬的骨刺！不过，现已发现的腰带化石表明，某种剑龙类恐龙可以靠后腿站立起来。

脊椎骨

圆锥形骨板

脉弧

尾巴上的刺

骨钉是沱江龙身上的致命武器。剑龙类恐龙可以用很大的力量来回摇摆肌肉发达的尾巴。

用来防御的尖利骨刺

宽大扁平的脚

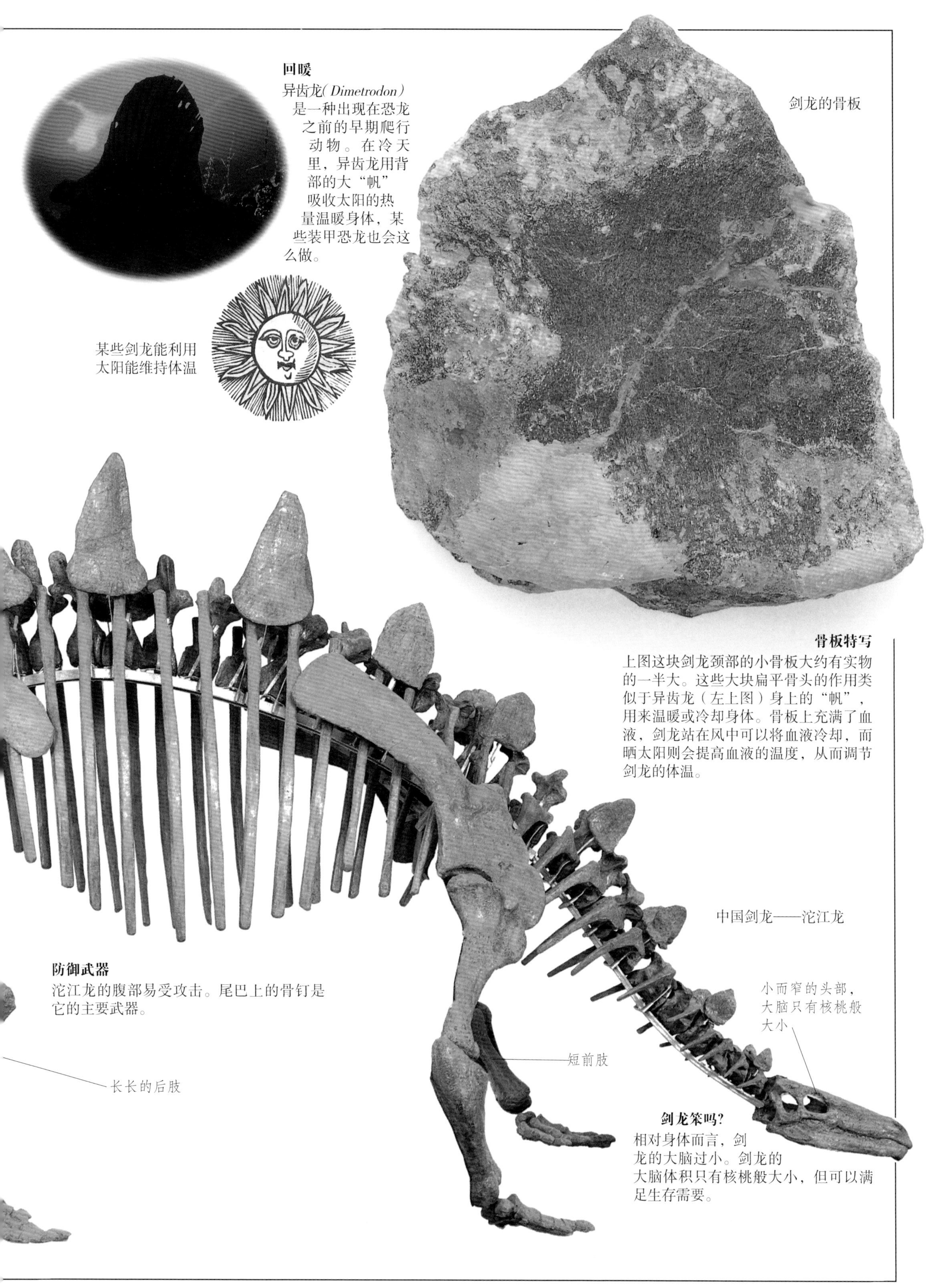

回暖

异齿龙(*Dimetrodon*)是一种出现在恐龙之前的早期爬行动物。在冷天里，异齿龙用背部的大“帆”吸收太阳的热量温暖身体，某些装甲恐龙也会这么做。

某些剑龙能利用太阳能维持体温

剑龙的骨板

骨板特写

上图这块剑龙颈部的小骨板大约有实物的一半大。这些大块扁平骨头的作用类似于异齿龙（左上图）身上的“帆”，用来温暖或冷却身体。骨板上充满了血液，剑龙站在风中可以将血液冷却，而晒太阳则会提高血液的温度，从而调节剑龙的体温。

中国剑龙——沱江龙

防御武器

沱江龙的腹部易受攻击。尾巴上的骨钉是它的主要武器。

小而窄的头部，大脑只有核桃般大小

短前肢

长长的后肢

剑龙笨吗?

相对身体而言，剑龙的大脑过小。剑龙的大脑体积只有核桃般大小，但可以满足生存需要。

飞驰者

样子像鸵鸟
鸵鸟龙与鸵鸟长得极像，它们奔跑的方式可能也很类似。科学家甚至认为鸵鸟龙也长有羽毛。它们之间主要的不同在于，鸵鸟龙长有一条长长的骨质尾巴和带爪的前肢。

某些恐龙非常适宜奔跑，它们只靠两条后腿奔跑。移动迅速的恐龙看起来都十分相似，都有长长的后腿，可以迈开大步狂奔。某些恐龙长有长腿和窄脚，这些结构让它们奔跑起来更快。它们身体的其他部分通常轻且短，并有一条细长的尾巴保持平衡。这些恐龙的前臂很轻，前端长有小爪，脖子很长，头却很小。某些恐龙的速度可以达到56千米/时。它们利用速度捕捉猎物和避开入侵者。行动迅速的植食性和肉食性恐龙都加入了一场“比赛”：植食性恐龙通过进化，跑得越来越快，以躲避肉食性恐龙的攻击；而后者同时也在不断地提高速度，以提高捕食成功率。

小而多齿的畸齿龙
这种移动迅速的恐龙叫作畸齿龙（*Heterodontosaurus*），大约只有1米长。它长有3种不同类型的牙齿，但仍然是植食性恐龙。

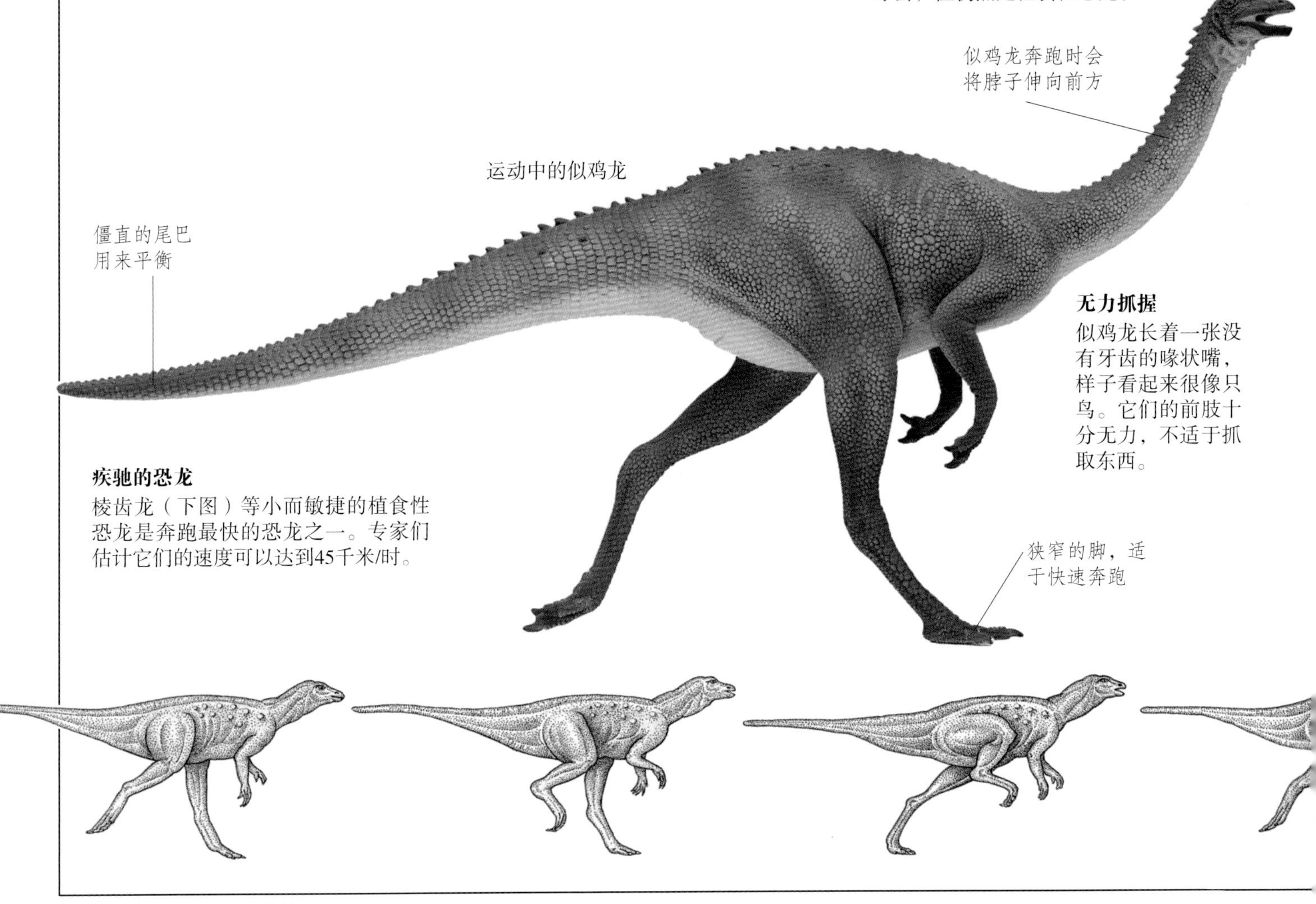

无力抓握
似鸡龙长着一张没有牙齿的喙状嘴，样子看起来很像只鸟。它们的前肢十分无力，不适于抓取东西。

疾驰的恐龙
棱齿龙（下图）等小而敏捷的植食性恐龙是奔跑最快的恐龙之一。专家们估计它们的速度可以达到45千米/时。

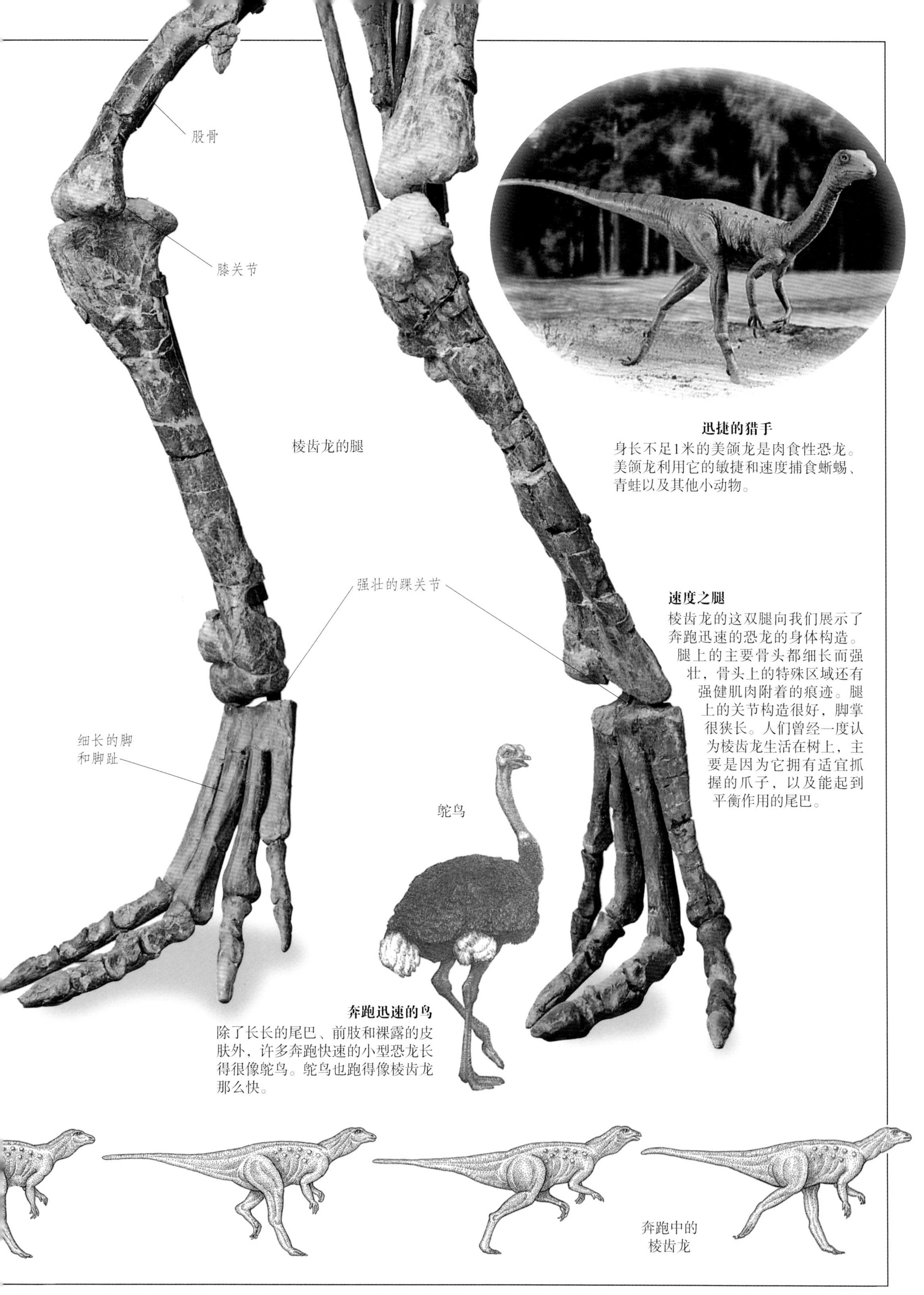

迅捷的猎手

身长不足1米的美颌龙是肉食性恐龙。美颌龙利用它的敏捷和速度捕食蜥蜴、青蛙以及其他小动物。

速度之腿

棱齿龙的这双腿向我们展示了奔跑迅速的恐龙的身体构造。腿上的主要骨头都细长而强壮，骨头上的特殊区域还有强健肌肉附着的痕迹。腿上的关节构造很好，脚掌很狭长。人们曾经一度认为棱齿龙生活在树上，主要是因为它拥有适宜抓握的爪子，以及能起到平衡作用的尾巴。

奔跑迅速的鸟

除了长长的尾巴、前肢和裸露的皮肤外，许多奔跑快速的小型恐龙长得很像鸵鸟。鸵鸟也跑得像棱齿龙那么快。

双足和四足

恐龙以最适合它生存的方式行走。大多数肉食性恐龙用2条后腿行走，因为它们要用前肢去抓捕猎物。其他恐龙通常用4条腿行走，主要是因为它们庞大的身体需要下面有4根结实的“柱子”支撑着。但是化石表明，大型植食性恐龙，也可以短时间仅用后腿直立起来。有些恐龙，比如鸭嘴龙，它们既可以选择用双足行走，也能用四足行走，这取决于那段时间内它们在做什么。

不许再靠近了！
这个模型展示了一只母重龙为了保护自己的孩子不受异特龙攻击，将两只前腿抬了起来。不过，对于这样一只庞大的蜥脚类恐龙会不会（或者能不能）这么做，仍存在争论。

蹄状的爪子

棱背龙的脚

踝骨

用“手”支撑
鸭嘴龙的这个趾骨来自它的“手”，平整且有些类似蹄子的形状。在吃草时，它用4条腿支撑身体。

鸭嘴龙的趾骨

四腿恐龙的脚趾
三角龙一直都用4条腿行走，所以它的这个趾骨既可能来自前脚，也可能来自后脚。这个趾骨比鸭嘴龙的趾骨更宽，也更像蹄子。

三角龙的趾骨

有关脚的一些东西
这是一种早期的植食性恐龙——棱背龙完整的后脚。它全身都覆盖着骨钉构成的鳞甲。棱背龙一直都用4条腿行走，后脚强壮宽大，上面长有4个强健的脚趾，可以有效地支撑它沉重的身体。它的大脚趾很小，可能根本接触不到地面。

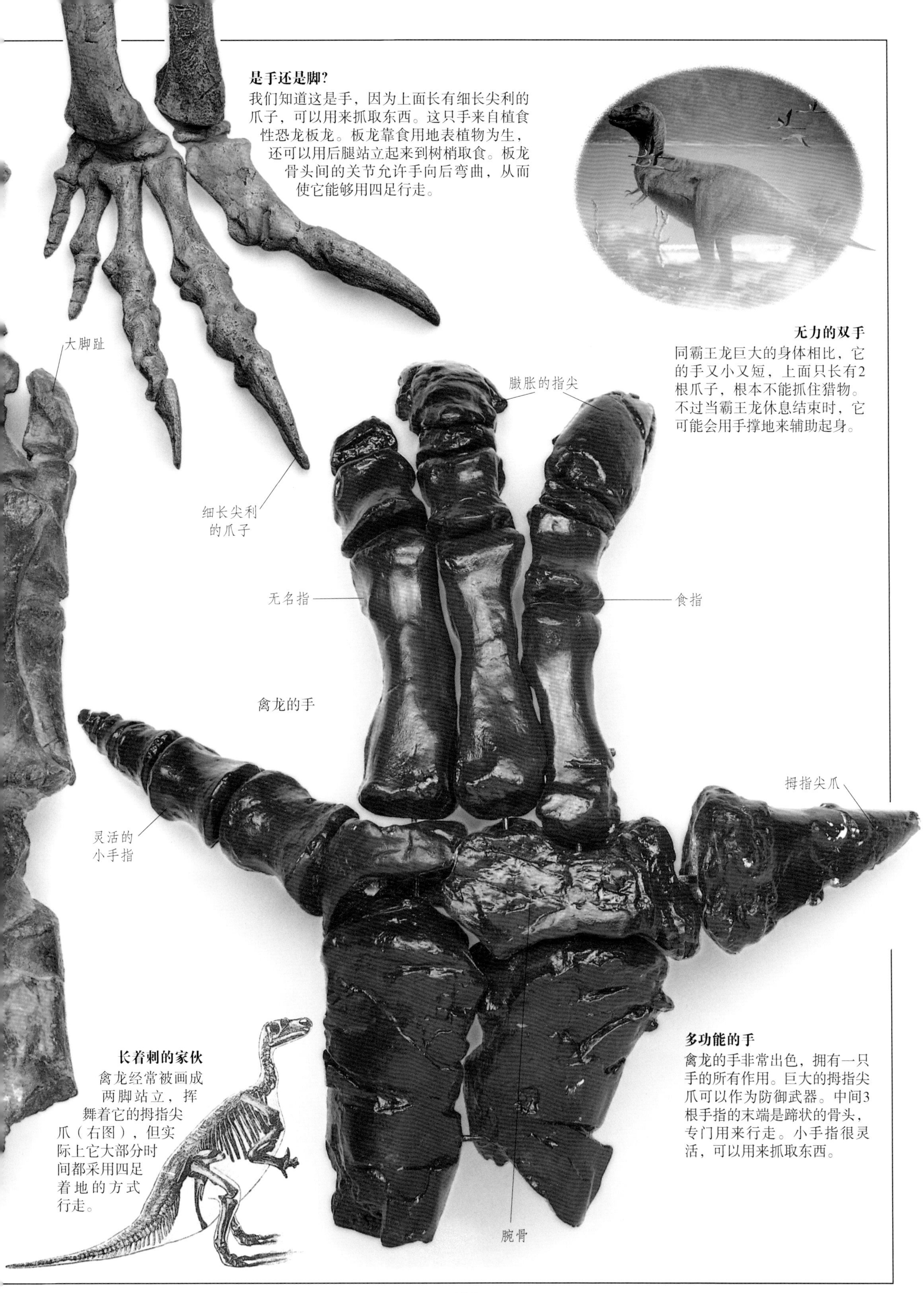

是手还是脚?

我们知道这是手，因为上面长有细长尖利的爪子，可以用来抓取东西。这只手来自植食性恐龙板龙。板龙靠食用地表植物为生，还可以用后腿站立起来到树梢取食。板龙骨头间的关节允许手向后弯曲，从而使它能够用四足行走。

无力的双手

同霸王龙巨大的身体相比，它的手又小又短，上面只长有2根爪子，根本不能抓住猎物。不过当霸王龙休息结束时，它可能会用手撑地来辅助起身。

长着刺的家伙

禽龙经常被画成两脚站立，挥舞着它的拇指尖爪（右图），但实际上它大部分时间都采用四足着地的方式行走。

多功能的手

禽龙的手非常出色，拥有一只手的所有作用。巨大的拇指尖爪可以作为防御武器。中间3根手指的末端是蹄状的骨头，专门用来行走。小手指很灵活，可以用来抓取东西。

古老的足迹

恐龙还以脚印的形式留下了它们的印迹。恐龙行走在柔软的沼泽地，脚印就会留在那里。不久，这些脚印就会变干、变硬，最终被泥沙掩埋，逐渐变成化石。这些脚印被称为足迹化石，可以告诉我们恐龙是如何移动的。

走遍全世界

恐龙的足迹遍布世界各地。这些脚印是在澳大利亚的昆士兰被发现的，它们是一群小型肉食性恐龙奔跑时留下的。专家通过测量脚印之间的距离可以判断出它们当时奔跑的速度。

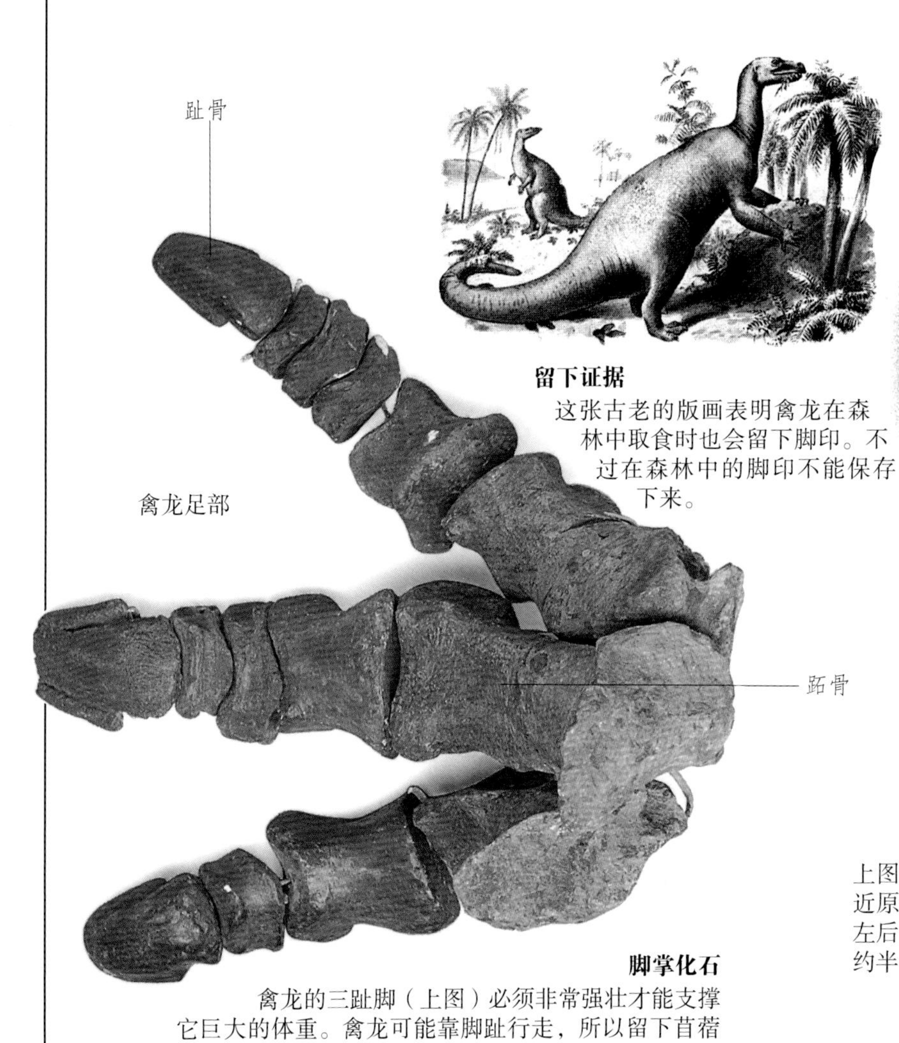

留下证据

这张古老的版画表明禽龙在森林中取食时也会留下脚印。不过在森林中的脚印不能保存下来。

脚掌化石

禽龙的三趾脚（上图）必须非常强壮才能支撑它巨大的体重。禽龙可能靠脚趾行走，所以留下苜蓿叶形状的脚印，科学们在英国南部发现了很多这样的脚印。恐龙越重，留下的脚印越清晰（右图）。

完好的脚印

上图展示的是禽龙左后脚印化石的局部（接近原大）。体格庞大的成年禽龙可能重达2吨，左后脚印长达90厘米。图中脚印可能是由一只重约半吨的小禽龙留下的。

禽龙的脚印

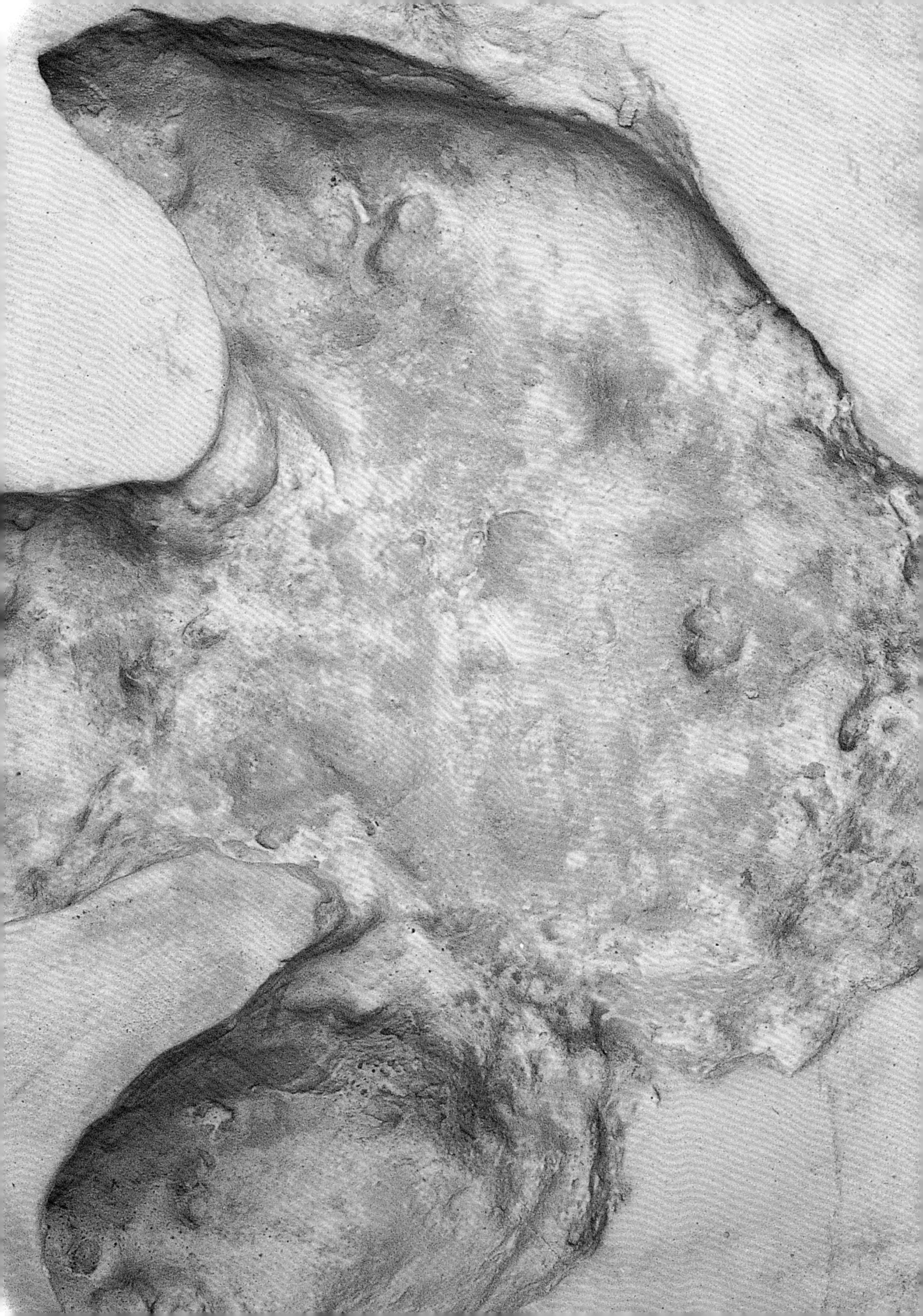

爪子及其作用

附着强健肌肉的结节

拇指爪

这根短小的爪子来自于大椎龙的拇指。它底部略微隆起的部位是强健的肌肉附着的地方。

爪子上的骨头可以表明主人的生活方式。捕杀其他动物的恐龙势必长有细长、尖利、弯曲的爪子。它们的爪子像匕首一样，不但能够牢牢地抓住猎物，还能伤害甚至杀死猎物。恐爪龙可能是最恐怖的带爪的猎食恐龙。它的第二根脚趾上长有镰刀状的趾爪，长长的前肢上长有3根指爪。恐爪龙会跳到猎物身上，用尾巴保持平衡，将利爪刺入猎物体内。相反，植食性恐龙和杂食恐龙的爪子通常十分宽大平整、强壮有力，便于行走和切削或挖掘食物。这种蹄状爪子有时还可以用来防御。

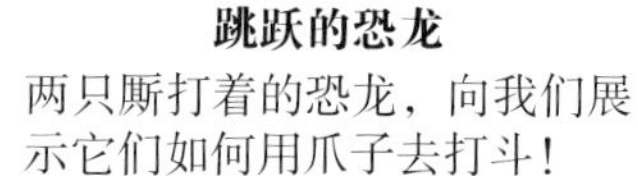

跳跃的恐龙

两只厮打着的恐龙，向我们展示它们如何用爪子去打斗！

恐怖的爪子

伶盗龙长有羽毛。它的颌部长有多排如剃刀般锋利的牙齿，不过最可怕的是它那4组致命的钩状爪子。抓住猎物之后，伶盗龙会极其迅速地抬起前肢，将爪子深深地插进猎物的肉中，给猎物致命一击。

不用来攻击的爪子

这只爪子属于肉食性恐龙似鸟龙。它的爪子相当平滑，可能并不经常用来防御或攻击。

捕鱼工具

这个爪是1983年于英国南部发现的，随它一起还发现了恐龙骨架的其他部分。这种恐龙叫作重爪龙，它属于一种发现于非洲的特殊恐龙类。作为肉食性恐龙，重爪龙可能把高度弯曲的爪子当作鱼叉来抓鱼。

“大象的脚”

这根巨大的爪子来自于迷惑龙。迷惑龙是植食性恐龙，靠4条柱子状的腿行走，并且长有与大象类似的圆形脚掌。左图是迷惑龙前脚内侧的一根爪子。它的其他爪子都很短，并且呈蹄状。这根爪子可能是用来挖洞或防御的。

重爪龙
的爪子

超级大镰刀

镰刀龙（左图）的特大号爪子看起来是件致命的武器，但它可能非常笨拙。它可能只是被用来剪断植物，挖开白蚁的巢穴，甚至只是相互展示。

蛋和巢

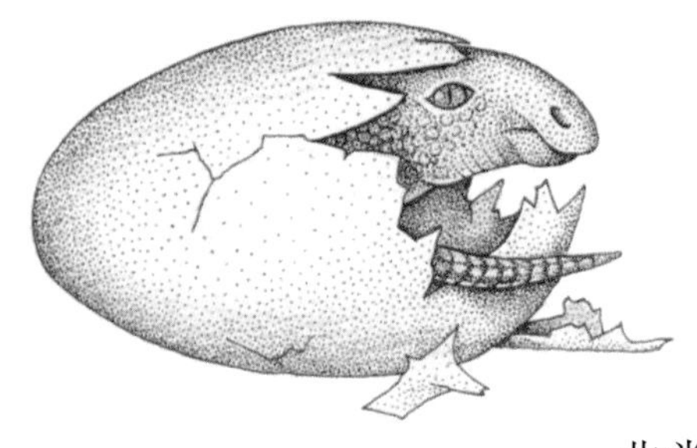
一只小慈母龙破壳而出

恐龙也产硬壳蛋。我们已经发现了许多恐龙蛋化石，其中一些还包含着小恐龙骨架。有时候在巢的附近会发现成年恐龙的遗迹。我们曾发现过带有小恐龙化石的恐龙巢，这表明幼年恐龙就像雏鸟一样会本能地待在巢中。许多恐龙巢是被成群发现的，这表明某些种类的恐龙聚居在一起。不过，恐龙蛋并不是非常大。如果恐龙蛋也非常巨大，那么蛋壳就会太厚，不能孵化，也不能为蛋壳里面的小生命提供足够的氧气。

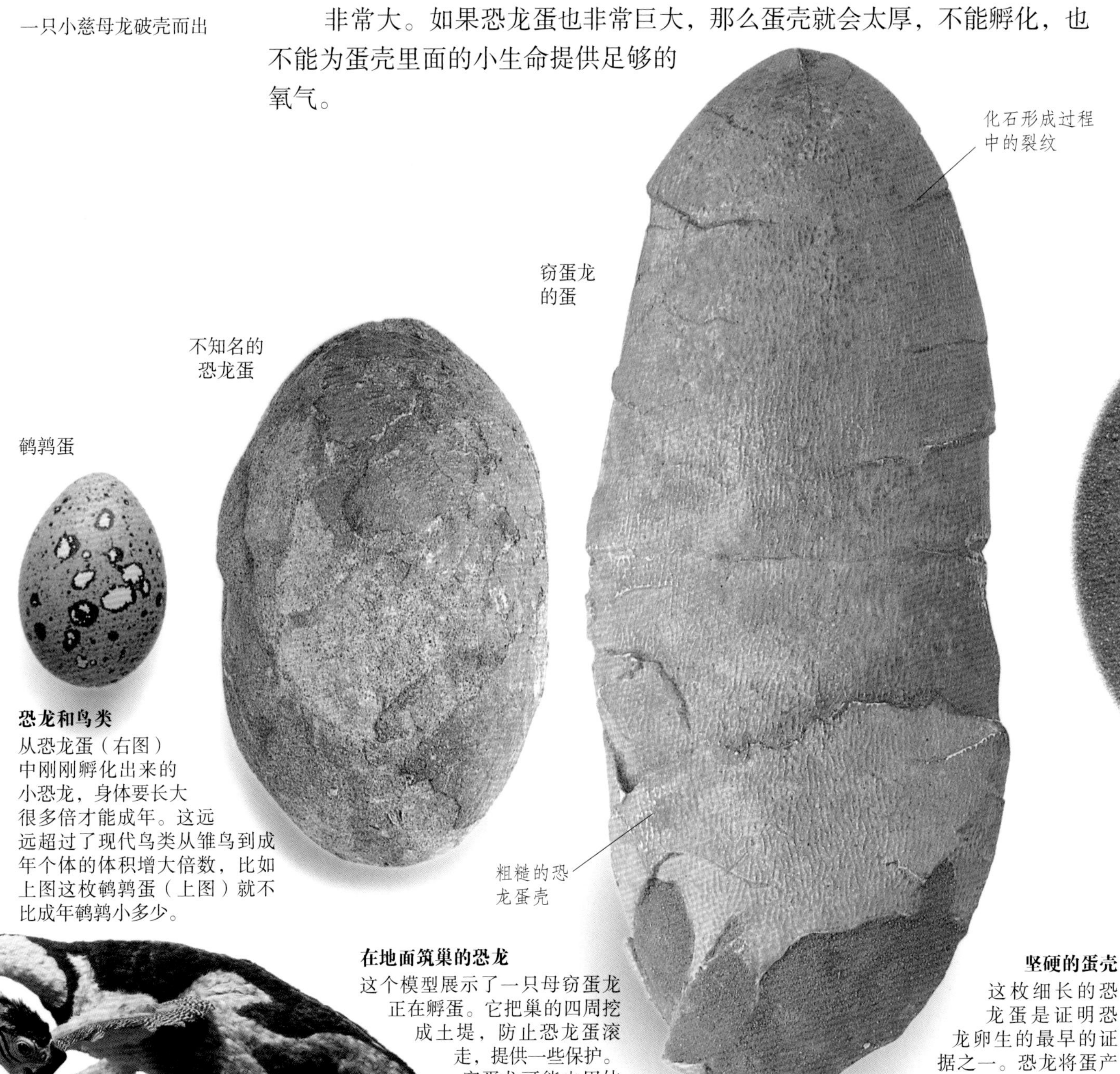

恐龙和鸟类
从恐龙蛋（右图）中刚刚孵化出来的小恐龙，身体要长大很多倍才能成年。这远远超过了现代鸟类从雏鸟到成年个体的体积增大倍数，比如上图这枚鹌鹑蛋（上图）就不比成年鹌鹑小多少。

在地面筑巢的恐龙
这个模型展示了一只母窃蛋龙正在孵蛋。它把巢的四周挖成土堤，防止恐龙蛋滚走，提供一些保护。窃蛋龙可能也用体温孵化恐龙蛋。

坚硬的蛋壳
这枚细长的恐龙蛋是证明恐龙卵生的最早的证据之一。恐龙将蛋产在地上，它们的蛋有着坚硬的外壳，为幼崽的成长提供了一个隐蔽的液体空间。这可能是恐龙在地球上长时间生存的原因之一。

偷恐龙蛋的小偷

20世纪20年代，人们在蒙古和中国境内的戈壁沙漠发现了许多恐龙巢化石。很长时间以来，科学家们都认为遗迹中的偷蛋龙们迁徙到此，并依靠偷取原角龙的蛋为生——它们的名字就是这样来的。不过，20世纪90年代，科学家们最终认识到这些巢和蛋都属于窃蛋龙，而不是原角龙。

巢在化石形成过程中变成砂岩

出生和成长

巨大的恐龙也经历过幼儿、少年和成年阶段。我们现已知道，母恐龙是在地上挖掘一个洞当作巢，然后在其中产蛋。在鸭嘴龙的巢穴区，我们发现了刚孵化出来的小鸭嘴龙的骨架。小鸭嘴龙的牙齿有磨损，这说明母龙会把食物带回到巢中喂养小鸭嘴龙。蜥脚类恐龙在成群迁移时，小恐龙可能走在群落中间，成年恐龙在周围保护着它们。鸟脚类恐龙在生长过程中会改变身体的比例。

托儿所

这幅古老的插图创作于人们还认为戈壁沙漠中的恐龙蛋属于原角龙的时候。它描绘了人们想象中的恐龙“托儿所”的情景。这里有处于各种阶段的原角龙幼龙——有些正在孵化，有些走出了它们的第一步，还有些正挣扎着钻出蛋壳。

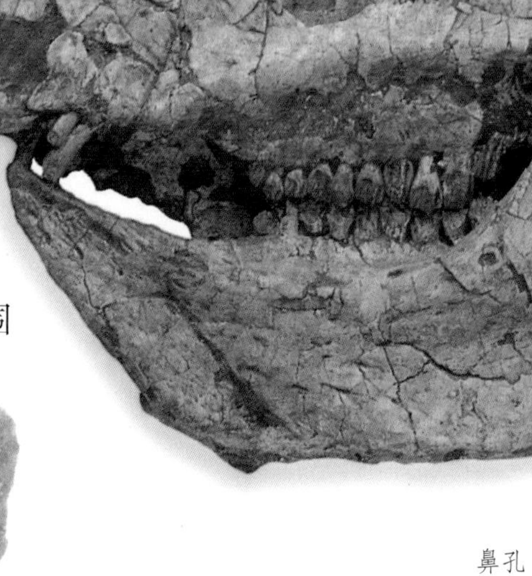

鼻孔

巨大的蛋壳

这些碎片来自蜥脚类恐龙产下的巨大圆形蛋。

蜥脚类恐龙
蛋壳碎片

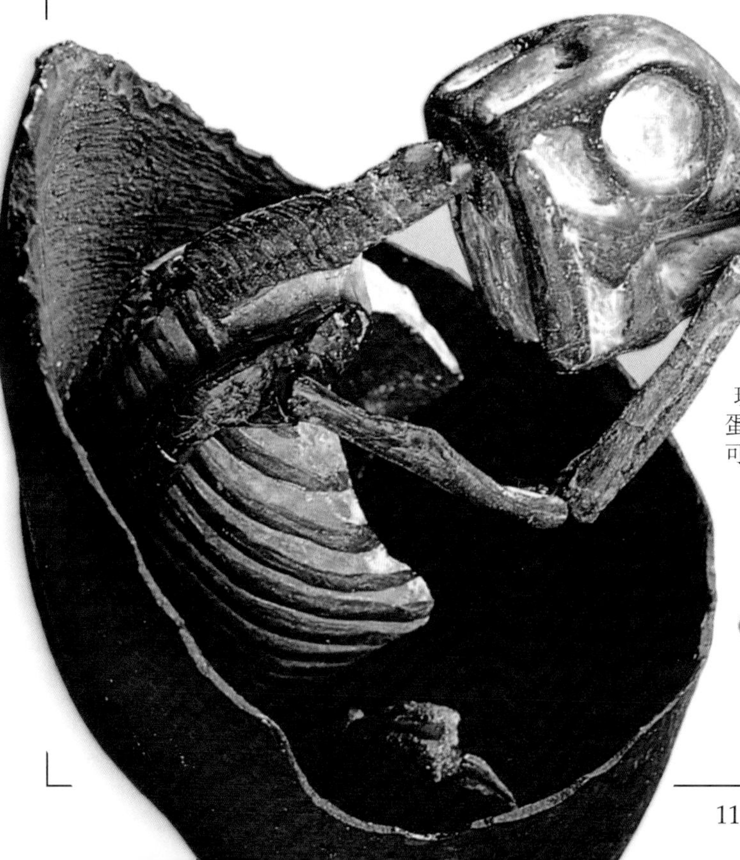

野兽出现

这个慈母龙蛋壳化石中（左图）藏着一只孵化中的恐龙。这个蛋壳化石是于20世纪80年代在美国蒙大拿州被发现的，同时被发现的还有数以百计的恐龙蛋和幼龙的化石。它小得可以放在成年人的手中。

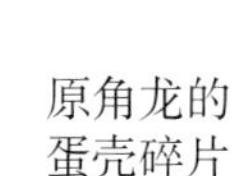

原角龙的
蛋壳碎片

粗糙的蛋壳

原角龙蛋壳碎片表面长满疙瘩，这是恐龙蛋的典型特征。

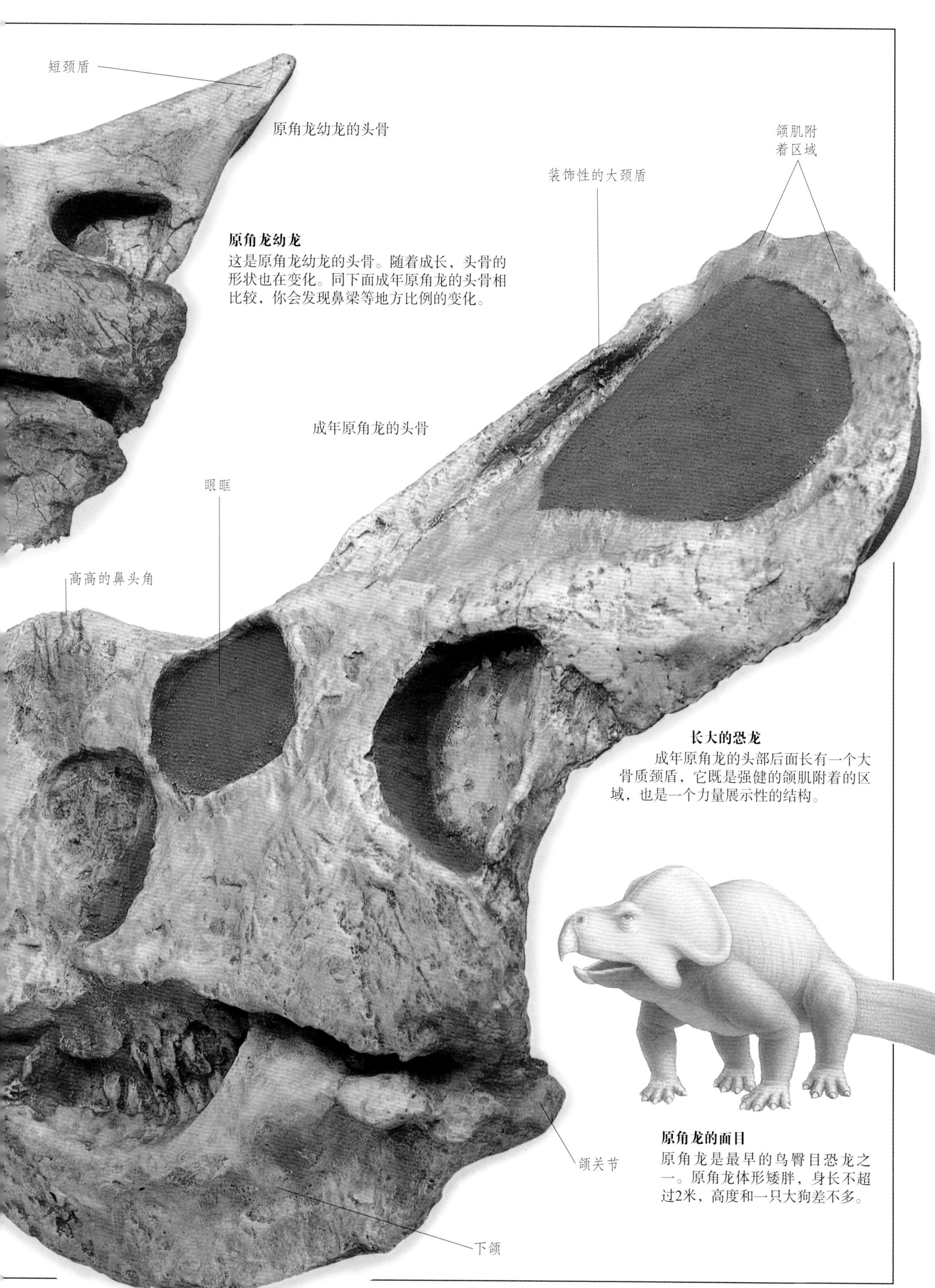

原角龙幼龙

这是原角龙幼龙的头骨。随着成长，头骨的形状也在变化。同下面成年原角龙的头骨相比较，你会发现鼻梁等地方比例的变化。

长大的恐龙

成年原角龙的头部后面长有一个大骨质颈盾，它既是强健的颌肌附着的区域，也是一个力量展示性的结构。

原角龙的面目

原角龙是最早的鸟臀目恐龙之一。原角龙体形矮胖，身长不超过2米，高度和一只大狗差不多。

恐龙的灭绝

恐龙从地球上突然消失，消失的原因现在仍是个谜。大约7000万年之前，恐龙统治了整个地球，但是在500万年之后，它们就全部灭绝了，灭绝的过程可能发生在几个月内。人们提出了各种理论解释恐龙突然灭绝的原因，其中有种理论认为小型哺乳动物吃光了所有的恐龙蛋。不过在恐龙消失的同时，大部分物种也都灭绝了，包括水生爬行动物和翼龙。现在看来，最有可能的解释是地球经历了一场灾难——陨石撞击，可能同时还伴有火山的大喷发——这些造成了全球性的环境破坏。

有毒植物

曾有理论说，恐龙灭绝是因为它们吃了新型的有毒植物，比如龙葵。不过，这种理论无法解释为什么海洋生物等物种同时灭绝。

陨石

巨大陨石的撞击会带来灾难性的后果。撞击产生大量尘埃，遮天蔽日，使地球处于昏暗之中，植物就不能生长，植食动物也就饿死了。

大规模灭绝

在大灭绝中，软体动物鹦鹉螺（左图）存活了下来，而同时期的沧龙、蛇颈龙、鱼龙以及海洋肉食动物（下图）却都灭绝了。海洋中的鳄鱼灭绝了，而河流中的鳄鱼却幸存了下来。翼龙消失了，鸟类却未受影响。

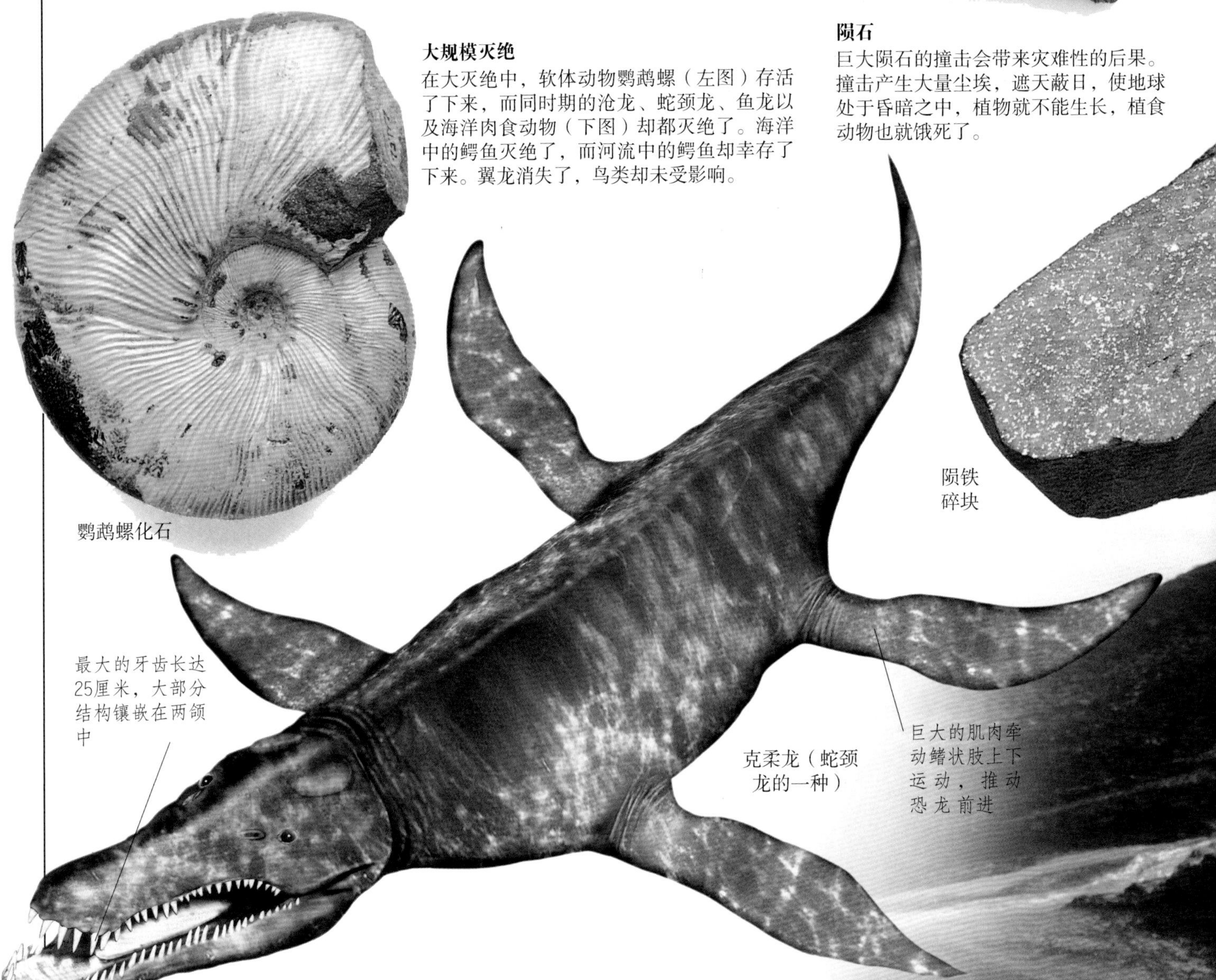

火山喷发造成的寒冬

恐龙的灭绝也可能和火山长期的剧烈活动有关。当时在今天印度中部某个地方，发生了大规模的火山喷发，造成了全球气候的根本改变，毁坏了地球的生态系统。

撞击的证据

1990年，人们在墨西哥的海床上发现了一个直径达180千米的陨石坑。这次剧烈的撞击发生在6500万年之前，它可能引发了生物大灭绝，恐龙也因此消失了。

恐龙和鸟类

鸟类是恐龙的后代吗？这场讨论开始于始祖鸟化石的发现。始祖鸟生活在1.5亿年之前，它们长有羽毛，但也有爬行动物的特征。难道这就是恐龙和鸟类亲缘关系中缺失的一环吗？始祖鸟与下图中的腔骨龙有20余处共同特征。但人们没有发现长有叉骨的恐龙化石：鸟类身上的叉骨非常完善，它可以用来辅助固定翅膀上的关节。不过现在我们知道，好几种肉食性恐龙长有叉骨。更具戏剧性的是，中国的“化石猎人”随后在类鸟恐龙的化石上发现了羽毛的痕迹。有些科学家还认为北美的兽脚亚目恐龙也都长有羽毛。

物以类聚

图中的始祖鸟正在梳理羽毛，它有着几个不同于鸟类的特征。始祖鸟的尾巴很长，中间有骨骼支撑，翅膀上长有爪，喙中长有牙齿。始祖鸟尾巴的构造适宜飞行。

长长的尾巴

适于食肉的尖利牙齿

腔骨龙的骨架

臀部

腔骨龙幼龙残骸

化石中的故事

上面这块腔骨龙（一种小型肉食性恐龙）化石发现于美国得克萨斯州。它生活在恐龙时代早期，身体轻盈、敏捷，每只脚上都长有3只强壮的趾爪——这正是始祖鸟的特征之一。在它的腹部，我们还能看到一些腔骨龙幼崽的骨骼，说明腔骨龙也许会吞食同类。

翅膀上的爪子

羽毛的痕迹

长尾巴中有骨骼

巴伐利亚鸟

这块在德国发现的化石是目前保存最好的始祖鸟样本。它被保存在纹理细密的巴伐利亚石灰岩中，可以清楚地辨认出翅膀上的羽毛、尾巴、弯曲的脖子和头部，以及翅膀上的爪子。

羽片

羽干

羽毛结构

始祖鸟的飞羽与现代鸟类的飞羽结构相似，都有着羽干和羽小枝组成的羽片。羽小枝上具有羽小钩，它们相互钩连在一起，形成了羽面。

斑比盗龙

1994年，斑比盗龙的化石在美国蒙大拿州被发现。它能够飞速奔跑，可以捕捉到青蛙和小型哺乳动物。斑比盗龙的身上可能覆盖着一层柔软的羽毛来保持体温。

斑比盗龙的骨骼

斑比盗龙长有一根叉骨，有些骨头中含有气囊，这跟鸟类的骨头一样。这种恐龙的眼眶很大，脑容量比其他恐龙都要大，长鼻孔和大牙齿并不像鸟类。

中国鸟龙

中国鸟龙属于驰龙科。它是小型猎食动物，长着一双大眼睛、一口锋利的牙齿以及镰刀样的趾爪。鸟龙长有类似鸟类的肩带，可以拍打前肢。

重要发现

1996年，中华龙鸟的化石显示，其背部和尾巴上都覆盖着一层细毛，这表明并不是所有恐龙都长着带鳞的皮肤。

彩色的恐龙

尾羽龙是在中国发现的，只有火鸡般大小。它的牙齿和骨头都表明它是恐龙。但是它却长有喙、羽毛和短短的尾巴。没有人知道尾羽龙的羽毛是什么颜色，但可能很鲜艳，用来吸引配偶和保持体温。

寻找恐龙化石

发现
化石很稀有，要由经验丰富的人来精心处理。

科学家们是如何寻找恐龙的化石呢？因为恐龙是在它被掩埋的沙子或者泥土中演变成化石的，所以它的化石只能在沉积岩中找到。化石通常是被建筑工或者采石工偶然发现的。化石搜集者会特意到那些被认为富含化石的地方去寻找。有时候发掘任务会交给高度组织化的大型科考队承担。想要成功地找到恐龙化石就必须事先做好准备。为了保证化石的发掘以及完好无损地运到实验室，人们需要记录发现化石的精确地点，并且需要合适的工具。

手套

保护装置
在化石坑中必须穿着合适的保护服。从事锤击和凿切工作的人需要戴上手套和护目镜。戴上安全帽也是明智之举，特别是在悬崖附近工作的时候。

荷兰人的发现
1770年，人们在荷兰一个白垩矿井的深处发现了大型海洋爬行动物沧龙的颌部化石。这幅版画描绘了一组工作人员正在火把的照耀下工作。

做记录
古生物学家总会记录下发掘的细节，并画出发掘点的图纸。他们把岩石的碎片和样本收集在袋子中，带回实验室进行分析。

锤子
古生物学家在他们的领域中要用到多种锤子。地质学上用的锤子适于敲碎同化石结合在一起的岩石。

直头锤子用来敲击坚硬的石头

布袋

弯头砖锤用来敲碎并清理柔软一些的物质

切石锯用来切断岩石

安全帽和护目镜

尖凿

扁凿

塑料袋

大槌

凿开包裹物

当包裹化石的岩石非常硬时，就需要用上大槌和凿子了。大槌能把凿子砸进石头中，各式各样的凿子能对付石头旮旯。

用来描绘发掘点的笔记板和用于野外记录的笔记本

坚硬的刷子

护套里的肋骨

化石被发掘出来后，经常被装入石膏保护套中，用来保护它们安全地运回实验室。这个护套中有两根爪龙肋骨。

胶水壶

胶水壶和刷子

岩石被移除之后，工作人员就用刷子来清理化石上的灰尘。当化石显现出来时，工作人员经常用硬化剂（比如胶水）涂抹它，这样可以加固松动的碎片。

柔软的刷子

爪龙肋骨被放在石膏保护套中

铝箔包裹化石

保护发现物

在发掘坑上，一位古生物学家正小心翼翼地用塑料保护套包裹化石。

泡沫夹克

有时工作人员会用聚氨酯泡沫涂层将化石保护起来。首先，用铝箔包裹好化石，然后在它上面浇上产生泡沫的化学品。化石被包裹上一层泡沫后，就可以安全地运走了。
警告：泡沫混合物会释放有毒气体，非专业人员不建议使用。

聚氨酯泡沫涂层

原料

制作石膏保护套首先得把石膏和水混合制成糨糊，然后在其中加入麻布。在使用石膏保护套之前，要先用一层湿棉纸把石头和化石包裹起来，防止石膏粘到石头和化石上。

一卷麻布和熟石膏

复原恐龙

展览中

博物馆通常会展示化石的复制品，它们都是以真实、精致的化石模具铸造而成的。这具重爪龙的复制品竖立在美国自然历史博物馆中。

挖掘工作完成后，恐龙化石被运回实验室进行清理、研究并展出。工作人员首先得小心翼翼地从保护套中取出化石，然后将最初包裹着化石的岩石和泥土清除掉。坚硬的石块部分一般用凿子处理，用更精密的机动工具（如牙钻）完成细节性工作，有时要用到化学制品来溶解多余的石头。接下来，工作人员要对清洁之后的骨骼化石进行细致的研究，以便弄懂它们是怎么连接的，以及恐龙是如何生活的。某些重要的线索能够在骨骼表面找到，因为骨头上的肌肉附着处有时会留下明显的痕迹。参考这种痕迹有助于复原恐龙的肌肉结构。

禽龙的脚骨

踝关节的软骨囊

韧带的痕迹

和中趾相连的关节软骨表面

骨骼上的线索

禽龙的这根脚骨提供了很多肌肉实际连接的线索。骨头左上端的表面因为连接踝关节的软骨而变得很粗糙，骨头向下延伸的痕迹是韧带留下的。这根骨头的粗糙底端是和中趾相连的关节软骨表面。

制作一个模型

许多博物馆都有恐龙的剖面复原模型的展览。首先，工作人员要制作一张骨骼与肌肉的等比例详图。然后，再用金属丝和木头制作一个框架。雕塑家把雕塑黏土加到框架上，添加诸如骨头和皮肤纹理等细节，制成泥塑模型。接着，用模型制作橡胶模具，再用模具浇铸树脂模型。最后再经过手绘和喷涂，模型就制成了。

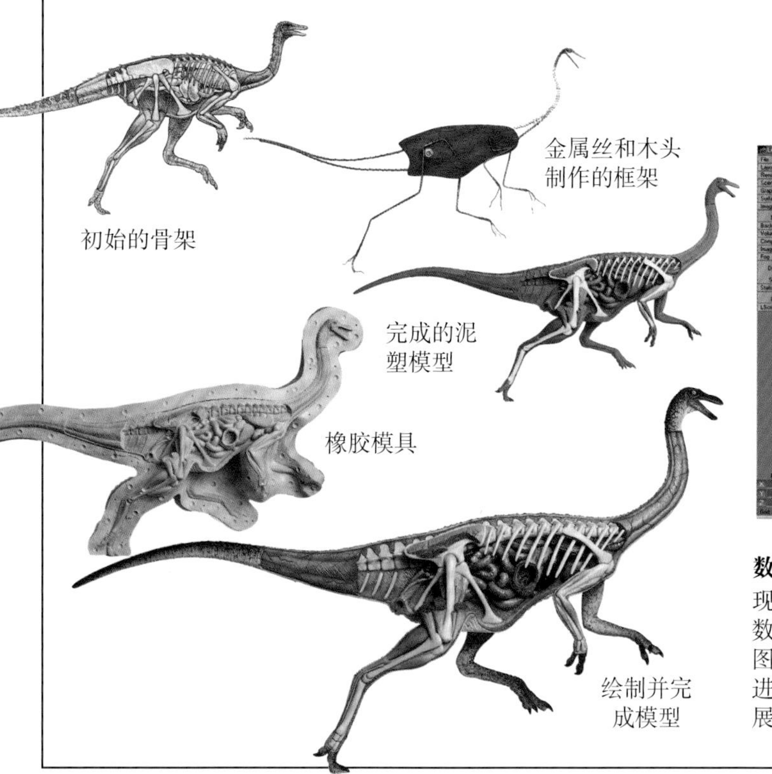

数字恐龙

现在可以利用电脑重构恐龙的3D数字模型，比如这只巨颊龙（右图）。数字模型可以从各个角度进行观看，甚至还可以进行动作展示。

郝金斯的工作室

恐龙被发现后，雕塑家班杰明·瓦特豪斯·郝金斯在英国和美国建造恐龙模型。这幅图展示的是他在纽约的工作室。

颈椎骨

这是重爪龙的颈椎骨，下面是它的复原模型。这块颈椎骨的形状复杂，清理它花费了相当长的时间。模糊的刮痕是清理骨头上的石头时留下的。

酸浴

工作人员有时会用酸把化石从岩石中溶解出来，这不会对化石造成损害。

垂死挣扎

右图展示的是重爪龙垂死的样子。它沉入了湖底，并逐渐成为了化石。这具模型非常逼真，科学家和模型制作者的技术结合可以产生良好的效果。

参照重爪龙死时形态制作的模型

时标

三叶虫
这种物种生活在海床上，靠着针状腿游荡。早期海洋中生活着大量的三叶虫，但是它们在恐龙出现之前灭绝了。

动植物在地球上已经生存了7亿年。最早的恐龙出现在2.28亿年前，即三叠纪的最后阶段。从侏罗纪一直到白垩纪最后阶段，恐龙都在地球上漫步。对比前恐龙时代、恐龙时代和后恐龙时代的生物化石，我们会看到有些物种发生了变化，而有些东西却基本上一成不变。恐龙刚刚出现的时候，世界只由一块超级大陆组成，它被称为泛大陆。

时间迷雾
这可能就是恐龙时代的样子。恐龙度过了3个时期：从距今2.3亿年前至1.95亿年前的三叠纪，从1.95亿年前至1.41亿年前的侏罗纪，以及从1.41亿年前至6500万年前的白垩纪。

■ 2.6亿年前
两栖动物
两栖动物生活在前恐龙时代和恐龙时代，直到现在还存在。它们可以在陆地上呼吸和行走，但必须在水中产卵。

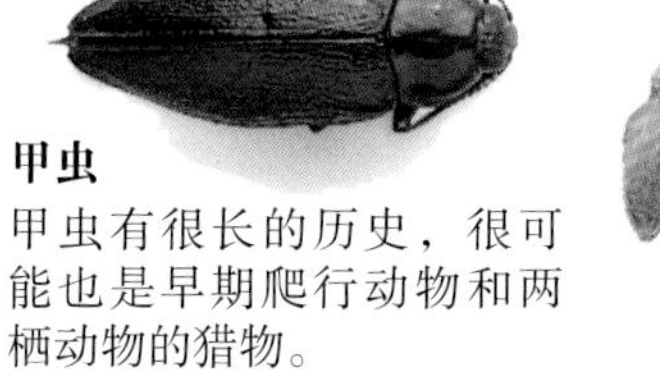

甲虫
甲虫有很长的历史，很可能也是早期爬行动物和两栖动物的猎物。

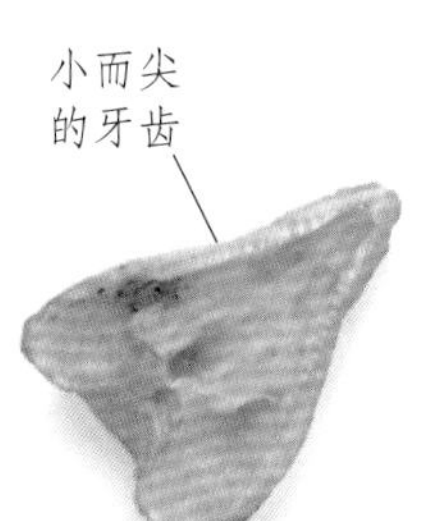

■ 2.6亿年前
早期爬行动物
上图展示的头骨底部属于类蜥蜴爬行动物大鼻龙。它有着钉子状的小牙齿，可能以小昆虫和蜗牛为食。

■ 2.4亿年前
腔棘鱼
已知最早的腔棘鱼出现在3.9亿年前。它们曾被认为已经绝迹，但是最近又有活着的腔棘鱼被发现。

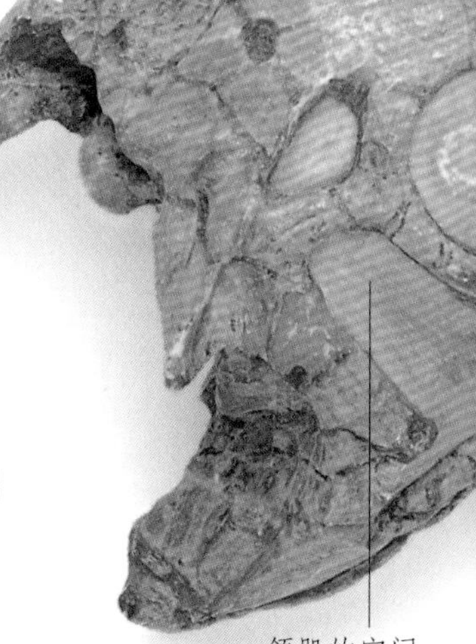

蝎子
蝎子是一种古老的物种，4亿年前就已存在了。

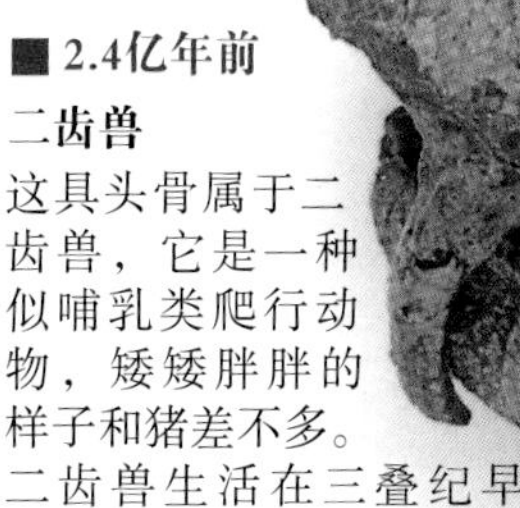

■ 2.4亿年前
二齿兽
这具头骨属于二齿兽，它是一种似哺乳类爬行动物，矮矮胖胖的样子和猪差不多。二齿兽生活在三叠纪早期，以植物为食。

■ 2.4亿年前
前棱蜥
右上图是早期的小型爬行动物前棱蜥的头骨，它以植物的根和茎为食。

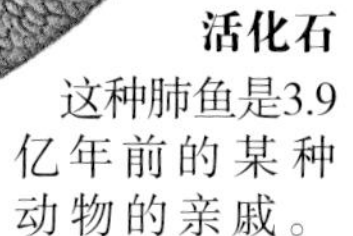

活化石
这种肺鱼是3.9亿年前的某种动物的亲戚。

■ 1.9亿年前

带齿兽

这个模型是根据一具小型骨架制作的。这种动物是真正的早期哺乳动物之一，和早期的恐龙生活在同一个时期。

■ 1.9亿年前

鱼龙

鱼龙是一种水生爬行动物，兴盛于恐龙时代。它拥有鳍状前肢，鼻子狭长并向外突出。

■ 2.35亿年前

颌兽

颌兽是最后一种似哺乳类爬行动物，体形巨大，样子和狗非常像，在恐龙出现之后绝迹了，但是啮齿类哺乳动物存活了下来。上图所示为颌兽的头骨。

■ 1.9亿年前

鳄鱼

鳄鱼头骨的形状一直没有改变（见上图）。它长有长长的鼻子和牙齿，这是捕捉水生猎物的最好工具。

■ 2.25亿年之前

鸟鳄

左图所示的这具头骨属于早期恐龙的直系祖先，它是槽齿类动物的一种。它的样子像是长有长腿的鳄鱼，它还有着强劲有力的牙齿和两颌。

■ 2.1亿年前

槽齿龙

这是早期恐龙的颌部碎块。早期恐龙的化石保存得并不好。

依然具有竞争力

鳄鱼从恐龙时代到现在都存活着。它们非常适合在河流中捕食。

早期恐龙

槽齿龙既吃植物又吃肉。这两只槽齿龙中的一只正在吃苏铁，而另一只正扑向蜥蜴。

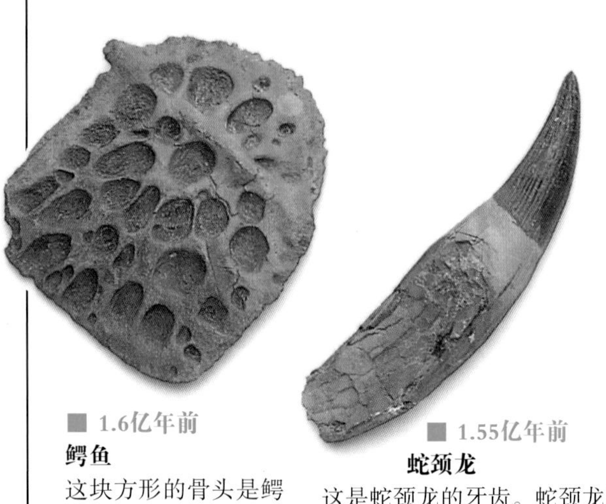

■ 1.6亿年前

鳄鱼

这块方形的骨头是鳄鱼的鳞甲。鳄鱼和恐龙的化石常在同一块岩石中被发现，这表明鳄鱼可能会吃掉恐龙的尸体。

■ 1.55亿年前

蛇颈龙

这是蛇颈龙的牙齿。蛇颈龙和鱼龙生活在同一时代，是一种凶猛的海洋肉食爬行动物。在侏罗纪时期，蛇颈龙在海洋中兴盛起来。

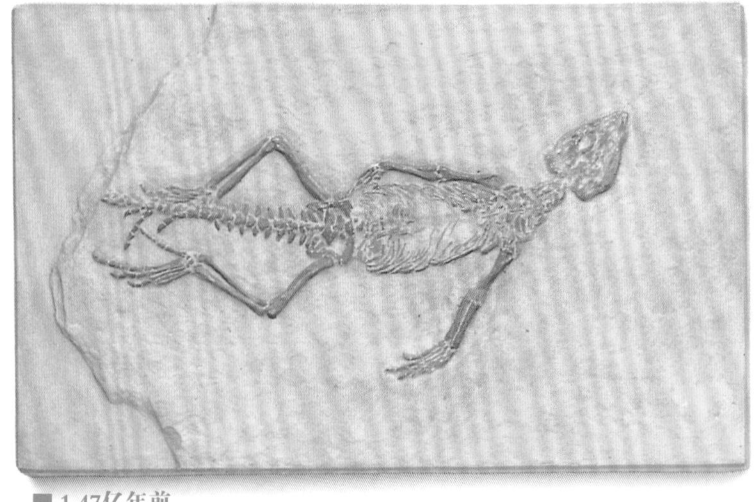

■ 1.47亿年前

楔齿蜥

上图是一种蜥蜴类爬行动物化石样本，这种动物在整个恐龙时代都存在。

现在的蜻蜓

蜻蜓化石

■ 1.4亿年前

古老的蜻蜓

蜻蜓可以被称为“活化石”，它们从3.2亿年前到现在一直存在。

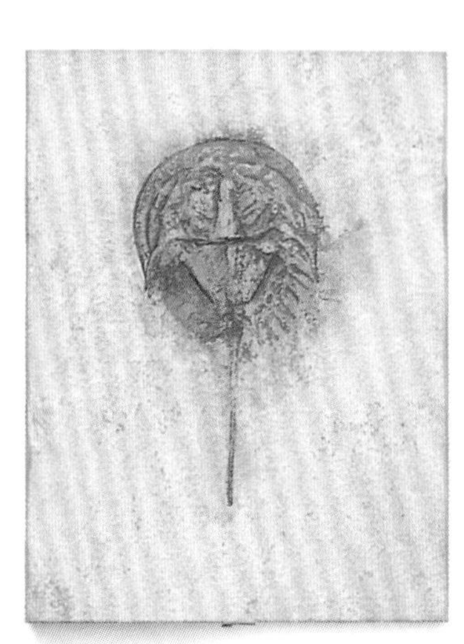

■ 1.4亿年前

鲎

鲎和螃蟹在恐龙时代之前就已经存在了，一直生存到现在。

■ 1.4亿年前

鲱鱼

鲱鱼等硬骨鱼和恐龙生活在同一时代。它们的许多化石保存在湖泊沉积物中，细节保存完好。

灰斑鸻

鸟类开始出现

鸟类最早出现在侏罗纪晚期——大约1.5亿年之前。直到翼龙灭绝之后，鸟类开始繁盛起来，并统治了天空。

■ 1.45亿年前

翼手龙

翼龙是一类会飞的爬行动物。一些只有麻雀般大小，另外一些却像小型飞机一样大。大型翼龙能够俯冲直下捕捉水里的鱼，而像翼手龙这样的小型翼龙则可能以飞在空中的昆虫为食。

遨游天空

在侏罗纪时期，黎明或者黄昏的天空中挤满了翼手龙。现在，翼手龙的位置被鸟类替代了。

伟大的幸存者

蟑螂是自然界伟大的幸存者之一。它们早在恐龙时代之前就出现了，一直到现在都生活得很好。

蟑螂

■1.36亿年前

橡树龙

这根股骨属于一种小型植食性恐龙。它们能凭借速度逃避攻击。

橡树龙的股骨

水生嗜鱼蛇

蛇的出现

蛇出现在白垩纪晚期。它们像是没有腿的蜥蜴。

■1.2亿年前

蜥蜴的颌

这个颌部碎片来自蜥蜴，该蜥蜴和楔齿蜥类似。这种碎片发现得较多。

■1.2亿年前

鳄鱼

这是白垩纪早期鳄鱼的头骨。

■1.15亿年前

禽龙

这块尾骨来自植食性恐龙禽龙。禽龙只生活在白垩纪。

■1.2亿年前

牙齿

这些牙齿属于一种长相凶残的粗短鳄鱼，存在于1.2亿年前，与现在的鳄鱼牙齿非常像。

■1.2亿年之前

鳞甲

这块鳞甲是鳄鱼骨质鳞甲的一部分，它来自于一种生活在白垩纪的鳄鱼。

■1.11亿年前

腹足动物

恐龙时期有许多种蜗牛。

一个时代的结束

白垩纪结束，恐龙的数量越来越少，并逐渐消失了。与此同时，地球表面的大陆被海洋隔开。海平面上升，海水淹没了许多恐龙生活的洼地，大量海洋动物绝迹了。气候不再一直温暖，而是更加变化多端，更具有季节性。植物种类也发生了改变，开花植物变得越来越重要。随着恐龙的灭绝，哺乳动物开始统治地球。

未能幸存

可怕的沧龙只在白垩纪晚期生活过一段时间，随后就灭绝了。

■7000万年前

沧龙

这种巨大的海洋蜥蜴可以用锋利的大牙齿咬开鹦鹉螺等动物的外壳。

海龟甲

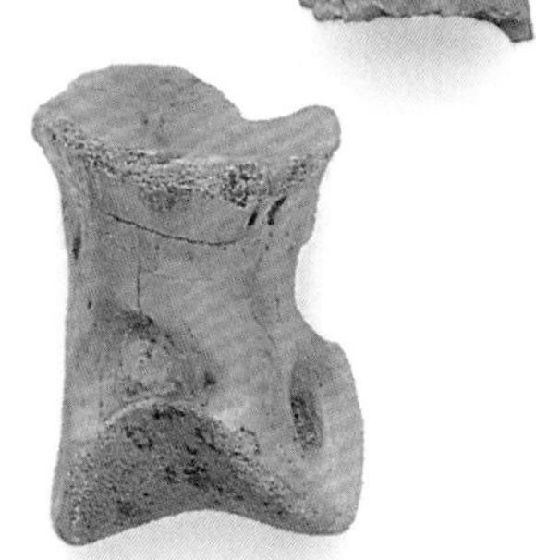

■9000万年前

阿尔伯托龙

这个趾骨属于一种巨大的肉食性恐龙。这些肉食动物未能幸存。

■9500万年前

海龟

这是白垩纪时期的海龟甲。海龟非但没有灭绝反而兴盛起来。

■1亿年前

鱼龙

这些石头中的尖利牙齿属于一种鱼龙。鱼龙等海洋爬行动物和恐龙一起灭绝了。

■7500万年前

螃蟹

龙虾的近亲螃蟹也没有灭绝。

螃蟹

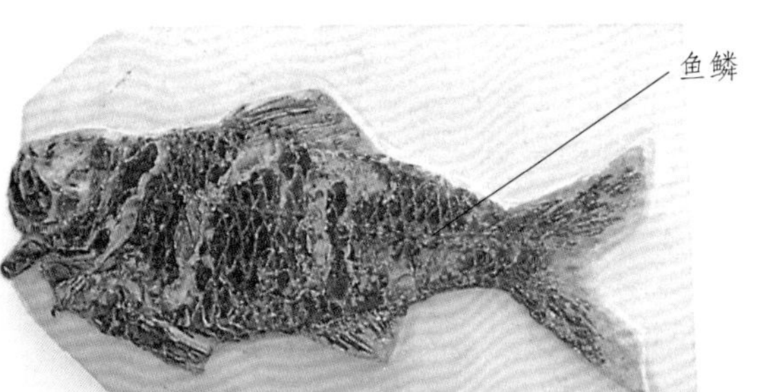

鱼鳞

■8500万年前

有袋动物

这块颌骨属于一种有袋哺乳动物。有袋动物在恐龙消失后进化得非常迅速。

■9000万年前

硬骨鱼

辐鳍硬骨鱼在生物大灭绝中没有遭受损害。

■1亿年前

龙虾

龙虾等海洋物种在白垩纪晚期的生物大灭绝中没有受到影响，幸存原因仍是个谜。

■1亿年前

树叶

这种宽阔树叶在白垩纪开花植物中很具有代表性。

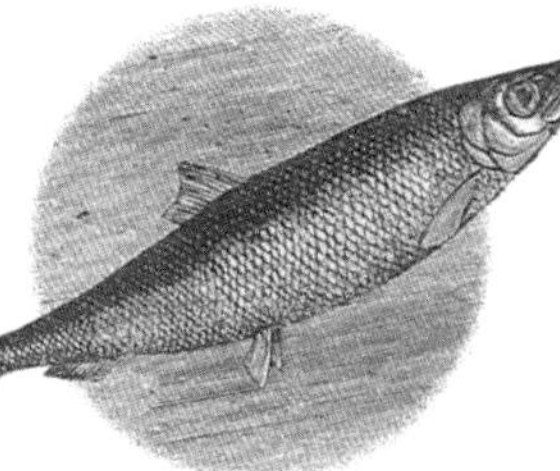

红鲱鱼

今天的硬骨鱼和白垩纪晚期的硬骨鱼非常相像。

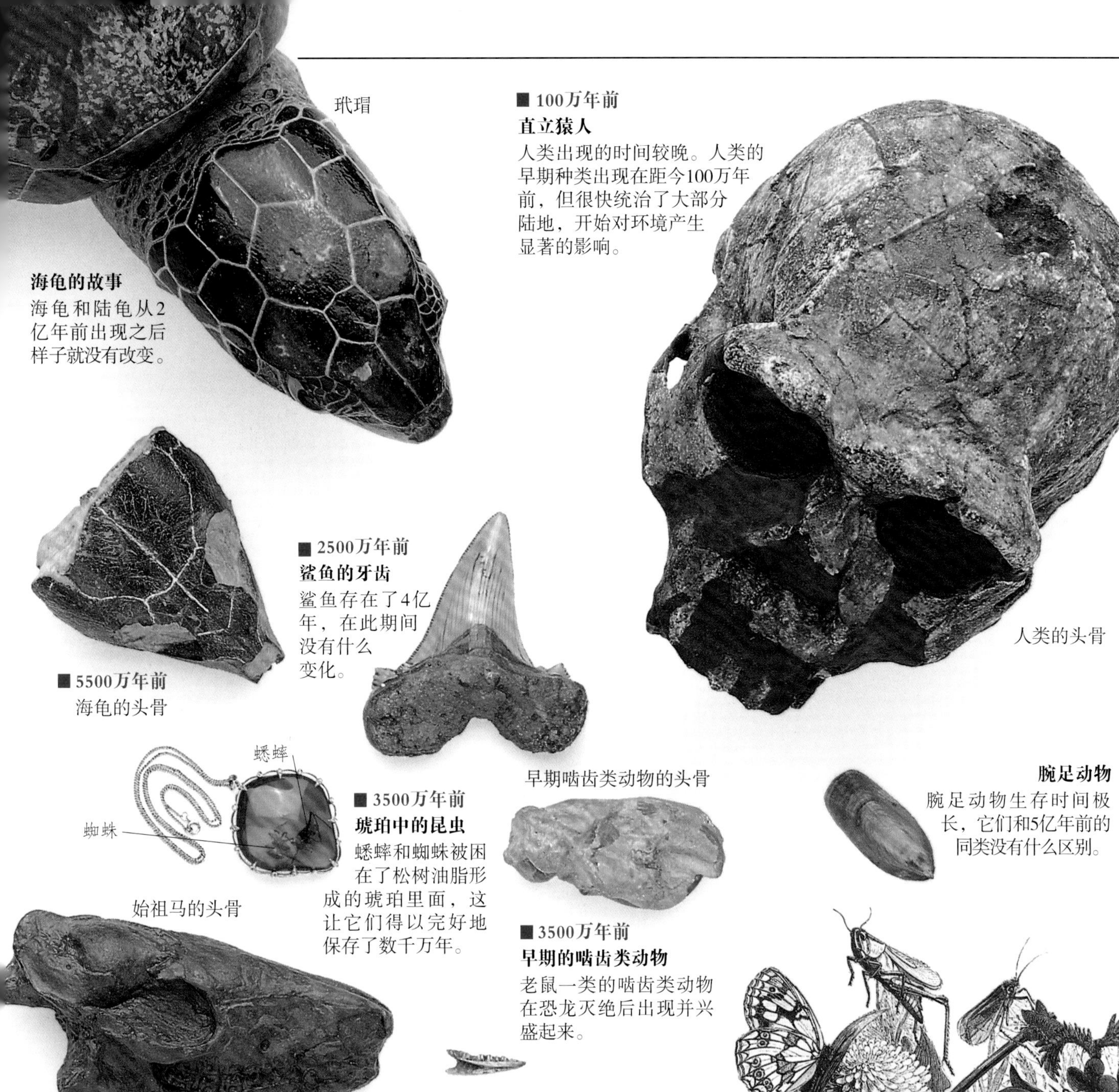

■ 100万年前

直立猿人

人类出现的时间较晚。人类的早期种类出现在距今100万年前，但很快统治了大部分陆地，开始对环境产生显著的影响。

海龟的故事

海龟和陆龟从2亿年前出现之后样子就没有改变。

■ 5500万年前

海龟的头骨

■ 2500万年前

鲨鱼的牙齿

鲨鱼存在了4亿年，在此期间没有什么变化。

■ 3500万年前

琥珀中的昆虫

蟋蟀和蜘蛛被困在了松树油脂形成的琥珀里面，这让它们得以完好地保存了数千万年。

腕足动物

腕足动物生存时间极长，它们和5亿年前的同类没有什么区别。

■ 3500万年前

早期的啮齿类动物

老鼠一类的啮齿类动物在恐龙灭绝后出现并兴盛起来。

■ 4000万年前

蜥蜴

这个颌部属于一种陆生蜥蜴。沧龙等大型海洋蜥蜴灭绝了，但是陆生的小型蜥蜴却未受影响。

■ 5000万年前

早期的马

恐龙灭绝后不久，多种类型的马就出现了，它们以刚出现的开花植物和草为食。早期的马脚上长有脚趾，而不是蹄子。

红玫瑰

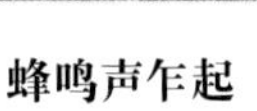

蜂鸣声乍起

就像蝴蝶、蜜蜂一样，很多昆虫被花的颜色和香味所吸引，帮助花朵传粉。

花的力量

开花植物出现在白垩纪早期，随后迅速统治植物界。

神话和传奇

人们常常将恐龙和可怕的怪物联系起来，开始时犯了很多错误，现在对于恐龙的误解仍然很普遍。有一种观点非常普遍，这种观点认为恐龙是一种庞大、迟钝并且愚蠢的动物，恐龙走向灭亡是因为它们身体的构造不适应生存的环境。然而，事实远非如此。恐龙是地球上最聪明、最复杂的动物之一，它们生存了1.5亿余年——比人类在地球上生存的时间长75倍。

恐龙和龙

除了翅膀外，神话中的龙非常像某些恐龙。有些人认为龙和恐龙是一种动物，但是龙根本就没有存在过！

死在水中

恐龙是海洋中的怪物，可能现在还潜伏在海洋深处——这是一种广泛存在的错误观点。事实上，没有恐龙纯粹在海洋中生活。恐龙时代的海洋爬行动物主要是蛇颈龙和鱼龙。

在雷龙上出错

科学家们在建立雷龙的初期模型时一片混乱。20世纪80年代前，博物馆展出的“雷龙”都有一个短小的圆头骨，后来事实证明雷龙的头骨和梁龙的头骨很像。

树上的恐龙

植食性恐龙棱齿龙刚被发现的时候，人们认为它生活在树上。科学家们认为棱齿龙的尾巴可以帮助它在树上保持平衡，趾爪可以帮助它抓住树枝。现在有证据证明棱齿龙生活在地面上，在奔跑时会用僵直的尾巴保持平衡。

两只棱齿龙在树上栖息

中国龙

龙是中国文化的一个重要象征，而龙的形象看起来很可能源于某种恐龙的化石遗迹。中国人收集恐龙化石已有2000多年的历史。

恐龙和穴居人

电影和漫画给人这么一种印象：恐龙和早期的人类共同生活在地球上。事实上，恐龙灭绝6400万年之后，早期人类才开始出现在地球上！

恐龙的分类

恐龙的分类一直存在争议，随着新恐龙种类的发现和已有证据的重新解释，恐龙的分类也在不断地做着修改。在这幅图表中，恐龙被分成两个主要的组别——蜥臀目（长有类似蜥蜴臀部的恐龙）和鸟臀目（长有类似鸟类臀部的恐龙）。然后每个组又被细分成科、属、种。现在普遍认为鸟类是恐龙的后代。

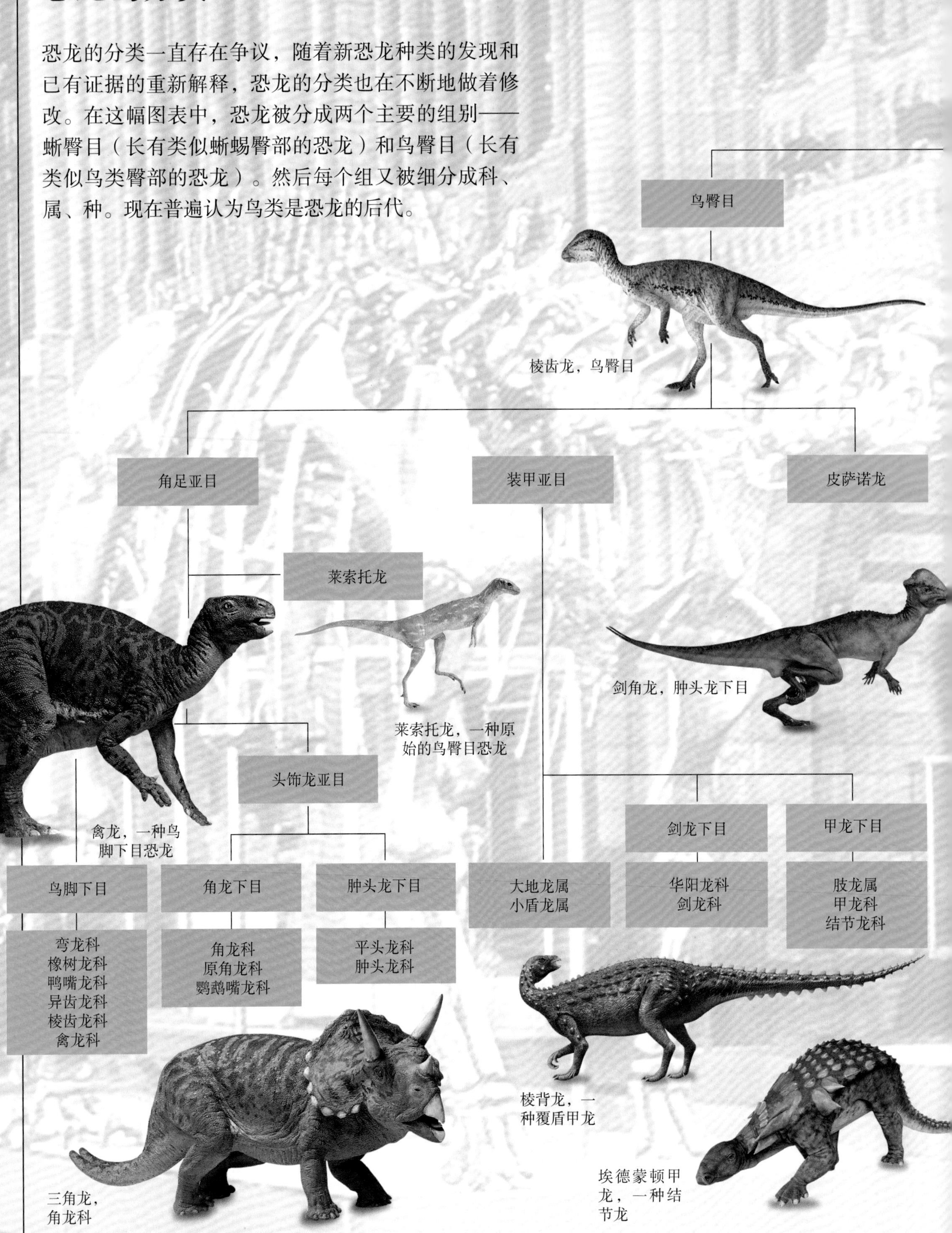

恐龙
鸟臀目恐龙
蜥臀目恐龙
黑丘龙，一种蜥脚类恐龙
蜥臀目
艾拉雷龙下目
艾拉雷龙，一种原始的兽脚亚目恐龙
兽脚亚目
蜥脚形亚目
似鸡龙，似鸟龙科
角鼻龙下目
坚尾龙类
原蜥脚下目
蜥脚下目
阿贝力龙科
阿瓦拉慈龙科
角鼻龙科
腔骨龙科
西北阿根廷龙科
近蜥龙科
贝里肯龙科
黑丘龙科
板龙科
云南龙科
巨脚龙科
腕龙科
圆顶龙科
鲸龙科
叉龙科
梁龙科
盘足龙科
泰坦巨龙科
火山齿龙科
敏捷龙科
腔骨龙，兽脚亚目
板龙，一种原蜥蜴
肉食龙下目
虚骨龙类
鸟纲
恐手龙下目
似鸟龙下目
窃蛋龙下目
异特龙科
后弯齿龙属
重爪龙亚科
伤龙科
依特米龙属
斑龙科
棘龙科
暴龙科
拟鸟龙科
虚骨龙类
美颌龙科
始祖鸟科
驰龙科
镰刀龙科
伤齿龙科
恐手龙科
似金翅鸟龙科
似鸟龙科
近颌龙科
雌驼龙科
窃蛋龙科
美颌龙，虚骨龙类
异特龙，坚尾龙类

第三章

鸟

在远古的某个时刻，这些具备高速奔跑能力的小型捕食者进化成为了真正意义上的鸟类——具有羽毛和翅膀，能够在空中飞行。目前，鸟类有9 500多种，它们的身影遍布世界的各个角落，成为空中霸主。

从恐龙到鸟类

始祖鸟——
最原始的鸟类

1861年，德国南部一家采石场的工人们发现了著名的“始祖鸟”化石。化石显示，始祖鸟的身上生有羽毛和翅膀——毫无疑问，这些是鸟类的特征。但是，始祖鸟身上还具有骨质的尾巴，翅膀上长有锋利的爪子。更奇怪的是，它口部生有大量细而尖的牙齿——形状与恐龙极为相似。这些证据有力地证明：鸟类是由恐龙在1.5亿年前进化而来的。此后，更多的发现也证实了同样的结论。例如，发掘于中国的“龙鸟”化石，身上就覆盖着羽毛。目前，鸟类有9 500多种，其中有小到能够装到火柴盒里的蜂鸟，也有大到身高2.7米的鸵鸟。由于长有羽毛和翅膀，鸟类得以遍布世界的各个角落，成为空中的霸主。

缺少的环节

从19世纪60年代至今，共发现10块始祖鸟化石。它们都来自德国以盛产晶灰岩矿而闻名的索侯芬地区。图中所示的是发现于19世纪80年代的“柏林始祖鸟”。它的翅膀、腿被完好无损地保存了下来，羽毛的轮廓也清晰可见。“柏林始祖鸟”是极少数具有完整头部的始祖鸟化石之一。

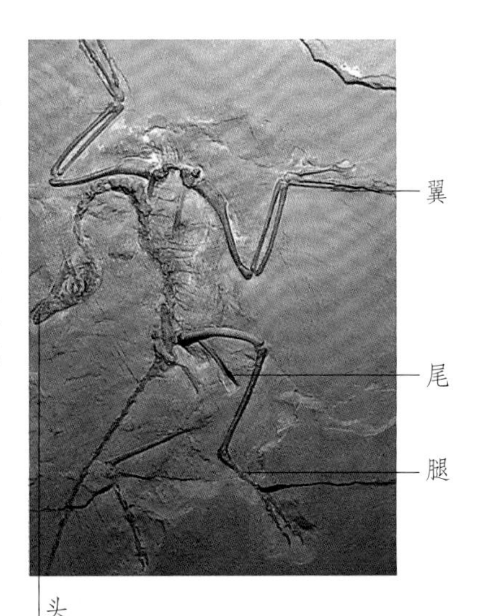

进化推测

翼龙在它们所处的时代曾经繁荣一时，但是在大约6500万年前，它们就灭绝了。翼龙与当今鸟类的祖先并没有直接的亲缘关系。

乌鸦骨骼的正面视图

保持平衡

鸟类的腿部、翅膀和颈部都属于轻质结构的器官。较重的部分都紧紧地贴在胸廓和背骨上——这使得鸟类不管是在飞行中，还是在地面上，都可以保持平衡。

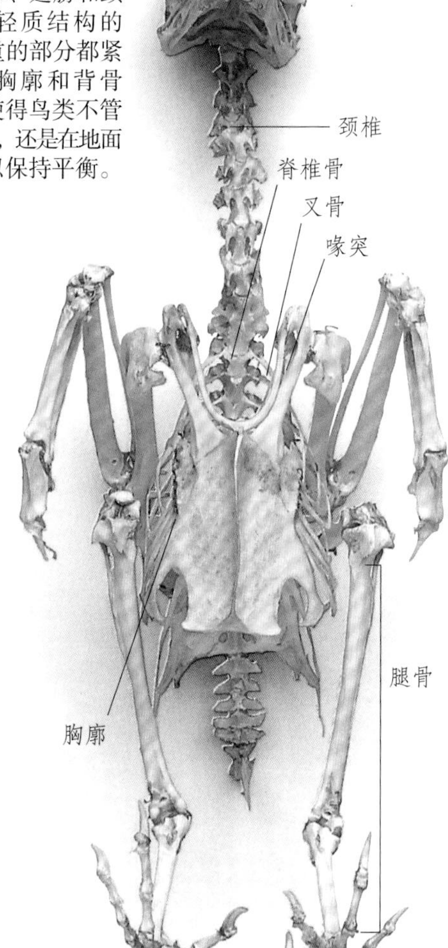

渡渡鸟之死

图中是刘易斯·卡罗尔的著名小说《爱丽丝镜中奇遇记》里的一个场景——渡渡鸟与女主人公爱丽丝相遇。渡渡鸟分布于印度洋中的马达加斯加岛及其临近岛屿上，不具备飞行能力，在17世纪晚期灭绝。难以想象，就在100年前，还有由近10亿只旅鸽组成大型候鸟群，而到了1914年就全部灭绝了。

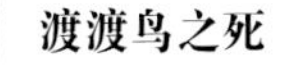

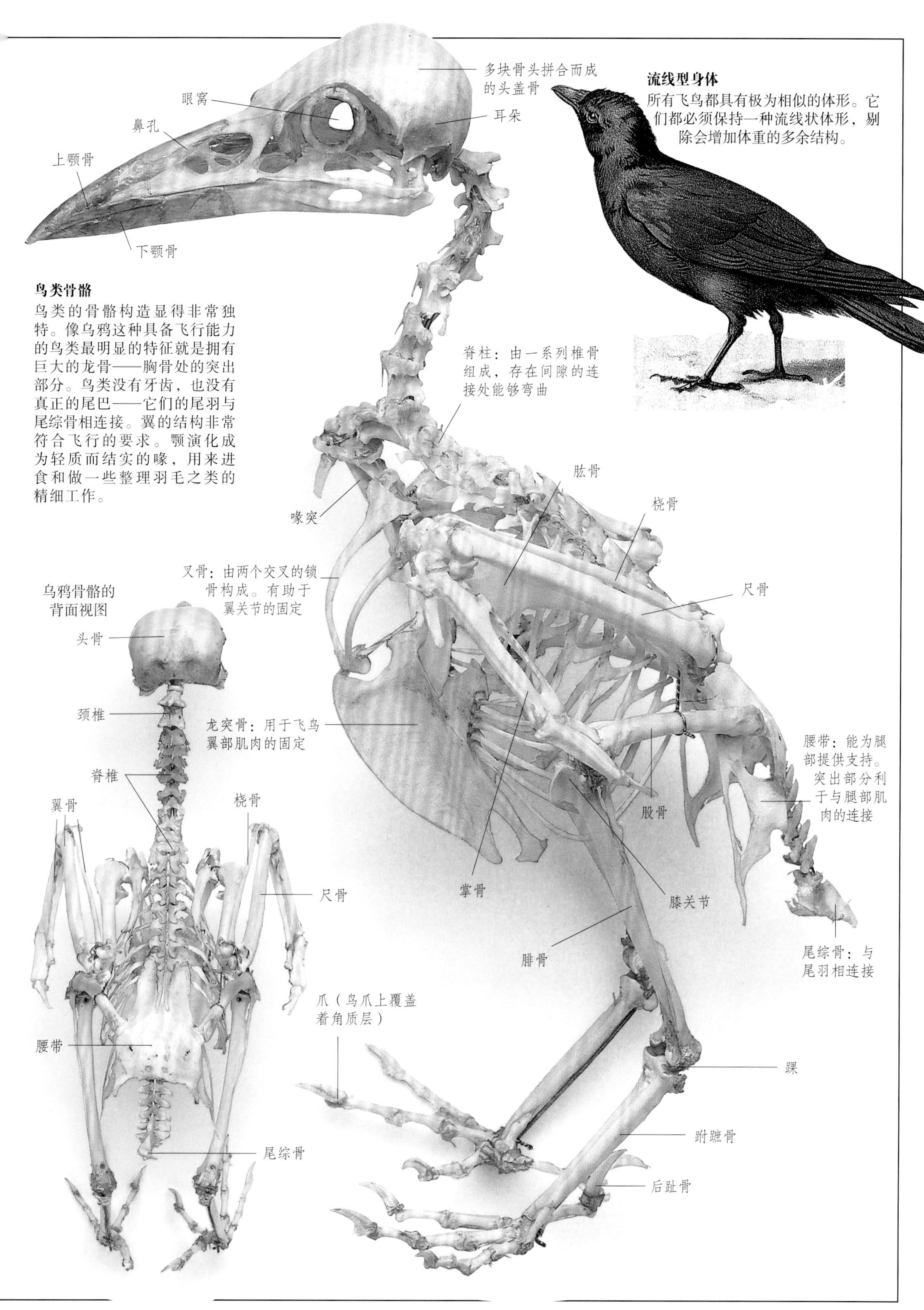

流线型身体

所有飞鸟都具有极为相似的体形。它们都必须保持一种流线状体形，剔除会增加体重的多余结构。

鸟类骨骼

鸟类的骨骼构造显得非常独特。像乌鸦这种具备飞行能力的鸟类最明显的特征就是拥有巨大的龙骨——胸骨处的突出部分。鸟类没有牙齿，也没有真正的尾巴——它们的尾羽与尾综骨相连接。翼的结构非常符合飞行的要求。颚演化成为轻质而结实的喙，用来进食和做一些整理羽毛之类的精细工作。

鸟类的结构

鸟类的体形大小差异很大。蜂鸟是现存体形最小的鸟类，它们生活在雨林中，单只体重仅为1.6克，比许多蝴蝶和飞蛾还要小。鸵鸟是体形最大的鸟类，生活在非洲北部，单只体重可以达到125千克。在地球上，体形处于两者之间的鸟类数不胜数。

外貌特征
除了喙部和足部，鸟类的整个身体都覆盖着羽毛。

呼吸
鸟类身体五分之一的空间被气囊所占据。气囊甚至会扩展到翼部的骨骼。

消化系统
因为没有牙齿，鸟类食物消化的各个阶段都是由消化系统来担负的。

砂囊
砂囊是一个强劲有力的用来碾碎食物的袋状器官。鸟类经常会吞下一些小石块辅助砂囊发挥功能。

会飞的动物

脊椎动物中还有许多动物能够用不能拍打的“翅膀”滑翔。

适于飞行的构造

飞行对鸟类身体的构造提出了极大要求。它们起飞时所需要的能量必须完全由自身提供。鸟类之所以能够做到这一点，是因为拥有极高的新陈代谢率。同时，它们的体温在所有恒温动物中是最高的——高达43.5℃。一些体形较小的鸟类，心率高达每分钟600次，这使得血液可以在身体内高速循环。除了拥有轻质的骨骼，鸟类还把不必要的骨骼全部退化掉了。它们的肺脏能够非常高效地把空气中的氧过滤出来，就算是在高空中也不例外。高度保温的羽衣能够阻止热量的过度散失。

细长的颈部

在脊椎动物里，鸟类的颈椎骨较多。苍鹭有16～17块颈椎骨，天鹅的颈椎骨更是多达25块，而所有哺乳动物都仅有7块颈椎骨。

会飞的鲂鱼

有些鱼类能够用宽阔的鳍在水面上滑翔。

会飞的松鼠

有些松鼠和树居哺乳类动物能够依靠张开皮肤所形成的“翅膀”滑翔。

会飞的树蛙

树蛙趾间的蹼酷似小型降落伞，让它得以在大树之间滑翔。

减轻体重

骨是一种很重的材料。鸟类如果具备飞行能力的话必须使用轻质的骨架。陆生动物的骨呈蜂房状结构，而具备飞行能力的鸟类的骨则是细长、空心的，内部由轻质结构加固，这使得鸟类最大限度地减轻了体重。许多不具备飞行能力的和善于潜水的鸟类的骨骼则是实心的。

蝙蝠

蝙蝠有强健的膜状翼，很像有飞行能力的史前爬行动物。

翅膀

有些动物具备飞行的能力——昆虫、蝙蝠和鸟类。而鸟类是迄今为止体形最大、速度最快、力量最强的飞行动物。它们取得成功的秘诀在于翅膀的构造。鸟类的翅膀轻盈、强壮而柔韧，能够把身体精准地推向空中。虽然鸟类翅膀的大小和形状有差异，但是它们总体的结构是相同的——下面以猫头鹰的翅膀为例作以介绍。

超出限度

翅膀能够承载鸟类自身的质量，附加一些轻质的“货物”。较重的负载——比如人类——则完全超出了这个限度。

小翼羽

慢速飞行时，小翼羽会被展开，以防止失速。

飞行的幻想

据古代传说，伊卡洛斯从克里特岛飞向希腊时，由于距离太阳过近，身上蜡做的翅膀被熔化掉了。鸟类在飞行达到一定高度时，的确要面对大量非常现实的问题——稀薄的空气、匮乏的氧气和极度的严寒。

机械模仿

列奥纳多·达·芬奇曾经设计过一种装置，希望能够模仿鸟类的飞行。他用木材代替了骨骼，绳子代替了腱，帆布代替了羽毛。不过，这种装置实在是太重了，根本无法满足飞行的要求。

拍动翅膀的失败

在古代，有许多勇士试图模仿鸟类来飞行。但是，人类肌肉的力量无法提供拍动翅膀飞行所消耗的能量。

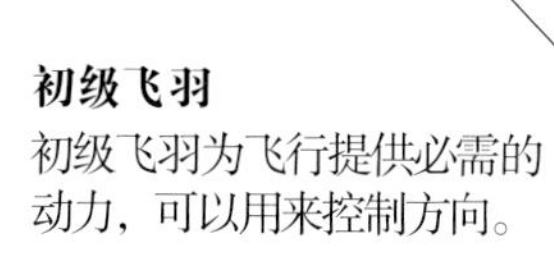

初级飞羽

初级飞羽为飞行提供必需的动力，可以用来控制方向。

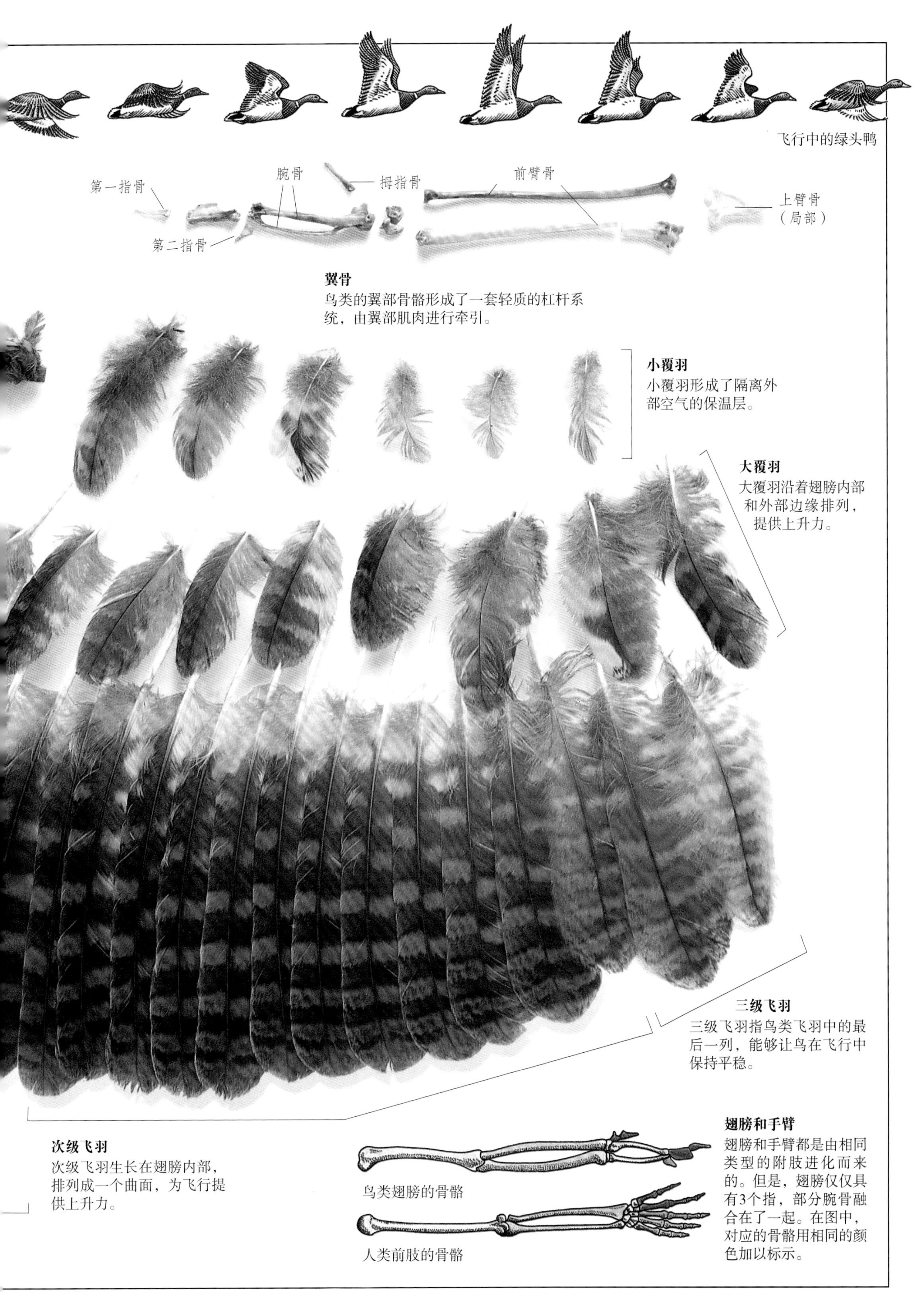

飞行中的绿头鸭

翼骨

鸟类的翼部骨骼形成了一套轻质的杠杆系统，由翼部肌肉进行牵引。

小覆羽

小覆羽形成了隔离外部空气的保温层。

大覆羽

大覆羽沿着翅膀内部和外部边缘排列，提供上升力。

三级飞羽

三级飞羽指鸟类飞羽中的最后一列，能够让鸟在飞行中保持平稳。

次级飞羽

次级飞羽生长在翅膀内部，排列成一个曲面，为飞行提供上升力。

鸟类翅膀的骨骼

人类前肢的骨骼

翅膀和手臂

翅膀和手臂都是由相同类型的附肢进化而来的。但是，翅膀仅仅具有3个指，部分腕骨融合在了一起。在图中，对应的骨骼用相同的颜色加以标示。

机动性和快速起飞

对于许多鸟类来说，能在短距离内捕获猎物或逃过天敌的攻击非常必要。宽阔的圆形翅膀最适合这种飞行方式，因为它能提供足够的加速度，并且能很好地把握方向。这种类型的翅膀在生活于林地和地面上的鸟类中尤为常见。

猫头鹰的飞行

猫头鹰在飞行时显得缓慢而轻盈。

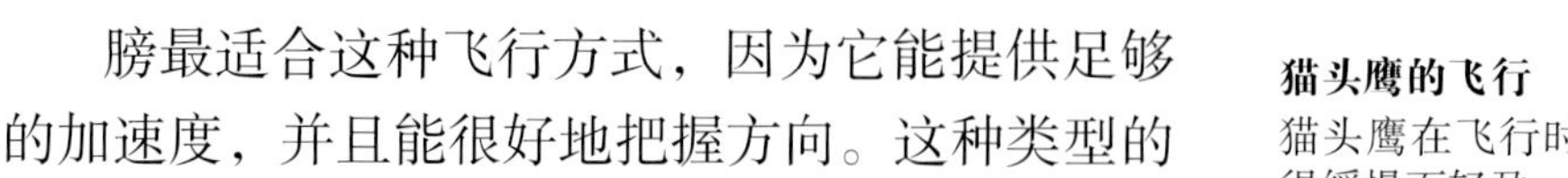

雀鸟的飞行

雀鸟有节律地收紧自己的翅膀以节省能量。

金翅雀的翅膀

宽阔的翼尖

敏捷的转向

金翅雀翅膀的结构十分圆滑，在雀鸟中很有代表性。它们时常会急速转向或者展开翅膀，聚集成群的雀鸟只要察觉到一点点威胁，就会迅猛地蹿向空中。

金翅雀

初级飞羽弯曲而宽阔

羽毛边缘呈穗状，能减缓气流的动荡，减少飞行中的噪声

猫头鹰翅膀上的覆羽光滑而柔软

仓鸮的翅膀

仓鸮

具有消音作用的翅膀

猫头鹰类的翅膀柔软而又光滑，穗状的羽毛能够减轻翅膀拍打而产生的声响，所以猫头鹰类在接近小动物时不容易被察觉。

佛法僧的翅膀

宽阔的飞羽增强了机动能力

佛法僧

栖木之间

佛法僧是一种与松鸦个头差不多的鸟类，它们通过向下猛扑到猎物身上来捕获猎物。它们会从一个栖息处慢慢地飞到另一个栖息处，如同在悠闲地散步一样。

佛法僧的飞行

在飞行时，佛法僧翅膀上下拍动的幅度很大。

在地面上进食时，浅色和黑色的条纹有保护色的作用

翅膀宽阔的表面可以增强机动性，尖状的边缘可以提高速度

冠鸠的翅膀

准备逃跑

大多数野生鸽类和家鸽类都有着很多天敌。它们强健的翼部肌肉（占总体重的三分之一）让它们能够迅速地起飞，并且能迅速地加速到80千米/时。

斑鸠

斑鸠的飞行

翅膀一刻不停地快速拍动。

啄木鸟的飞行

啄木鸟在进行攀升和俯冲时的飞行路线非常陡峭。

安全的飞行

在混乱的林地里，绿啄木鸟的圆形翅膀可以突然转向以避开障碍物，还有助于在靠近树木时安全“着陆”。

垂直起飞

雉鸡不善于飞行，它们会借助宽大的翅膀几乎垂直地起飞，然后在空中沿直线滑翔。

雉鸡的飞行

翅膀快速拍动，然后长距离地滑行。

躲避危险的飞行

当察觉到危险时，松鸡类首先会蹲伏下来，然后在最后一刻向上方跳起，同时急速拍打翅膀，跃向空中。松鸡拍打翅膀和滑行交替进行，但飞行的总距离是很短的。对于绝大多数野生鸡类来说，雌性的翅膀比较有利于伪装，而雄性翅膀色彩鲜明。

速度和耐力

在筑巢之前，雨燕除了短时间的着陆休息之外，可以持续不断地飞行3年。许多鸟类只会在繁殖的时候才到地面上来。它们纤细而弯曲的翅膀完全适合长时间地连续飞行。通常，这种飞行速度快、力量大的鸟类都拥有又窄又尖的翅膀，能够提供足够的上升力。这里所列举的所有翅膀的形状都适于振翼飞行，而非滑翔飞行。

瞬间加速
翠鸟的飞行速度快，距离短，这归因于短而粗、呈三角状的翅膀。这样的翅膀有助于翠鸟从水面起飞。

持续飞行
雨燕的翅膀纤长而弯曲，它们能够以平均40千米/时的速度持续飞行。

翠鸟的飞行
翠鸟拍打翅膀的速度很快，能够在栖木之间穿行，也能够从半空中突然潜入水中捕鱼。

雨燕的飞行
雨燕采用快速拍打翅膀和短距离滑翔交替进行的方式飞行。

游隼的飞行
在俯冲时，游隼会将局部翅膀折叠起来，进行“俯冲捕猎”。

速度纪录保持者
游隼是世界上飞行速度最快的鸟类。它在俯冲追逐其他鸟类的时候，能够加速到惊人的280千米/时。

远程迁徙

许多雁属鸟类每年都要迁徙很长距离。它们飞行的速度大约每小时55千米，能够在好几个小时内保持这个速度不间断地飞行。雁属鸟类的翅膀长而宽阔，在飞行时能够为重达5千克的身体提供足够的上升力。

快速的旅行

像琵嘴鸭这样的河鸭属鸟类，迁徙的旅程比雁属鸟类的距离短，但是速度却更快。河鸭属鸟类在一天中能够飞行1 600千米，平均速度接近每小时70千米。许多河鸭属鸟类的翅膀带有色彩艳丽的“翼镜”。

游禽的飞行

河鸭属和雁属鸟类在飞行时会不断地拍打翅膀。

防水的翅膀

针尾鸭也会通过盘旋转向来躲避危险。它们通过展开和收紧尖窄的翅膀来改变方向。

翱翔、滑翔和盘旋

蜂鸟在觅食的时候能够悬停在空中

鸟类在拍打翅膀时会消耗大量的能量——大约是静止时的15倍。但是有些鸟类掌握了节省大量体力的翱翔和滑翔的能力——利用空气升腾的力量或风力飞行。还有一种叫作悬停的飞行方式，就是鸟在空中通过不停地拍打翅膀而保持在一点上。

滑翔中的大黑背鸥

海鸥纤细的尖翅膀可以利用上升气流进行滑翔。上升气流足以托举起像大黑背鸥这种体重超过2千克的鸟类。

海鸥的飞行

鸥类飞行速度可达40千米/时。当遇到强劲的上升气流时，鸥类能够在空中保持静止不动。

盘旋

盘旋需要消耗巨大的体力，所以大多数鸟类都不能长时间保持这种飞行状态。红隼却是个例外，它能长时间地在高空中盘旋，只需要轻微的逆风就可以飘浮起来。

红隼的飞行

红隼具有隼类典型的飞行方式——拍打翅膀向前飞行。

盘旋在空中的红隼

红隼在风吹过时快速拍打翅膀，将尾巴展开成扇形，来提供上升力。

不会飞的鸟类

不具备飞行能力的巨大鸟类中只有几十种体形较小的存活了下来。

鳍似的翅膀

企鹅游泳时就好像是在水下用翅膀“飞行”。帝企鹅能靠翅膀下潜到水下250米。企鹅的翅膀不能收拢起来。

南极地区的阿德利企鹅

最重的鸟

据鸟类学家统计，飞鸟的体重不能超过18千克。非洲鸵鸟重达120千克，接近极限值的7倍，而它的翅膀上覆盖了区区16根绒毛状的飞羽。鸵鸟不能够飞，但奔跑速度可以达到30千米/时。

南美大草原的奔跑者

美洲鸵鸟生活在南美洲，是非洲鸵鸟的近亲。它们翅膀上的羽毛很长，但不会飞。

鵟的翅膀

省力的飞行

鵟这类猛禽在滑翔时，只需要拍打几下翅膀，从一个气流飞到另外一个气流中，就可以连续地高飞了。

鵟的飞行

擅长滑翔的鸟类在飞行时都靠得很近，以确保自己处在暖气流中。

尾巴

在鸟类的进化过程中羽毛取代了尾巴上的脊骨。这些羽毛的大小各异。某些鸟类几乎没有尾巴，而另外一些鸟类却有着过长的尾巴，以至于难以飞行。

尾巴的形状

鸟类羽毛的形态会受到飞行行为的限制。生活在地面上或林地里的鸟类，羽毛进化出了多种形态，以适应飞行以外的用途——有的利于保持平衡，有的适于栖息，还有的用来在求偶炫耀时吸引异性。

腰羽

尾上覆羽

细长的尾羽

喜鹊的尾巴

喜鹊

用于保持平衡的尾巴

喜鹊尾巴中部的羽毛长度约为25厘米。喜鹊的雄鸟和雌鸟都生有这样的尾巴，用来在地面上行走或爬树时保持身体平衡。

独特的橘红色腰羽会在飞行时显现出来

尾上覆羽

羽毛叉开以增强机动性

交嘴雀的尾巴

分叉的尾巴

一些鸟类（特别是大多数雀鸟）的尾巴呈浅叉形，这种形状可以增强小型鸟类的机动性。

交嘴雀

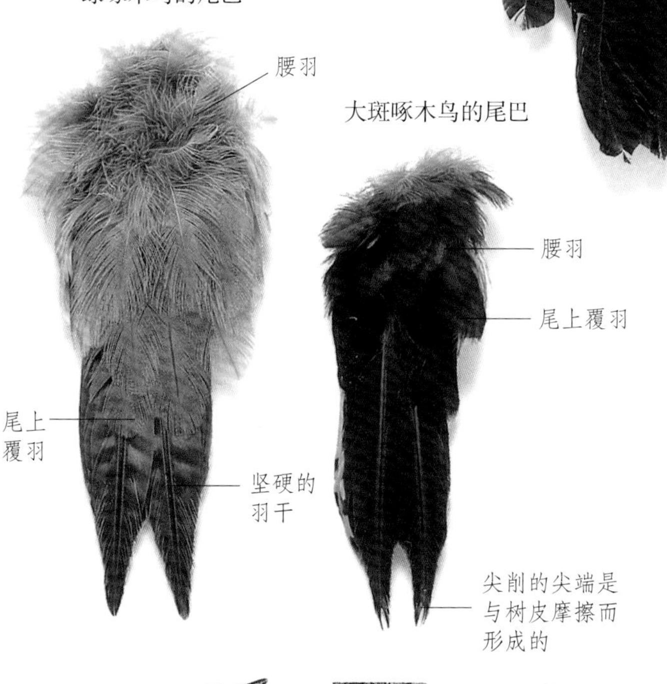

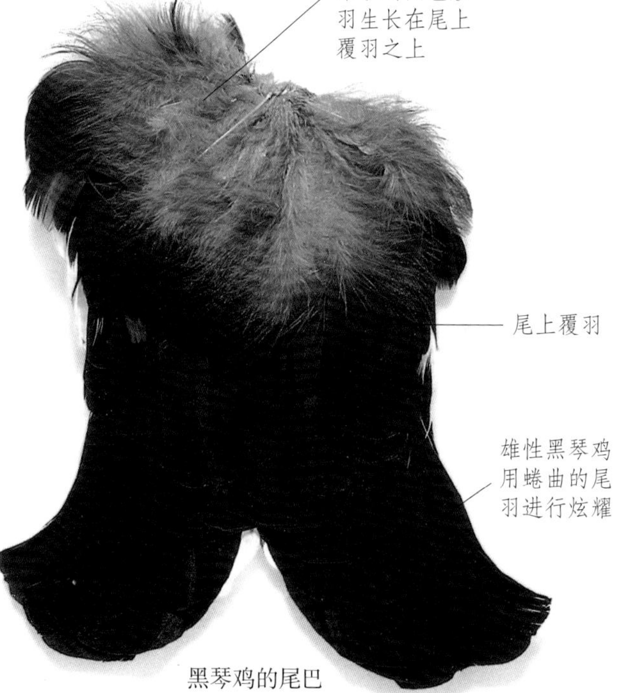

黑琴鸡的尾巴

支撑身体的尾巴

啄木鸟在攀爬树干时，尾羽能够承受身体的大部分重量。因此尾羽的尖端会被迅速磨损。

大斑啄木鸟

雄性雉鸡的翼羽和尾羽会在起飞时展开

用于炫耀的尾巴

雄性黑琴鸡生有新月形的尾羽，而雌性黑琴鸡的尾羽是平直的。这表明：雄性黑琴鸡的尾巴是为了炫耀展示，而非飞行。

黑琴鸡

孔雀

羽毛的构造

羽毛是鸟类身体结构上最大的进化与革新。一只蜂鸟全身具有不到1 000根羽毛，而像天鹅这样的大型鸟类则具有2.5万根羽毛，而其中五分之四的羽毛长在鸟的头部和脖子后面。羽毛由一种叫角蛋白的蛋白质形成，这种物质能使羽毛变得坚硬而具有韧性。在发育过程中，羽毛会分裂成为大量的丝线，然后相互交织到一起形成复合网状物。之后，血液的供应停止，羽毛就开始发挥真正的功能了。除非因故脱落，它们会一直存在到换羽期。

易损的羽毛

在整理羽毛时，中美洲翠鸰会把尾羽的羽枝啄去，只剩下光秃秃的羽柄和勺状尖端。至于翠鸰为什么这样做，现在还没有确切的答案。

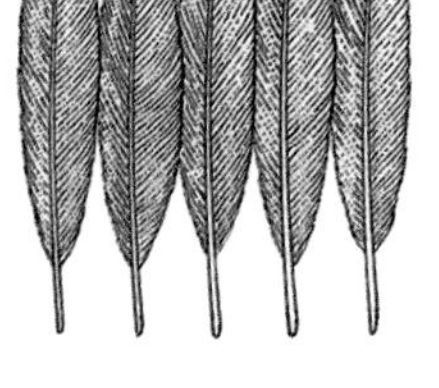

羽毛的成长

羽毛开始生长，在羽毛鞘中尖端显露出来，并且展开、分裂成扁平状的羽片。最终，羽毛鞘脱落，留下成形了的羽毛。

羽柄

中空的羽柄由脱水的髓质残留物构成。

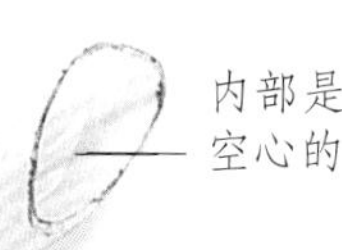

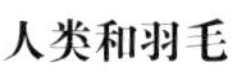

人类和羽毛

羽毛常被用于制作装饰品或者其他用途。头饰和羽毛笔都是由飞羽制作而成的。鸭和鹅的绒羽用于制作床上用品，而某些热带鸟类色彩艳丽的羽毛还被用作鱼饵。

毛羽

形状像头发，通常处于羽毛之间，用于感觉外侧羽毛的状态。

副羽，从单根羽柄中生长出来的第二根羽柄

分叉的羽毛

同一根羽柄上的羽毛能够分叉形成相异的两半，这使得一根羽毛具有了两种不同的功能。

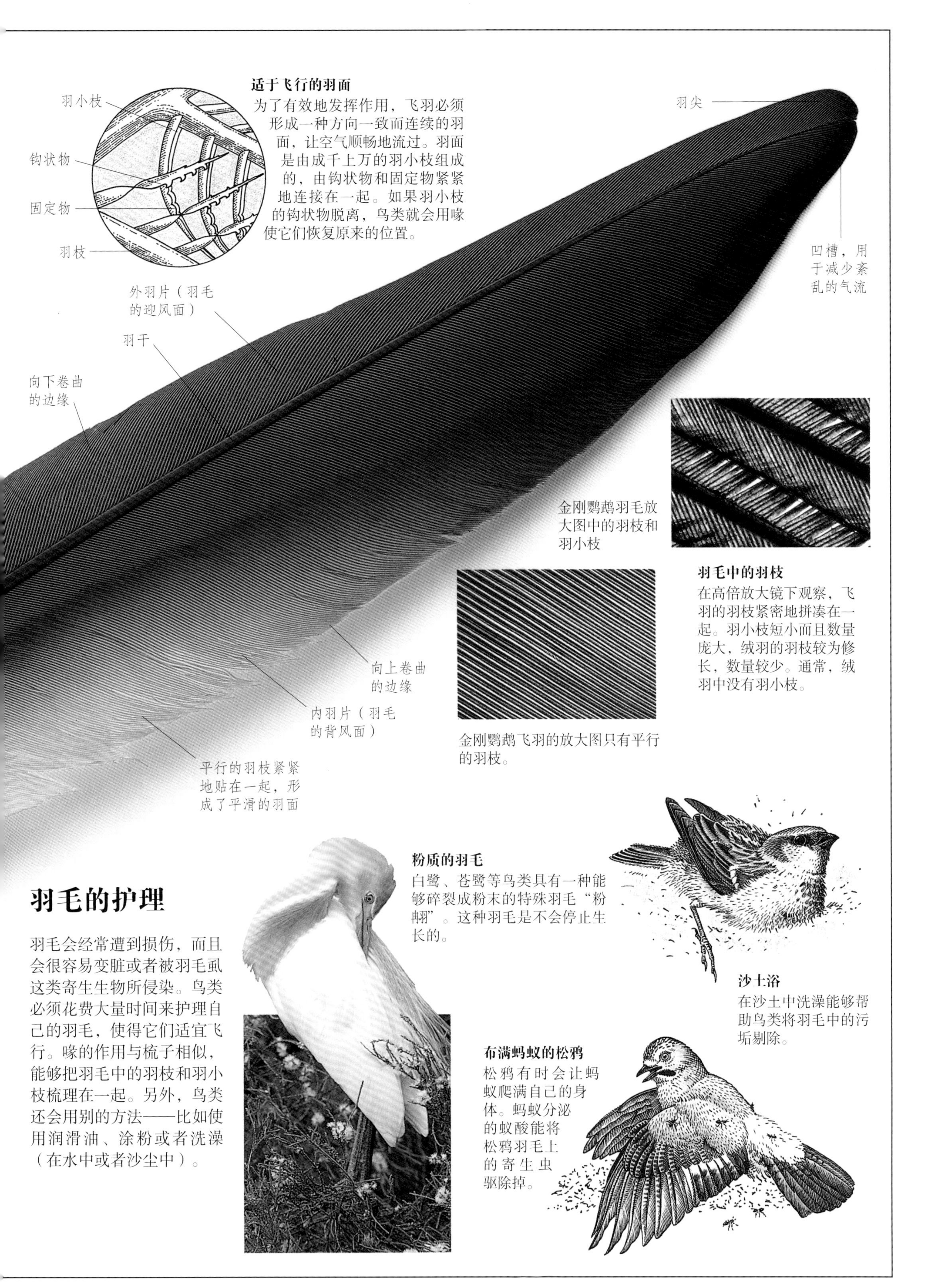

适于飞行的羽面

为了有效地发挥作用，飞羽必须形成一种方向一致而连续的羽面，让空气顺畅地流过。羽面是由成千上万的羽小枝组成的，由钩状物和固定物紧紧地连接在一起。如果羽小枝的钩状物脱离，鸟类就会用喙使它们恢复原来的位置。

金刚鹦鹉羽毛放大图中的羽枝和羽小枝

羽毛中的羽枝

在高倍放大镜下观察，飞羽的羽枝紧密地拼凑在一起。羽小枝短小而且数量庞大，绒羽的羽枝较为修长，数量较少。通常，绒羽中没有羽小枝。

金刚鹦鹉飞羽的放大图只有平行的羽枝。

羽毛的护理

羽毛会经常遭到损伤，而且会很容易变脏或者被羽毛虱这类寄生生物所侵染。鸟类必须花费大量时间来护理自己的羽毛，使得它们适宜飞行。喙的作用与梳子相似，能够把羽毛中的羽枝和羽小枝梳理在一起。另外，鸟类还会用别的方法——比如使用润滑油、涂粉或者洗澡（在水中或者沙尘中）。

粉质的羽毛

白鹭、苍鹭等鸟类具有一种能够碎裂成粉末的特殊羽毛“粉翔”。这种羽毛是不会停止生长的。

沙土浴

在沙土中洗澡能够帮助鸟类将羽毛中的污垢剔除。

布满蚂蚁的松鸦

松鸦有时会让蚂蚁爬满自己的身体。蚂蚁分泌的蚁酸能将松鸦羽毛上的寄生虫驱除掉。

羽毛

羽毛拥有4个主要的类型——绒羽、体羽、尾羽和飞羽。羽毛大多数色彩暗淡，也有一些羽毛有着漂亮的外形和明艳的色彩。以下展示了一些鸟类的羽毛。

绒羽

绒羽十分柔软，内藏微小的间隙，可附着一层空气，能起到保温的作用。

体羽

体羽使鸟类的身体呈流线型。

尾羽

尾羽一般用于导航、平衡和炫耀。

内侧飞羽

内侧飞羽能够使空气顺畅地流过。

外侧飞羽

鸟类羽衣上最强壮的羽毛，可以为飞行提供动力。

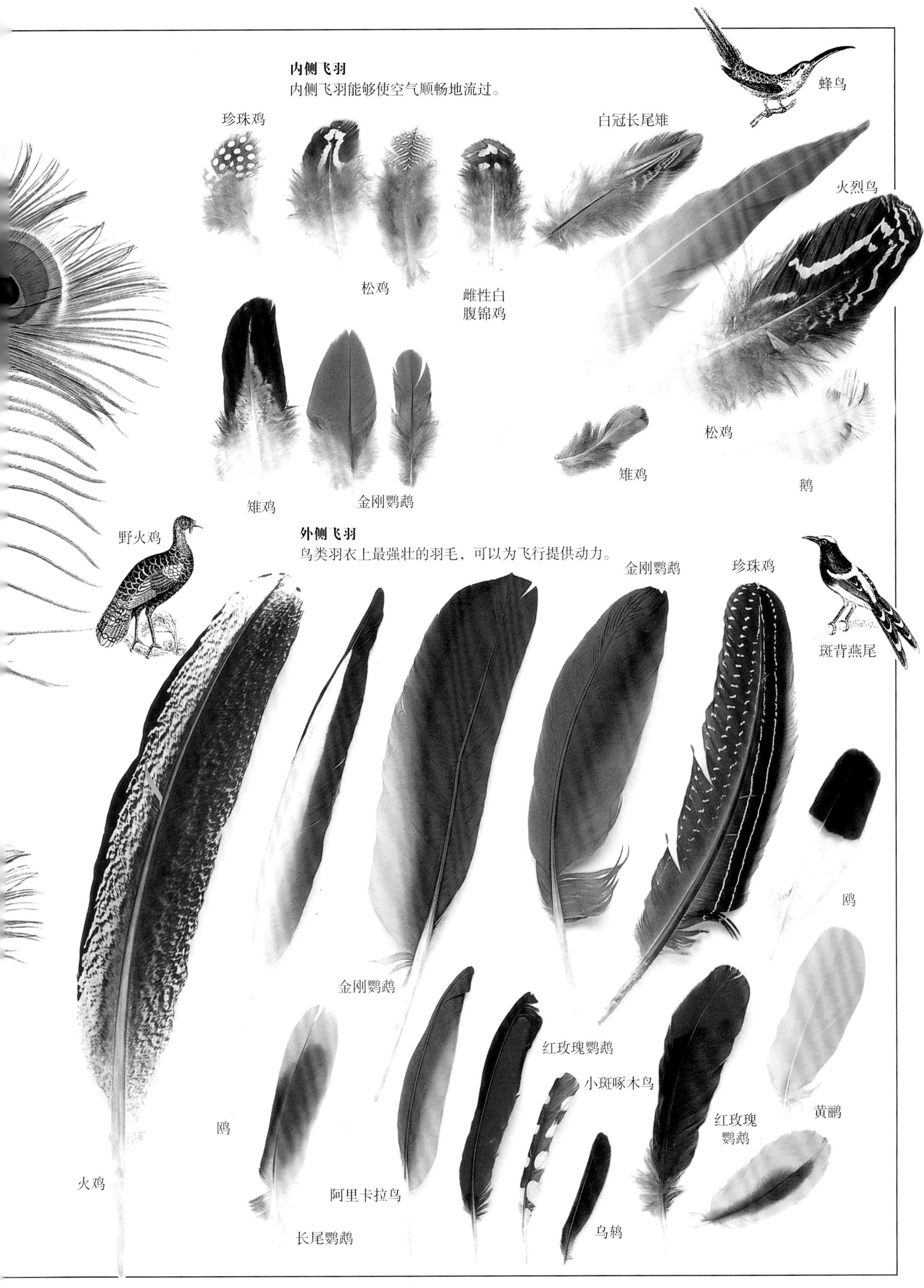

飞羽

在鸟类的飞行系统中，翼羽是重要的组成部分。它们不但坚固，而且轻盈有韧性。翼部的羽毛相对较少与周围的羽毛协作，共同形成了适于飞行的完美翼面。以下两页展示了各种飞羽。

不对称的设计
鸡尾鹦鹉的飞羽与其他鸟类的飞羽都相似。飞羽前方的一侧较窄，使得空气在流过羽毛时能产生上升力。

阶梯形状
至尊鹦鹉的飞羽形状逐渐变得短而宽。

外翼

长长的外侧飞羽又称飞羽，为鸟类的飞行提供主要动力，而且能够避免“失速”。在飞行中，外侧飞羽能够展开或者收拢，具有控制航向的作用。

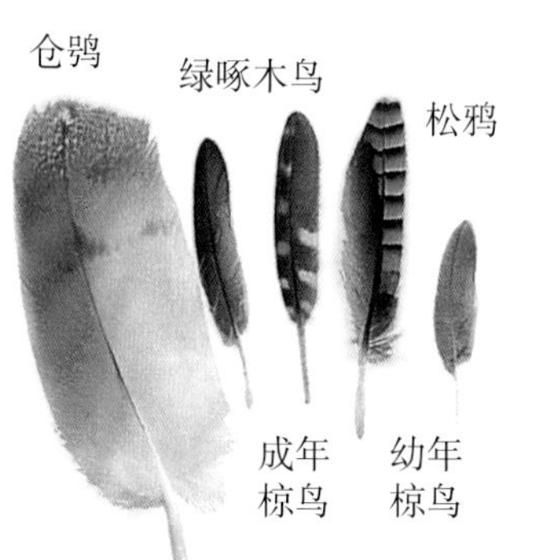

外部覆羽
覆羽与飞羽的根部重叠，可以使空气平稳流过。

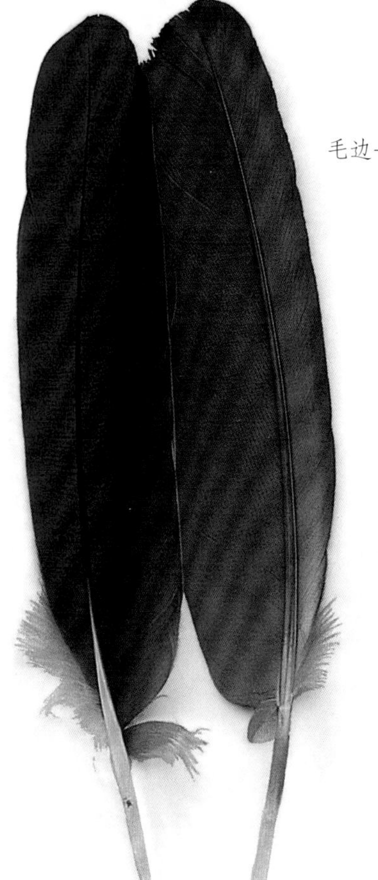

上表面与下表面
许多翼羽的上下表面具有不同的颜色。金刚鹦鹉的羽毛翼上是蓝色的，翼下是黄色的。

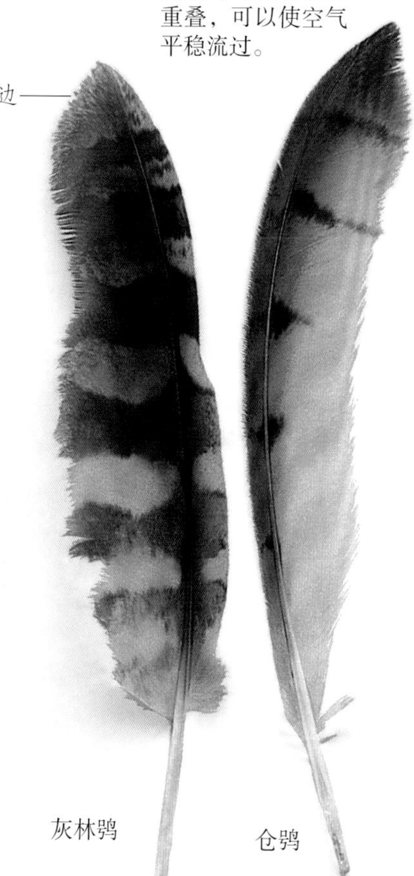

无声的羽毛
猫头鹰羽毛边缘的毛边能够搅乱空气的流动，使它们飞行起来悄无声息。图中所示为灰林鸮和仓鸮的羽毛。

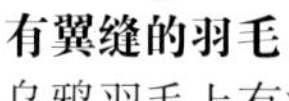

有翼缝的羽毛
乌鸦羽毛上有深深的翼缝，在翅膀上形成了一道沟槽，可以减少紊乱气流。

轻盈的羽毛
疣鼻天鹅的体重可达12千克，外侧飞羽的长度达到45厘米，但每根羽毛的质量仅仅为15克。

内侧飞羽

相对于外侧飞羽，内侧飞羽较为短小。由于在飞行时不会承受巨大的压力，因此羽柄较短，锚定处也不是非常牢靠。另外，内侧羽毛较为对称——有些用于炫耀的羽毛除外。

对称的羽毛

上图为至尊鹦鹉的内侧翼羽。内侧翼羽顺着风向生长，不需要非对称形状来产生上升力。

飞行中的标记

虎皮鹦鹉与许多鸟类一样，翅膀完全展开时显现出明艳色彩。

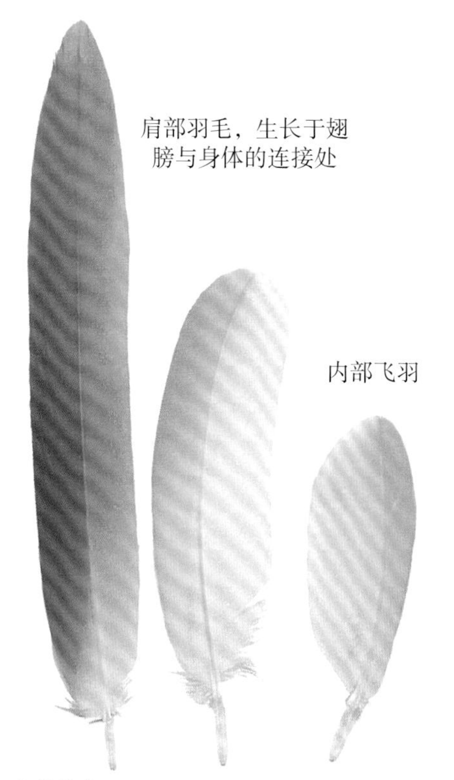

食物染色

大火烈鸟以虾和其他甲壳类动物为食，能从食物中获取一种粉红色的色素，这种色素会体现在羽毛上。

分界处

内侧翼羽和外侧翼羽分界处的飞羽具有弯曲的羽柄和钝平的尖端，明艳的图案在飞行时显现出来。

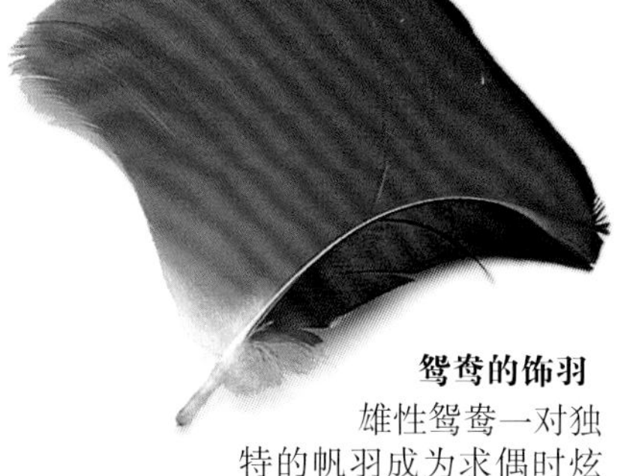

鸳鸯的饰羽

雄性鸳鸯一对独特的帆羽成为求偶时炫耀的资本。

伪装的羽毛

具有花纹图案的棕色羽毛能将丘鹬隐藏起来，以躲避天敌。

翼下羽毛

如同前翅羽毛，后翅羽毛排列得十分紧密。与前翅羽毛所形成的凸形表面不同，它们所形成的表面呈凹形。

极少飞行

这是野火鸡的羽毛，它们很少使用翅膀飞行。

内侧覆羽

以鹫为例，内部覆羽与前翅内部的羽毛重叠在一起。在翅膀收拢的时候，这些羽毛能够保护身体。

正羽、绒羽和尾羽

羽毛还有保温和防水的功能，甚至可以帮助鸟儿伪装、求偶、孵卵以及在地面上保持平衡。所有这些任务都是由3种类型的羽毛执行的——正羽、绒羽和尾羽。羽毛工作的方式取决于它们的形状以及羽枝能否合并在一起。

绒羽

绒羽与皮肤紧邻，羽枝摊开成杂乱的柔软团状物。在动物王国中，绒毛是最有效的保温材料之一。

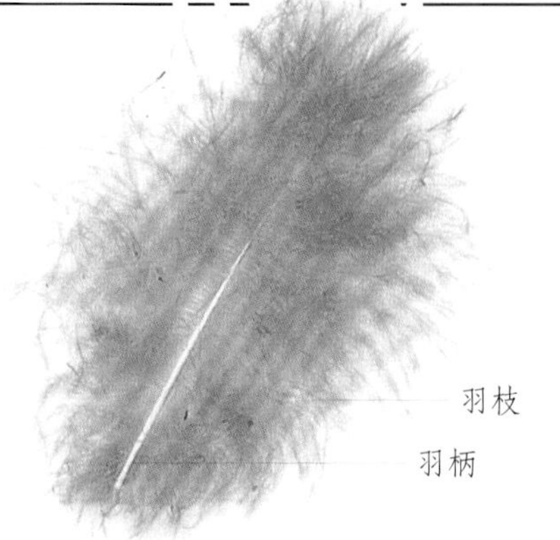

摊开的羽枝
上图是孔雀的绒羽，可看到相互分离的羽枝。这些羽枝能够附着空气，在正羽下面形成保温层。

保温覆层
上图为鹌鹑的绒羽。小绒羽紧密地堆积在一起，形成了一层皮状的垫子。

孵卵的羽毛
绿翅鸭和许多鸟类会将胸部的羽毛拔下来，覆盖在卵上以起到保温的作用。

双功能羽毛
白鹇羽毛与身体相连接的根部生长着大量的绒毛。

正羽

正羽的形状和大小千差万别。有些正羽仅仅用来保温和覆盖身体，有些则具有炫耀的功能，有着明艳的色彩或者奇异的形状。

红鹦鹉的羽毛

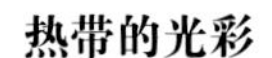

非洲灰鹦鹉的羽毛

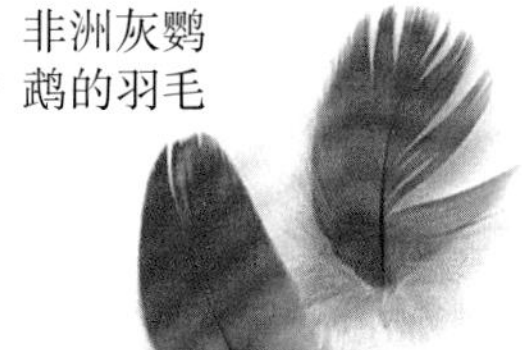

金刚鹦鹉的羽毛

热带的光彩
热带地区的鸟类大多鲜艳多彩，因为明艳的色彩能够帮助它们识别出同伴。

表面的图案
显露在外面的羽毛尖端才具有鲜艳的花纹——其他部分则色彩暗淡，比如这些雉鸡的羽毛。

重量级飞鸟
这根正羽来自一只大鸨——世界上体重最大的鸟类之一。

保护色
绿啄木鸟正羽的尖端为淡绿色，这种保护色与栖息地林地树叶的颜色非常相似。

锦鸡的斗篷
雄性红腹锦鸡颈部的羽毛形成了带有鲜艳黑色和金色的斗篷。

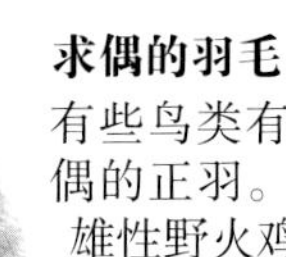

求偶的羽毛
有些鸟类有完全用来求偶的正羽。图中所示为雄性野火鸡用来装饰颈部的羽毛，每根都能分裂成一对羽片。

尾部羽毛

鸟类的尾巴具有3种功能——飞行时掌控方向；栖息或者在地面上时保持平衡；求偶时吸引配偶或者吓走竞争者。因此，尾羽的形状、大小和颜色千差万别，特别是处于繁殖期的雄鸟尾羽非常引人注目。

卷曲的尾巴

雄性绿翅鸭尾巴的根部有两根卷曲的羽毛。求偶的时候，它们会炫耀自己漂亮的羽衣。雌性绿翅鸭的尾羽则是笔直的。

眼状羽毛

孔雀长长的尾羽上会形成独特的“眼睛”。孔雀开屏是一种极为壮观的求偶方式。

生长中的羽毛

如图所示，左边是一根生长中的红隼尾羽，右边则是一根完全成熟了的尾羽。两者取自于同一只红隼——它正在换羽。

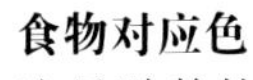

食物对应色

这只鹦鹉的尾羽上长有一些浅色的纹理，是食物的变化所引起的。

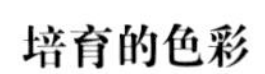

培育的色彩

虎皮鹦鹉身上的各种色彩是人工控制繁殖的结果。野生虎皮鹦鹉的颜色仅有蓝色和绿色。

猎禽的尾巴

雄性雉鸡、家鸡和其他猛禽的尾巴很长。图中所示的雉鸡尾部有很长的尾羽，经过杂交培育后的日本红原鸡的尾羽可长达10.5米。

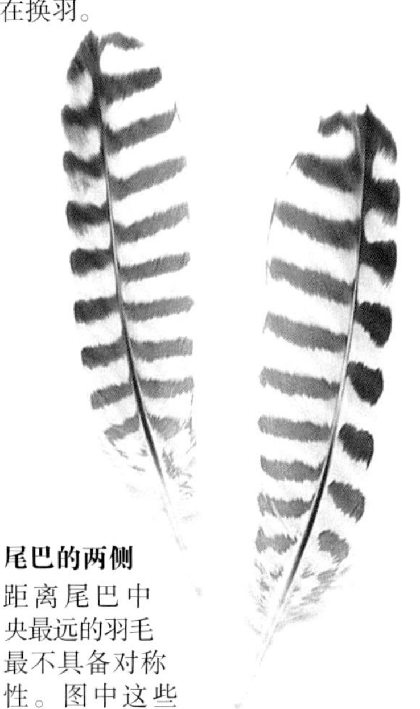

尾巴的两侧

距离尾巴中央最远的羽毛最不具备对称性。图中这些偏向一方的羽毛取自于杓鹬。

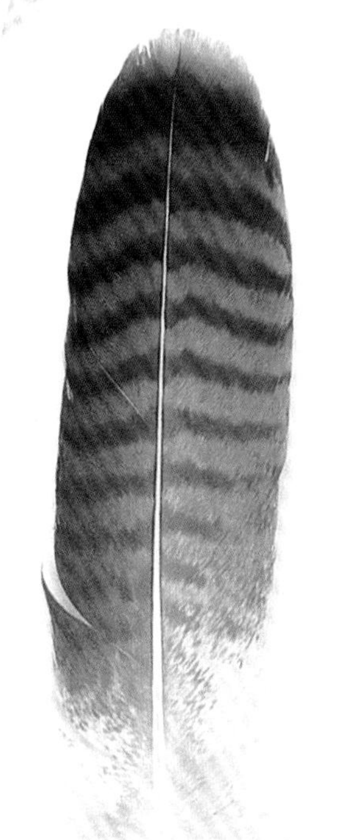

尾巴中央的羽毛

这根对称的羽毛取自于猫头鹰尾巴的中央。

五彩斑斓的尾巴

喜鹊有长长的尾羽，从远处看起来是黑色的，但是从近处看却呈现各种色彩，是通过折射引起的。

雉鸡

求偶

在鸟类的生命中，求偶的过程是最迷人、最华美的。在鸟类世界中，离异的情况非常罕见，会出现各种难以想象的求偶方式。绝大多数雄性鸟类会在击败其他竞争者之后创建领地，然后吸引来唯一的配偶，并对它钟情一生。鸟类通过一系列的可视信号吸引配偶，包括独特的羽衣、色彩明艳的腿、充气的气囊和求偶仪式。求偶仪式多种多样：有些简单，如海鸥的点头；有些十分古怪，比如雄性大鸨会将翅膀和头甩到背后，让头看上去像是从翅内伸出来的。

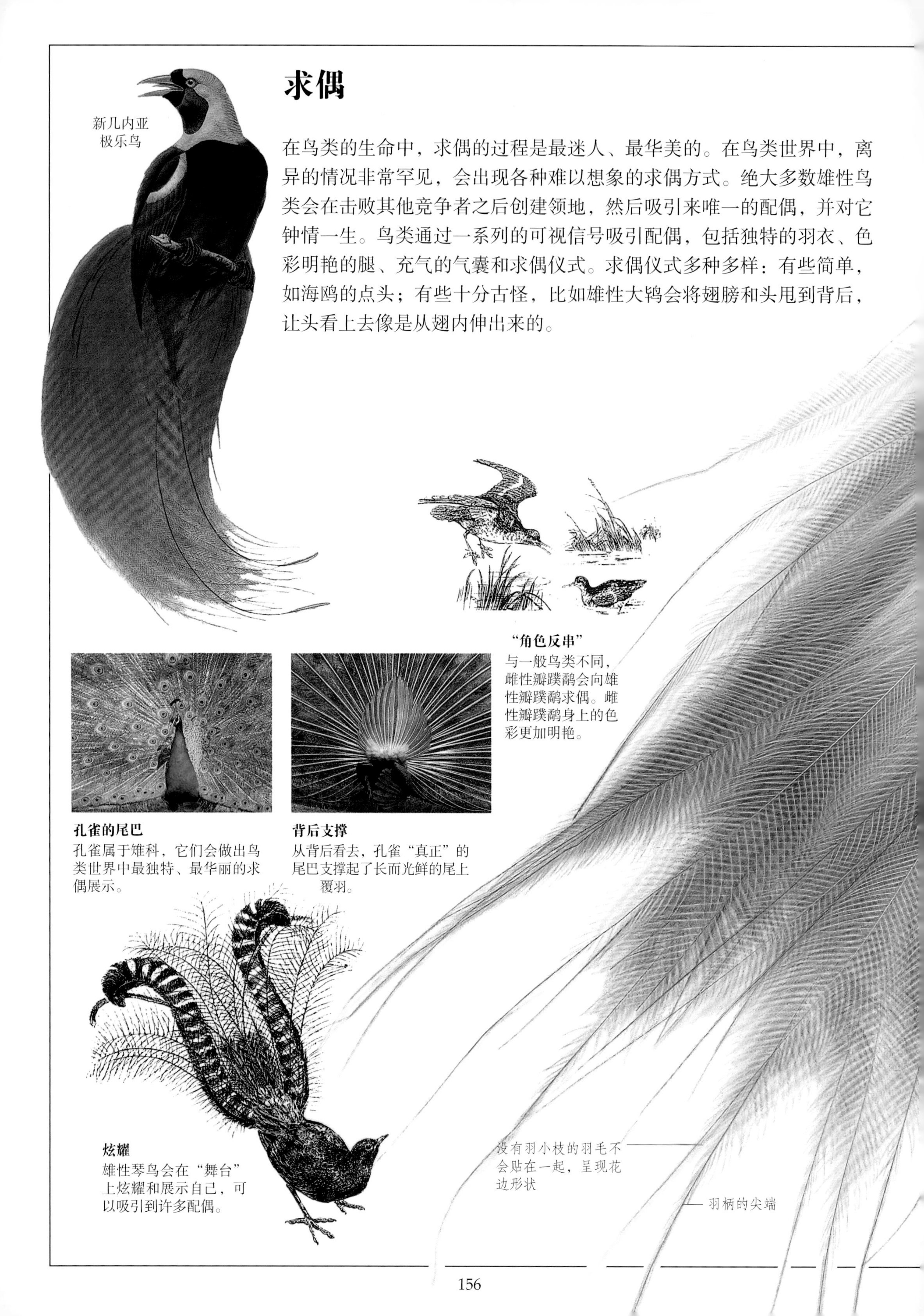

"角色反串"
与一般鸟类不同，雌性瓣蹼鹬会向雄性瓣蹼鹬求偶。雌性瓣蹼鹬身上的色彩更加明艳。

孔雀的尾巴
孔雀属于雉科，它们会做出鸟类世界中最独特、最华丽的求偶展示。

背后支撑
从背后看去，孔雀"真正"的尾巴支撑起了长而光鲜的尾上覆羽。

炫耀
雄性琴鸟会在"舞台"上炫耀和展示自己，可以吸引到许多配偶。

神奇的答案

右图是新几内亚极乐鸟的羽衣。最近一个世纪，自然科学家发现了雄性新几内亚极乐鸟在表演的时候会倒立悬挂起来，然后将羽衣打开。

充气的气囊

为了吸引配偶，雄性军舰鸟能使红色喉囊在好几个小时内保持膨胀状态，直到雌性军舰鸟来到它身边。

缓解紧张气氛

当一对鲣鸟相遇时，漫长的求偶仪式将会上演，以缓解好斗的本能。如图所示，两只蓝脚鲣鸟跳起了“鲣鸟舞”，将各自的喙左右摇摆。

与季节同步

初夏是海鹦的繁殖季节，它们的喙会变得鲜艳亮丽。在喙的外表面覆盖着一层角状鞘——颜色就附着在上面。出海过冬时，这层角状鞘就会脱落，喙的色彩变得较为柔和。

水上舞蹈

凤头鸊鷉在求偶时会表演一系列的舞蹈。首先，它们会跳“甩头舞”。突然，它们潜入水下，浮到水面上时口中含满了伊乐藻。接下来是“企鹅舞”，并互相赠送水草。再经过另外几个表演阶段，这对凤头鸊鷉就将进行交配。

微型战士

个头非常小的雄性蜂鸟，也会为了保护领地而进行激烈的战斗。

伪装

在自然界当中，芦苇、卵石滩、枯枝丛和雪地有时候会突然变得活跃而有生气，显露出真实的样子——左图中就隐藏了一只鸟。面对危险，大多数鸟类会立刻飞向空中，但那些在地面上栖息或者觅食的鸟并不会飞走，它们期待自己能侥幸不被发现。那些鸟类一般有伪装功能的羽衣，羽毛上的色彩和图案能够与特定的环境相融合。

隐蔽在卵石丛中

金剑鸻在静止的时候能完美地隐藏在海滩上的卵石丛中。

金剑鸻

丘鹬

第一道防线

夜间丘鹬会在林地上搜寻蚯蚓和其他小动物。但是白天它们栖息在地面上。如果伪装失败，丘鹬就会飞起，在树丛中急速乱窜。

季节性变化

冬天的降雪会将地表颜色完全改变，有些鸟类——比如这只雷鸟（松鸡的一种）——用改变身体颜色的方法进行隐藏。鸟类每年都会换羽，另一种不同颜色的羽毛能够使它们将自己伪装起来。在那些积雪不化的地区，某些鸟类（比如雪鸮）则终年身着白色的羽衣。

身着“冬衣”的雷鸟

身着“夏装”的雷鸟

季节性羽衣

夏天，雷鸟的羽毛是棕色的，使它们能隐藏在石块间。但是到了冬天，羽衣就会变成白色，这样就能藏身在雪中了。

夜鹰

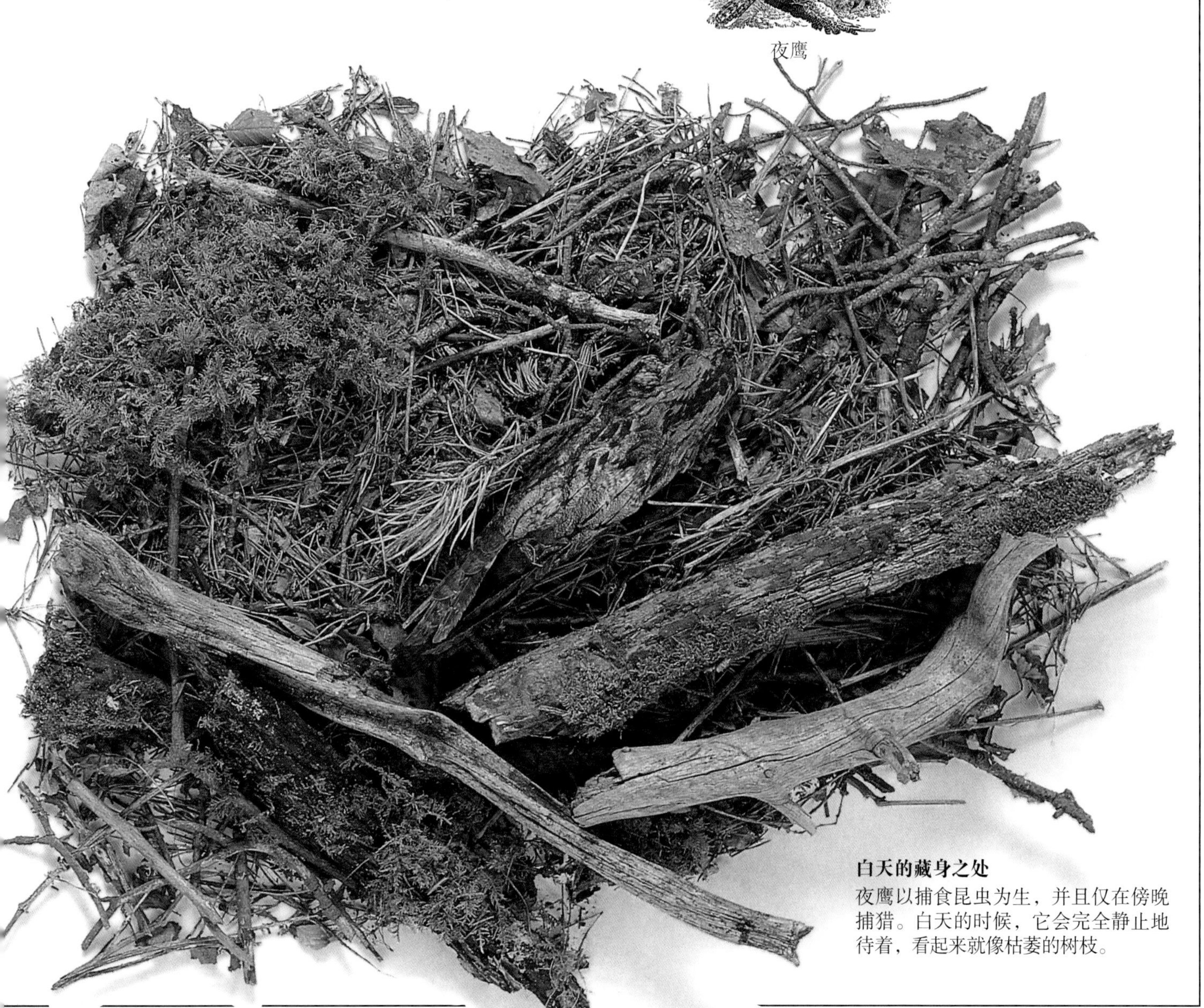

白天的藏身之处

夜鹰以捕食昆虫为生，并且仅在傍晚捕猎。白天的时候，它会完全静止地待着，看起来就像枯萎的树枝。

足和足迹

鸟足的大小和形状差异很大，能够反映出相应鸟类的食性。大多数鸟类仅有4个或3个趾，而鸵鸟只有两个趾。很少着陆的鸟类（比如鹱和雨燕）的腿部相当脆弱，行走困难，甚至根本无法行走。

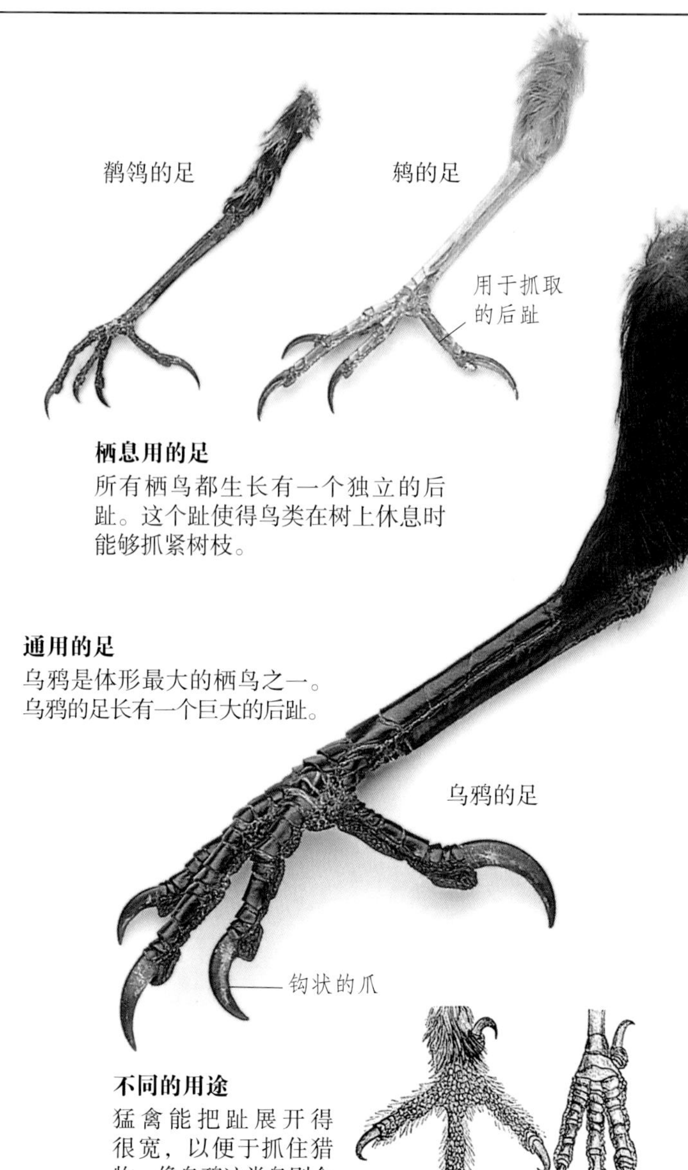

栖息用的足
所有栖鸟都生长有一个独立的后趾。这个趾使得鸟类在树上休息时能够抓紧树枝。

通用的足
乌鸦是体形最大的栖鸟之一。乌鸦的足长有一个巨大的后趾。

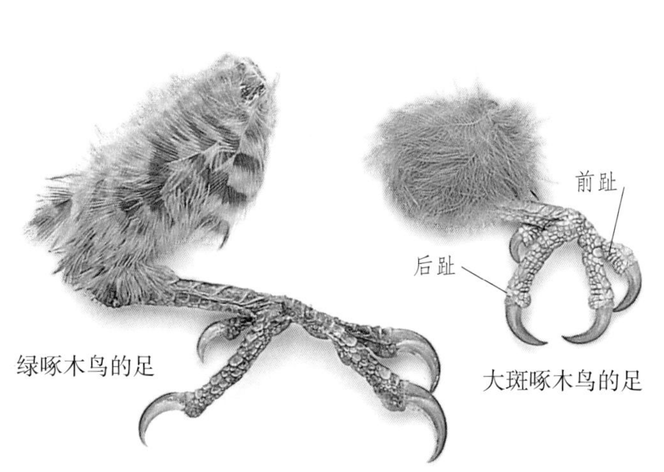

攀爬用的足
啄木鸟的足上长有两个朝前的趾、两个朝后的趾。在啄凿树干时，它们能够起到固定作用。

不同的用途
猛禽能把趾展开得很宽，以便于抓住猎物。像乌鸦这类鸟则会把趾紧紧地贴在一起。

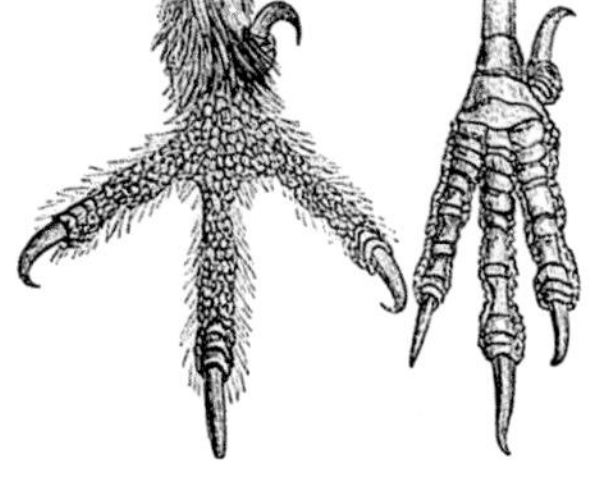

猛禽
猛禽的足有长长的爪，非常适于抓捕猎物，但使得行走比较困难。大多数猛禽的踝关节以上都覆盖着羽毛。

高空负重
雕能够抓起很重的物品。

长有羽毛的爪
大多数猫头鹰的腿和足上覆盖有羽毛，这样在猛扑向猎物的时候也能够保持安静。

涉禽

杓鹬和鸻鸟等涉禽能将体重分散在细长的趾上，以避免陷入软泥中。许多涉禽（比如反嘴鹬）长有特别修长的腿，能在深水中行走。

水雉

水雉能够用极细长的脚趾在浮游植被上行走。

白骨顶带有凸缘的足

白骨顶足的特别之处在于拥有一对由鳞状皮肤包裹着的凸缘，它们是由每根脚趾的趾骨延伸出来的。在游泳时，白骨顶双足上的凸缘可以用来产生推动力。在陆地上时，白骨顶足的凸缘能够防止足陷入泥中。从足迹上，我们可以很容易地把白骨顶与其他水鸟区分开来。

带蹼的足

鸭、雁、天鹅、鸥和许多海鸟都长有带蹼的足，有助于高效地游动。海燕甚至可以在水面上“行走”。在“着陆”的时候，游禽的足可以当成“水动刹车器”使用。

鸟类的腿

对于鸟类来说，几乎所有的肌肉都生长在腿的上部。足就像是一个由骨骼支撑、肌腱拉动、外部包裹着鳞状皮肤的杠杆系统。

腿部所需要的所有动力都来源于靠近身体的部分。栖鸟进化出了一套独特的机制，以免从树枝上滑落。当栖鸟降落到树枝上时，身体的质量使它的腿部肌腱拉紧，脚趾也会紧紧地钳夹起来。起飞时，它们的趾部肌肉会收缩，从而使足展开，然后就可以顺利地飞走了。为了节约体能，生活在寒冷环境中的许多鸟类并不会把热量消耗在腿上。因此，像海鸥这类鸟的足部温度可能仅仅比周围冰冷的环境高上几摄氏度。

鸟类的足迹

鸟类在地面上行走一般采用两种方式。体形较小的鸟类通常会齐足跳行，因为它们只要屈伸足部，就可以轻易地托举起身体。体形较大的鸟类只能正常地行走。

泥中的足迹

潮湿的泥土和干净的雪是印下鸟类足迹的最好材料。

行走的足迹

对于大型鸟类，双足交替迈出的行走方式更适于它们。

齐足跳行的足迹

小型鸟类习惯于采用齐足跳行的方式在地面上行走。

感觉器官

对于大多数鸟类来说，视觉是相当重要的。而触觉、嗅觉和味觉基本上没有作用。在高空盘旋的红隼能够看清下方地面上非常小的物体。人类舌头上的味蕾有成千上万个，而鸟类的味蕾则不足一百个。鸟类具有良好的听觉。有些对于人类来说过于短暂而无法区分的音符，鸟类却能够加以辨识。南美洲的油鸱能够像蝙蝠一样利用声音导航。但是由于颅骨中填充有如此灵敏的眼睛和耳朵，鸟类并没有进化出大型的脑。

鸦科成员是公认的鸟类世界智力超群的物种

乌鸦的头骨

一对鼻孔紧贴在喙部角状鞘的后面，由鼻腔相连接

头盖骨

头盖骨由多块独立的骨片嵌合在一起，形成了一个轻质坚固的保护罩

为内耳留下的开孔，通常覆盖着一层短小的羽毛

朝向两侧的眼窝。除了捕杀高速猎物的鸟类，几乎所有鸟类都有这样的眼窝

眼窝基部的颧骨，用于支撑鸟类巨大的眼睛

官能和头骨

乌鸦的头骨为了适于飞行也采用了轻质结构。鸟类头盖骨的骨片连接得非常结实，使得骨片可以较薄。鸟的眼睛通常会比大脑大，一般由紧贴在眼球外的小骨组成的环状物固定在眼窝中。

智力和本能

鸟类的大脑较小，大多数鸟类不善于学习新技能。但是鸟的大脑中生来就有大量“程序”。这些程序不仅能够指导简单的行为，而且能够控制像迁徙之类的本能。

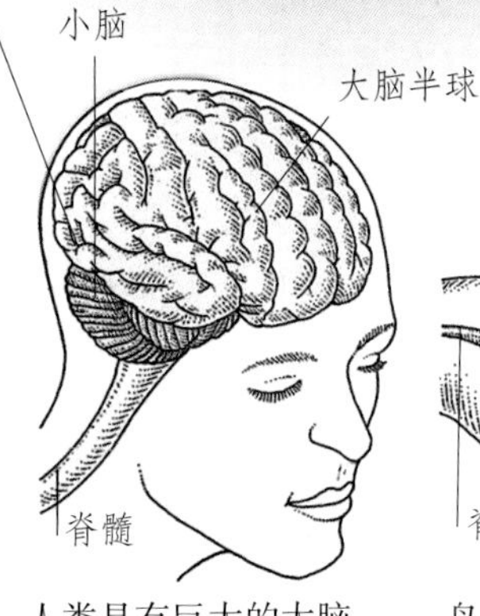

人类具有巨大的大脑半球，因而具有快速的学习能力

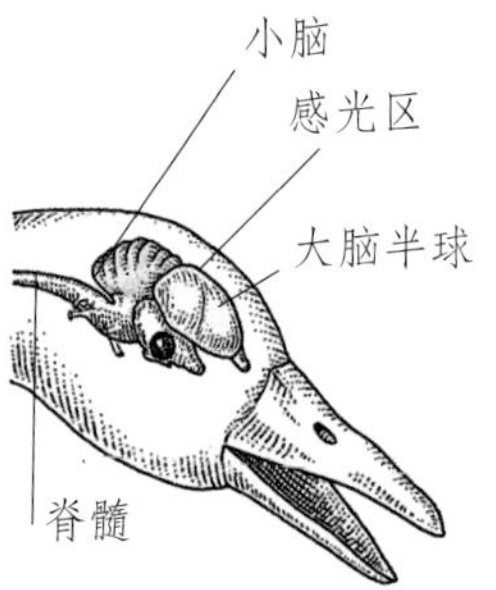

鸟类大脑中很大一部分是用来处理视觉信息的

头盖骨

分居两侧的眼睛具有宽阔的视野

沙锥的头骨

鸟类的视觉

猫头鹰的双眼都几乎朝向前方，因而具有很宽的双眼视野。这样的构造使得猫头鹰能够对距离进行准确地估计——几乎所有猛禽都具有这种特征。被捕食的鸟类的眼睛一般朝向两侧。如啄木鸟在头部静止的情况下，也能够看到四周和上方。大多数鸟类的视觉特征则介于这两种极端情况之间。

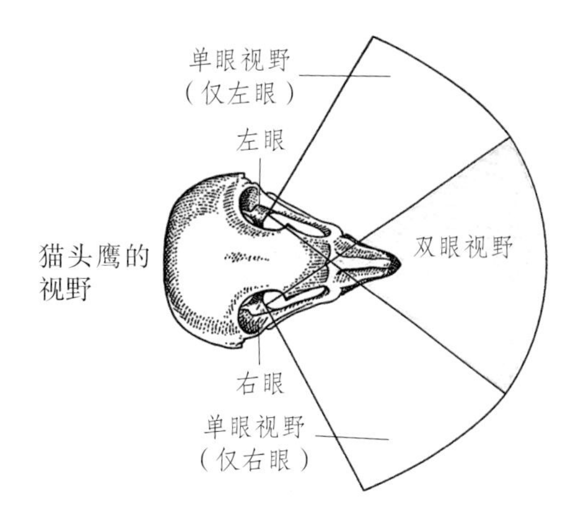

背视

鸟类不能像大多数哺乳动物那样旋转眼球。比如，猫头鹰眼球的移动角度在2度以下，而人类为100度。然而，鸟类颈部的扭动甚至可以使得眼睛朝向后方。

啄木鸟的视野

左眼

单眼视野（仅左眼）

前方的双眼视野

盲区

背后的双眼视野，使得鸟类能够看到从背后逼近的天敌

右眼

单眼视野（仅右眼）

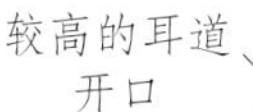

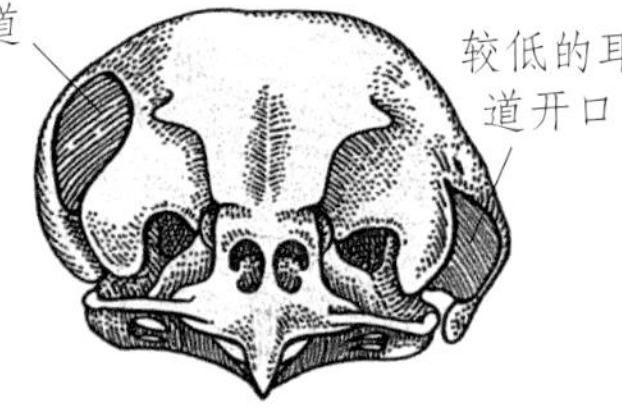

较低的耳道开口

猫头鹰的不对称耳朵

猫头鹰通常在夜间捕猎，不仅需要非常敏锐的视觉，而且需要异常良好的听觉。猫头鹰没有外耳，但是它们宽阔的脸庞能够像外耳那样把声波聚集起来，并且传到头骨内的耳膜上。两侧的耳朵接收到声音的时间会有些许差异，使得猫头鹰具备了先进的双路立体声听觉，能够精确地锁定猎物。

猫头鹰耳朵的构造十分特别，通常会被羽毛掩盖起来。

在黑暗中捕猎

有些猫头鹰能够根据猎物在奔跑中发出的声音确定猎物的位置。

带钩的喙

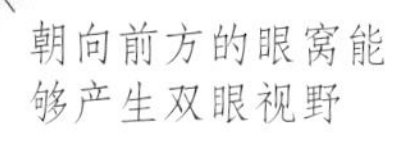

耳道开口

猫头鹰的头骨

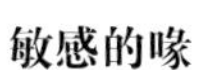

敏感的喙

鸟类依靠与神经相连的感觉器官进行感觉。感觉器官分布于全身各处——甚至分布到了喙的顶端。当涉禽用喙在深深的淤泥中探寻时，甚至能够感觉到下面是什么物体。

沙锥

上喙和下喙都很细长，使沙锥能找到埋藏在泥土中的食物

喙的尖端很敏感，用来发现埋藏在淤泥中的动物

感觉食物

夜鹰嘴的两侧生长有朝向前方的刚毛。这些刚毛实际上是一种极细的没有羽枝的羽毛，它们把飞行中的昆虫像漏斗似的灌入嘴中。夜鹰有可能用刚毛来探测食物。

喙

因为前肢已经完全用于飞行，所以大多数鸟类（仅猛禽和鹦鹉除外）仅能够用喙来捕捉和携带食物。鸟类进化出了种类异常繁多、形态各异的喙，能够对付不同类型的食物。新西兰的垂耳鸦（近期已灭绝）形象地表现出这种专业性的分化。雄性垂耳鸦的喙短而直，适于搜寻猎物；雌性垂耳鸦的喙长而弯，适于啄住猎物。

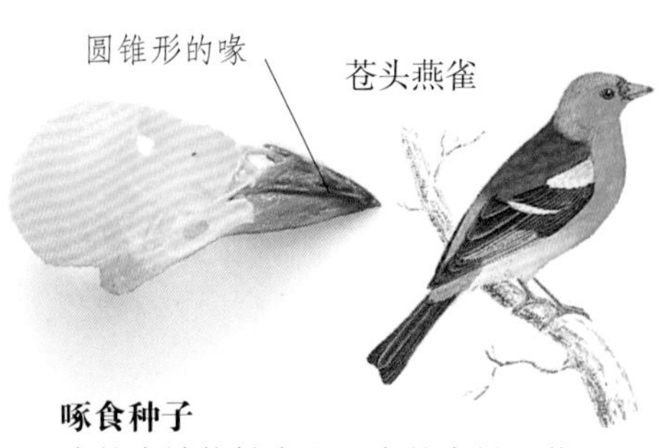

啄食种子

喙的尖端能够产生巨大的力量。苍头燕雀这类以坚硬种子为食的鸟类具有短小而圆锥形的喙，能够将食物啄爆。雀鸟在吞掉种子之前，会把外皮轻巧地除去。

旱地上的涉禽

丘鹬长得出奇的喙是涉禽的典型特征。涉禽是鸟类中的一大类，鸻和鹬等都是涉禽。大多数涉禽仅仅能在岸边觅食，丘鹬的喙在旱地上也同样有效。它们的主要食物是蚯蚓和昆虫幼虫，细长、带尖的喙非常适于把食物从潮湿的地下挖掘出来。

杓鹬的“镊子”

杓鹬能把细长的喙插入软泥中，把其他鸟类够不到的虫子和软体动物挖出来。

水下的过滤器

火烈鸟的喙很可能是最与众不同的。捕食时，它把喙浸入水中，用喙过滤出营养丰富的水下动物和植物。下喙上下运动，把水泵到上喙，而上喙长有许多带有纤细凹槽的边缘，用来衔住食物。

猛禽的喙

红隼长着钩状的喙，这是所有猛禽的特点。钩状喙能够帮助肉食性鸟类把猎物撕成小块。

红隼

中等长度、带尖的喙，适于食用种子和较大的食物

乌鸫

镊子状的喙

乌鸫等中等体形的鸟类具有形状相似的喙。它具有锋利的尖，能够衔起小如种子的物体；还具有适宜的长度，能够抓住蚯蚓等较大的食物。雄性乌鸫橘黄色的喙还是求偶的工具。

鹦鹉

鼻孔

啄食种子的部位

钩住果实的钩子

食果鸟的喙

野生鹦鹉以果实和种子为食，它们拥有多功能的喙，能对付各种食物。鹦鹉既能用喙尖端的钩子将果实中的果肉拉扯出来，也能用喙基部的硬颚将种子挤开而吃到果仁。鹦鹉有一个特点：它在啄食的同时，还能用爪子固定和翻转食物。

鸭喙

让喙一张一合地在水面上来回移动，是许多鸭科动物的觅食方式。水进入扁平的鸭喙后，所有悬浮在水中的食物就会被过滤出来并吞掉。鸭子的捕食方式与火烈鸟的过滤行为非常相似，不过鸭喙的功能并不单一，它还可以在其他方式的觅食行为中使用。

由角质材料构成的“牙齿”

秋沙鸭

生有“牙齿”的秋沙鸭

鸟类不具备由骨骼构成的真正的牙齿。但是，有些鸟类进化出了酷似牙齿的结构。例如，秋沙鸭的喙两侧有形如牙齿的锯齿状突起，这样的“牙齿”被用来捕鱼。

扁平的喙

黑海番鸭

带钩的长喙，适于捕食和撕扯鱼类

多功能的喙

鸥的喙尖端带钩，与猛禽的喙非常相似，使得鸥不仅能够啄取和固定猎物（比如鱼类），而且能够把猎物撕成小块。

鸥

食谷鸟和食虫鸟

红嘴奎利亚雀是世界上数量最多的野生鸟类，它们以种子为食。非洲有超过一千亿只红嘴奎利亚雀，仅仅一个鸟群就可能有几百万只。像红嘴奎利亚雀这类鸟之所以数量如此庞大，是因为它们的食物非常充足。世界上大多数鸟类的食物是由数量庞大的种子、草、花蜜、昆虫以及小动物构成的。

鸫

雀鸟的头骨

硬壳的种子

雁的头骨

以植物和种子为食

以种子为食的硬食鸟必须把食物碾碎，然后才能进行消化。由于没有牙齿，鸟类就必须具备坚硬的喙和砂囊——生长在胃部的强健的"碾压室"。

食用种子的专家

雀鸟的种类超过150种，它们的喙短而锋利，适于啄开种子和坚果。有些雀鸟喙的力量比人手的握力还要大。

农作物的叶片

鸽的头骨

以农作物为食

家鸽和野鸽原先以野生植物的叶和种子为食，现在偶尔也会食用农作物。喝水时，它们带尖的喙有吸管的功能，十分独特。

庄稼的种子

以草为食

以草为食的鸟类并不多见，雁是其中之一。雁对草的消化效率并不高，食物贯穿消化系统仅需两个小时，它们从食物中摄取的营养物质非常少，所以它们必须大量进食，不停地吃。

北欧雷鸟的头骨

带钩且有力的喙，用于从树上采下和啄开种子

宽阔的喙，用来撕扯草

以所有植物为食

雉鸡、黑琴鸡和松鸡等陆禽几乎把所有植物当作食物，但它们最喜欢的食物还是种子。冬天，松鸡以针叶树的叶子为食，这种植物很少有别的动物食用。它们用带钩的喙把树叶从树枝上拉扯下来。

种子

针叶树的针形叶子

草和水生植物是雁的食物

食虫鸟

春天昆虫和其他无脊椎动物的数量就会迅速增加。这些动物为数十种候鸟提供了食物。冬天，留鸟的食物主要由藏匿在树干或土壤中的幼虫（蛆）组成。

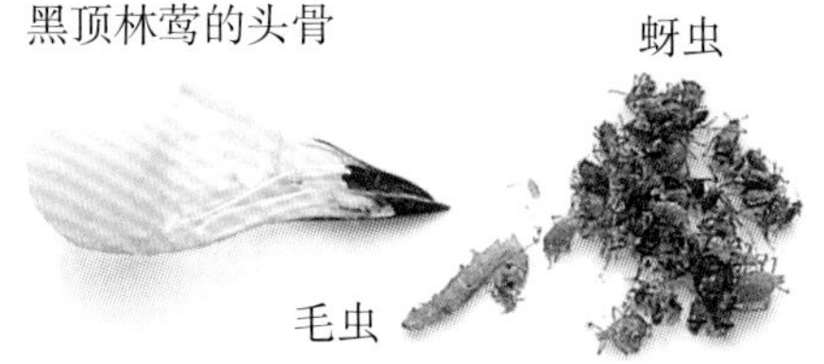

鸣禽

这些“小歌唱家”们能用喙从叶子和树皮中觅食到昆虫。秋天，食物枯竭，它们就会向南方迁徙。

蜗牛天敌

鸫的食谱包含植物和动物。有些鸫以蜗牛为食，会把蜗牛放在石头上打碎。

食用大型昆虫的鸟

啄木鸟和戴胜能够用喙把大型昆虫从树木的缝隙中捉出来。啄木鸟还能够凿进树木当中寻找幼虫。它们舌头非常长，具有矛状尖端，能够刺透猎物的身体。

在岸边觅食

海滨能够全年为鸟类提供无脊椎动物——螃蟹、贝类和穴居虫类。

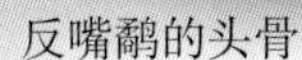

捕虫网式的喙

反嘴鹬以捕捉昆虫和其他小动物为生。它们会一边向前行走，一边左右摇摆喙，拉网式地搜寻猎物。

内嵌的锤子

蛎鹬以具有坚硬甲壳的海滨动物为食。蛎鹬喙的顶部是钝的。有了这种“内嵌的锤子”，蛎鹬就能够打穿猎物的甲壳了，有些蛎鹬甚至可以用撬的方式将壳打开。有经验的蛎鹬不但知道贻贝和鸟蛤的薄弱之处，而且还把贝挖掘出来放在石块上砸开。

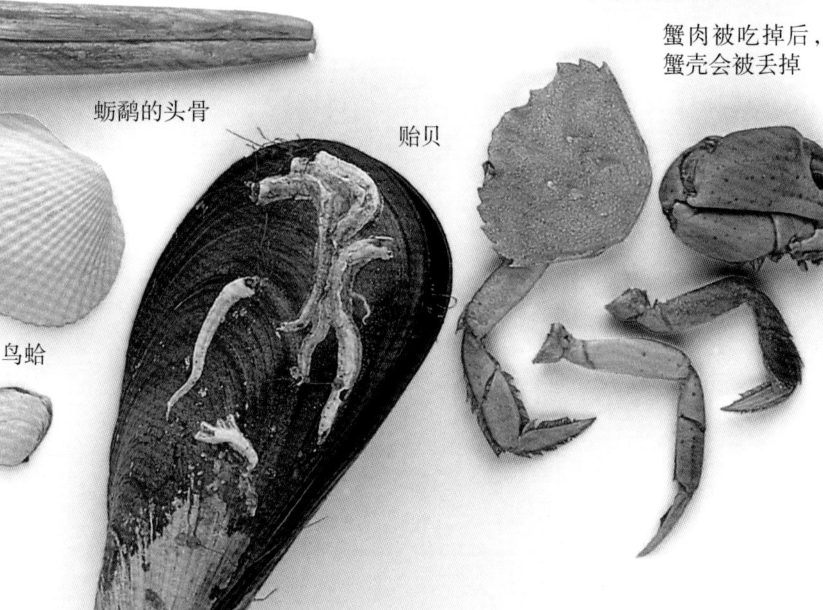

食肉鸟和杂食鸟

飞行让鸟类具有了长距离搜寻食物的能力，给作为捕猎者的鸟类带来了巨大优势，很少有猎物能够超越鸟类的航程。飞行同样让鸟类成为非常高效的杂食类动物。

被强健、带钩的喙撕扯下来的肉条

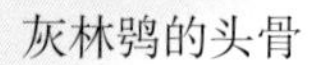

灰林鸮的头骨

皮毛也会被吞下，再变成食茧吐出

翠鸟

食肉鸟

以较大的动物和鱼类为食的鸟类具有两种不同的捕猎方式。以鱼类为食的鸟擅长用喙捕捉猎物；而猛禽则擅长先用爪抓住猎物，然后用喙把猎物撕开。

鵟的头骨

夜间和日间的捕猎者
猫头鹰与鵟这类猛禽通常会轮流值班，捕捉啮齿目动物和较大的哺乳动物。有些猫头鹰也会在白天捕猎，但是其他猛禽不会在夜间捕猎。

能够向前看的巨大的眼睛让鲣鸟能够精确地盯住水下的鱼

喙的两部分闭合时会形成一条长线，可以帮助鲣鸟将鱼衔住

流线型的尖端利于潜水

鲣鸟的头骨

水上和水下
鲣鸟在捕猎时会收拢翅膀，如同俯冲轰炸机一般，从高达30米的空中冲向水下的鱼群，但它们仅会在水下待上几秒钟。而鸬鹚由于羽毛不容易吸附空气，能够长时间地潜在水中。

守株待兔
苍鹭在捕鱼时会一动也不动地站立在水中，等待猎物游近，然后用具有穿刺能力的长喙将其捕获。

带钩的喙

鸬鹚的头骨

鲭鱼

金属大餐

鸵鸟一般以腐肉为食，但有时候也会食用金属——这有时会致命。

杂食鸟

做一只成功的食谷鸟并不需要花费多少脑筋，但是当一只杂食鸟则必须足够聪明。

乌鸦能够食用任何类型的动物遗骸

来自田地和农场的种子

喜鹊的头骨

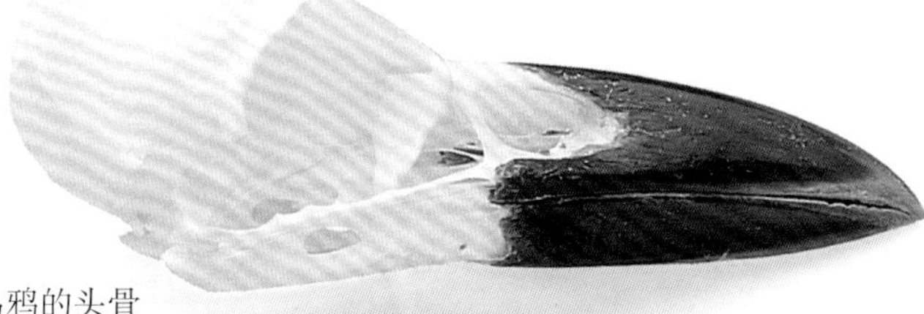

乌鸦的头骨

昆虫和无脊椎动物通常会被整个吞下，然后部分残渣形成食茧被反刍出来

被偷的卵

松鸦的头骨

无所不吃的乌鸦

鸦类是最成功的杂食鸟类之一。它们广泛地分布在世界各处。乌鸦取得成功的原因主要在于好奇的天性，以及强健和功能繁多的喙。昆虫和鸟类的尸体、活的哺乳动物和昆虫以及种子都能在它们的食谱上找到。

鸟类吃过的坚果上会留下了一个边缘不规则的孔；啮齿目动物吃过的坚果有一排细小的牙印

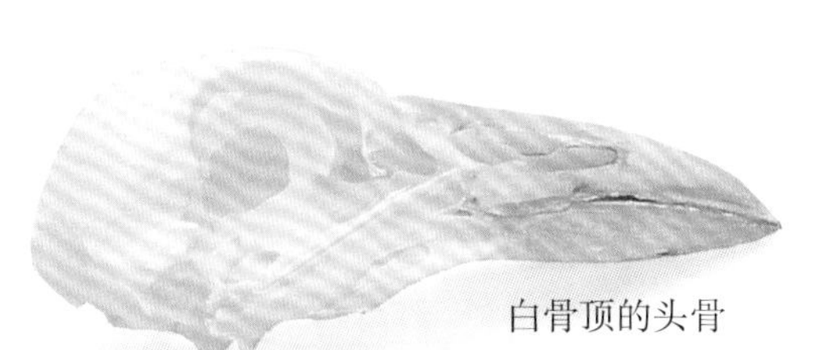

白骨顶的头骨

淡水区中的杂食者

白骨顶是一种好斗的小型鸟类，生活在湖边或河边。白骨顶会食用所有能找到的水生生物，其中不仅包括伊乐藻、蜗牛、蝌蚪和鱼类，还包括幼白骨顶。

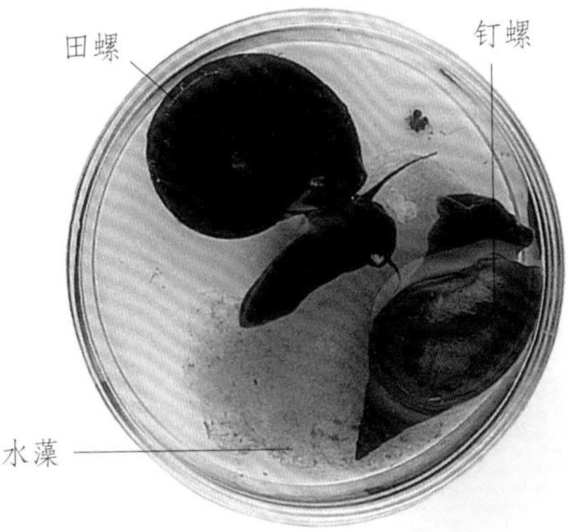

溪流中的水蜗牛

浅池塘中白骨顶的食物

食茧

猫头鹰这类猛禽常以小型哺乳动物和鸟类为食，但是它们没有牙齿，只能用爪子和喙把猎物分成小块，或者将猎物整个吞下。这样猛禽会吞下大量无法消化的骨头、皮毛和羽毛。所以每隔一到两天，这些东西会以食茧的形式吐出来。食茧的形状反映出鸟类所属的物种，食茧的材料可以显示鸟类的食性。

圆形末端

空地上的食茧

短耳鸮白天在草地和沼泽上捕猎，捕猎的对象主要是田鼠，有时有一些雏鸟。

栖息处下的食茧

仓鸮的食茧光滑而呈黑色，经常在仓鸮栖息处下面聚积成小堆。

新食茧保持着压缩的状态

旧食茧开始碎裂

带尖的末端

含尖锐骨头碎片是灰林鸮食茧的典型特征

公园和花园里的食茧

灰林鸮经常将巢穴筑在郊区或者公园中，将食茧吐得到处都是。灰林鸮捕食田鼠、家鼠、鼩鼱、鸟类以及其他小动物。它们的食茧光滑，有时会有尖形的末端，一段时间后就会碎裂，显露出骨头残渣和皮毛。

泥和皮毛

甲虫的鞘翅

甲虫的跗肢

杂乱的食谱

这些食茧都来自于小猫头鹰，显示出了食物的种类影响食茧外观。较小的食茧包含皮毛和泥土——泥土是由于食用蚯蚓产生的。较大一点儿的食茧增加了甲虫的跗肢和鞘翅。

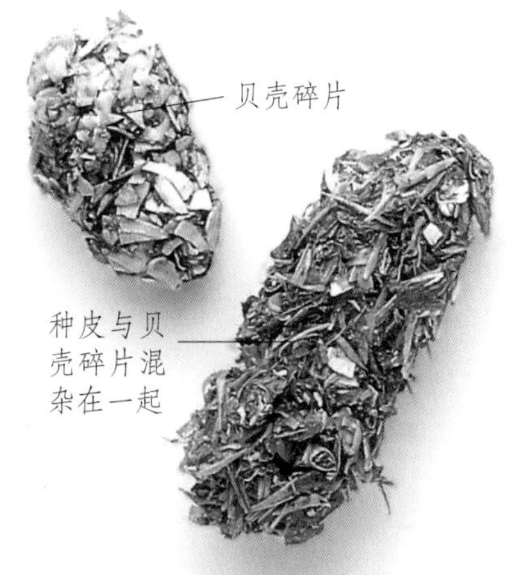

涉禽的食茧

杓鹬和许多涉禽会捕食螃蟹等有坚硬外壳的动物，食茧中包含贝壳碎片，有时候还会混杂种皮。

乌鸦的食茧

乌鸦和它们的近亲无所不食，食茧中经常包含昆虫的残骸和植物的茎秆。

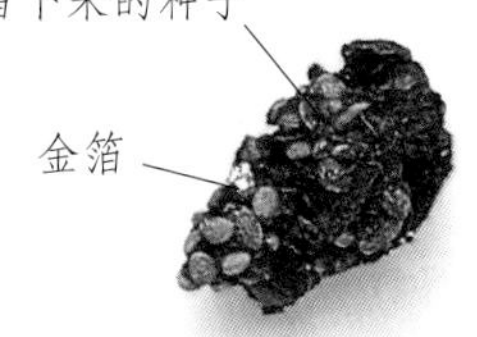

鸣禽的食茧

鸫和乌鸫的食茧中包含种子。这个样本还包含着一小片金箔。

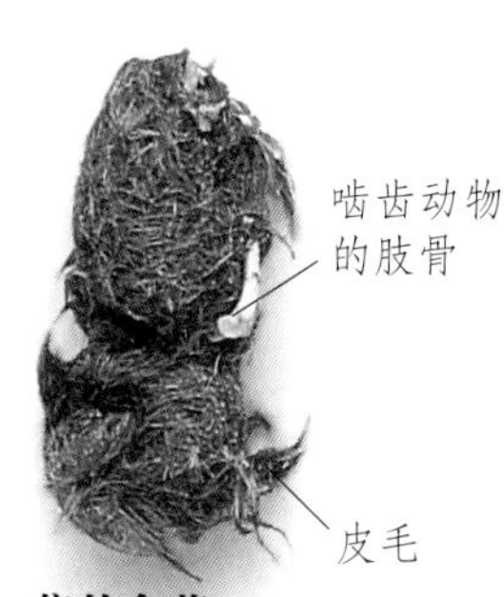

隼的食茧

红隼、游隼这类猛禽的食茧包含鸟类、哺乳动物和昆虫的残骸。

猫头鹰食茧的内部

碾碎猫头鹰食茧会获得有关它们食性的信息。这里灰林鸮的两个食茧被小心地剖开了。第一个食茧显示猫头鹰所食的全部是田鼠。第二个食茧则告诉我们一个完全不同的惊人事实。

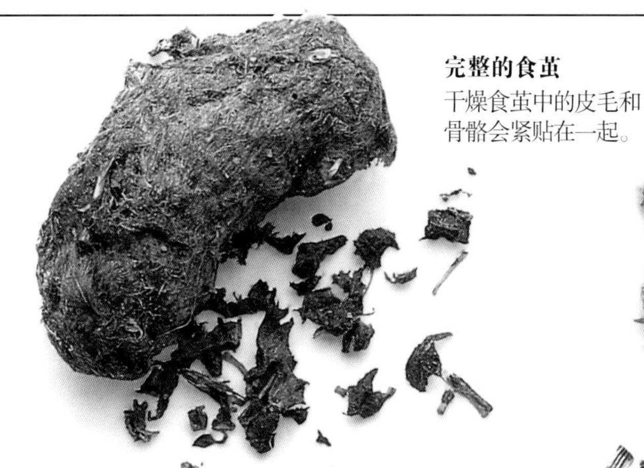

完整的食茧

干燥食茧中的皮毛和骨骼会紧贴在一起。

皮毛与黏液混合形成一种胶状物，把食茧粘在一起

从颊齿的形状辨识出啮齿动物，这些来自田鼠

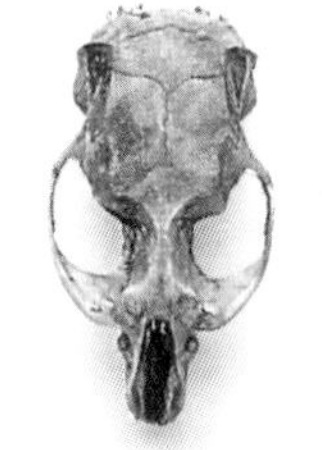

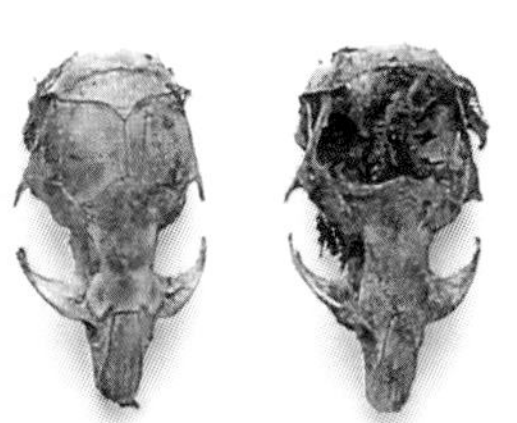

3个田鼠头骨，有两个仍然完好

腿骨的球状关节恰好能够嵌入这个凹槽

带有凹槽的髋骨，与后腿相连

前肢骨

宽而扁的肩胛骨，与前腿相连

腿骨，有些依然成对存在

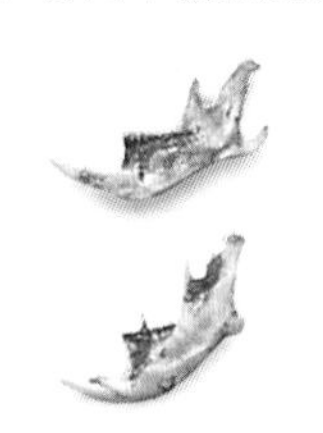

颊齿

完整的下颌

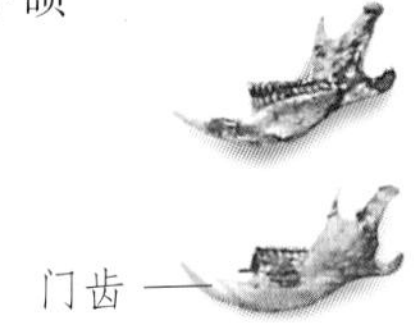

门齿

颌在猫头鹰的胃中断裂成两半，与头骨分离

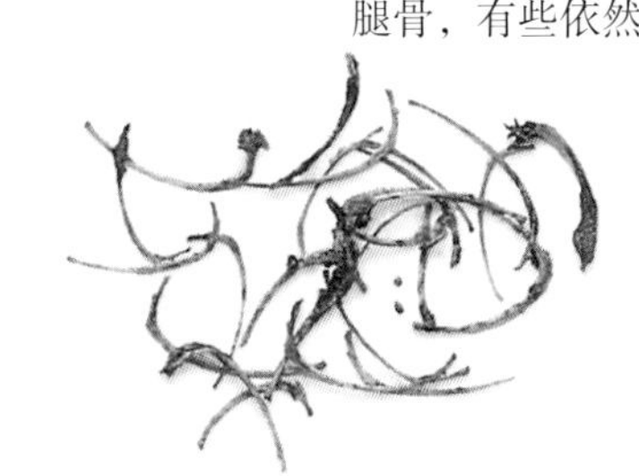

侧面扁平而弯曲的肋骨

脊椎骨

以其他鸟类为食

人们通常认为，猫头鹰仅以啮齿动物为食，但是这些椋鸟的骨骼证明鸟类也是灰林鸮的美餐。令人惊奇的是，猫头鹰能够成功地吞下并且反刍近乎完整的椋鸟头骨。皮毛、爪子和羽毛是由无法消化的蛋白质构成的，必须同骨骼一起清除掉。

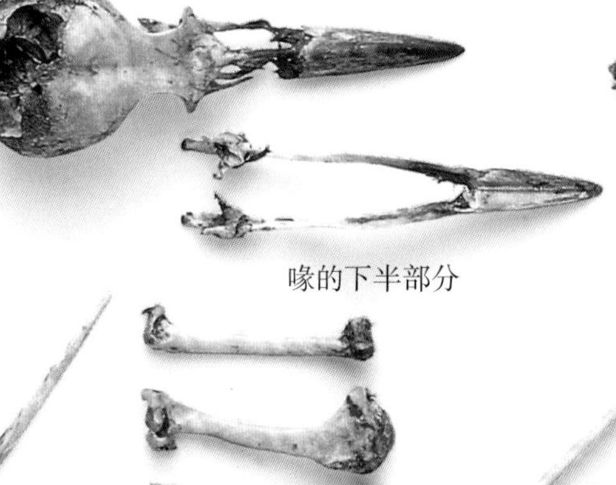

椋鸟头骨

喙的下半部分

椋鸟的脊椎骨

覆羽

飞羽——有些羽柄已被折成两半

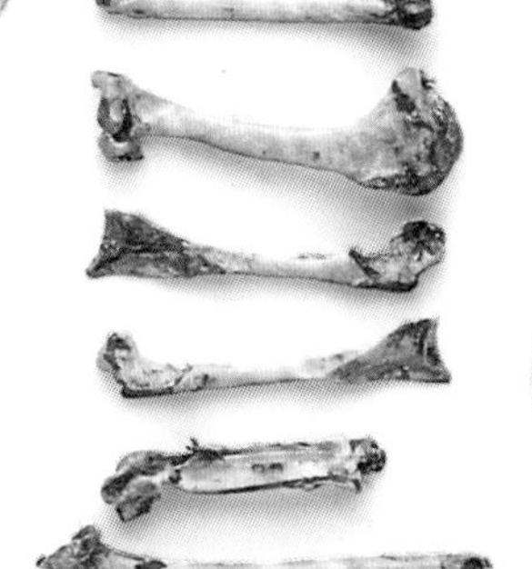

腿骨和翼部骨骼

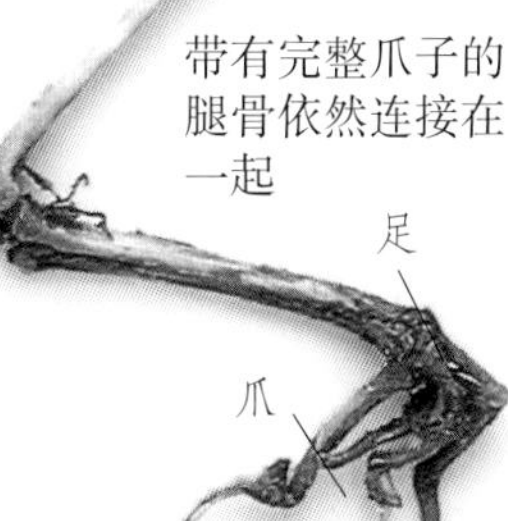

带有完整爪子的腿骨依然连接在一起

足

爪

叉骨（肩胛骨的一部分）

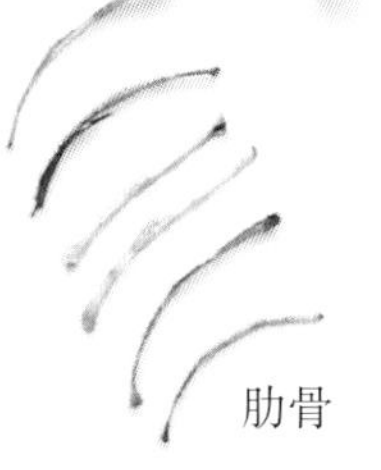

肋骨

筑巢

筑巢由两个紧密相关的步骤组成——收集巢材和建造巢穴。收集巢材的时间取决于材料离建巢地点的距离：苇莺根本不用费力寻找芦苇叶，而燕子却需要到处寻找特定类型的泥。鸟类通过特定顺序的营巢活动用多种材料建造出巢穴。杯状巢的建筑者们首先会把材料放到大致的合适位置，然后坐到巢穴中央旋转，用胸部朝下、朝外推挤。所有鸟类都会采用这种环形运动的方式将巢的内部塑成杯形。杯状巢的建筑者在旋转、推挤巢穴内壁的同时，还会挑拣出那些脱落的枝条。

自然材料
巢的材料一般有两种功能——支撑和保温。大多数生活在灌木和林地里的鸟类会把枝条作为巢穴的主要材料，然后添加上具有保温作用的羽毛、种子鞘和动物皮毛。毛脚燕和某些燕子的巢完全由泥制作。雨燕能在半空中用喙叼住飘浮的纤维当作筑巢材料。

泥
能与唾液混合形成糨糊。

种壳
用来制作巢的衬里，能起到保温作用。

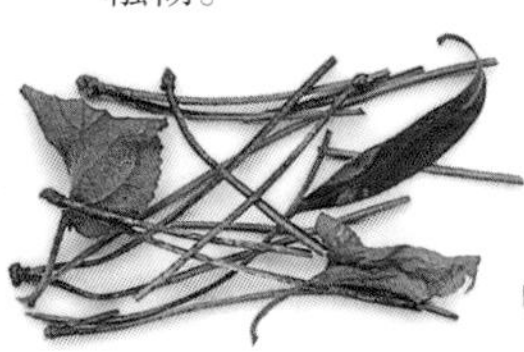

阔叶和针叶
多放在杯状巢的内部。

树枝
较大巢穴的主要建筑材料。

人工材料
任何能被鸟类带走的东西都可能成为筑巢的材料。鸽子筑巢会用钉子底座，白骨顶会用塑料袋，而鹳会用旧衣服和其他的垃圾。

绳子
许多巢穴中有小段的绳子。

金箔
经常会被乌鸦和喜鹊使用。

塑料打包绳
在农场中筑巢的鸟类非常喜欢使用它们。

纸屑和薄纱
常见于城市的鸟巢里。

西小嘴乌鸦

巢的成分

如图所示，白鹡鸰的巢由种类繁多的材料筑成，展现了白鹡鸰的栖息环境。巢的主人为了寻找材料，搜遍了原野、树篱、围墙和栅栏，可能需要几百甚至几千次的折返飞行才能把材料搬运回来。

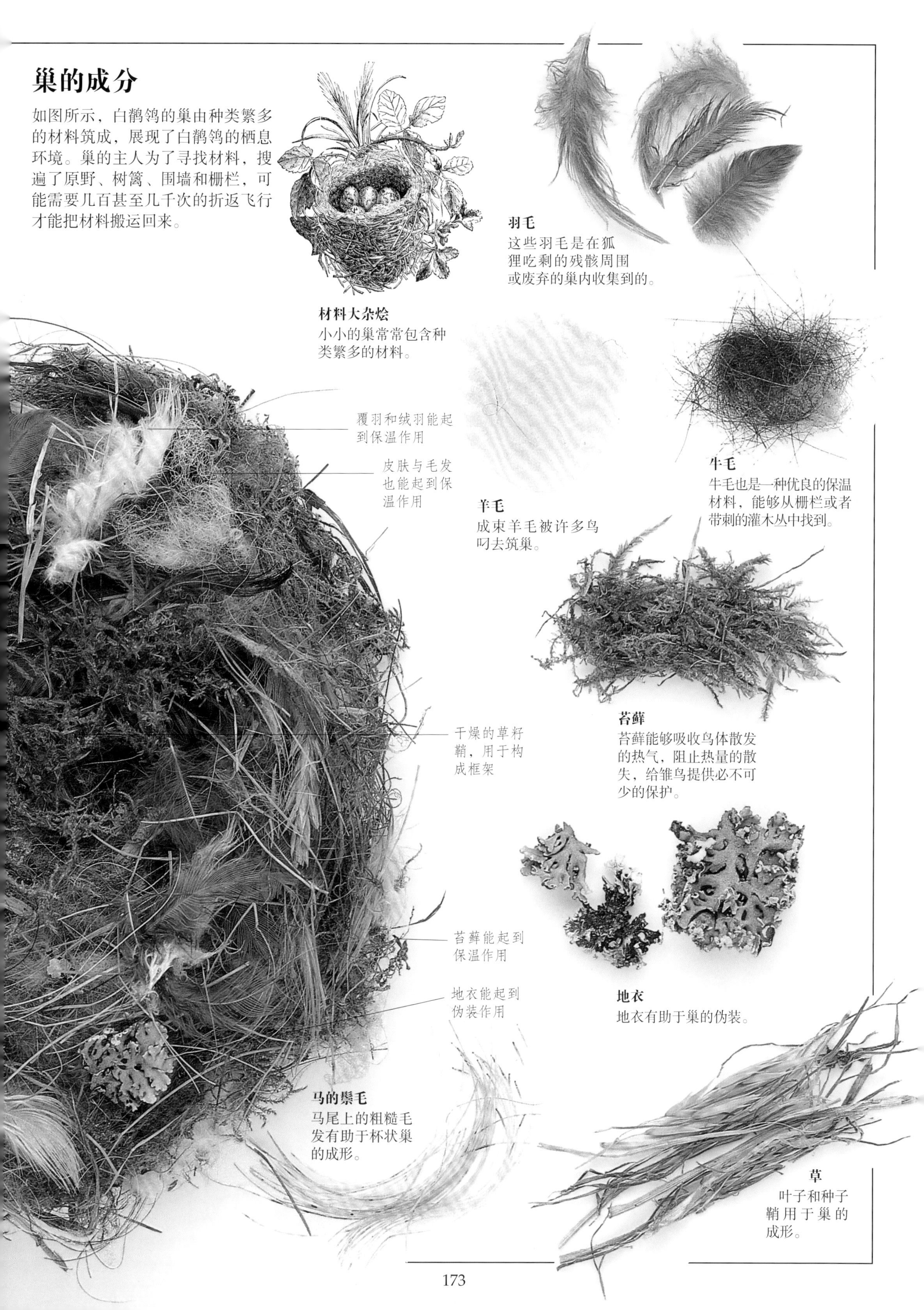

材料大杂烩
小小的巢常常包含种类繁多的材料。

羽毛
这些羽毛是在狐狸吃剩的残骸周围或废弃的巢内收集到的。

牛毛
牛毛也是一种优良的保温材料，能够从栅栏或者带刺的灌木丛中找到。

羊毛
成束羊毛被许多鸟叼去筑巢。

苔藓
苔藓能够吸收鸟体散发的热气，阻止热量的散失，给雏鸟提供必不可少的保护。

地衣
地衣有助于巢的伪装。

马的鬃毛
马尾上的粗糙毛发有助于杯状巢的成形。

草
叶子和种子鞘用于巢的成形。

杯状巢

鸟巢的结构千差万别——既有由唾液黏附在洞穴壁上的小型圆顶状巢；也有延伸到地下许多米的长形管状巢；大量树枝构成的“堆状巢”（猛禽的巢）的质量甚至超过了私家车。最常见的是杯状巢，生活在林地、树篱和农场的鸟类都会制作这样的巢。尽管总体形状类似，但这些巢在细节上还是存在着差别，因而我们可以鉴别出“主人”的种类。

秃鼻乌鸦把巢筑在了风向标上

巢中的苍头燕雀

蛛网做的支架

苍头燕雀首先会把成缕的蛛网缠绕到一组分叉的树枝上——这样的支架能够保证巢的稳定性。然后用苔藓、地衣和草建造出杯状巢，最后将羽毛和毛发做成衬里。收集筑巢材料非常艰辛，如果花鸡认为巢的位置不够安全，它们就会把旧巢的材料转移到新巢，以避免大量的重复劳动。

二手羽毛衬里

在许多鸟巢中，羽毛是重要的组成部分。红尾鸲（如图）这类鸣鸟会收集其他鸟类脱落的羽毛，而水鸟和涉禽则会使用自己的羽毛。某些小型鸟类（如麻雀）会直接从大型鸟类的背部拔取羽毛。

泥塑杰作

泥大多被用来制作紧贴在衬里（由羽毛、毛发和草构成）下面的一层结构。而欧歌鸫却直接用泥作为衬里。这种鸟首先用树枝和草建造出坚固的外层，然后沿内表面涂上半流体状的混合物。这种混合物中大部分是泥，还混有少量的唾液和动物的粪便。在使用这种混合物后，衬里会变得非常坚硬。

正在喂养雏鸟的欧歌鸫

建筑物上的鸟巢

鸟类能够迅速适应并利用新鲜的场所。用石头和砖块建造的房屋存在的几千年时间里，毛脚燕、雨燕、家燕和鹳，早就大规模地居住到了里面。墙壁和窗沿为喜欢在峭壁上筑巢的鸟类提供了理想的住所；筑巢于树顶的鸟类可能会住到屋顶和烟囱上；灌丛中的鸟类也可能会到容器、架子、和杂物室中筑巢。

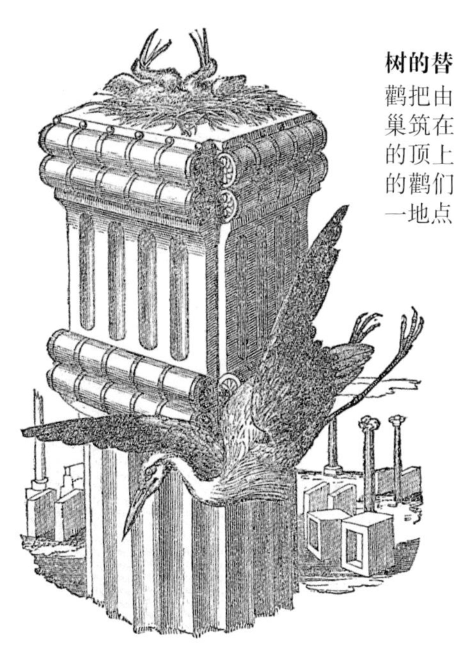

树的替代品

鹳把由树枝堆成的巢筑在烟囱和建筑的顶上。每年成对的鹳们都会返回同一地点。

人工峭壁

家燕和紫燕会把泥做的巢紧附于壁架或墙上。

灌丛的高度

灌丛中的鸟类会凭高度选择筑巢的地点——这把扫帚对于乌鸫来说刚好合适。

回收利用

有些杯状巢会经过精心地压实、整形和排列，而有些则十分粗糙。新疆歌鸲的巢是由芦苇和草搭建的，可能会被其他鸟拆卸，然后“回收利用”。

毛发填充的巢

芦鹀把小巧的杯状巢筑造在地面或者靠近地面的位置。筑巢开始时，通常雌鸟会用草堆起厚厚的框架。然后就开始添加衬里——一层厚厚的皮毛。这些皮毛是从灌木树篱或者铁丝网上收集来的。

奇异的巢

大多数鸟类已经把筑巢发展为了一种高超的技艺，有些鸟编织出来的巢复杂得让人难以置信。不过，鸟类筑巢完全是一种本能行为，不需要专门训练。虽然筑巢的技艺会随着实践逐步提高，但是它们没有能力超越定好的“蓝图”。

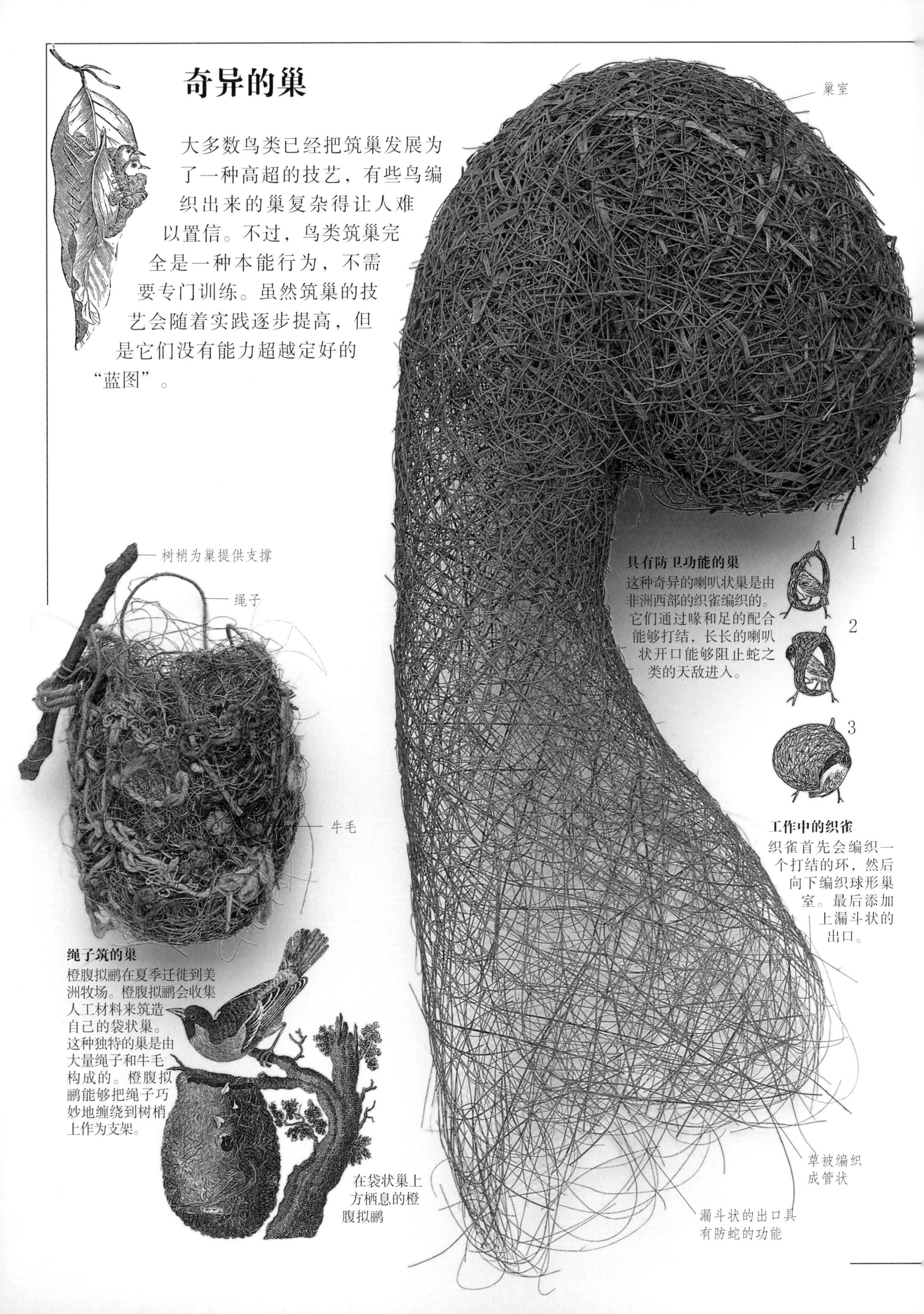

具有防卫功能的巢
这种奇异的喇叭状巢是由非洲西部的织雀编织的。它们通过喙和足的配合能够打结，长长的喇叭状开口能够阻止蛇之类的天敌进入。

工作中的织雀
织雀首先会编织一个打结的环，然后向下编织球形巢室。最后添加上漏斗状的出口。

绳子筑的巢
橙腹拟鹂在夏季迁徙到美洲牧场。橙腹拟鹂会收集人工材料来筑造自己的袋状巢。这种独特的巢是由大量绳子和牛毛构成的。橙腹拟鹂能够把绳子巧妙地缠绕到树梢上作为支架。

职责分工

雄性黑头织雀负责所有巢穴外层的工作，确保精巧的钟形巢成形。完成后，它会在巢的周围飞行，吸引配偶前来检阅。雌性黑头织雀一旦认同了它的工作，就会飞进来建造巢的内部。当雌性黑头织雀孵蛋时，雄性黑头织雀就会去筑造新巢，但通常不会走远。和其他织布鸟一样，黑头织雀也是一种高度群居性的鸟类，一棵树上可能会筑上成百上千只黑头织雀的巢。

苇莺和雏鸟在一起

多层的巢

实际上，织雀的巢并不会共用一个出口。

芦苇篮子

苇莺把巢筑在芦苇丛的深处，悬吊在干枯的茎秆间。由于茎秆经常会摇摆不定，所以巢由许多“把手”固定，与篮子非常相似。雄鸟和雌鸟会一起用芦苇花、草和羽毛来筑巢。

攀雀属鸟类的巢

狭窄的住所

虽然只有短短的18厘米，但是银喉长尾山雀的巢却是亚热带地区最精致的鸟巢之一。这种巢由蛛网、苔藓和毛发构成，并且用成百上千的微小羽毛作为衬里。但是巢太狭窄，雌性银喉长尾山雀只好将尾巴蜷曲起来。

公共住所

群居巢一般不会像独立鸟巢那么雅致。

水禽的卵

鸟卵的类型取决于鸟的生活方式。真正的海鸟（仅会在繁殖的时候靠岸）通常会把唯一的卵产在岩壁上，以避开捕食者。涉禽产卵的数量较多，但是由于海岸和河口上没有足够的覆盖物，它们的卵进化出了伪装能力。

鸥

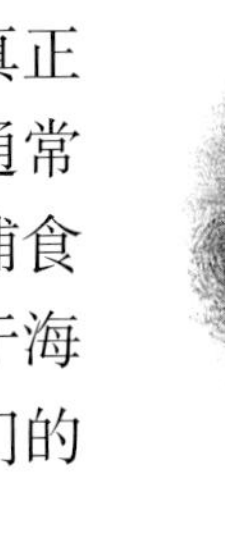

被收养的卵

黑水鸡有时会把产下的第一枚卵偷偷地放到其他鸟类的巢中，然后亲自照料自己剩余的卵。

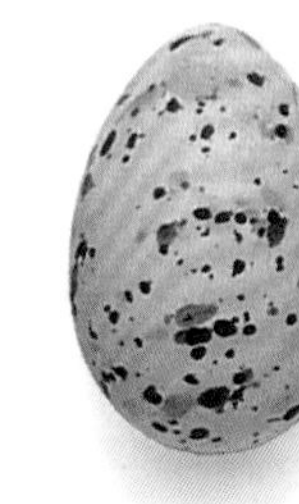

警告

这里展示的卵都来自博物馆。现在，收集或者买卖野生鸟卵都属于非法行为。

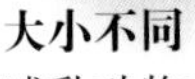

琵嘴鸭

燕鸥的卵

燕鸥一次只能够产下2～3枚卵，并将其置于地表的小坑里（通常在砂石海滩上）。有着精美图案的卵和周围的鹅卵石非常相似。

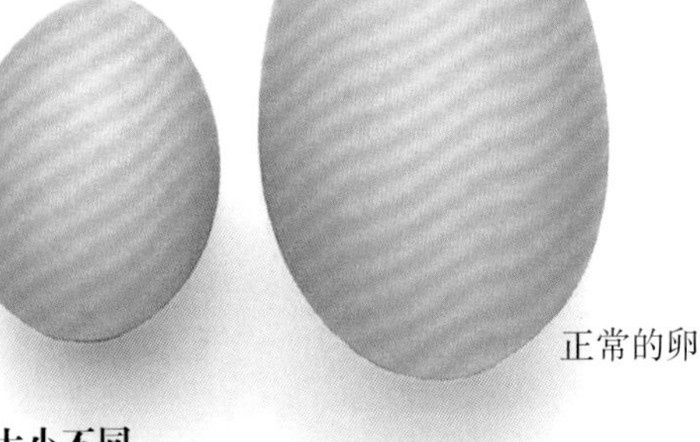

偏小的卵

正常的卵

大小不同

哺乳动物产下的一群幼崽中可能会有个头偏小的成员，这种情况也会发生在一窝卵中。上图中所示的两枚卵都来自于琵嘴鸭。琵嘴鸭能够产下大量的卵——每窝8～12个。

受保护的卵

处于父母保护中的燕鸥卵一般会很安全。在孵化过程中，燕鸥会对任何侵犯者发动攻击。

鸥的卵

许多鸥会把卵产在地面上，所以伪装是很重要的。上图中所示的卵来自于体形最大的鸥——大黑背鸥。布满斑点的色彩使得它们不会被捕食者发现。孵化所需要的时间约为4个星期。

转圈的卵

海鸽的卵形状醒目、色彩多样。由于海鸽并不会筑巢，所以它将唯一的卵直接置于光秃秃的岩壁上。卵带尖的形状使其在转动时会沿圆形路线转圈，这可以防止它被意外碰落。卵上的彩色图案千差万别——这可能有助于亲鸟把自己的卵识别出来。

浅黄色与棕褐色相间的外形

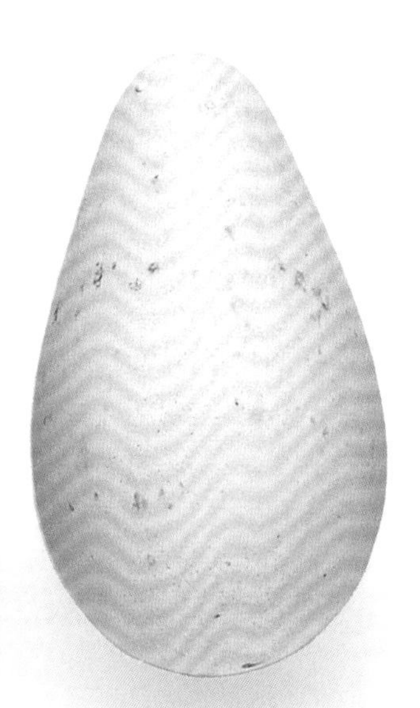

白色的外形

带有灰色条斑的外形

海鸽

伪装

金剑鸻通常把卵产在水边的砾石和砂石上，卵就受到迷彩伪装的保护。如果有侵犯者向巢穴靠近，亲鸟会径直飞向入侵者，并在最后一刻转向逃走。在卵被孵化后，表演会更加逼真，亲鸟会急速地飞离雏鸟去引开捕食者。

漫长的孵化过程

暴风鹱每次只产一枚卵，而且需要50多天才能孵化出来。卵被产在峭壁上，从它的颜色可知：它根本不需要伪装，因为陆地上的捕食者根本无法够到它。

丘鹬

一窝卵的颜色

这3枚卵都来自于同一种丘鹬。不同窝中的卵在色彩与图案上差异巨大，但同一窝中的卵形态则非常接近。

双尖端的卵

凤头䴙䴘通常会把对称的卵产在靠近水生植被的土丘上。大多数䴙䴘的卵都带有独特的尖端。

重量级涉禽

一端尖，一端钝——杓鹬的卵很容易辨识，一般被产在地面的凹陷处。

杓鹬

隐藏在树顶

苍鹭把巢筑在树的顶端，所以它们那蓝色的卵很少会被人看到。刚孵化出来时，雏鸟也呈天蓝色，但是几年后颜色就会褪去。

在水边

潜鸟生活在淡水边，以捕鱼为生。它们会把深棕色的卵刚好产在水边，以降低卵被损坏的风险。

孵化记录

信天翁的卵是海鸟卵中最大、最重的，有些甚至超过了500克。它们的孵化期也是鸟类中最长的，达两个半月之久。

信天翁

陆禽的卵

小型陆禽的卵很小，但每次产下的数量较多——有时会超过12个。而且繁殖周期很短，一个季节就可以产下好几窝卵。而雕和秃鹫等大型鸟类每年仅产下一窝卵，每窝卵的数目很少。

藏在矮树丛中

新疆歌鸲把巢筑在灌木丛中。它们黄褐色的卵能够很好地隐藏在树荫中。

煤山雀的卵

青山雀的卵

重量级的一窝卵

山雀属鸟类每窝产卵可多达15枚，而且每颗卵的质量可超过亲鸟体重的1/3。

地面附近

鸫常把卵产在地面或者靠近地面的地方。左图的卵来自于黍鹀，一只雄黍鹀可能拥有7只雌鸟作为配偶。

由于年代久远，部分样本已经失去了原先的色彩

林柳莺的卵

湿地苇莺的卵

夏季访者

世界上的鸣禽有400种，大部分都在迁徙之后繁殖。到达目的地时，那里昆虫数量激增，它们能够为平均每窝6只雏鸟提供食物。

苍头燕雀的卵

锡嘴雀的卵

迟缓的产卵者

雀鸟把卵产在树和灌木丛中，一般为4～6枚。有些雀鸟直到初夏才开始产卵，因为那时它们才能轻易地寻找到主要的食物——种子。

灰林鸮的卵

小鸮的卵

毫无伪装的卵

猫头鹰的卵为白色，球形，表面有光泽。形状浑圆是许多产于洞穴中的卵的典型特征。猫头鹰卵的色彩可能是为了让亲鸟容易发现它们，或者因为没有伪装的必要性。

长耳鸮

附加的色彩

橙腹拟鹂卵的表面色彩（褐色和灰色的条纹）是在被产下前几个小时内形成的。

橙腹拟鹂

较小的卵

斑尾林鸽是一种典型的中型鸟类。它们一窝可产2枚卵，但卵的总质量还不到亲鸟体重的1/10——这个比例很小。

烟囱上的筑巢者

寒鸦常把卵产在洞穴中，而这些洞穴可以分布在树上、岩洞中、建筑上，甚至烟囱中。

正常的卵

偏大的卵

异常的卵

产卵有时会出现异常。一枚卵可能会有2个卵黄，或者大小有差异。图中所示为乌鸦的卵。

小嘴乌鸦

石楠沼泽中的伪装

黑琴鸡卵的表面具有大量深色的斑块，有利于隐藏。每窝卵的数量可达10枚，孵化期约为一个月。孵化地点一般选在生有石楠和蕨类的灌木丛中。

林岩鹨的卵

杜鹃的卵

拙劣的匹配

欧洲杜鹃的寄主非常多，无法使卵与每种寄主都相似。

杜鹃的诡计

杜鹃会把卵产到其他鸟类的巢中。寄主（如欧亚鸲）通常会比杜鹃小很多。但是杜鹃的卵已经进化得非常小，颜色也和寄主的卵颜色近似。

杜鹃

美洲知更鸟

与欧洲知更鸟（欧亚鸲）不同，美洲知更鸟（旅鸫）属于鸫科。

不间断的产卵

乌鸫每窝产4枚卵，这是鸫科的典型特征。它们都具有每年抚养多窝卵的能力。一只雌性乌鸫一个季度能产下5窝卵，但只有少数几只能够存活到来年。

白天的伪装

夜鹰把卵产到粗糙的地面上，其卵的伪装技能和亲鸟同样高超。

洞穴中的筑巢者

许多啄木鸟会在树干中凿出一个洞穴作为自己的巢穴。它们的卵和猫头鹰的卵非常相似——都十分洁白而光滑。

屋顶中成长

红隼一窝能够产下4～6枚卵。城市建筑里的巢中，卵常常处于危险的檐槽和窗沿上。

受害的雀鹰

雀鹰曾经是杀虫剂DDT的受害者，不过它们的数量现在已经恢复。它们的卵在刚产下时呈现出浅蓝色，但随后会逐渐褪去。

鹗

由于分布广泛，鹗卵具有非常多样的色彩。它们的孵化期约为5个星期。

白兀鹫

白兀鹫一般把卵产在悬崖上或者洞口里。成年的白兀鹫以其他大型鸟类的卵为食。

2枚卵

雕每窝产下2枚卵，2枚卵的生产时间相隔好几天。

成长缓慢

鹫每窝可以产下2～4枚卵。孵化需要5个星期；雏鸟离巢另需要6个多星期，所以亲鸟每年只能抚养一窝幼鸟。

独特的卵

现存最大的鸟类是鸵鸟，其卵的质量是最小的鸟（蜂鸟）卵的4 500倍。但是地球上曾存在过一种象鸟，是有史以来最大的鸟类。把7个鸵鸟卵放入象鸟卵中，还会有富余的空间。鸟类的体形大小有很大差异，这也体现在它们的卵上。

大鹏
《一千零一夜》中所描写的这种生物可能真的存在过。它们像体形巨大而不具备飞行能力的马达加斯加象鸟。

蜂鸟的卵
卵的质量约为成年蜂鸟体重的1/5。

鸵鸟的卵
鸵鸟卵每枚重达1.5千克，约为成年鸵鸟体重的1%。

蜂鸟

2毫米厚的卵壳

比羽毛还要轻
在鸟类中，蜂鸟所产的卵是最小的。它的尖端大约1厘米宽，重约0.35克。该卵具有明显的圆柱形状，每个袖珍的杯形巢中仅有2枚卵。孵出3个星期后，雏鸟就可以飞离巢穴，自立谋生了。

聚集产卵
鸵鸟的卵是现存鸟类当中最大的。雌鸵鸟一次能够产下10枚卵。多只鸵鸟可能会把卵产在同一个地方，形成一个50枚卵的卵堆。

鸵鸟

鸸鹋的卵
卵的质量仅比成年鸸鹋体重的1%多一点儿。
鹬鸵的卵
卵的质量几乎是成年鹬鸵体重的1/4。
鹬鸵特大号的卵
鹬鸵的个头与家鸡相似，卵的质量与成年鹬鸵体重的比值是鸟类中最大的。卵的质量约为450克，重达1.7千克的雌鹬鸵一次仅会产下一枚卵，孵化工作将持续大约2个半月。
鹬鸵
变色的卵
澳大利亚鸸鹋的卵在刚产下时呈现暗绿色，但几天后变成带光泽的黑色。同鸵鸟一样，鸸鹋也是一种多产的亲鸟。它们一窝能够产下10枚卵，每枚重达700克。
鸸鹋
象鸟的卵
卵的质量大约是成年象鸟体重的3%。
最大的卵
产下这只巨型卵的鸟类是泰坦隆鸟（象鸟）。它们体重接近半吨，这只巨卵的质量为12千克，是世界上有史以来最大的卵。象鸟生活在马达加斯加岛，约在700年前灭绝了。象鸟卵体积比任何恐龙卵都大2倍以上。

孵化

蛋壳是由轻质材料构成的，但却异常坚固。孵化中的鸟类需要花费几个小时，甚至几天的艰苦努力才能突破这层屏障。有些鸟类在孵化阶段仅仅进行了简单的发育，还无法独立生存，只能完全依赖亲鸟的喂养。但是“早成型”鸟类（比如左图中所示的雉鸡）的雏鸟在孵化过程中就得到了良好的发育，很快就能够独立生活。

12:00

1 孵出前的准备

鸟类在孵出前的准备工作是无法观察到的，它们被封闭在蛋壳里。开始时，雉鸡雏鸟会翻转身体，使喙部朝向卵较钝的一端。然后，把气囊啄开，首次呼吸到空气。一旦肺部发挥功能，雏鸟就可以向亲鸟发出信号：需要为雏鸟的破壳做准备了。

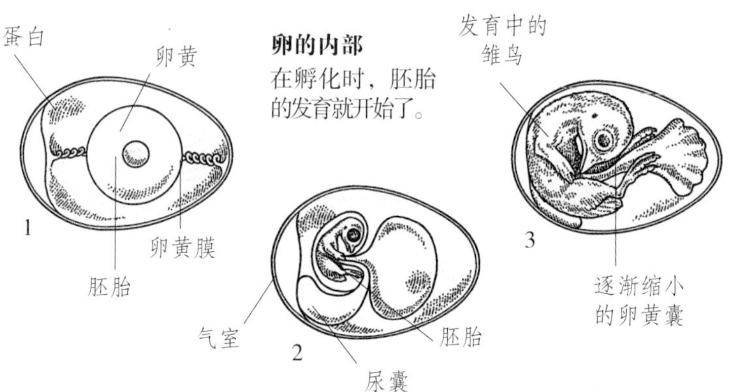

卵的内部

在孵化时，胚胎的发育就开始了。

12:30

4 完成圆圈

通过击打卵壳，幼鸟已经将卵的钝端分离开了。随着雏鸟的挣扎，大块的外壳就会脱落。一整窝雉鸡卵的孵出过程会持续几个小时。

12:32

5 紧紧抓牢

在壳上凿出完整的圆形裂痕后，雏鸟开始显露出来，进展将会变得非常迅速。首先，雏鸟会用趾紧紧地钩住卵壳的边沿（在图中，趾刚好能被观察到），然后并用足和肩使劲地推挤，卵的钝端就会被推开。

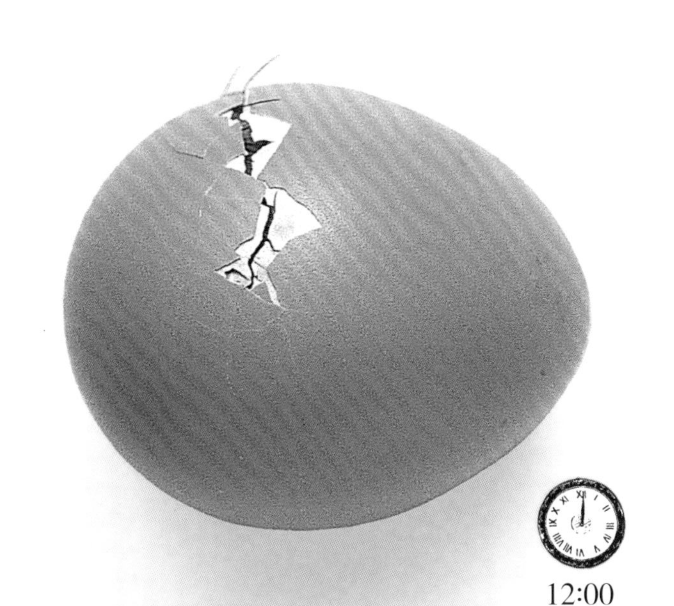

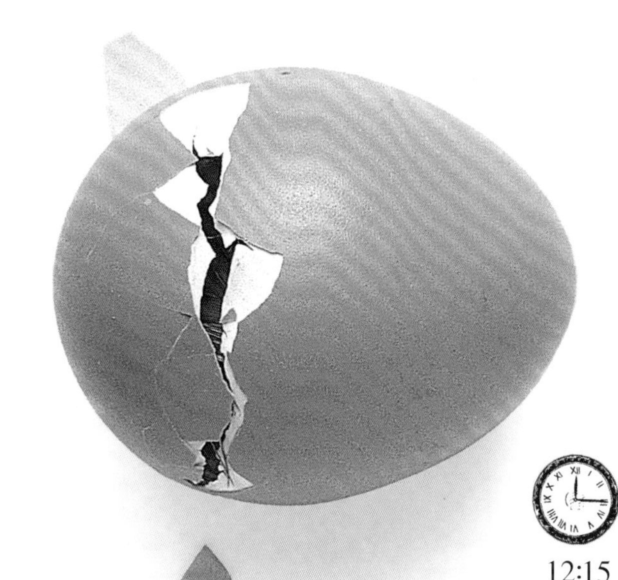

2 击破卵壳

经过多次尝试，雏鸟终于击破了卵壳，孵出阶段正式开始了。在这期间，两个部位不可或缺。第一个是“卵齿”——生长在喙部的凸出物，用于击破卵壳，孵出后不久便会脱落。第二个是头部后面的强健肌肉，为卵齿的啄击提供动力。每啄击一会儿，雏鸟就需要长时间的休息。

3 凿出圆圈

啄开卵壳后，雏鸟把啄痕向侧面延伸。每啄击一段时间，它就会用双足推着身体移动少许。最后，卵的钝端会产生一道整齐的环形裂痕。这道裂痕最终会使得钝端裂开。

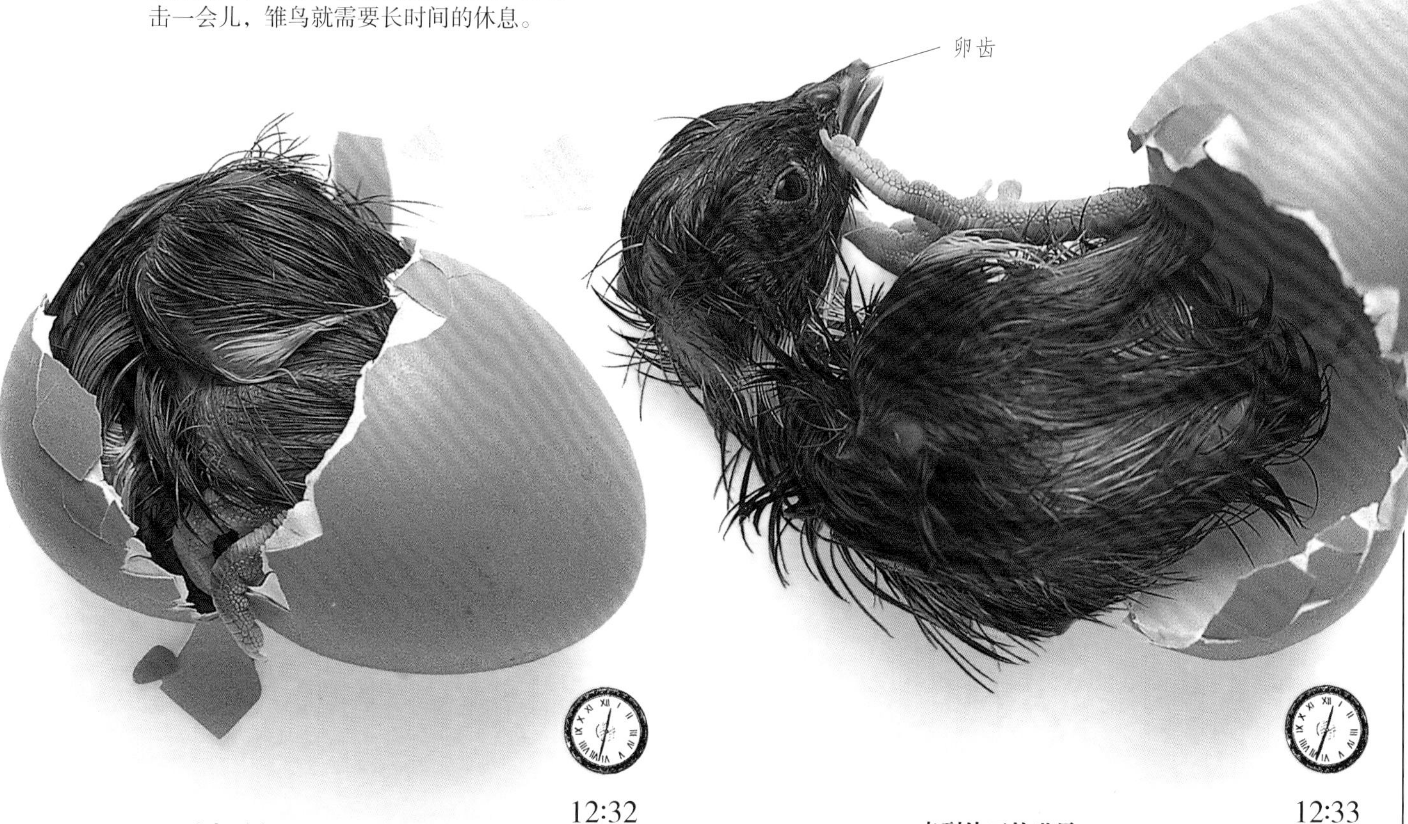

6 破壳而出

此时，幼鸟的足部可以被清晰地观察到了。随着再一次推挤，钝端脱离了卵壳。几乎所有鸟类都采用这种头部先出的破壳方式。只有某些涉禽和陆禽或者足部先出，或者随机地啄碎卵壳。

7 来到外面的世界

随着最后一推，雏鸟翻滚而出，离开了卵壳。两个小时后，它们的羽毛就会变得干燥而松软，能起到保暖作用。随后立即离开巢穴，它们会在两个星期后具备飞行的能力——虽然不是很熟练。

成长

在地面上筑巢的鸟类在孵化过程中会经过完好的发育；但在树上或洞穴中筑巢的鸟类刚刚孵出时，除了消化系统，其他系统都没有发育完全——甚至包括眼睛。在不断喂食的刺激下，雏鸟（比如青山雀）会以惊人的速度成长，有的甚至会在几天时间内，体重增加为刚破壳时的10倍，很快就赶上那些孵出时就羽翼丰满的鸟类。

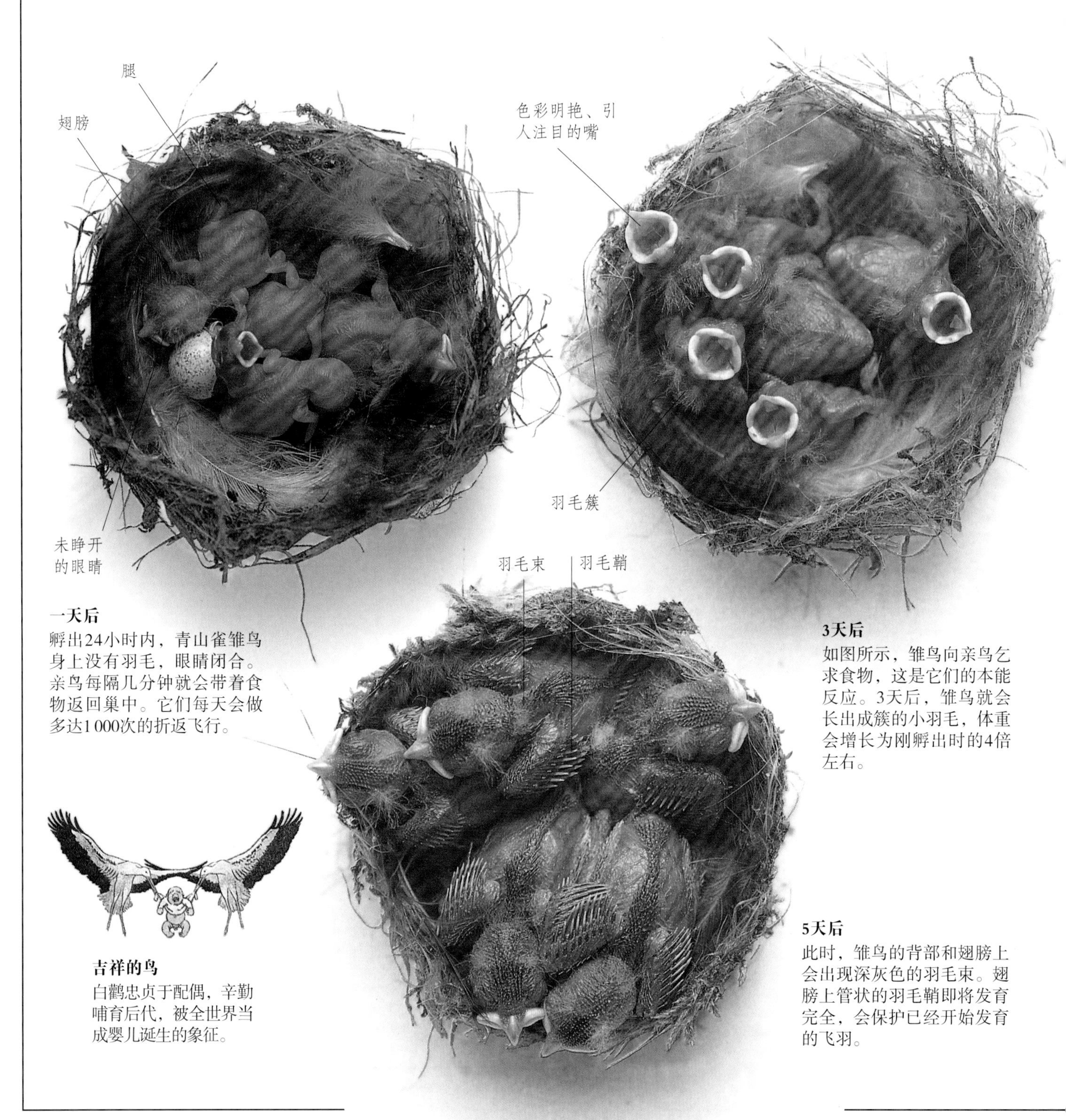

一天后

孵出24小时内，青山雀雏鸟身上没有羽毛，眼睛闭合。亲鸟每隔几分钟就会带着食物返回巢中。它们每天会做多达1 000次的折返飞行。

3天后

如图所示，雏鸟向亲鸟乞求食物，这是它们的本能反应。3天后，雏鸟就会长出成簇的小羽毛，体重会增长为刚孵出时的4倍左右。

吉祥的鸟

白鹳忠贞于配偶，辛勤哺育后代，被全世界当成婴儿诞生的象征。

5天后

此时，雏鸟的背部和翅膀上会出现深灰色的羽毛束。翅膀上管状的羽毛鞘即将发育完全，会保护已经开始发育的飞羽。

9天后

随着羽毛鞘越来越长，飞羽的尖端也开始显露出来。赤裸的皮肤覆盖上了成长中的羽毛。5只雏鸟一窝的巢已经开始变得拥挤了。

13天后

两个星期后，雏鸟会变得羽翼丰满，眼睛也会睁开。再过5天，它们将会飞离巢穴，但还需要跟随亲鸟一段时间，依赖亲鸟供食。通常，在亲鸟准备再次产卵，不再理会雏鸟对食物的乞求时，雏鸟就会开始独自谋生。

逃避危险

遇到危险时，大多数鸟类会用虚张声势或者发动进攻的方法保护雏鸟，不过也有一些亲鸟会把雏鸟携在身上带走——可能使用喙、腿或者爪来携带。

叼在嘴里

秧鸡把幼鸟叼在长长的喙里。

紧急空运

据说啄木鸟会把幼鸟夹在两腿之间飞行，不过现在还没有被证实。

用爪托运

鹰等猛禽能用爪子抓着幼鸟飞行。

招引鸟类

冬天，林鸟（比如知更鸟）为了度过漫长的黑夜，会消耗掉体重的1/10。吸引鸟类最好的方法就是经常为它们提供食物。种子、坚果、油脂、残羹剩饭不仅可以帮助鸟类存活，而且还能让我们从近处观察它们。我们还应该给它们提供筑巢的场所。这样，在此过冬的许多鸟儿在夏季也会驻留在此。随着野外栖息地的减少，经过精心安置、猫无法接近的巢箱会受到许多鸟儿的喜爱。

野性的呼唤
阿西斯的圣·弗朗西斯（图中玻璃彩绘人物）据说对鸟类有一种独特的吸引力。

大山雀和青山雀被鸟盘中的坚果和油脂吸引过来

坡顶箱
屋顶能够防雨，但也阻碍了空气流通。此外，巢箱不应被阳光直射。

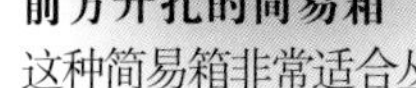

前方开孔的简易箱
这种简易箱非常适合丛林鸟类，比如山雀和鳾。狭小的孔能够阻止麻雀的进入。

前面敞开的箱子
鸲、鹡、鹪鹩和鹡鸰喜欢这样的巢箱，它们孵卵时会有开阔的视野，但巢箱需要妥善地隐藏起来，这也是为了避免猫的骚扰。

圆木巢
用中空的圆木能制作出最适合小型林地鸟类的巢。巢箱入口周围粗糙的树皮为鸟儿提供了落脚处。

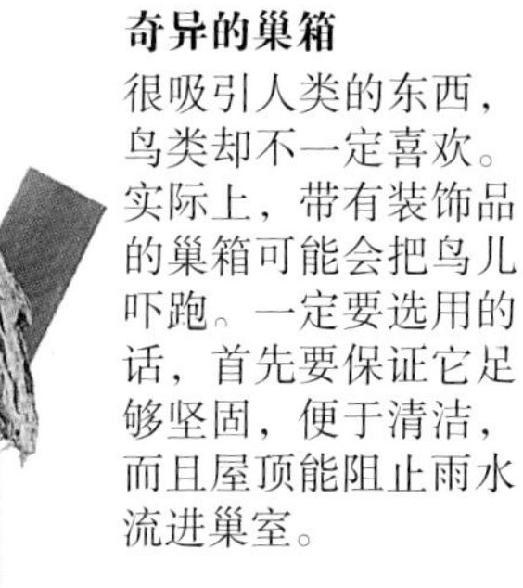

奇异的巢箱
很吸引人类的东西，鸟类却不一定喜欢。实际上，带有装饰品的巢箱可能会把鸟儿吓跑。一定要选用的话，首先要保证它足够坚固，便于清洁，而且屋顶能阻止雨水流进巢室。

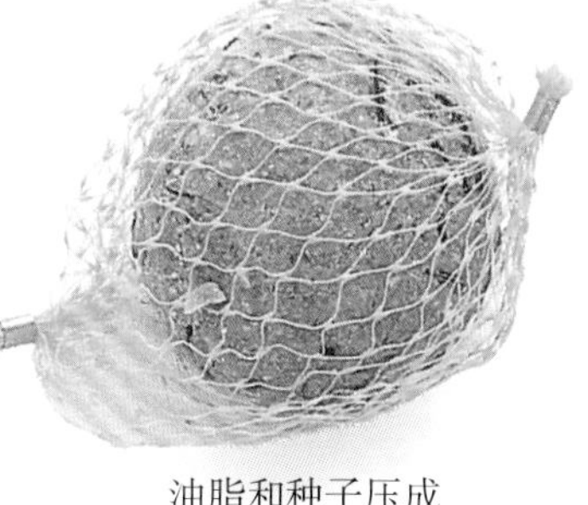
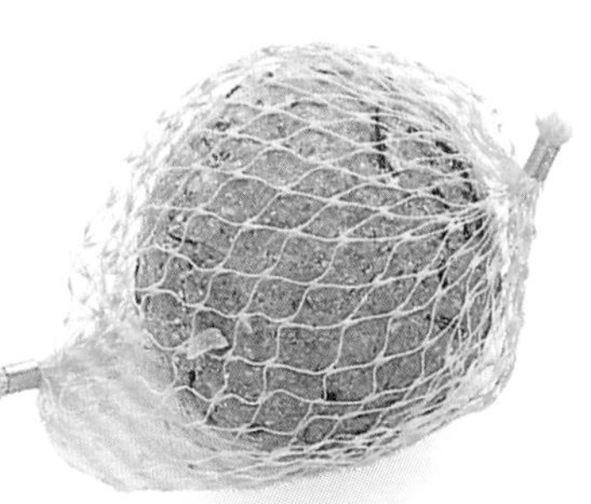

油脂和种子压成的食团

种子饼和布丁

所有的种子中都含有油类物质，如果把种子与更多的油类和脂肪压在一起，就会成为一道真正的鸟食佳肴。由于食物是固态团块，鸟儿无法将其带走，因此我们具有足够多的机会观察它们进食。

大黄粉虫幼体

食虫鸟能轻易找到这些甲虫幼虫。大黄粉虫幼虫可以在装满麦糠的容器中饲养。

大斑啄木鸟以花生为食

“果仁布丁”

种子饼

可旋开的盖子便于多次添食

花生

栖木

金属网能把坚果围在里面，把鸟挡在外面

松散的种子

松散的种子混合物是一种美味的食品。不过，山雀等鸟类会带走较大的种子，在隐蔽的地方进食。

椰子是青山雀的冬季食物

在冬季，饥饿有时会让鸟儿变得不再“羞涩”

坚果喂食器

山雀和金翅鸟非常喜欢新鲜的花生。悬挂配给器能够阻止大型鸟类的靠近。

面包

面包是一种有用的替代品，棕色面包要比白色的适宜得多。

观察鸟类

仅在欧洲地区，包括候鸟就有大约600种。凭借模糊的轮廓或者几秒钟的鸣叫声，经验老到的观鸟者就能够辨识出鸟的种类。这种本领是仔细观察鸟儿的形态、颜色、行为的成果。

靠近野生鸟类时需要技巧与耐心

警告

观察鸟类时不要打扰它们。观测或者拍摄与雏鸟在一起的亲鸟要格外小心。

做笔记

做笔记是练习寻找鸟类关键特征的最好方法。勾画它们的羽毛轮廓、飞行姿态，记录它们的行为，都非常有助于知识的积累。

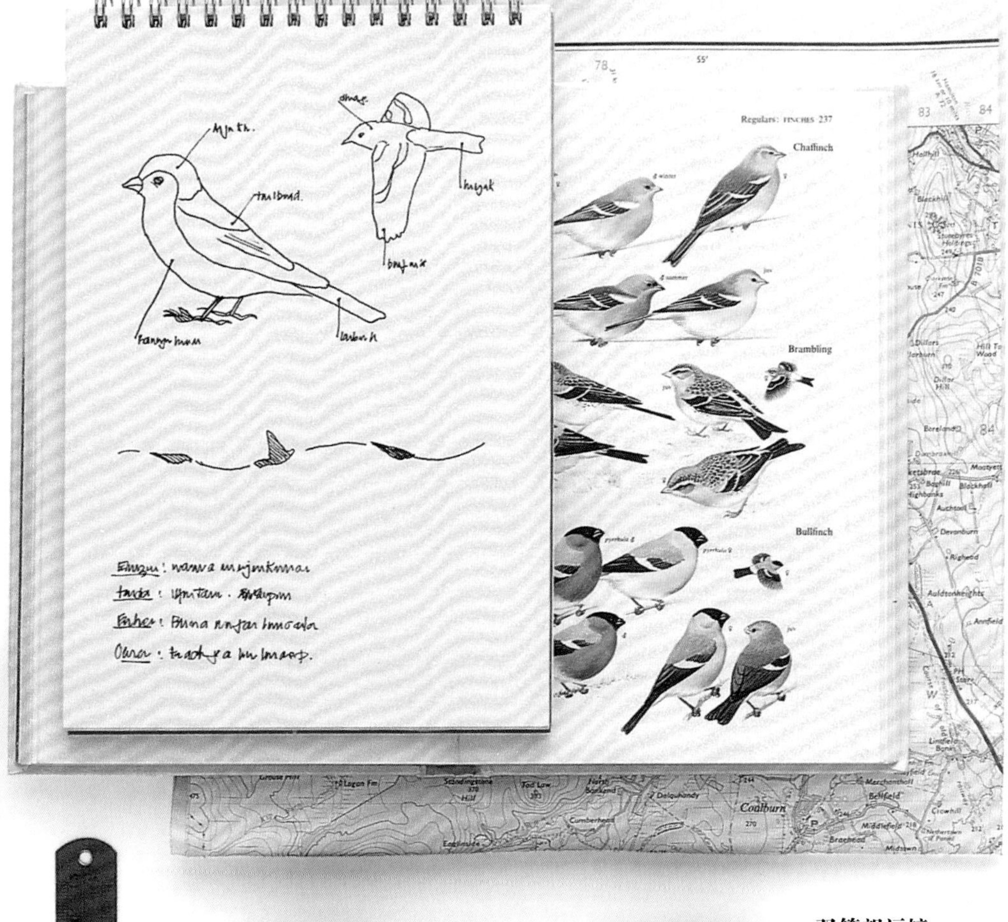

绘图用具

可以用彩笔勾画出鸟儿的特征，比文字描述更方便。

测量羽毛用的尺子

双筒望远镜

进行专业观鸟，一副优质的双筒望远镜是必不可少的。它应该质地轻盈、具有合适的放大倍率和宽阔的视野。双筒望远镜依据物镜的直径和放大倍数划分等级。对于观察鸟类来说，8（放大倍率）×30（口径）是最优组合之一。

放大镜

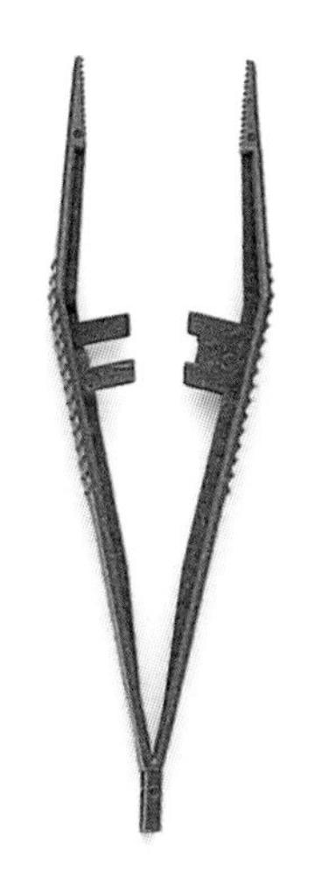

塑料镊子不容易损坏纤细的骨骼。

剖析食茧的仪器
食茧里的动物残余物非常易碎，使用放大镜和镊子可以完好无损地把微小的骨骼、牙齿、皮肤和羽毛分离开来。

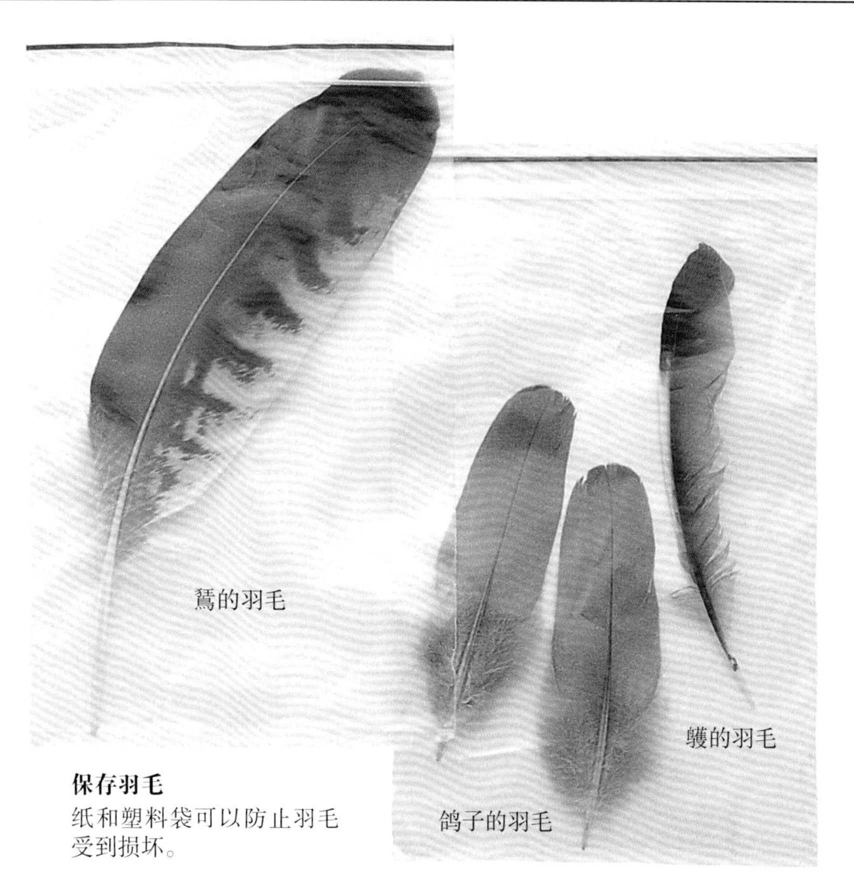

𫛭的羽毛

蠖的羽毛

鸽子的羽毛

保存羽毛
纸和塑料袋可以防止羽毛受到损坏。

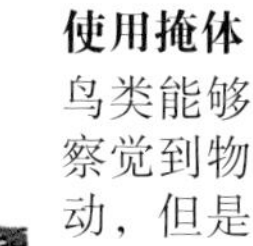

使用掩体
鸟类能够敏锐地察觉到物体的运动，但是对静止的东西却视而不见。平坦开阔地上的掩体也会被它们当成自然景物，会毫无忧虑地接近它。

照相机的云台

三脚架
为了保证影像的清晰，具备高性能镜头的照相机需要一个稳定的支架。

选择镜头
长焦镜头能够捕捉到大得多的物像。

用于拍摄鸟类的照相机
口径35毫米的单反相机很适宜拍摄鸟类。在抓拍野外鸟类前，拿庭院鸟类做些练习是必要的——接近目标，快速调焦，然后锁定、拍摄它们。

13～200毫米变焦镜头

辨识鸟类

雪鸮

为了易于辨识，鸟类被划分成了不同的群体，依据是它们的共同特点，比如身体和行为的特征。最高的一级被称为目，目下为科。下面列举了一些主要的目以及对应鸟类的关键特征。

鸟的分类

无飞行能力的鸟类

此类鸟包含了会跑但不会飞的物种。在陆地上，它们包括鸵鸟、美洲鸵和鹤鸵等。它们大多具有大而长的腿，通过奔跑逃避敌人，也包括某些很小的物种，比如鹬鸵。在海洋中，最常见的不能飞的鸟类是企鹅。企鹅仅分布在南半球。

鸵鸟

美洲鸵

大型涉禽

许多鸟涉水寻找食物，体形较大者有苍鹭、琵鹭、白鹭和火烈鸟等。这些鸟类都长有长长的腿、纤细的趾、特别长的颈，帮助它们探到水下的猎物。大多数涉禽捕食鱼类和甲壳类动物，喙的形状依据捕食方式的不同而有所差异。

粉红琵鹭

大火烈鸟雏鸟

夜鹭

游禽

天鹅、家鹅和鸭都是游禽，生活在池塘、湖泊和河流附近。它们长有带蹼的足、3只朝前的趾和鸭嘴状的喙。天鹅是游禽中体形最大的，鹅的体形小一些。它们经常沿“V”字形路线飞行，发出雁鸣似的叫声。

疣鼻天鹅

中国鹅

翘鼻麻鸭

鸟的分类

猛禽

猛禽也称食肉鸟，是肉食性鸟类，具有强壮而带钩的喙、敏锐的视力，以及附有利爪的长腿。猛禽首先会用足发动攻击，用爪子将猎物俘获，然后用喙把它们撕碎。猛禽有两个科：一科是包括鹰、鸢、雕和鹫等在内的鹰科，另一科是包括红隼等在内的隼科。

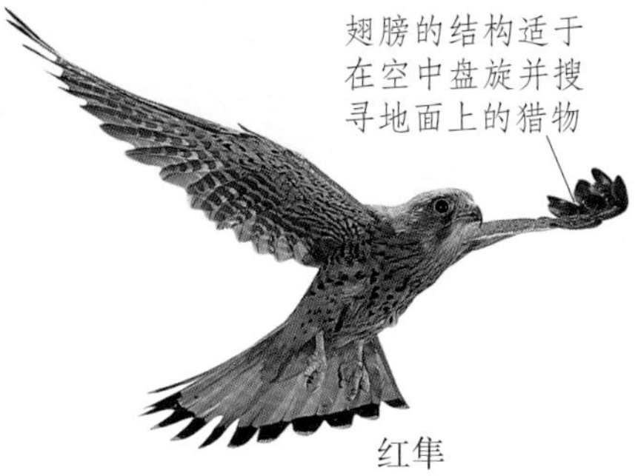

红隼

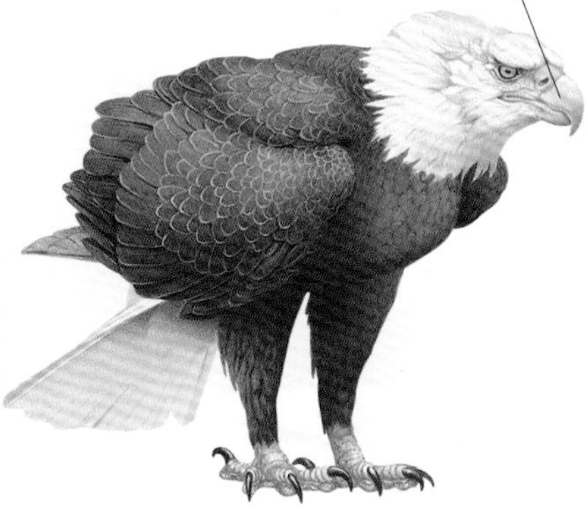

白头海雕

陆禽

雉鸡、松鸡、灰山鹑和鹌鹑都属于陆禽。它们的个头不等，身体强壮，头部较小而且长有家鸡那样的喙。陆禽大部分时间都在地面上，但是遇到危险时，它们会竖直地飞跃到空中，然后急速地降落。

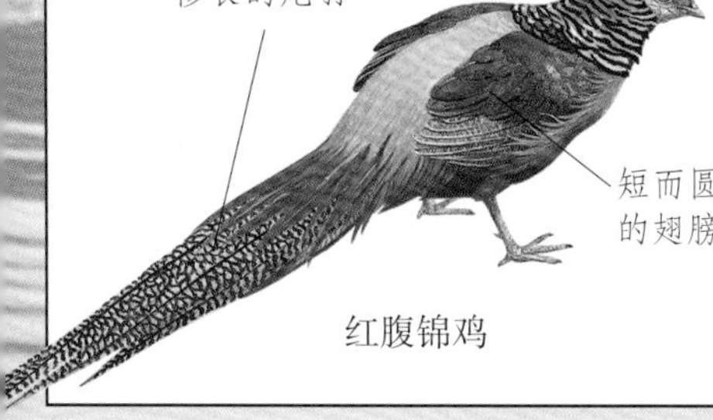

红腹锦鸡

小型涉禽

此类鸟非常多，鸥、燕鸥、鸻、海雀和海鸽都属于此类。它们大多有细长的腿、紧凑的身体和探针似的纤细的喙。它们生活在海岸、沼泽和湿地上。

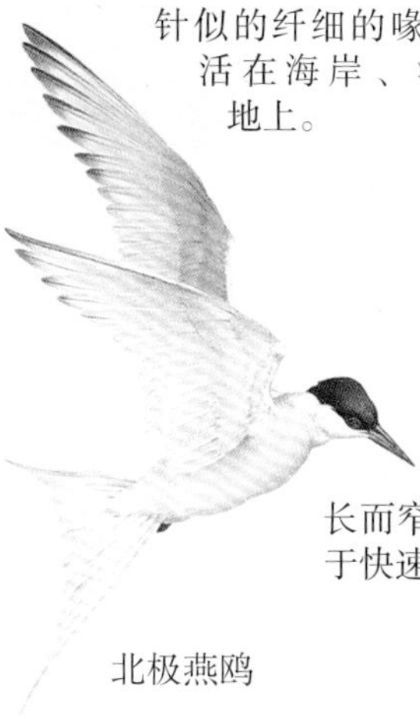

北极燕鸥

鹦形目

鹦鹉、短尾鹦鹉、凤头鹦鹉和金刚鹦鹉都属于鹦形目鸟类。它们色彩艳丽，善于鸣叫，生活在热带雨林或草原上。鹦鹉有坚硬、带钩的喙和4个脚趾——2个在前，2个在后。大多数鹦形目鸟类食用坚果、浆果、树叶和花朵，通常会聚集成群，互相吵嚷嬉闹。

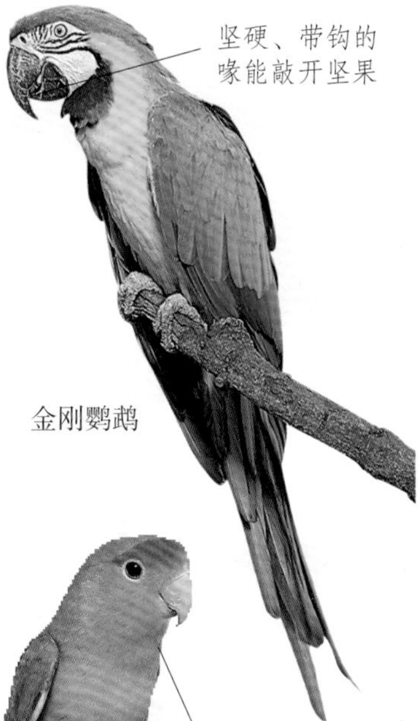

金刚鹦鹉

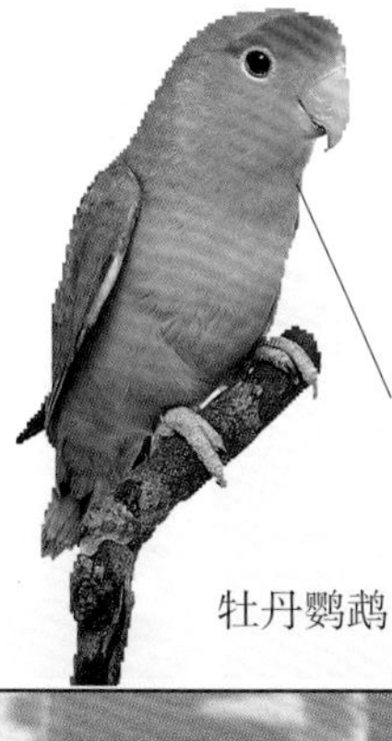

牡丹鹦鹉

鸮形目

鸮形目的鸟类俗称猫头鹰，是食肉鸟，通常在夜间行动。它们的头部呈圆形，脸部平坦，喙成钩状。猫头鹰有硕大的圆形眼睛，夜间视力十分敏锐；翼羽带有缘饰，飞行时悄无声息；爪子十分坚硬、锋利，适于捕捉猎物。

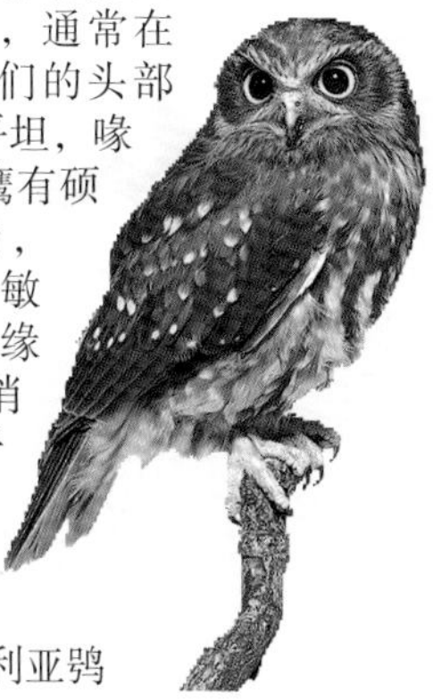

澳大利亚鸮

佛法僧目

翠鸟、戴胜、犀鸟、笑翠鸟、佛法僧和蜂虎属于佛法僧目。它们大多是食肉鸟，居住在地面上，具有明艳的色彩、独特的羽衣和硕大的喙。它们多以昆虫和小型动物为食，翠鸟则捕食淡水鱼为食。

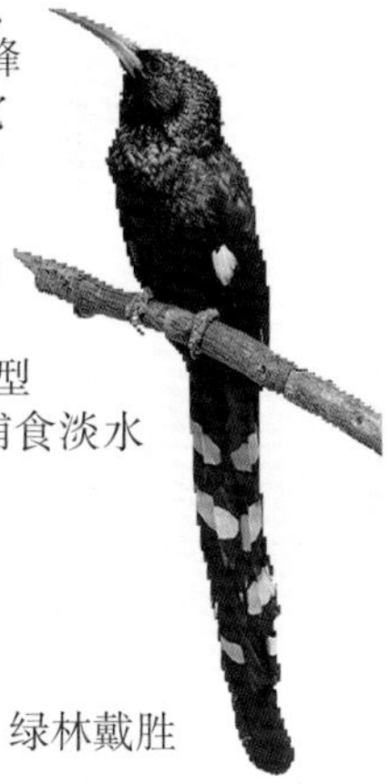

绿林戴胜

雀形目

该目鸟的数量占到了所有鸟类的一半，包括燕子、鸫、柳莺、山雀和乌鸦等。雀形目鸟类的足上有4个趾——3个朝前，1个朝后，可以牢牢地抓住树枝。

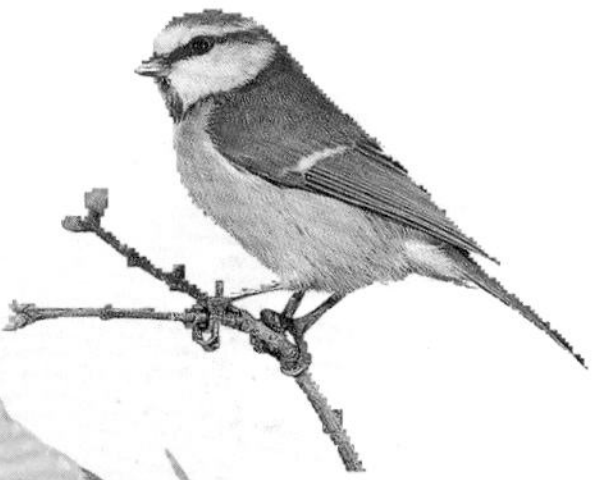

青山雀

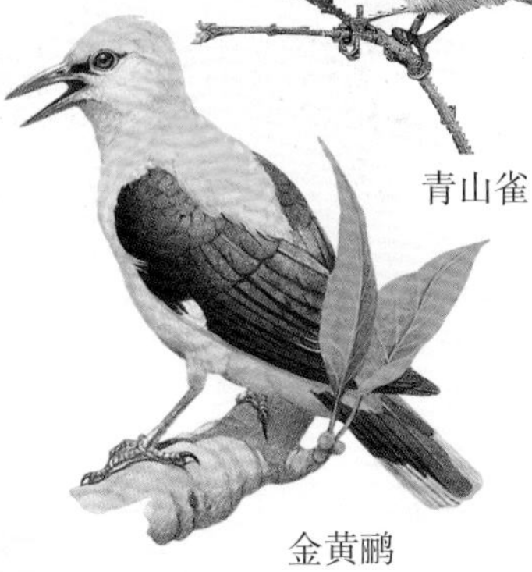

金黄鹂

第四章 哺乳动物

地球上大约有1 000万个不同的动物物种，人类只是其中的一种。不管我们认为自己比其他亲缘动物高级多少，人类也仅仅是地球上大约5 000种哺乳动物中的一种。

哺乳动物

地球上大约有1 000万个不同的动物物种，人类只是其中的一种，我们似乎天生对一些动物兴味盎然，比如丛猴、小海豹、海豚、小猫和考拉，它们毛茸茸、温暖的身体以及哺育后代的方式都吸引着我们。我们在自己身上也发现了这些特征，人类是地球上大约5 000种哺乳动物中的一种。那么，什么是哺乳动物呢？首先，哺乳动物长有毛皮或毛发，而且很多哺乳动物的毛皮覆盖全身。我们人类也是如

向“亲戚”伸出手

这个15个月大的婴儿和2岁大的黑猩猩看起来是截然不同的，然而，黑猩猩与我们的基因99%相同，在身体结构上也惊人地相似。此外，它们的行为也完全具备人类的特征：可以解决问题，可以用肢体语言进行“交流”，并且能够制造和使用工具。随着知识的增加，我们开始认识到人类并不像想象的那么与众不同。

此，只是头部更明显一些。其次，哺乳动物是“恒温动物”，体内温度通常是恒定的，并不根据周围环境的温度来进行调节。因此，即使在寒冷条件下，哺乳动物也能保持旺盛的活力。最后，哺乳动物用乳汁哺育后代，因此“哺乳动物”便成了这一生物类群的统称。本书旨在探究哺乳动物的外形特征、身体结构、进化、繁殖方式以及生活习性，希望能够弄清楚人类在哺乳动物中所处的位置。

动物群中的哺乳动物

地球上大约有5 000种哺乳动物，我们对哺乳动物最为熟悉。然而地球上的鸟类大约有10 000种，鱼类有30 000多种，蜘蛛和蝎子则有120 000多种，昆虫至少有100万种，甚至可能是以上所有动物加在一起的总数的10倍。

认识哺乳动物

诺亚在每一种哺乳动物里挑选雌雄各一只，一起带上了方舟。

哺乳动物研究框架来源于分类学，即将不同的生物加以分门别类的科学。每一种生物都有世界通用的学名，学名的制定可以避免生物同名异物和同物异名等混乱。每种动物都是一个物种，近似的种（Species）集合成属（Genera），近似的属集合成科（Family），科再集合成目或部（Order），目再集合成纲（Class）。所有哺乳动物都属于哺乳纲，下面4页展示了近20个目的代表性动物的头盖骨图，并分别列举了动物类别。

贫齿动物（贫齿类）

食蚁兽、犰狳、树懒均属此类，约30种（Species，后同）。颅骨图：长吻犰狳。

猴子

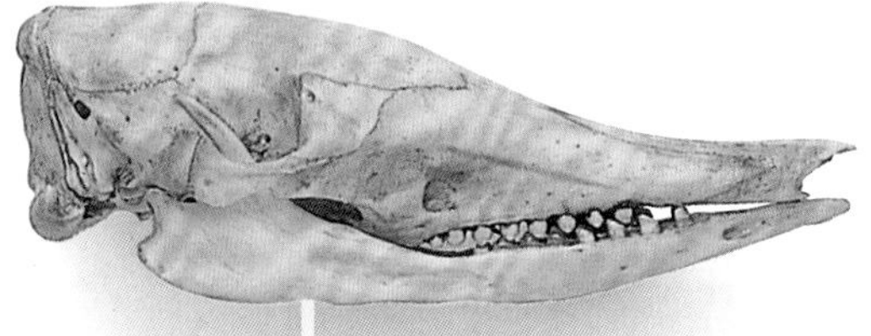

猴子和类人猿（灵长类）

包括狐猴、丛猴、懒猴、树熊猴、眼镜猴、狨猴、绢毛猴、猕猴、疣猴、类人猿和人类等，约400种。颅骨图：绿猴。

有袋动物（有袋类）

包括袋鼠、鼠袋鼠、袋熊、袋鼬、负鼠、袋鼩、袋狸、袋貂等，约350种。颅骨图：斑袋貂。

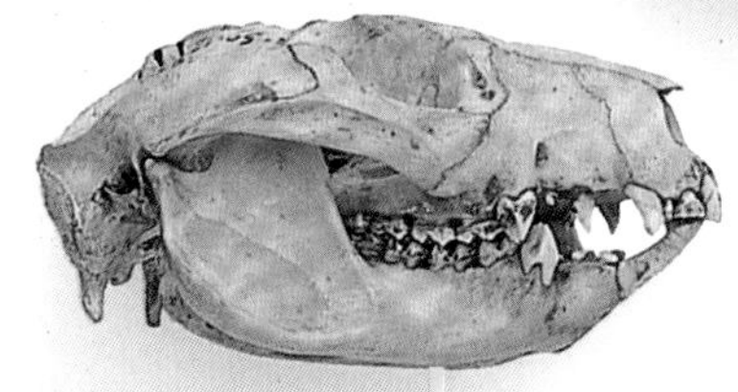

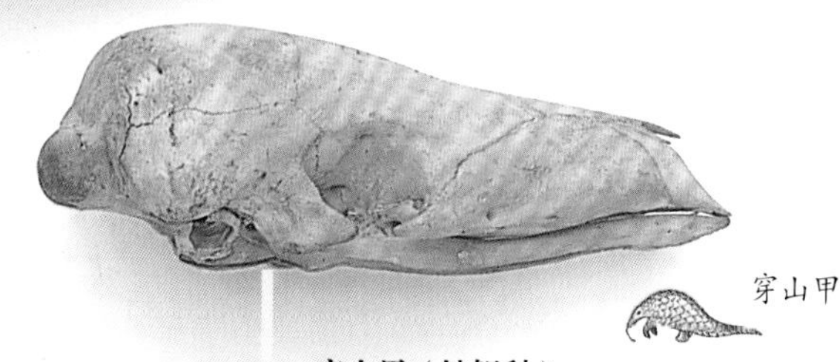

鸭嘴兽

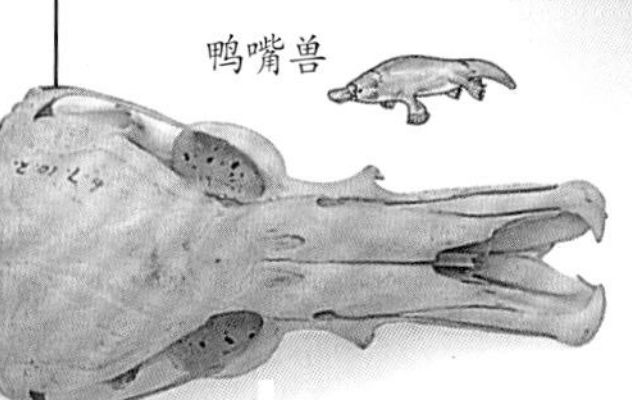

穿山甲（鲮鲤科）

大约8种，颅骨图：中国穿山甲。

产卵哺乳动物

鸭嘴兽和针鼹产卵繁殖，而不是分娩后代。一般把它们看作是最“原始”的哺乳动物，共5种。颅骨图：鸭嘴兽。

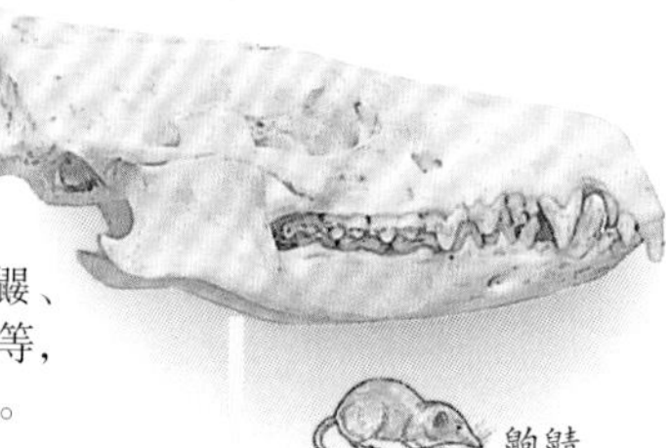

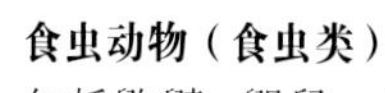

食虫动物（食虫类）

包括鼩鼱、鼹鼠、金鼹、鼩鼹、刺猬、毛猬、沟齿鼩、马岛猬等，约500种。颅骨图：刺毛鼩猬。

鼩鼱

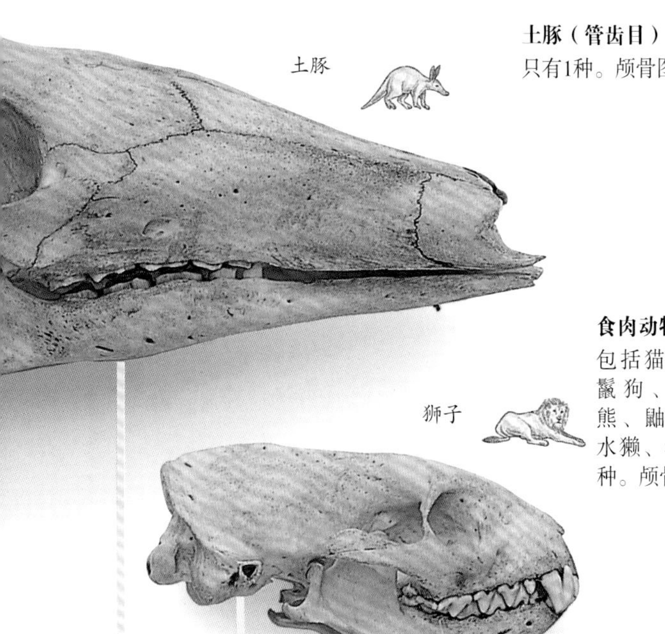

土豚（管齿目）
只有1种。颅骨图：土豚。

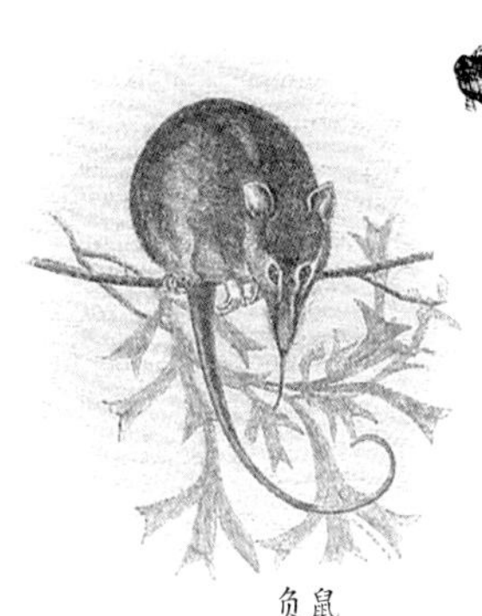

食肉动物（食肉目）
包括猫、狗、狐狸、狼、鬣狗、熊、大熊猫、浣熊、鼬、貂、獾、臭鼬、水獭、獴、灵猫等，约290种。颅骨图：埃及猫鼬。

狮子

包在袋里
袋鼠和负鼠看起来截然不同，但它们都是有袋动物，共同特点是幼崽出生后在袋内吸吮乳汁成长。

海豹（鳍足亚目）
鳍足亚目包括海豹、海狮、海象等，大约36种。颅骨图：灰海豹。

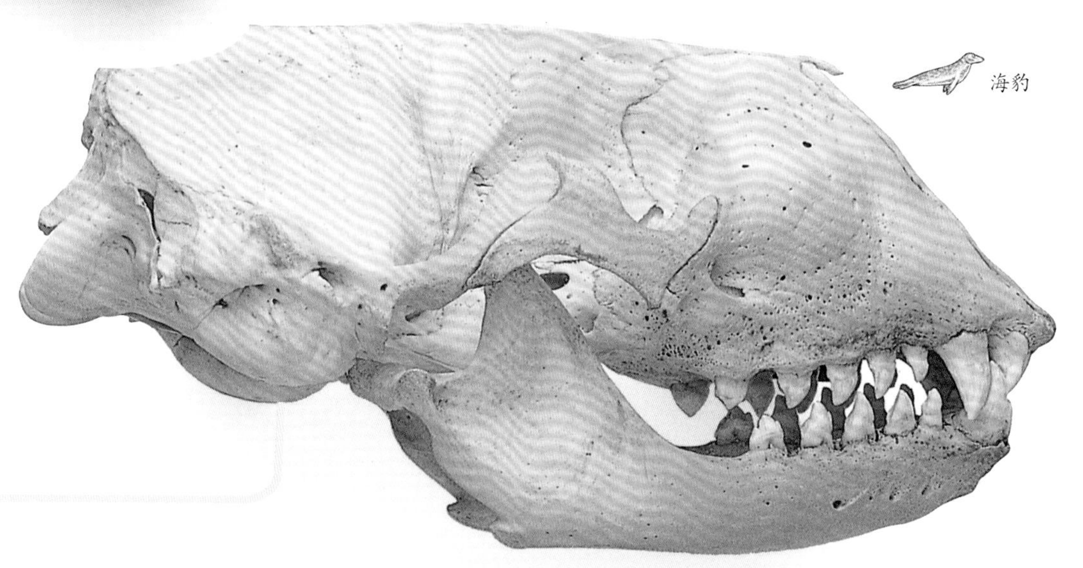

蝙蝠（翼手目）
翼手目包括狐蝠（果蝠）、吸血蝠等，大约1 200种（约占哺乳动物的五分之一）。颅骨图：普通狐蝠。

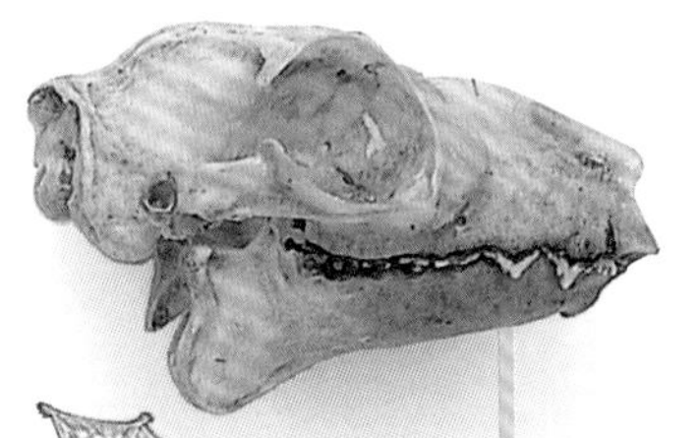

鼯猴

蝙蝠

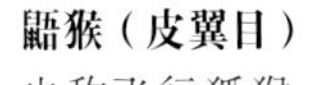

鼯猴（皮翼目）
也称飞行狐猴，共有2种，颅骨图：马来鼯猴。

啮齿动物（啮齿目）
包括老鼠、睡鼠、沙鼠、河狸、松鼠、豪猪、绒鼠、豚鼠、田鼠、仓鼠、花鼠等，约1700种。颅骨图：非洲巨鼠。

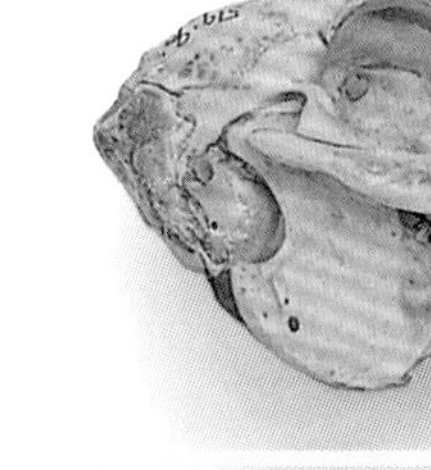

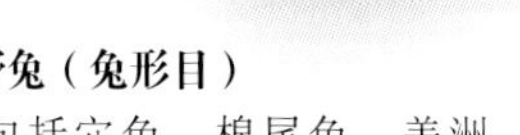

穴兔

穴兔和野兔（兔形目）
兔形目包括穴兔、棉尾兔、美洲兔、野兔、鼠兔等，大约有90种。颅骨图：欧洲兔。

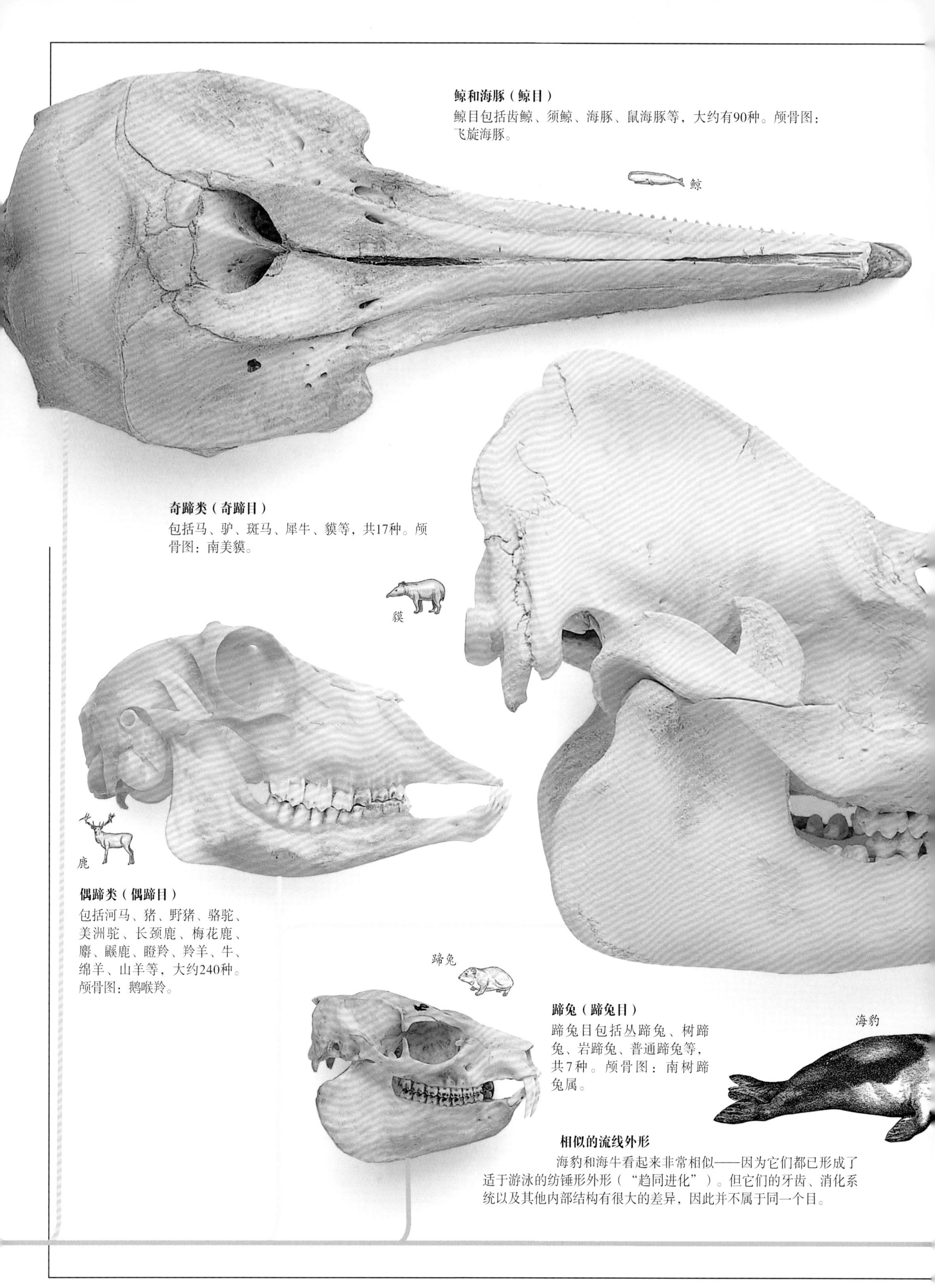

鲸和海豚（鲸目）

鲸目包括齿鲸、须鲸、海豚、鼠海豚等，大约有90种。颅骨图：飞旋海豚。

奇蹄类（奇蹄目）

包括马、驴、斑马、犀牛、貘等，共17种。颅骨图：南美貘。

偶蹄类（偶蹄目）

包括河马、猪、野猪、骆驼、美洲驼、长颈鹿、梅花鹿、麝、麋鹿、瞪羚、羚羊、牛、绵羊、山羊等，大约240种。颅骨图：鹅喉羚。

蹄兔（蹄兔目）

蹄兔目包括丛蹄兔、树蹄兔、岩蹄兔、普通蹄兔等，共7种。颅骨图：南树蹄兔属。

相似的流线外形

海豹和海牛看起来非常相似——因为它们都已形成了适于游泳的纺锤形外形（“趋同进化”）。但它们的牙齿、消化系统以及其他内部结构有很大的差异，因此并不属于同一个目。

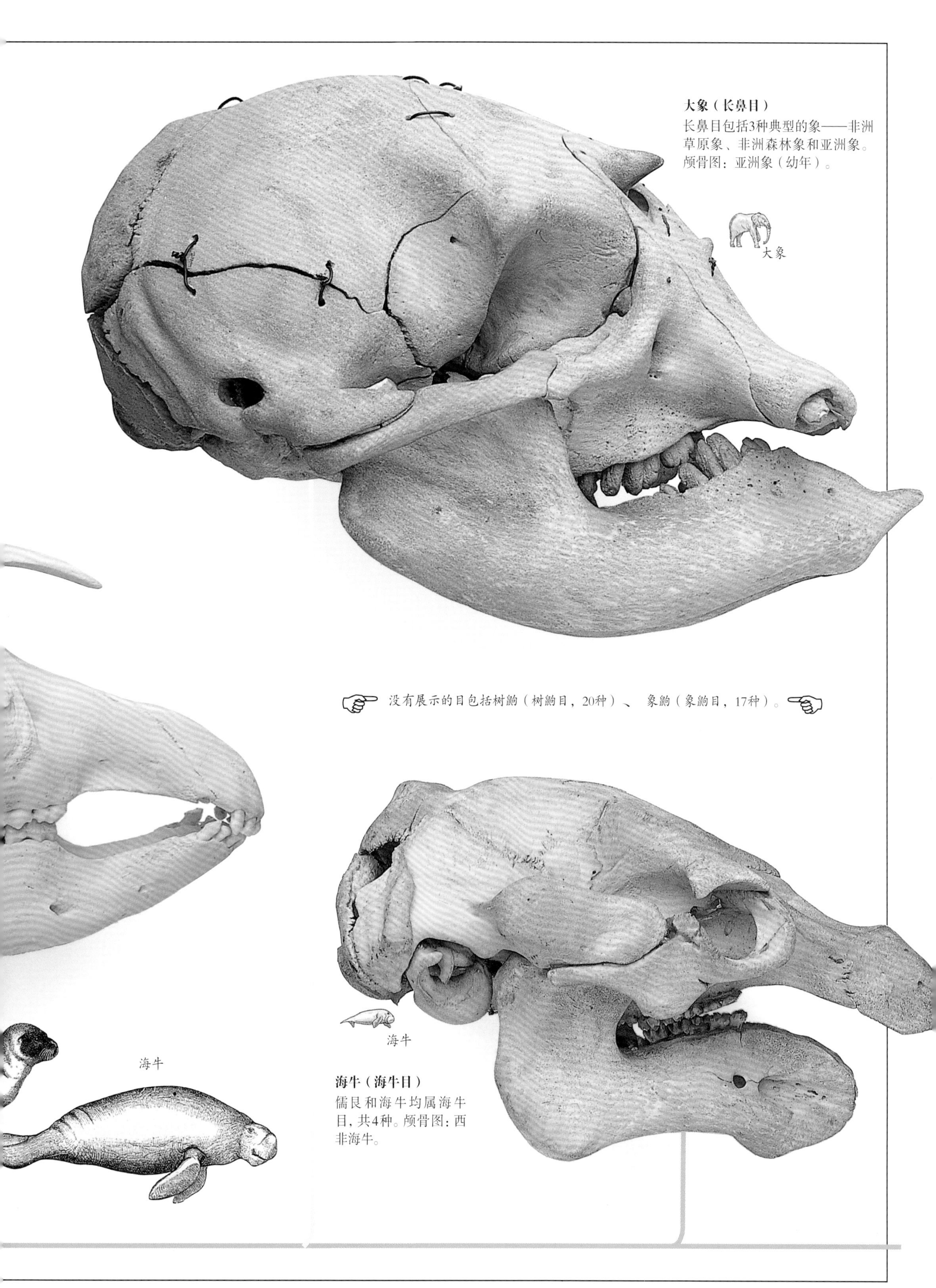

大象（长鼻目）

长鼻目包括3种典型的象——非洲草原象、非洲森林象和亚洲象。颅骨图：亚洲象（幼年）。

没有展示的目包括树鼩（树鼩目，20种）、象鼩（象鼩目，17种）。

海牛（海牛目）

儒艮和海牛均属海牛目，共4种。颅骨图：西非海牛。

哺乳动物的进化

早期的犀牛

哺乳动物大约出现在2亿年前。由于哺乳动物的一些特征（恒温，有毛皮和用乳汁哺乳）不会成为化石，所以我们必须寻找其他的线索。首先，哺乳动物的骨头有两个重要特征，一是下颌骨只有一块骨头，二是中耳腔中有几块小骨头。实际上，哺乳动物并不是突然开始进化的，在它们出现后的1亿年里，陆地动物以恐龙为主，而翼龙飞翔在天空中，鱼龙在海中生活。第一种真正的哺乳动物可能是体形很小、在夜间生活并以昆虫和偷恐龙蛋为食的鼩类动物。大约6500万年前，随着恐龙的灭绝，哺乳动物才填补了它们的位置。

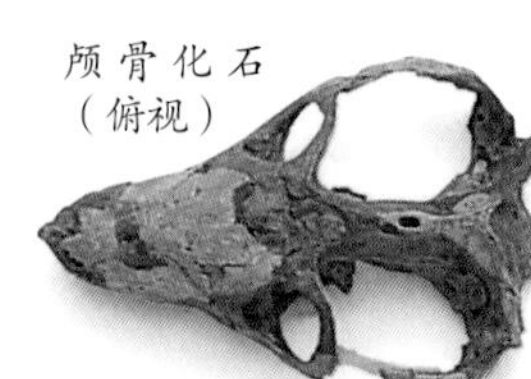
颅骨化石（俯视）

下颌骨化石

哺乳动物的祖先

左下图的下颌骨化石显示了三叠纪时期"类似于哺乳动物的爬行动物"的牙齿。这些爬行动物的牙齿形状不同，不同的牙齿有专门的用途，这也是哺乳动物的特征之一。图示化石物种为：三尖叉齿兽（*Thrinaxodon liorhinus*）（南非）。

第一个

这是侏罗纪中期岩石中的三锥齿动物颌骨化石，发现于现在的英格兰。这是最早的肉食哺乳动物，大小介于老鼠与猫之间。图示化石物种为：巴克兰袋猬（*Phascolot- herium bucklandi*）（英国，牛津）。

岩石中的下颌骨化石

地球大舞台

这个世界物种繁多，包括巨大的蕨类植物、鱼类、昆虫类、爬行类以及哺乳类动物。

上颌骨化石

下颌骨化石

成功的家族

随着恐龙消失，哺乳动物不断进化，在古新世和始新世变化非常迅速。有些哺乳动物已经灭绝，但其大体框架如今仍能看到。上图是马的早期亲缘动物——始祖马（*Hyracotherium vulpiceps*）上、下颌骨的化石（英国，埃塞克斯）。

浅浅的咀嚼凹槽

柱牙象的牙齿化石

韧齿

这颗是渐新象的牙齿化石，已有3000万年的历史。渐新象是一种乳齿象，属于长鼻目象科，大约有1.2米长。之所以称为“象”（*mastodon*），是因为其臼齿咀嚼面逐步演变出母乳齿的表面。图示化石物种为：渐新象（*Phiomia serridens*）（埃及）。

后腿骨化石

第2足趾

第4足趾

三趾马的外观，大小像小马驹

蹄

第3足趾（中央趾）

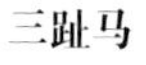

三趾马

随着马的不断进化（参见最左图），马的脚趾逐渐消失。左图这个化石标本来源于中新世，处于五趾足原始哺乳动物和现代一趾足马之间，两边的脚趾已经很短，只有中央的足趾（第三个）还接触地面。它展现了马的进化踪迹。图示化石物种为：三趾马（*Hipparion*）（希腊）。

牙齿上的脊状突起

袋剑虎的獠牙化石

脊状刀剑

牙齿上的脊状突起将剑齿猫科动物与有袋动物区分开。袋剑虎是一种食肉的有袋动物，生活在上新世时期。图示化石物种为：袋剑虎属（*Thylacosmilus*）（南美洲）。

南美袋犬颅骨化石（侧面）

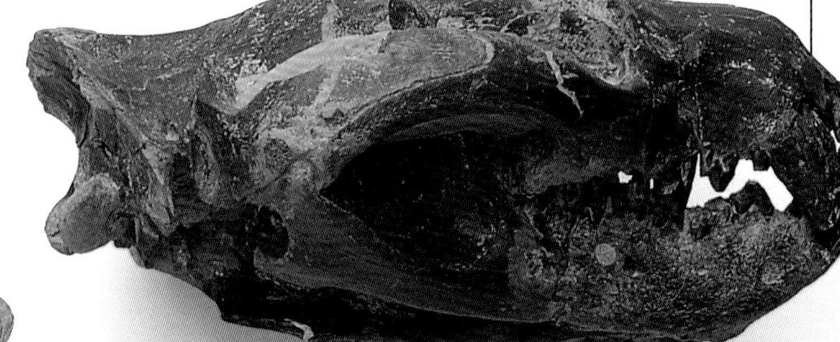

有袋食肉动物的化石

在史前时代，有袋类哺乳动物比现在更为普遍，新的物种形式不断出现，很容易与最现代的哺乳动物区别开来。南美袋犬是很好的猎手。如上图所示为南美袋犬（*Borhyaena tuberata*）（阿根廷）的颅骨化石。

有袋动物的臼齿

如下图所示，下颌处的牙齿化石表明巨袋鼠（*Protemnodon*）是一种食草类有袋动物（草食动物）。它生活在更新世时期。图示化石物种为：巨袋鼠（*Protemnodon antaeus*）（澳大利亚）。

磨平的臼齿

下颌骨化石

猛犸象的臼齿

与渐新象牙齿相比，下图所示这个巨大的臼齿化石显示出长鼻目臼齿表面的变化。图示化石物种为：猛犸象（*Mammuthus primigenius*）（英国，埃塞克斯）。

臼齿化石（侧面）

哺乳动物进化时间表（单位：百万年前）								
古生代（初期）						中生代（中期）		
570	500	435	395	345	280	230	195	141
寒武纪，三叶虫大量繁殖。	奥陶纪，珊瑚、腕足类、鹦鹉螺和笔石很常见。	志留纪，有颌鱼出现。海蝎子开始出现。	泥盆纪，鱼类大量出现。两栖类动物首次出现。	石炭纪，爬行动物和有翅昆虫首次出现。两栖动物种类众多。	二叠纪，昆虫变得多种多样。陆地上爬行动物占多数。	三叠纪，哺乳动物首次出现。爬行动物种类繁多。	侏罗纪，鸟类首次出现。恐龙的全盛期。	白垩纪，哺乳动物和鸟类开始呈现多样化。恐龙不再普遍，最终灭绝。

多种多样的哺乳动物

大树懒，高4米（更新世）

哺乳动物不断进化并呈现出多样化，在中新世和上新世时期变成与现代哺乳动物更加相近的样子。在亚洲、北美洲和欧洲，四分之三以上的上新世哺乳动物现在仍然存在。由于大陆漂移，澳大利亚和南美洲数百万年来都与其他大陆隔绝，上面生活着许多有袋哺乳动物。200万年前，南美洲与北美洲结合到了一起，有胎盘哺乳动物开始从北向南繁衍。不过澳大利亚仍然是孤立的，其有袋动物比南美洲分布更广。

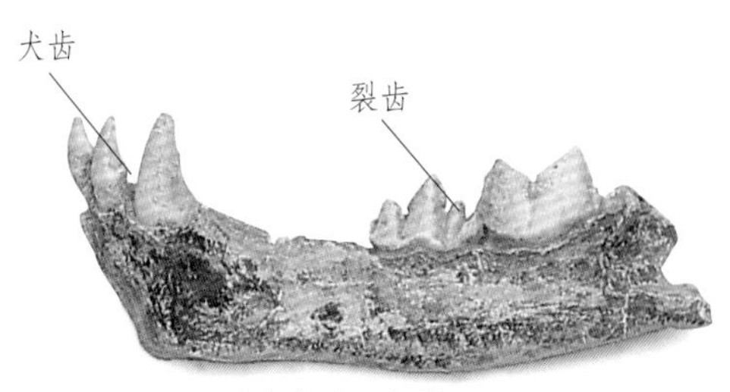

剑齿虎的下颌骨化石

突出的尖牙

这是中新世剑齿虎的下颌骨化石，“剑齿”长在下颌上。面部和颈部的肌肉发达，以便嘴能张得够大，将猎物咬死。图示化石物种为：剑齿虎（*Machairodus aphanistus*）（希腊）。

冰川时代的犀牛

左图中显示更新世披毛犀上颌的臼齿化石，牙釉质和牙本质的褶层通过咀嚼逐渐磨平。图示化石物种为：披毛犀（*Coelodonta antiquitatis*）（英国，德文郡）。

发育良好的形态

矛齿鲸的上颌骨化石

鲸的骨骼

在水中和陆地上，新的哺乳动物物种不断进化，左图是已经灭绝的始新世矛齿鲸的上颌骨化石，牙齿进化为锯齿状。图示化石物种为：矛齿鲸（*Dorudon osiris*）（埃及）。

远古时期的长颈鹿（复原图如下图）

更新世时期的西瓦鹿是长颈鹿的亲缘动物，但腿和颈较短，角更长。图示化石物种为：西瓦兽属（*Sivatherium maurusium*）（坦桑尼亚）。

复原的西瓦鹿，颧骨后面出现“锥形物”——鹿角

趾行者

砂犷兽是中新世哺乳动物，现已灭绝，是犀牛和马的亲缘动物。左图是砂犷兽的“脚趾甲”骨化石。砂犷兽的前腿比后腿长得多，走路像大猩猩一样“趾行”。图示化石物种为：砂犷兽（*Chalicotherium rusingense*）（肯尼亚）。

近旋角羊头骨化石（侧面）

西瓦鹿的鹿角化石

有蹄类动物的颅骨

中新世时期，许多有蹄类哺乳动物，尤其是许多有角的新物种出现了。近旋角羊是现在麝牛的亲缘动物。上图所示颅骨化石物种为：近旋角羊（*Plesiaddax depereti*）（中国）。

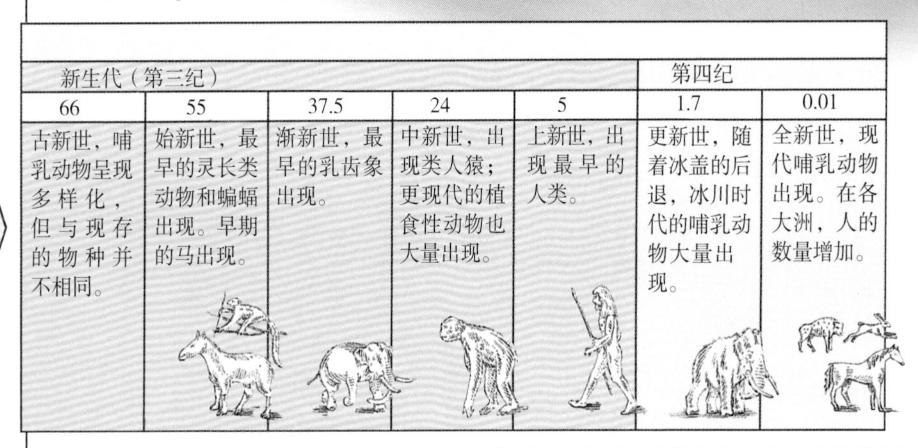

新生代（第三纪）					第四纪	
66	55	37.5	24	5	1.7	0.01
古新世，哺乳动物呈现多样化，但与现存的物种并不相同。	始新世，最早的灵长类动物和蝙蝠出现。早期的马出现。	渐新世，最早的乳齿象出现。	中新世，出现类人猿；更现代的植食性动物也大量出现。	上新世，出现最早的人类。	更新世，随着冰盖的后退，冰川时代的哺乳动物大量出现。	全新世，现代哺乳动物出现。在各大洲，人的数量增加。

灭绝的洞穴动物

洞熊比现在的任何熊体积都庞大，生活在早期人类的周围。它的遗骸多发现于比利牛斯山脉和欧洲的阿尔卑斯山脉的山洞里。下图所示颅骨化石物种为：洞熊（*Ursus spelaeus*）（德国）。

洞熊颅骨化石（侧面）

洞穴之争

在更新世时期，我们的祖先与哺乳动物在野外共同生活。

哺乳动物的感官

猫须?

在上图中是鼠须！哺乳动物的胡须比正常的毛发要长，通过皮内的感觉细胞来感知任何活动。大多数哺乳动物的胡须长在脸上，但有些哺乳动物的胡须长在腿上、脚上或者后背上。

哺乳动物成功存活下来的原因之一是它们具有“灵敏的感官”——发达的视觉、听觉、嗅觉、味觉和触觉。为了适应生活，每种感官都在不断进化。地下生活的哺乳动物，比如鼹鼠，视力都很差，但有非常敏感的鼻吻，并能够结合触觉和嗅觉。我们人类主要依赖视觉，人脑所“感知”到的事物有五分之四都是通过眼睛获得的。鼻子灵敏的动物通过香味和气味“嗅出”世界，蝙蝠能通过回声“听到”周围的事物，而我们更多地依赖眼睛。我们的视力并不惊人，但灵长类动物（包括人类）具有色彩视觉，而大多数哺乳动物看到的只是黑与白的世界。

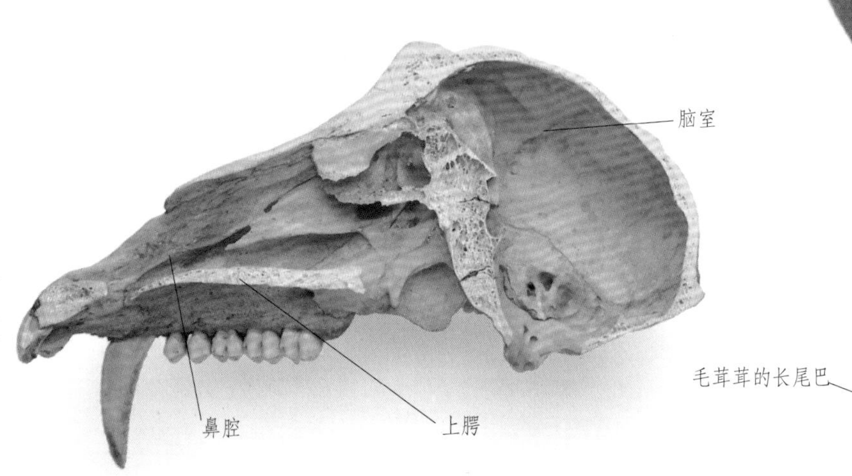

毛茸茸的长尾巴

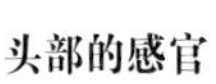

头部的感官

狒狒的头骨剖面图（见右图）显示出哺乳动物的主要感官都集中在头部。颅腔保护大脑、眼睛、嗅觉器官和舌头。因为要感知身体发送的信息，哺乳动物的大脑所占身体的比例较大。

竖起耳朵

许多哺乳动物和狗一样，有良好的听觉，并能朝着声音的方向活动耳朵。可以更精确地定位声音。

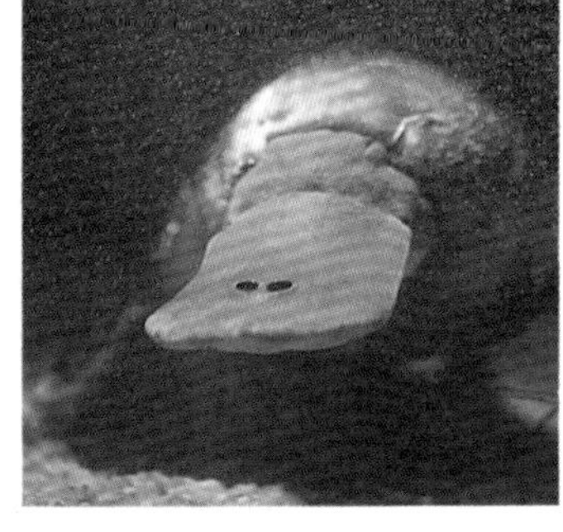

触觉狩猎

鸭嘴兽在河里和小溪里寻找食物，它的喙极其敏感，通过触觉找到食物。

用嗅觉感知世界

一只“鼻子受过训练”的猪能够找到昂贵的松露——一种地下真菌。

判断食物的舌头

狮子通过气味和味道检验食物。然而，舌头还有其他作用，比如用舌头清洁自己的脸。

直视前方

婴猴精力集中，非常灵敏，多夜间活动，属于灵长目。它眼睛很大，在黑暗的夜晚也能看清猎物。婴猴擅长用耳朵追踪小飞虫；当飞虫飞过时，展开身体和手臂去捕捉。名称来源于它的叫声非常像婴儿的哭声——也可能是因为它的一些特征与婴儿很相像。

夜间的眼睛

这只白猫的眼睛一只是黄色的，一只是蓝色的。使用闪光灯在夜间拍摄时，黄色眼睛后面的神经纤维层上能反射绿光。蓝色的眼睛缺乏反光色素层，因此在眼睛后面的血管呈现红色。

毛茸茸的食果飞行动物

婆罗洲狐蝠（雄性）的脸很像狐狸，又被称为“飞狐”。狐蝠更倾向于用灵敏的鼻子和敏锐的视力来判断周围环境。黄昏时，它们出巢觅食，会给农作物造成极大的危害。但狐蝠也是当地生态环境的重要组成部分，因为它们会传播花粉，粪便能传播植物的种子。但是，有些狐蝠咬破果子只把果汁吞下肚，将咀嚼后的渣子吐到地面上。它们进食时咀嚼声很大，吐出的残渣会像雨点般落下。

飞行的哺乳动物

哺乳动物中只有蝙蝠会飞。在种类方面，蝙蝠是第二大哺乳动物类群。它们的大小相差很大，猪鼻蝠翼展只有14厘米，狐蝠身躯有小狗那么大，翼展宽达2米。蝙蝠的翅膀由肌肉和皮下弹性纤维组成。手臂及第二至第五个趾支撑翅膀，“拇指”（第一个趾）就像一个钩子，用于爬行和理毛，有的用它搏斗和抓牢食物。支撑翅膀的肌肉相当强壮，使翅膀挥动自如，有些蝙蝠的飞行速度超过每小时50千米。哺乳动物中蝙蝠也是最喜群居的一类，它们成千上万地栖息在一起，夜间集体出来觅食。在繁殖季节，雄性和雌性蝙蝠相互呼唤。蝙蝠妈妈回来时，粉红色的小蝙蝠就会一起大声鸣叫。

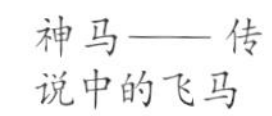
神马——传说中的飞马

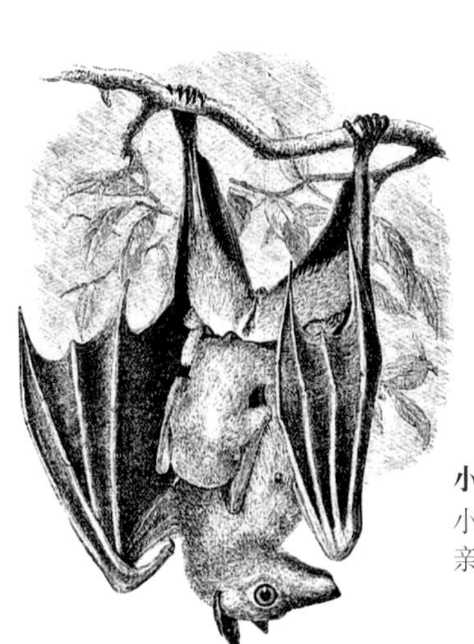

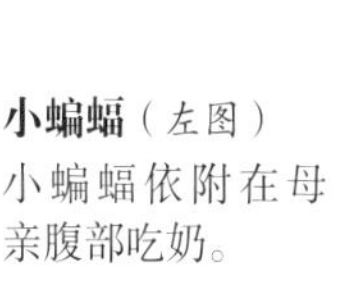
小蝙蝠（左图）
小蝙蝠依附在母亲腹部吃奶。

滑翔动物（右图）
蝙蝠是唯一能够飞行的哺乳动物，但有袋动物和鼯猴能利用身上的膜进行滑翔。

飞蛾、花蕊和血液
大多数蝙蝠都是食虫动物，以飞蛾、蚊虫、苍蝇和其他夜间飞行的小动物为食。食果蝠（上图）以果实、花蕊和植物软质纤维部分为食。吸血蝠则吸食血液。

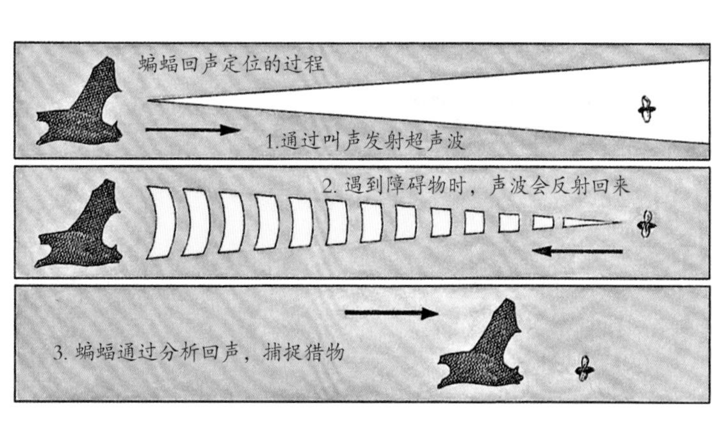

用声音“看”世界
在黑暗中，蝙蝠使用回声定位“看”世界。它们用嘴发出高频叫声，声波遇到物体会反射回蝙蝠的耳朵里，蝙蝠的大脑分析回声，形成影像，然后捕捉到猎物。

各种各样蝙蝠的脸
有些蝙蝠的脸是很有趣的。

哺乳动物的毛皮

生有毛发是哺乳动物的标志性特征之一，也是哺乳动物能够成功存活下来的重要原因。毛发最重要的作用是能够抵御寒冷、酷暑以及遮风挡雨，使哺乳动物的身体与外界隔绝。毛发从皮肤的毛囊里长出，由角质细胞组成，纤维蛋白大大提高了其强度。但和鲸一样，有些哺乳动物在进化过程中毛发已退化。

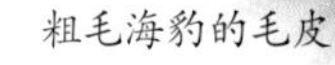

粗毛海豹的毛皮

毛皮上的斑点

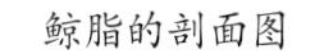

鲸脂的剖面图

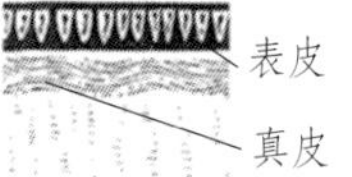

毛皮防水的海豹

海豹的皮肤有许多皮脂腺，故而毛皮是油性的且能防水。当地因纽特人会猎取海豹，用毛皮制成靴子和衣服。

猎取鲸鱼，获得鲸油

鲸没有皮毛，皮下组织的脂肪层可以御寒，还能使鲸保持流线型，提高游泳效率。某些鲸的脂肪层厚达50厘米。一直以来，鲸油用于制造灯具、润滑剂、肥皂、化妆品、人造黄油和油漆等。

这里所展示的毛皮都来源于博物馆收藏。

用于制衣的羊毛

几个世纪以来，人类养羊以获得羊毛。羊毛具有很好的绝缘作用，吸湿性强，富有弹性而且容易染色。世界上一半以上的羊毛产自南半球，而全世界四分之三的羊毛用于北半球。

捻成线并染色了的羊毛，用于机织或针织。

新剪的羊毛含有羊毛脂，羊毛脂常用于制造化妆品。

戴着海豹皮风帽的因纽特人

雪白的皮毛

北极狐长着一身美丽的白毛，在茫茫雪景中对自己是一种保护。还有一种蓝色的北极狐，冬天会变成灰棕色。

针毛

北美负鼠的毛发是直立的，可以清楚地看到细长浅色的防护毛发从内层绒毛上突出来。

袋貂的毛发

澳大利亚袋貂的毛发是卷曲的。帚尾袋貂很常见，体形大小如家猫，栖居在树上，因其毛皮的颜色又被叫作“银灰负鼠”。

北极狐毛皮颜色的变化

袋貂的毛皮

卷毛

负鼠的毛皮

内层绒毛

针毛

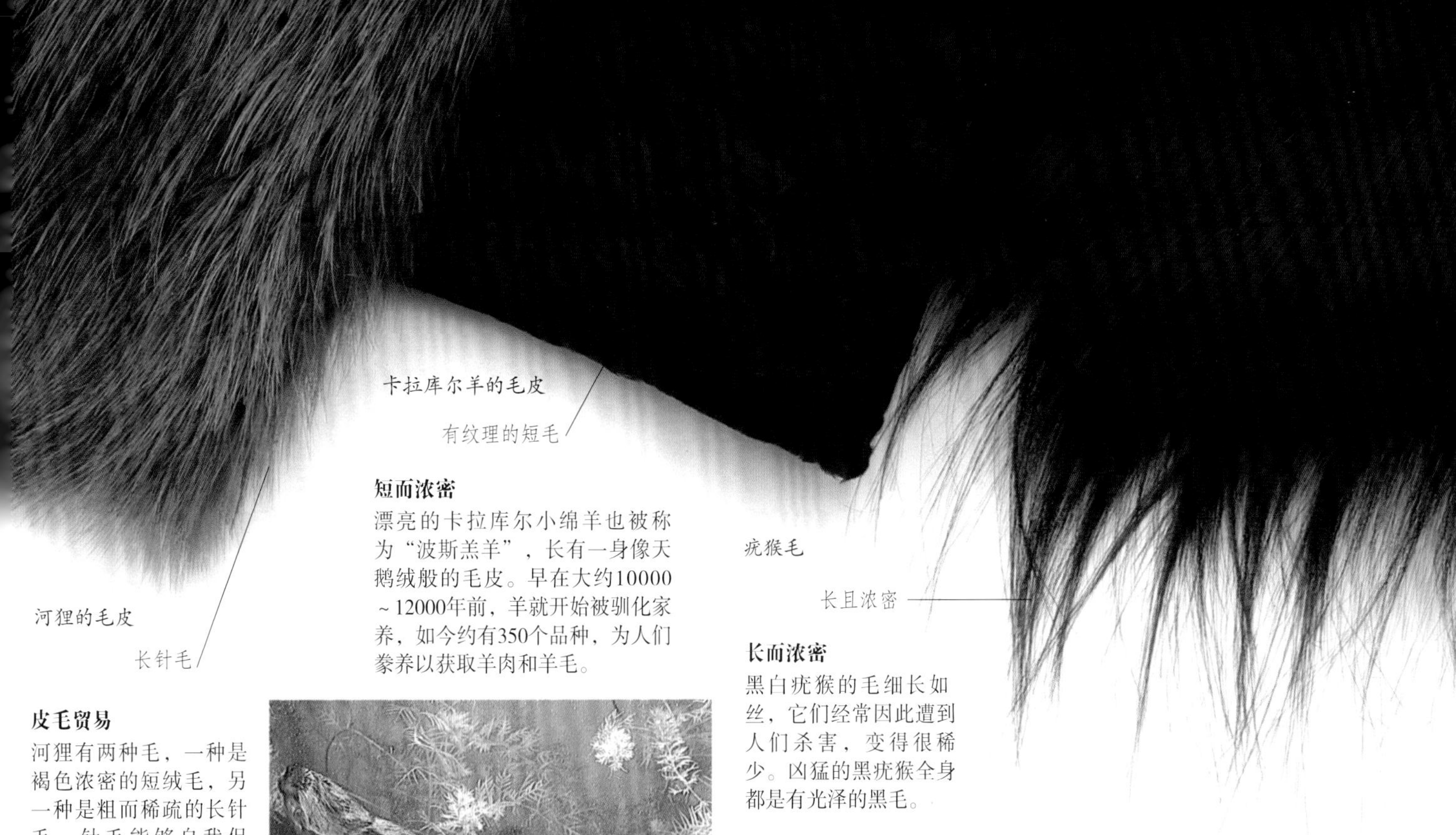

短而浓密

漂亮的卡拉库尔小绵羊也被称为“波斯羔羊”，长有一身像天鹅绒般的毛皮。早在大约10000~12000年前，羊就开始被驯化家养，如今约有350个品种，为人们豢养以获取羊肉和羊毛。

长而浓密

黑白疣猴的毛细长如丝，它们经常因此遭到人们杀害，变得很稀少。凶猛的黑疣猴全身都是有光泽的黑毛。

皮毛贸易

河狸有两种毛，一种是褐色浓密的短绒毛，另一种是粗而稀疏的长针毛。针毛能够自我保护，而内层绒毛能保温、防水。18世纪和19世纪时，河狸毛皮贸易对开发北美大陆起了很大作用。

防水毛皮

水獭尽管大部分时间都在水下，但其长针毛可以使绒毛保持干燥。

并不“裸露”

我们并不是“裸猿”，而是有很多毛发，也是典型的哺乳动物。历代的服饰都强调过以“毛发”为时尚，如左图中戴着假发的法官。

警示条纹

臭鼬身上独特的条纹用以警告敌人。遇到捕食者时，臭鼬会竖起尾巴，用前爪跺地发出警告；如果警告无用，臭鼬便会转过身，从尾后的两个肛门腺向敌人喷射恶臭的液体。

美丽的肚皮

有斑纹的猫腹部大多有斑点。猞猁背上也常常会有斑点。

户外防御

小型食草动物非常脆弱，但是它们能运用保护色和伪装与周围环境混合在一起，难以被敌人发现；掠食者也会使用保护色伪装，这样接近猎物时不会被发现。通过变化皮毛长度和色素细胞，几乎什么颜色和图案都能实现。

内置的伪装

移动缓慢的南美二趾树懒的外层针毛上有凹槽，藻类能够在里面生长。树懒在昏暗的森林里静止不动，混在植物中。

“带胡须的鹅卵石”

家鼠和田鼠等小型啮齿类动物相当脆弱，主要的防御方法是迅速跑进洞穴；如果被困，就会很好地伪装起来，融入周围环境。这只阿拉伯刺毛鼠的毛皮与干沙、浅色鹅卵石及干木头混在一起，不易分辨。

“带尾巴”的叶子

草原田鼠会在草原、森林和溪边等地方生活。它们通常在满是干枯树叶的地面上觅食，十分忙碌，视觉伪装对它而言非常重要。捕食的鸟轻轻拍打翅膀都会惊动田鼠，可能会令其在奔跑中“冻结”。在昏暗的光线里或者斑驳树影下，猫头鹰从上向下俯瞰很难发现田鼠。

躲避敌人

在战争中，人们模仿大自然伪装自己，隐藏车辆和武器。标准的战斗服通常是“天然的”绿色和棕色，衣服上的杂色和补块使士兵身体的轮廓消失在树林和灌木丛中；在雪地，服装肯定是白色的而且保暖性能很好，就像冬季里北极狐的毛皮。

掩饰轮廓

马来貘是混隐色的范例，它的背部和腹部是醒目的白色，但身体其他地方都是黑色。夜间，这样的花纹能够使马来貘庞大的身体轮廓和外形不那么明显，使天敌不能轻易辨认。这只小马来貘身上也有白色斑点。

带刺的哺乳动物

有些哺乳动物的刺多达5000根，朝着各个方向，锋利坚硬，足以击退多数捕食者。欧洲刺猬就是这样，花园、灌木丛、公园以及林地里都能看到它们熟悉的身影。它们主要的防御武器“刺”是由毛发演变而成的，每根长约2～3厘米，遇到危险时，刺猬就将身体蜷成刺球状，等待危险消除。

危险消除时，刺猬伸出头和前腿

3 危险解除

刺猥觉得威胁已消除时，头先从刺球中伸出，然后开始伸出前腿。刺猬的腿出奇地长，跑起来很快，还会挖洞穴、爬上低的围墙甚至游泳。

刺猬开始小心翼翼地展开身体

2 小心翼翼地窥视

刺猬身上的刺不仅能够恐吓敌人，在被推下山坡或倚靠着树的时候，还起到缓冲作用。几分钟后，刺猬从刺后向外偷偷看看。刺猬的视力较差，但嗅觉很灵敏，还能通过身上的刺感觉附近的振动。

蜷成一团的刺猬无懈可击

1 全身保护

面临危险时，刺猬迅速将头、腿和尾巴卷起，身体缩成U形，“斗篷”边缘的带状肌肉能够收缩，就像抽绳一样使刺猬用全身的刺护住身体其他部位，而且刺会自动竖起来。这样它就成了一个刺球，骚扰者看到的只有刺。

天敌

狐狸通常会猎食包括刺猬在内的小型哺乳动物，狐狸会把缩成一团的刺猬拨来推去，使其展开身体，从而攻击它的腹部。

奇怪的行为

经常看到刺猬咀嚼腐烂的东西（像死蟾蜍，如左图所示），然后快速翻滚并将带泡沫的唾液吐到自己的刺上。一种理论解释说，这种“自我涂抹”是动物的防御手段之一，有助于威慑和防御天敌。

小刺猬的防御

刚出生的小刺猬的刺平铺在皮肤上，几个小时之内会竖起来，11天后，小刺猬才能蜷起身体。在此之前，小刺猬主要的防御方法就是将头猛力抬起，直刺天敌的鼻子。

4 翻转身体

为防受到攻击，刺猬必须快速翻转身体，腹部着地，并将头、脚缩起来。

5 准备离开

如果没有威胁，刺猬便进一步舒展身体。它先探出头，用鼻子嗅并且触须不断抖动，开始寻找合适的庇护所，黑暗的荆棘和灌木丛是它最喜欢的地方。

6 迅速离开

刺猬要赶紧逃到安全之地。刺猬逃跑时身体不贴地面，速度惊人——相当于人快走的速度。平常觅食时，它总是会慢吞吞地行走。刺猬多以蛞蝓、蠕虫、昆虫和落果为食。

刺猬的亲缘动物?

澳大利亚和新几内亚针鼹与刺猬相似，也有防御性的刺。然而，它们在亲缘关系上比较远，只是进化出了同样的防御手段；并且刺猬是胎生，而针鼹是卵生。

哺乳动物的外形防御

许多哺乳动物都有一套既能防御攻击，又能保护自己的方法，这一点非常重要，特别是同一物种的动物在争夺食物、领地或配偶时。动物的警示动作包括炫耀凶猛的角、龇出牙齿、竖立皮毛、发出响亮声音等。身体的对抗很危险，即使胜利了，也有可能遭到捕食者的攻击，甚至丧命。

雄麂的颅骨

马鹿的鹿角

用鹿角战斗的雄性马鹿

可怕的哈欠

河马的牙齿

狮子和独角兽守卫的盾形纹章

鹿角和獠牙

雄麂（山羌）的角短且尖，上颌有两个类似象牙的獠牙。当雄麂为争夺领地和配偶而战斗时，它们的武器往往不是鹿角而是獠牙。遭到攻击时，麂首先会逃跑。如果逃跑失败，就会猛力摇摆鹿角，并试图踢打攻击者。

鹿角大战

骨化的鹿角是马鹿实力和优势的象征。秋季它们将鹿角作为武器开始争偶格斗。两只雄鹿先是朝对方大声吼叫，然后低下头，用鹿角互抵，将对方推开。最后获胜的雄兽可以占有多只雌兽。春季，鹿角会脱落，夏季会长出新的。

螺旋形宝剑

羚羊的角并不是每年都脱落。右图为印度羚的角。年幼的雄羚羊用角“防护”，为自己完全成熟后争夺领地、配偶和繁殖后代做准备。

可怕的哈欠

两只雄性河马张开大嘴与对方“虎视眈眈”，是在争夺对领地的所有权。如果发生战斗，河马的牙齿会给对手造成严重的创伤，但是河马的皮肤愈合速度非常快。

铠甲保护

犰狳属于哺乳动物，看起来像坦克，身上的铠甲由许多小骨片组成，每个骨片上长着一层皮肤演化的角质物质，甚至尾部也有分布。只有大约20种犰狳可以蜷缩成球状。它们还会“挖洞藏身”，保护铠甲下面柔软、脆弱的躯体。

大犰狳

身披铠甲

不得靠近

当处境危险时，三绊犰狳（左图）会将身体蜷缩成球状，而倭犰狳（下图）则快速打洞隐藏，这时犰狳的尾部盾甲紧紧堵住洞口，如“挡箭牌”一样阻止敌人进攻。

三绊犰狳

倭犰狳

剖开的黑犀牛角

犀牛角由毛发纤维构成

像瓦片的鳞甲

穿山甲全身的防护鳞甲非常像重叠的瓦片。它没有牙齿，以蚂蚁为食，尾巴长而扁平，遇敌时蜷缩成球状。有些传统的中国盔甲就是模仿穿山甲设计的。

巨穿山甲的鳞片

穿山甲——一种极其不像哺乳动物的哺乳动物

假死

负鼠在被抓获时会装死，因此有了“演戏的负鼠”的说法。假死会使一些天敌失去兴趣，因为它们通常不吃死去的动物。

豪猪的花纹刚刺

带条纹的刚刺

豪猪的刚毛锐利，很易脱落。当遇到危险时，它会奔跑撞击攻击者，把刚刺扎进敌人身体。

惨遭杀害，毫无防御

“犀牛”一词是“角鼻子”的意思。这些都是多年珍藏于博物馆的非洲黑犀牛的角。为了得到犀牛角，将其做成匕首或者事实上没有疗效的“药”，人们常会杀害犀牛。如今，犀牛已很罕见，有些种类濒临灭绝。

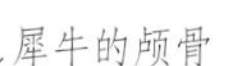

犀牛的颅骨

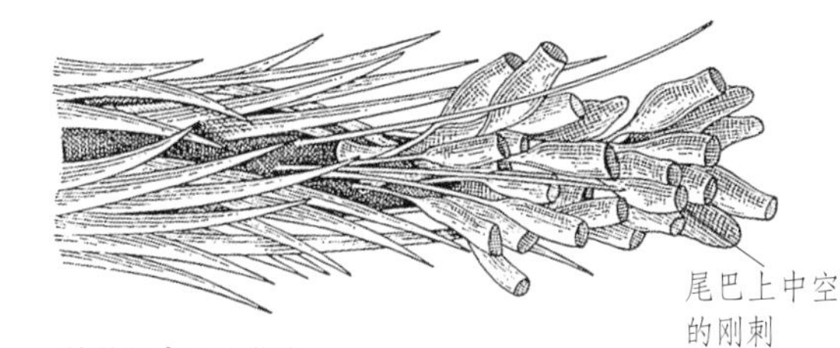

尾巴上中空的刚刺

刷刷作响以示警告

豪猪尾巴上的花纹刚刺能够发声，豪猪更愿用尾刺响声吓跑进攻者。

哺乳动物尾巴的作用

哺乳动物的尾巴由很多块椎骨构成，是脊柱的延伸。但在外观上，哺乳动物尾巴的大小、形状和功能却各不相同。有的像蓬松的围巾，冬季保暖；有的像扫帚或鞭子，驱赶蚊蝇；或者像是图案鲜明的旗子，传达自己的情绪和意图。人们都知道狗高兴时会摇尾巴，而受到责骂时又会将尾巴夹在两腿间；猫生气时就会不断抽打尾巴。哺乳动物常“用尾巴交流”，在表达攻击、投降以及其他行为时，尾巴姿态都有些许变化。也有少数哺乳动物没有尾巴，这包括我们人类。尾骨是人类进化后“尾巴”所残留的部分，由后面的4～5块尾椎接合，在脊柱的底端。

毛茸茸的驱蝇尾

马的尾巴由长且浓密的毛组成，用来驱赶蚊虫。马脊椎末端大约有15块椎骨（见上图），占马尾长度的一半左右，由纵向的肌肉带动。将尾巴举高是唤起注意，而尾巴甩来甩去则可能是马在表达愤怒、恼火或疼痛。

象鼻与象尾

大象是现存最大的陆栖动物，尾部有坚硬细长的毛。当大象排成一队行走时，后面的大象可能会用鼻子将前面同伴的尾巴卷起。

尾部簇毛

狮子的尾巴长且善于摆动，末端有一簇黑毛（见左二图）。狮子的幼崽经常会玩弄大狮子的尾巴，练习猛扑和突袭。黇鹿的尾巴（见左一图）顶端是黑色的，下侧有白毛簇拥，下面的毛皮也是白色的，带有黑色条纹。遇到威胁时，黇鹿会竖起尾巴警告同伴。

黇鹿尾巴的一簇毛发（左一图）

狮子尾巴的一簇毛发（左二图）

粗糙皮肤，利于抓握

负鼠是树栖有袋动物，生活在澳大利亚和东南亚一带。新几内亚负鼠的尾巴末端裸露着带鳞片的皮肤。粗糙的皮肤有更好的抓握能力，负鼠的尾巴像两个上肢、两个下肢之外的“第五肢”，能够攀住树枝（如右图所示）。

新几内亚负鼠的尾巴

鳞状毛皮，适于抓握

船舵和警示作用

北美河狸游泳时，鳞状的尾巴就像船舵一样。在紧急情况下，河狸还会上下拍打尾巴产生推力。如果河狸受到威胁，它就会拍打着尾巴潜入水中，发出巨响提醒同伴。

北美河狸的尾巴

尾部大鳞片

蓬松浓密的大尾巴

赤狐有毛茸茸的“刷子形”大尾巴，冬季时能用来保暖。狐狸曾被认为是孤独的狩猎者，现在知道它们其实是群居动物，它们用尾巴给同伴发出警示信号。赤狐尾尖呈黑色或白色。

赤狐的尾巴

臭腺——在赤狐群居生活和交流中起着重要作用

白色尾尖

倒挂

蜘蛛猴的尾巴强健且有很好的抓握能力。

环尾狐猴的尾巴

黑色尾尖

冬季，白鼬全身都为纯白色（夏季为棕色），只有尾尖是黑色的。在雪地里这是很好的伪装，因为天敌会扑向它的后尾，而不是头部。

鼠尾动物

黑尾裸尾鼠的尾端很像笔，毛少，有鳞，具有鼠类尾巴的典型特征，能够辅助身体平衡。

黑尾裸尾鼠的尾巴

尾巴上无毛

防护壳——鳞甲

犰狳尾巴表面也都有鳞甲，坚硬的角质鳞甲是从皮肤演变来的。

犰狳的尾巴

角质鳞甲

臭腺

环尾狐猴白天活动，在树上的时间比较少。它们用四肢行走时，独特的条纹尾巴就会竖起来。争夺领地时，环尾狐猴会先用尾巴擦肩膀和前肢上的臭腺，然后用尾巴盖住自己的头，将臭气散布到空中，把对手熏跑。

鲸的尾叶

鲸的尾巴由两片扁平的大尾叶组成。鲸背部的肌肉带动尾叶上下摆动，带给它强大的动力。

条纹尾巴是对其他环尾狐猴的警示信号

用于飞行的尾巴

鼯鼠或飞鼠能够滑翔，它们平直的尾巴起到船舵和气压制动器的作用。下图为大耳飞鼠的尾巴。

扁平尾巴维持身体平衡

大耳飞鼠的尾巴

早产

澳大利亚的有袋动物

大部分哺乳动物在出生时就都已发育完好，许多动物出生后数小时就能够站起来四处走动，但有袋哺乳动物并不是这样。它们的生殖方式很独特，东部灰大袋鼠（澳大利亚南部及东部的一种袋鼠）就是一个典型的例子。袋鼠宝宝在母体子宫内生长的时间只有5周，刚出生时仅2.5厘米长，无毛，没有视力。出生时，幼仔从产孔（与其他哺乳动物的产道不同）里蠕动出来，艰难地爬进育儿袋里，然后找到母体的乳头开始吸吮，幼崽也就“粘”在那生长发育。育儿袋就像“体外子宫”哺育幼崽继续发育。一段时间后，幼崽的颌骨长大，可以松开乳头了；接着能够短时间地离开育儿袋了；约10个月后，小袋鼠就长大了。

成年雌性红颈大袋鼠

4个月大的雄性红颈大袋鼠

袋鼠和沙袋鼠

红颈（班氏）大袋鼠是典型的袋鼠和沙袋鼠家族的成员。在澳大利亚发现的140种袋鼠目物种中大约有67种不同的袋鼠，袋鼠和沙袋鼠之间并没有实质的区别：体形较大的常被称为袋鼠，体形较小的就称为沙袋鼠。袋鼠家族属于袋鼠科，是“大脚”的意思，这反映了它们运动的方式。一些大袋鼠跳跃的速度能达到每小时60千米。袋鼠吃草时（袋鼠和沙袋鼠都是草食动物），它们慢慢地移动，前腿和尾巴落到地面上。休息时，它们会尾巴伏地坐下或是躺着。红颈大袋鼠是欧洲人见过的最早的有袋动物之一，其传统的名字是“灌木丛居士”。4个月大的幼崽开始准备离开自己的母亲，但遇到危险时，它还是会跳回育儿袋；在9个月大的时候，才完全走出育儿袋；但大约12个月时才会断奶。

更早出生

大约5 000种哺乳动物中只有5种是卵生的，包括澳大利亚的鸭嘴兽、澳大利亚和新几内亚的短吻针鼹，以及新几内亚的长吻针鼹等，它们是单孔目动物“卵生哺乳动物”仅有的成员。当蛋被产下并孵化2周后，幼崽破壳而出，就开始母乳喂养。单孔目动物没有乳头，乳汁直接从腹部上的大开口处分泌到皮肤上。

鸭嘴兽的头

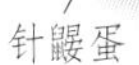
针鼹蛋

针鼹的头

有袋的猴子

有些美洲负鼠也是有袋动物，看起来很像猴子——其实和猴子没有亲缘关系。这个毛茸茸的负鼠生活在中美洲和南美洲北部的热带森林里，像猴子一样，有直视前方的大眼睛；与一些南美猴子类似，它也有一个抓握能力很强的尾巴，也喜欢水果和花蜜。然而，它是典型的有袋动物。出生后，幼崽会在育儿袋内一直咬着乳头不放，长大后能够爬到母兽的身上。

回到育儿袋后，未成熟的袋鼠会含住乳头吸吮乳汁。

永远消失了

袋狼又称“塔斯马尼亚虎”，是一种全身有条纹、像狼一样的有袋动物，现已灭绝。1936年，最后一只捕获圈养的袋狼在动物园中死去。许多生物学家认为这种有袋动物已经永远消失了。

繁殖速度惊人的哺乳动物

老鼠体形较小，几乎没有什么防御能力，它们能够生存下来是因为其惊人的繁殖速度。母鼠6周大时就开始繁殖，每年可以生10窝小鼠，每窝可有幼鼠5～7只。如果所有的幼鼠都存活下来并不断繁殖的话，一对老鼠可以变成50万只！

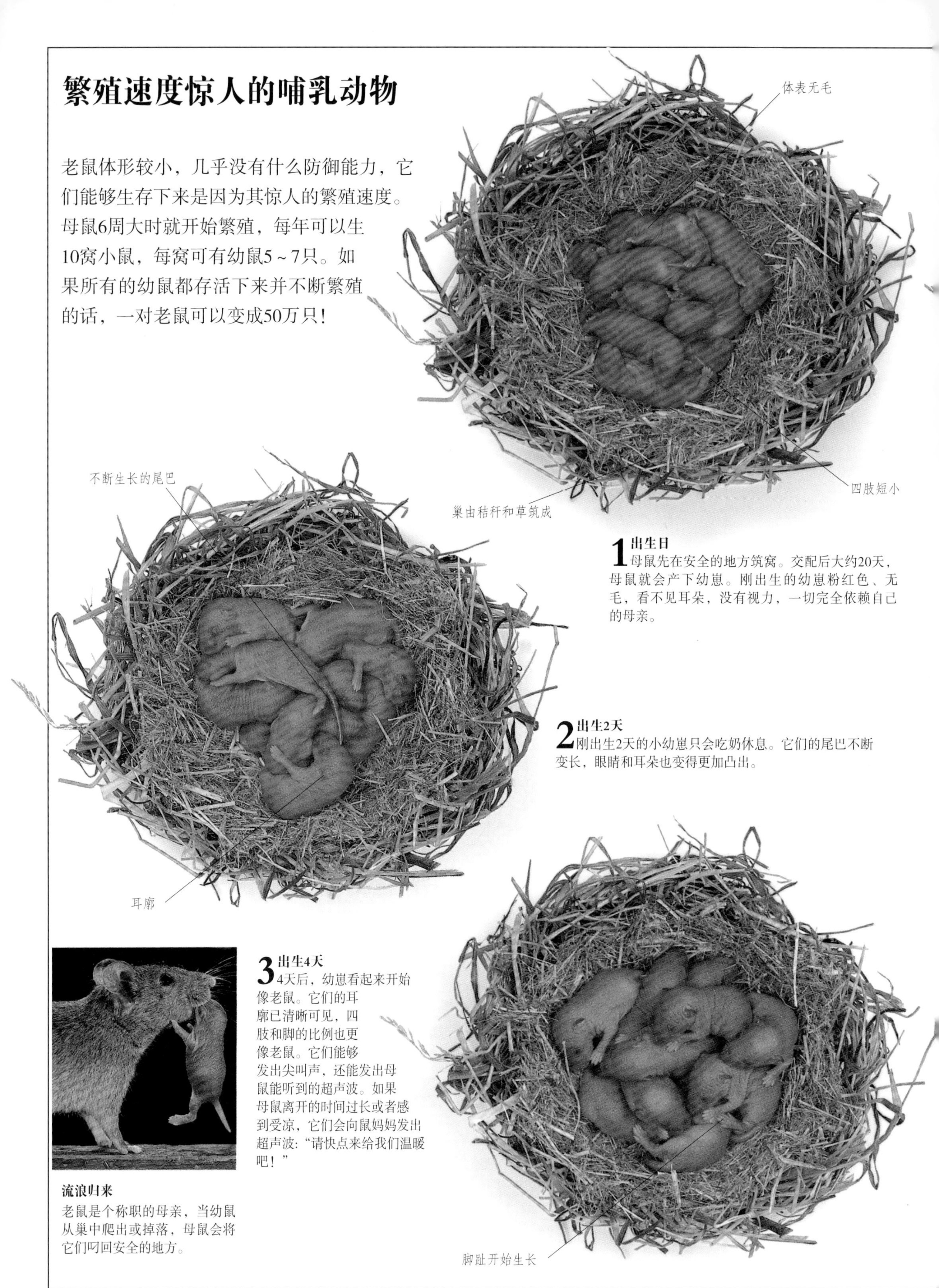

1 出生日
母鼠先在安全的地方筑窝。交配后大约20天，母鼠就会产下幼崽。刚出生的幼崽粉红色、无毛，看不见耳朵，没有视力，一切完全依赖自己的母亲。

2 出生2天
刚出生2天的小幼崽只会吃奶休息。它们的尾巴不断变长，眼睛和耳朵也变得更加凸出。

3 出生4天
4天后，幼崽看起来开始像老鼠。它们的耳廓已清晰可见，四肢和脚的比例也更像老鼠。它们能够发出尖叫声，还能发出母鼠能听到的超声波。如果母鼠离开的时间过长或者感到受凉，它们会向鼠妈妈发出超声波："请快点来给我们温暖吧！"

流浪归来
老鼠是个称职的母亲，当幼鼠从巢中爬出或掉落，母鼠会将它们叼回安全的地方。

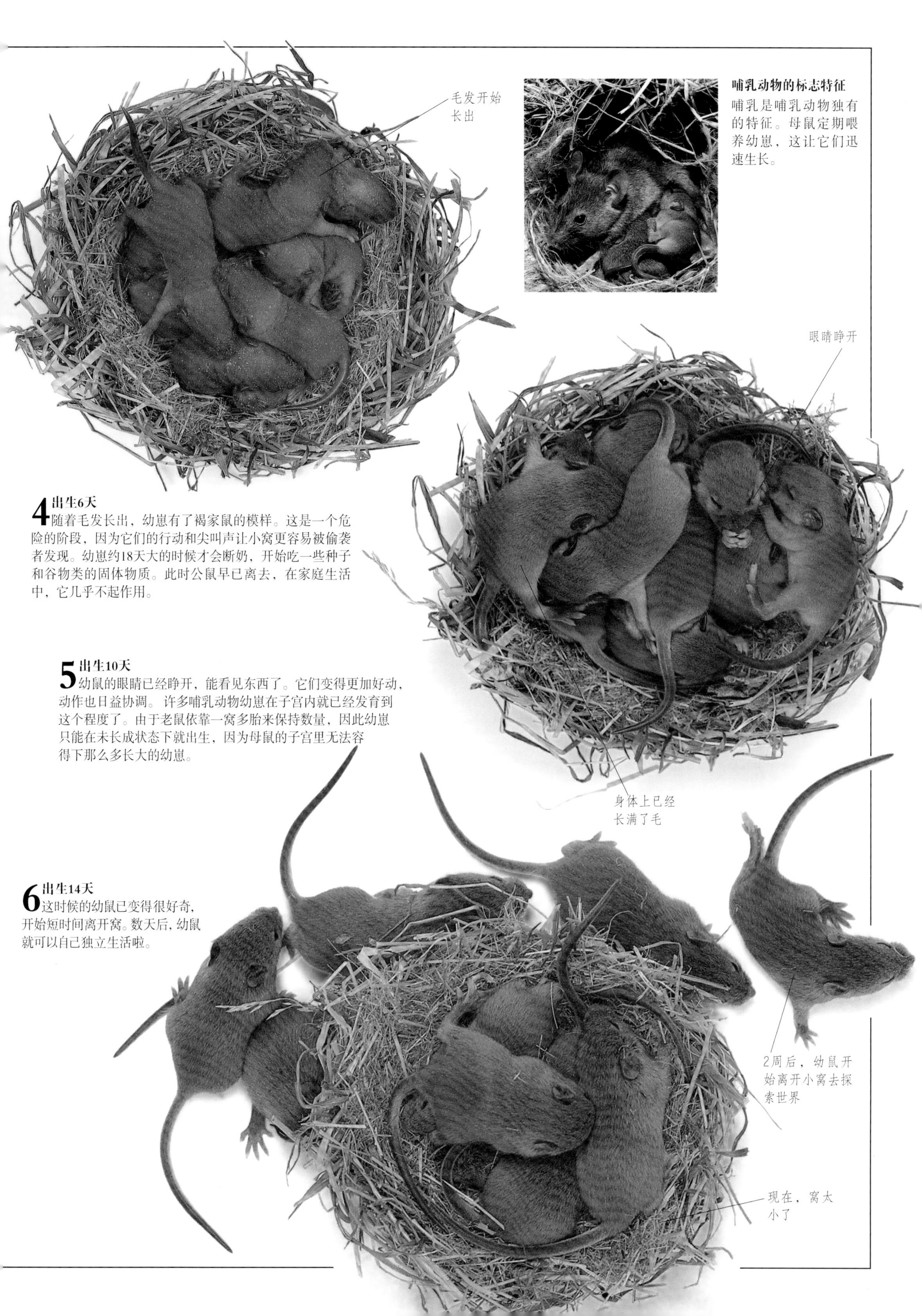

哺乳动物的标志特征

哺乳是哺乳动物独有的特征。母鼠定期喂养幼崽，这让它们迅速生长。

4 出生6天

随着毛发长出，幼崽有了褐家鼠的模样。这是一个危险的阶段，因为它们的行动和尖叫声让小窝更容易被偷袭者发现。幼崽约18天大的时候才会断奶，开始吃一些种子和谷物类的固体物质。此时公鼠早已离去，在家庭生活中，它几乎不起作用。

5 出生10天

幼鼠的眼睛已经睁开，能看见东西了。它们变得更加好动，动作也日益协调。许多哺乳动物幼崽在子宫内就已经发育到这个程度了。由于老鼠依靠一窝多胎来保持数量，因此幼崽只能在未长成状态下就出生，因为母鼠的子宫里无法容得下那么多长大的幼崽。

6 出生14天

这时候的幼鼠已变得很好奇，开始短时间离开窝。数天后，幼鼠就可以自己独立生活啦。

生命力极强的哺乳动物

幼崽在母体子宫内发育长成的哺乳动物被称为有胎盘哺乳动物。母体的子宫保护幼儿，一直到它们发育到相当程度。子宫内的胎盘给幼儿输送食物和氧气。与鼠的幼崽和小袋鼠相比，猫在出生时已长出所有的毛。对许多物种而言，妊娠期（幼儿在子宫里发育的时间）的长短与体形大小有关。鼩鼱的妊娠期是2周左右；而犀牛则需要16个月。不管是对母亲还是婴儿，出生本身是很危险的，所以分娩一般是隐秘的。群居哺乳动物也是如此，比如鹿会离开同伴寻找一个安全的地方产下幼崽。

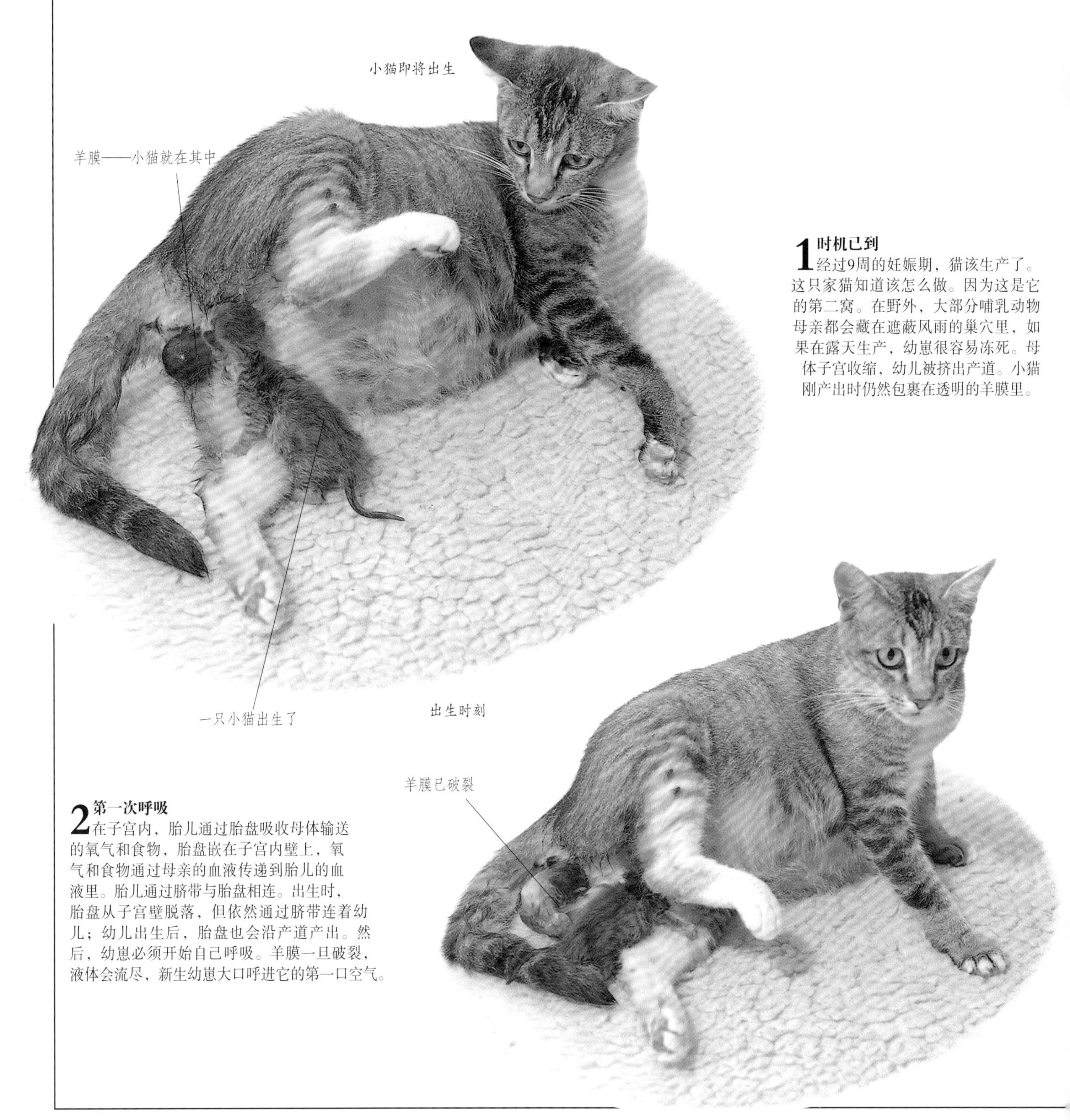

1 时机已到
经过9周的妊娠期，猫该生产了。这只家猫知道该怎么做。因为这是它的第二窝。在野外，大部分哺乳动物母亲都会藏在遮蔽风雨的巢穴里，如果在露天生产，幼崽很容易冻死。母体子宫收缩，幼儿被挤出产道。小猫刚产出时仍然包裹在透明的羊膜里。

2 第一次呼吸
在子宫内，胎儿通过胎盘吸收母体输送的氧气和食物，胎盘嵌在子宫内壁上，氧气和食物通过母亲的血液传递到胎儿的血液里。胎儿通过脐带与胎盘相连。出生时，胎盘从子宫壁脱落，但依然通过脐带连着幼儿；幼儿出生后，胎盘也会沿产道产出。然后，幼崽必须开始自己呼吸。羊膜一旦破裂，液体会流尽，新生幼崽大口呼进它的第一口空气。

3 咬断脐带

小猫爬在母亲尾巴旁边等胎盘出来。母猫会咀嚼脐带，脐带中的血液也很快会形成栓塞，防止小猫因流血过多而死亡。随后母猫会吃掉胎盘，开始舔舐小猫。毛干燥以后就会蓬松竖起，有助于幼崽保持身体温暖。与此同时，出生的小猫会围着母亲的身体，利用嗅觉和触觉摸索着寻找乳头吃奶。母猫很辛苦——大约每半小时就会有一只小猫出生，所以母猫要不停地舔舐小猫。如果任何动物敢在这个时候打扰它，这只母猫就会发起猛烈攻击，甚至它的小猫也会挣扎搏斗。小猫如果嗅到有人靠近，就会龇着牙齿，发出嘶嘶的声音。

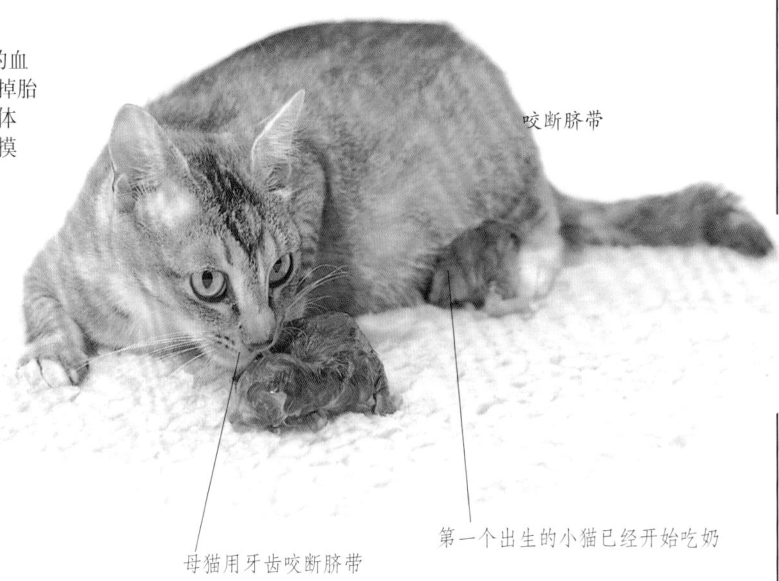

咬断脐带

母猫用牙齿咬断脐带

第一个出生的小猫已经开始吃奶

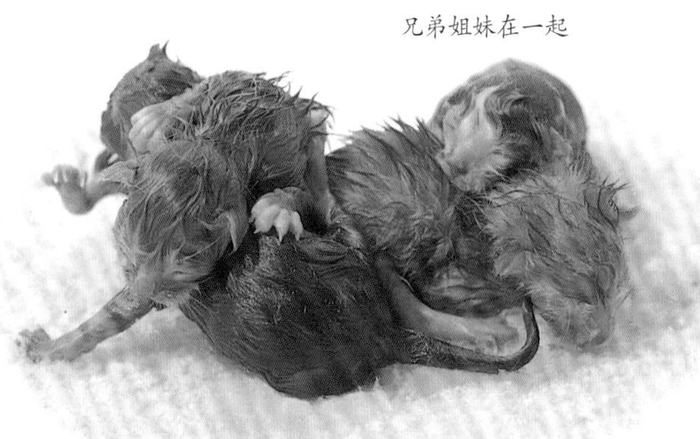

兄弟姐妹在一起

4 出生也很辛苦

猫崽看起来无助，事实上，它们非常活跃并且生来结实，活下去毫无问题。

站起来走动

新生的小牛很快就能行走和奔跑。随着不断进化，容易被猎杀的动物，特别是栖息地没有遮蔽的动物，它们的分娩时间越来越短。

5 快乐家庭

小猫全部出生。这一窝比较多，但分娩还算轻松迅速，母猫不断舔舐小猫，将它们身体一一弄干。很快，它也可以躺下睡觉了，小猫们心满意足地吃着奶。最危险的时候已经过去了。

哺乳动物的特征

母马在后腿之间有两个乳头。它将马驹轻推向乳头，马驹平均每小时吃4次奶。

哺乳动物母体特有的乳腺是在皮肤中形成的。猫和狗的腹部每一侧都有数个腺体和乳头；有蹄动物的乳腺在后肢附近；灵长目动物（包括人类）的乳腺则在胸部，这或许与需要用前肢抱住婴儿有关。妊娠期，雌激素和孕激素刺激乳腺增大。催乳激素会刺激乳腺开始分泌乳汁。产后，脑垂体里的缩宫素荷尔蒙使乳腺开始分泌乳汁并促使更多乳汁形成。乳汁为哺乳动物幼崽提供全部食物。

前页中的母猫和它的第三窝孩子

合适的乳头

小狗通常不固定吃哪个乳头的奶。乳头是一种橡胶似的凸起组织，正好能放在婴儿的嘴里，使婴儿吮吸时乳汁的损失减到最少。乳头也可起到阀门的作用，防止乳汁随意外流。

心满意足的母猫和小猫

出生1小时内，小猫就开始吃奶了。一窝小猫平均有4～5只，通常小猫相继出生的时间间隔约20分钟，所以后来的小猫生下来的时候，第一只出生的小猫已经开始吃奶了。幼猫看不到也听不到，但却能用鼻子闻，用触须、毛发和脚去感觉。它会用脚摸索着移动，找到一个乳头再用脚爪揉、用脸蹭来刺激乳头流出乳汁。起初小猫都可吸吮任何一个乳头，但后来每只小猫都会选择一个乳头专用。如果同窝的小猫很多，它们会轮流吃奶。

母海牛

海牛是海洋哺乳动物，乳头位于鳍状前肢后面的腋窝附近。小海牛躺在母海牛身边吃奶。有时母海牛用前肢搂住幼崽就像人类的母亲抱着婴儿。

寻觅乳头

人类的婴儿出生后，体重略微减轻，但一周后就又重新恢复。在"寻乳反射"现象中，当轻轻触摸婴儿的脸颊时，婴儿就会转向受刺激一侧，寻觅乳头，这是新生儿的一种本能行为。

狼孩双胞胎

传说古罗马的缔造者——孪生兄弟罗穆路斯与雷穆斯，在被牧羊人发现之前一直是由母狼哺乳的。

成长

哺乳动物的父母在孩子身上投入了大量的时间和精力。昆虫能产成百上千的卵，然后让其自生自灭。海胆将成千上万的卵产进水中就不再管了。哺乳动物群内部，亲代抚育的程度各异。我们人类在亲代抚育程度中达到了极致：人类的父母花许多年抚养他们的孩子。母树鼩很可能最不会当妈妈了。生育完后，它就把幼崽丢在巢内，每隔好几天才回去一次。母猫会一直照顾到小猫们断奶并且能自己觅食。如下图所示，小猫生长得很快，它们从母乳中获取生长所需的能量。9周大的时候，小猫就可以离开它们的母亲了。

63天大时不能自立

小猫能自立时，同样大的人类的婴儿却依然事事需人帮助，完全独立还需要好多年。

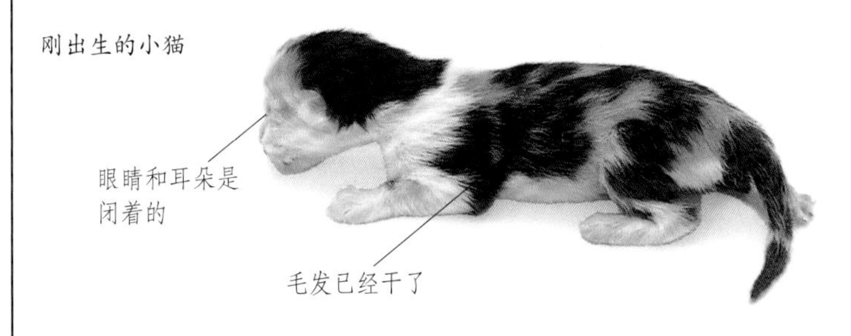

1 出生当天

小猫一出生就有毛。不过小猫此时是不能自立的；它看不到、听不到，也抬不起头。但是它能闻到和感觉到，能挪动身体很快找到母猫的乳头开始吃奶。

2 7天大

一周后，小猫的体重就是刚出生时的2倍了。它的眼睛刚刚能睁开，但还不能辨别颜色和形状。母猫会清理小猫，舔掉它的尿和排泄物。在野外，这是明智的行为，因为又脏又臭的窝很快就会招来捕食者。

3 21天大

小猫的眼睛和耳朵已能发挥作用，头也能抬起来了。它的体重是刚出生时的4倍，肌肉更加强壮和协调，四肢也更长了点，能慢慢爬行了。2～3周时小猫长出第一批乳牙。

4 30天大

吃完奶后，小猫的肚子就垂下来了，安心地离开窝去探索玩耍。最大的变化是断奶过程：小猫开始尝试吃固体食物。母猫把猎物带回窝，让小猫去仔细观察，学习以后该去猎取什么。

5 42天大

在6周大时，小猫仍是大大的脑袋和较短的四肢，但它的身体比例正变得越来越像成年猫。现在它可以离开窝更长时间，与它的同窝伙伴一起探索玩耍。小猫协调性越来越强，它可以跑、跳和爬树，但很少冒险离家走远。固体食物小猫吃得更多，但主要营养仍来自母乳。

6 63天大

大多数小猫到9周大时就完全断奶了。它们现在已能独立谋生并且能与妈妈分离开了。小猫玩的许多游戏可以教会它们捕捉猎物和躲避危险。这只小猫在玩红毛线，这可以锻炼眼睛和爪子的协调能力，使自己的反应更敏锐，练习用爪子抓握，并搞清楚毛线是怎么回事。

玩可以使小猩猩学习如何抓握果实。

生活游戏（一）

人类所称的“玩耍”仅限于哺乳动物，哺乳动物具有发达的感官、智力和学习能力。玩耍主要是哺乳动物幼崽无目的的活动。小黑猩猩在打斗游戏中追逐，小獾在洞穴外滚动嬉闹，甚至小鸭嘴兽也会像小狗一样嚎叫着摇摇摆摆四处走动。从个体角度来说，玩耍有助于形成强壮的肌肉和良好的协调能力。从生存角度来说，玩耍可以训练肉食动物的猎捕技巧或草食动物侦查和躲避危险的能力。从群体角度来说，玩耍提供了交流的基础，它们可以使用声音和身体姿势来传递信息。

测试这块布的强度

小黑猩猩与布

这头两岁大的雄性小黑猩猩被这块新布吸引着：欣赏它的颜色，试试它的质地和强度（左图），以及试试它能不能吃。随后就是一系列如何使用这块布的动作。当人类做出回应，把这块布变成了“围巾”“帽子”（右上图）或“面巾”（最右边的图）时，它会做尝试。随后，它就将注意力转向细节，开始用功地将布丝一根根拆下来（右下图）。从这一系列活动中可以看到它将来生活中的行为举止：每天晚上搭建“树叶”床所需的前臂的力量，梳理体毛或吃小食物所需的手指的灵巧。

全神贯注地拆线

将布当作帽子戴

这儿没有白蚁……

在野外，小黑猩猩会用树枝做工具从小洞里弄些白蚁和蚂蚁吃。检查小洞是它们常见的一种行为，而且发生在我们可能会觉得奇怪的情况下，比如在积木的洞里寻找白蚁……

玩玩具时间

我们看婴儿玩益智玩具已习以为常，却可能忽视了这种活动的进化起源。对于一些工业化程度低的人群，树枝、石头和树叶都可以用来制作理想的天然玩具。

将布当作面巾

手臂运动能增强力量和提高协调能力

生活游戏（二）

肉食性动物找到食物要付出许多努力，还要避免因猎物反抗而受到伤害。因此，哺乳动物幼崽的玩要似乎能反映出成年动物猎捕生活的特点。为避免误解和意外伤害，想玩要的动物把它的意愿传达给伙伴极为重要，否则对方以为动真格的了，做出过激反应就麻烦了。小狗会做一个“邀请玩要鞠躬”，胸部贴着地面蹲伏下，翘起臀部和后肢，摇摆尾巴，耳朵向前，这一姿势就是在说：“我们一起玩吧！”人类儿童也有相同的行为——咯咯笑一下，就可以开始做游戏了。

好玩的海豚：这些好交际的海洋哺乳动物似乎在追逐小船来“闹着玩”。

猫的玩要时间

小猫的许多玩要动作都可以阐释为成年猫所用的猎捕技巧。小猫们可以自己单独玩，也可以大家一起玩，扮演捕猎者或猎物。

猛击

如果小猫要空中出击抓到活动目标，需要眼睛和爪子良好的协调。猫在抓低飞的小鸟或猛击跳到空中的老鼠时就会做出此类动作。

拾起

小猫试图用爪子把球捡起来或翻转过来。球翻不过来，这就激起了小猫的好奇心。成年猫托起小猎物（包括鱼），用的就是此类动作。

戏弄

有些成年猫会在最终杀掉小猎物之前“戏弄”它一番，像鼩鼱的尖叫或鸟拍打翅膀似乎都可以给猫提供乐趣。

突袭

“突袭老鼠”是猫最典型的动作之一。猫悄悄地现身到捕猎对象的背后，避开它的尖牙利爪，突然用牙咬住它的脖子。在本例中，母猫的尾巴被当作了老鼠。

谁才是头儿呢?

狼、豺、澳大利亚野犬和家养的狗大都是群居动物。一起玩耍的小狗渐渐地建立起许多“社交信号”，用来维持群体的等级和组织。

人类最好的朋友

大多数的狗对待主人和对待种群中的统领者一样忠诚。

查验牙齿

这条独自玩耍的棕褐色小狗正在啃咬一个环，这有利于查验牙齿并且增强颌部的肌肉。

两条狗的撕斗

这条黑白花小狗想加入游戏，于是两条狗就使劲地拉拽。这种行为在群居动物中十分常见，比如争夺一份猎物时就会发生。

咬尾巴

僵持的局面持续至棕色小狗抢到了那个环，但是一旦得到这个玩具，它很快就厌倦了，反而咬起了它兄弟的尾巴。它咬的这一口够重，让对方觉得它是认真的。

我是头儿!

突然间，黑白花小狗咬得太用力，棕色小狗生气了，玩耍变成了一场力量搏斗。强壮的棕色小狗压在黑白花小狗的身上来显示它才是头儿。黑白花小狗仰在地上向前滚动，表示投降了。

保持清洁

哺乳动物的毛皮是“集尘器”和寄生虫的天堂。哺乳动物会用一些方法来保持个体卫生，将患病的风险降到最低以及确保伤口在治愈过程中的清洁，如舔、挠、梳、摇摆、打滚、洗浴、摩擦、叼啄和轻咬等。许多哺乳动物都是自己清洗，同种动物“群体理毛”互相清洗在哺乳动物中也很普遍。“群体理毛”有多种功能。其一是清洁，帮手可以更容易地清洁像脖子和背这样难对付的部位。其二是建立群体组织，占支配地位的动物会让地位低下的动物为它理毛。其三，可将本群体的气味传播给所有成员，以让它们辨认彼此，暴露出入侵者。

你来给我挠背……

狒狒的群体梳洗不仅能保持清洁，还能在群体的等级制度中确定每一个动物的地位。

精心的母亲

哺乳动物幼崽自己不能清洗，尤其是啮齿类动物幼崽。母仓鼠正在舔它的孩子为其清洗。幼崽的毛皮必须保持清洁干燥；一旦受潮，幼崽有体温快速丧失的危险。

用前爪清洗脖子和头顶

一只“脏鼠”也没有

老鼠花大量的时间梳洗毛皮，清洗皮肤。家鼠类异常干净，是不错的宠物。老鼠的牙齿可以作为梳子梳理和刷洗毛皮，牙齿和爪子可以抓掉虱子和死皮。野鼠确实携带寄生虫，尤其是跳蚤。

爪子可以到达耳后

用牙齿梳理毛皮

老鼠将牙齿和爪子伸展到背部和身体两侧，用轻咬和梳理的方法来清洗自己。

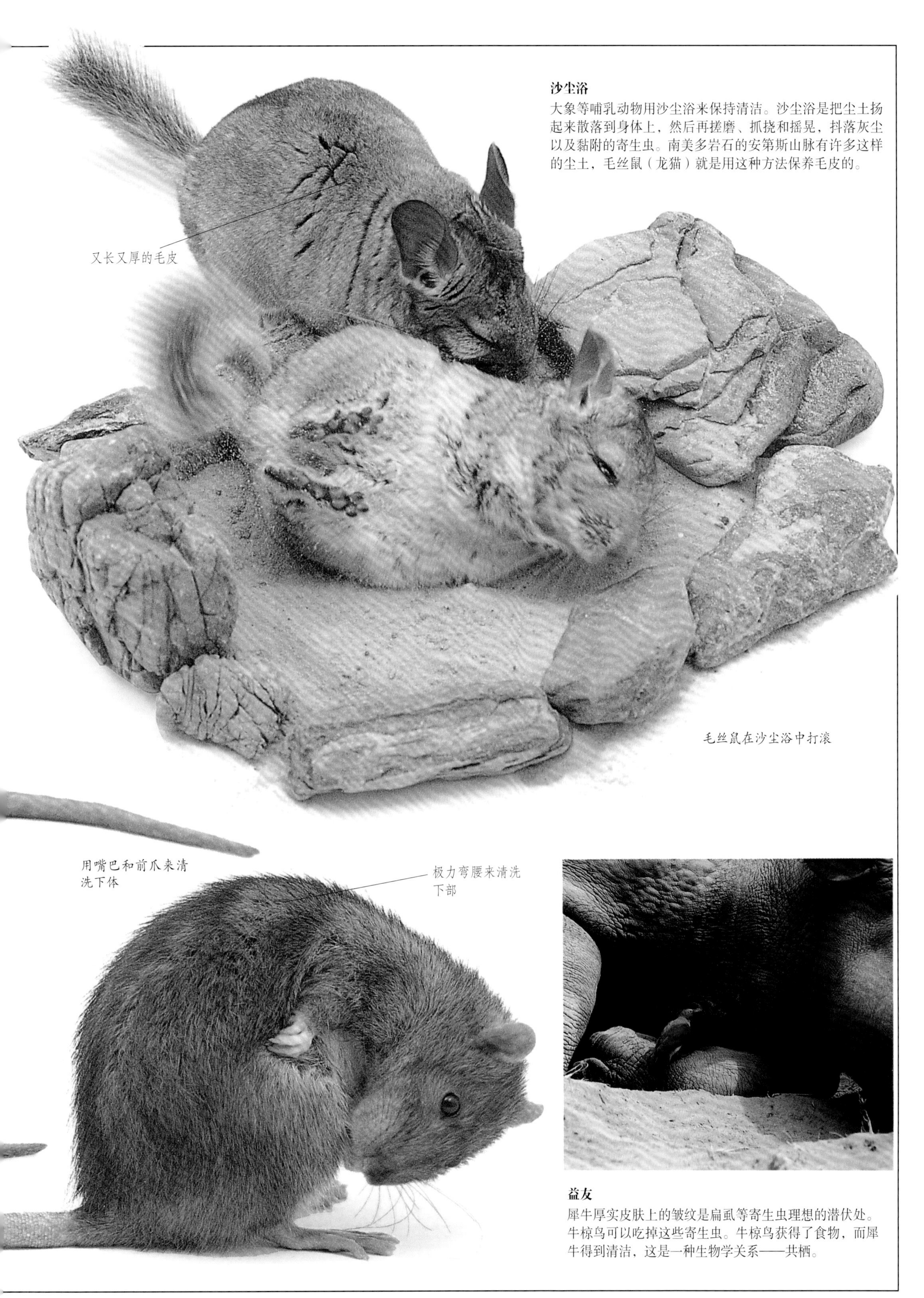

沙尘浴

大象等哺乳动物用沙尘浴来保持清洁。沙尘浴是把尘土扬起来散落到身体上，然后再搓磨、抓挠和摇晃，抖落灰尘以及黏附的寄生虫。南美多岩石的安第斯山脉有许多这样的尘土，毛丝鼠（龙猫）就是用这种方法保养毛皮的。

毛丝鼠在沙尘浴中打滚

益友

犀牛厚实皮肤上的皱纹是扁虱等寄生虫理想的潜伏处。牛椋鸟可以吃掉这些寄生虫。牛椋鸟获得了食物，而犀牛得到清洁，这是一种生物学关系——共栖。

猫的清洗

家猫用大把的时间清洗自己。部分原因是宠物猫不需要去捕猎，没有其他更好的事情可做时，它们就把整理打扮当作一种“替换活动”。

两马胜一马

马匹相互理毛有助于去除不易达到的部位的虱子和蜱，如马肩隆和尾巴尖上。理毛时，一对搭档脖子靠着脖子或头对尾地轻咬彼此5～10分钟。在马群中，马匹之间会发展专门的梳洗朋友。

柔韧的脊柱使猫能向前弯曲

“U”形弯

猫的身体柔韧灵活，嘴巴容易够到身体的大部分地方。当清洗一条腿时，躺下更轻松些。爪子非常重要，清理干净脚垫上的尘垢，露出爪子，检查一下上面存留的猎物残渣。

伸腿来保持平衡

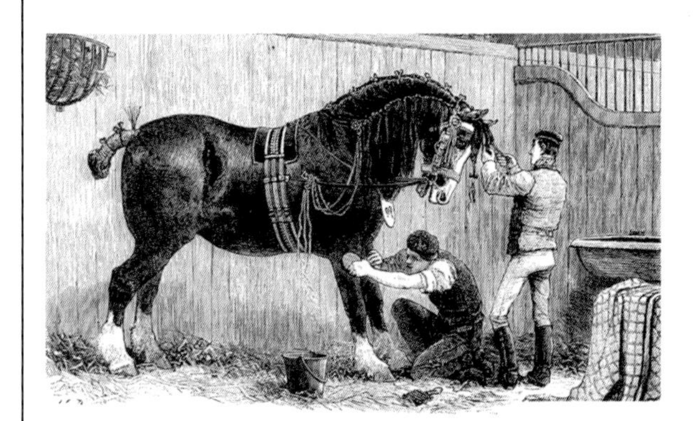

展台风采

马匹自己就能去除寄生虫并疏松鬃毛，但人们在马展中都愿自己的马毛皮整洁闪亮，超过对手。

用唾液湿润前爪清洗耳朵后面

擦脸

舌头携带着具有湿润作用和能去除污垢的唾液，所以猫就把唾液舔到前爪上，再用前爪擦拭脖子、耳朵、眼睛和腮须，以使其清洁。

舔爪子

被猫舔过的人能感觉到那砂纸般的小舌头。猫用舌头梳理毛发的同时，也在用小切牙轻咬并拔掉坏损和松散的毛、死皮、泥土和寄生虫等。梳理时，猫咪变得越来越心满意足，轻松自在。

最终的结果

最终，猫的毛沾有唾液还稍微有点潮湿。梳理有助于将油脂性皮肤分泌物均匀涂抹到皮肤和毛上面，构成一个半防水的驱挡细菌的屏障。

清洗屁股

这是猫清洁时最典型的姿势之一：一条腿抬在空中，以便能清洗到腹部和肛门。

如何处理食物

3道菜的大餐——家鼠夜里蹿到厨房时会很快处理掉罐装奶酪、鳞茎和蜡烛。

“温血”的哺乳动物需要大量的能量来维持生存，而能量和原料来源于食物。因此，进食对哺乳动物的生命至关重要。现代社会，人类无须外出猎取食物，却忽略了野生哺乳动物是如何每日例行外出寻找食物的。哺乳动物高能量需求的原因之一就是：在寒冷的条件下，冷血动物经受低温且行动迟缓，而哺乳动物仍能保持活跃，因此许多哺乳动物的摄食活动都在黎明和黄昏时进行，否则，白天的热量会令爬行类、昆虫类猎物暖和过来，飞奔而逃。因为小躯体比大躯体热损失比率更大，所以哺乳动物越小，进食就越多。在较冷的气候下，白天的时间刚够最小的哺乳动物进食。鼩鼱除了疯狂进食，很少干其他事情。它们每天的进食量相当于自己的体重，却能在3小时内饿死。肉食动物还有另外一种极端情况：狮子每天的进食量大约只需其体重的四十分之一。从动物的嘴巴、牙齿和爪子可以看出它们所吃食物的种类。

够到树梢的舌头

长颈鹿是陆地上最高的哺乳动物，其又长又黑的舌头向上伸出，可以让它再增高约30厘米。一头大的雄性长颈鹿能够啃吃5.5米高度以上的植物。它用舌头把树叶和嫩枝卷住并扯下。它的犬齿有2个深深的凹槽，可以将树叶从细枝上捋下来。

“现拿现吃”

这是北美洲东部的花栗鼠用前爪握住食物进食的情景。花栗鼠处置食物的方法十分高效。进食时，它快速旋转食物，抓掉松散碎屑，用牙齿试着找到坚果脆弱之处。和许多其他啮齿类动物一样，它会将吃剩的食物放在颊囊中，带回洞穴。

谷物消耗者

除了人类以外，家鼠可能是世界上最大群体的食谷类动物。在野外，老鼠有着惊人的多样化食谱，并且能处理食用种子、果实、叶子、嫩芽和其他植物，以及昆虫和其他小生物。在人类的居所内，它们吃面包、纸张、绳子、黄油、肥皂、蜡烛和奶酪。家鼠甚至侵入冷藏室去吃冷冻肉。它们用啮齿类典型的又长又尖的门齿去啃咬和凿开食物。它们经常用前爪来拿小东西。它们的下门齿留有2个典型的凹槽。

前爪捧着种子

家鼠以谷物为主食

转向去一个秘密的储藏室…

老鼠用前爪捧着食物时就坐在后腿上

进食时保持警觉

全能的爪子

马来熊和它大多数的亲属一样，是杂食性动物。它是最小的熊，它轻巧的体形和长而弯曲的爪子（相对于其他物种而言）使它能够很好地爬树并且从树枝上钩下熟果子。它也用它的爪子撕破树皮来找出蛆以及白蚁和蜜蜂的巢穴。

制作工具

白蚁深藏于结实的巢穴中，黑猩猩拿起一根木棒插入蚁穴里。白蚁爬到了木棒上，黑猩猩就把它们钩上来，舔食一顿美味佳肴。少数其他哺乳动物和某些鸟类也能这样使用工具。

鱼晚餐

水獭在岸上一边用前足按住滑滑的美餐，一边用它锋利的犬齿撕着肉。水獭还吃小型哺乳动物、鸟类和蛙类。

门齿和臼齿

哺乳动物进食时首先要运用颌骨和牙齿：抓住食物，将其弄碎磨烂。哺乳动物牙齿的基本结构是：中间是比较柔软的神经和血管组织；上面是牙本质；最外包覆有牙釉质。哺乳动物牙齿已经进化成多种多样，包括斧形、剪形、插入形、剪切形、钳子形和磨具形等。牙齿也常常成为化石被完好地保存下来，是用以比较灭绝物种和现生物种的少数研究方法之一。因此在哺乳动物的进化研究中，牙齿是非常重要的。

这个雄性独角鲸3米长的獠牙是生长过快的左牙。

适应性强的熊

熊归类在食肉目，但事实上，有些熊吃各种食物，从鱼、小鹿和啮齿类到植物嫩芽、水果和浆果，还有蜂蜜。熊的牙齿也适合进食这些东西：尖锐的门齿和犬齿用于吃肉；具有碾磨作用的臼齿用于吃植物。

大熊猫之谜

长期以来，人们对大熊猫一直有一些困惑。从总体身体结构上看，它属于食肉目，但从饮食上看，它又主要属于草食动物，主要吃竹子。近来有证据表明熊猫最近的亲属很可能是熊。

一大口草

马的牙齿主要有两组：前部小而尖的一组和嘴唇一起将草剪断。后部大而平的一组（臼齿）将草中的养分碾磨出来。

不断生长的切齿

河狸属于啮齿目，有像凿子一样的长门齿，专门用于啃咬食物。这些牙齿不断地磨损，同时它们也在不断地生长。

肉食动物的威力

胡狼常被认为是食腐动物，清理狮子猎杀动物后的残羹冷炙，但是它们也自己捕猎。肉食动物位于下颌关节附近的峭状裂齿能切断外皮、软骨和骨头。

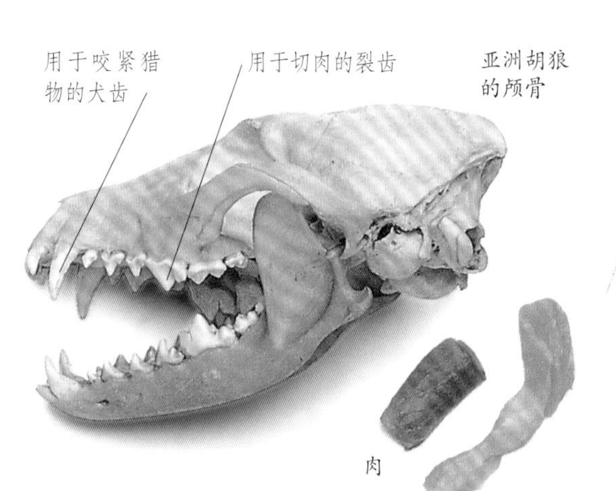

亚洲胡狼的颅骨

鲸须的流苏板

鲸须由纤维构成

海豚的下颌骨

下颌长而纤细

牙齿全部一样

滑溜溜的捕获物

海豚是食鱼动物。它那喙状的嘴里有小而锋利的牙齿，很适于咬紧光滑的鱼和乌贼。

磷虾梳

在母鲸子宫中，小须鲸短时期长有很小的牙齿，但鲸须板和鲸须随后就取而代之。须鲸吸入海水，通过鲸须把水滤出，然后就把磷虾和其余的小生物吸入腹中（见下图）。

须鲸嘴里一排排的鲸须

没有牙齿

长吻针鼹吃小蠕虫和昆虫。它没有牙齿，用黏性多刺的舌头把猎物送到嘴里并且在粗糙舌头的后端与上腭之间将其压碎。

舌头长在长管中

长吻针鼹的颅骨

不同寻常的土豚

非洲土豚是非同寻常的。它只有磨牙，而且这些磨牙没有牙釉质，几乎不咀嚼。蚂蚁和白蚁被黏性的舌头聚集起来后是在胃里被弄碎消化的。

小食蚁兽用长长的黏舌头搜寻蚂蚁和白蚁（左图），它没有牙齿。

海豚的主餐乌贼和鱼

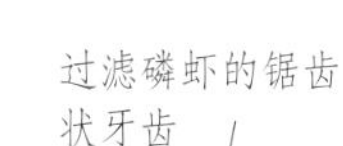

钉子般的牙齿

从底面看土豚的颅骨

剃刀般锋利

刺猬用小而锋利的牙齿来嚼碎它的食物——毛虫、蛆和甲虫。

刺猬的颅骨

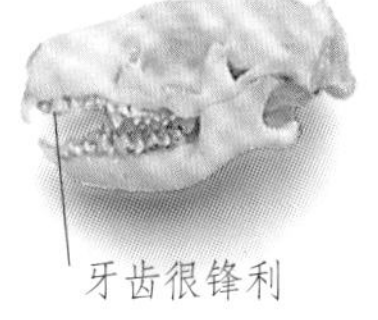

牙齿很锋利

食蟹海豹的颅骨

过滤磷虾的锯齿状牙齿

食蟹动物的古怪案例

属于食蟹动物的南极海豹实际上不吃蟹，而吃磷虾。海豹错综复杂的牙齿可以从海水中过滤微小的磷虾。

磷虾

食物储存

世界上几乎没有一个栖息地能长年持续提供食物，我们的远古祖先建立仓库来储存食物。大约一万年前，人类种植农作物和储存水果以备将来食用，这导致了农业的诞生。不过，几百万年来，其他的哺乳动物在食物丰富之时也存储一些以备艰难时期食用。种子是它们最喜欢的选择。储存者将种子存储起来，来年常常忘记，这就可以帮助植物在那里生长繁衍。肉类易腐败变质，但对于狐狸等哺乳动物，埋藏肉类仍然是值得的。传说狐狸会建多个储存点，这样，万一一个储存点被发现了，它也不会损失很多。

用脸颊收集食物

仓鼠是啮齿动物，它就将食物收集并贮藏起来。仓鼠的脸颊皮肤松弛下垂，形成一个可膨胀的颊囊，用于携带食物。许多哺乳动物（包括鸭嘴兽）都用这种方法携带食物。

2 颊囊
仓鼠把坚果快速地放进嘴里，然后用舌头将其推进颊囊。

1 幸运的发现
野生仓鼠也可看到用颊囊装食物的行为，如在东欧和中亚常见的仓鼠。这儿有一只幸运的仓鼠找到了一堆坚果。

无尾刺豚鼠的颊囊

无尾刺豚鼠是夜行性啮齿动物，约有小狗那么大，生活在南美洲北部。它方头方脑的样子是因其碗状的弯曲面颊骨造成的，这种结构曾被认为是用于储存食物的。另一种说法认为是用于扩大刺豚鼠发出的声音。

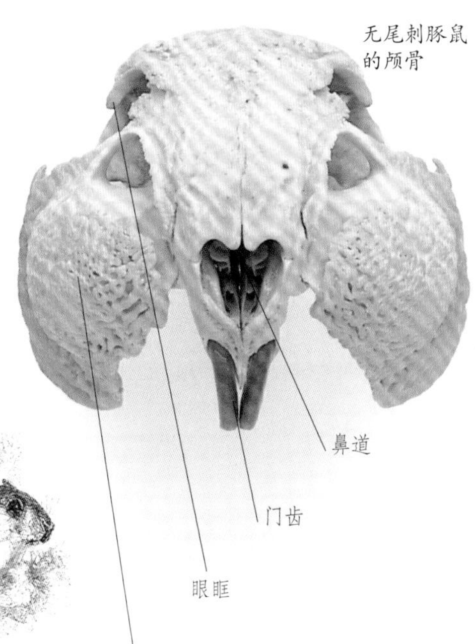

为未来储存的食物

哺乳动物用许多不同的方式储存能量和有营养的食物。这些方法是通过适应栖息地食物的变化衍生而来的。

树上的食物 上图

豹狩猎的成功率很低。它不能一口气把黑斑羚那么大的猎物吃光，就把剩余的食物存在一棵树上，这样鬣狗就够不着了。

地下的食物

赤狐将富余的食物埋藏起来，以后再回来寻找，但并非总能成功找到。

冬天的温暖和能量 右图

睡鼠贪婪地吃着秋天的果实并且在皮肤下面储存起了厚厚的脂肪，为半年的冬眠积聚能量。

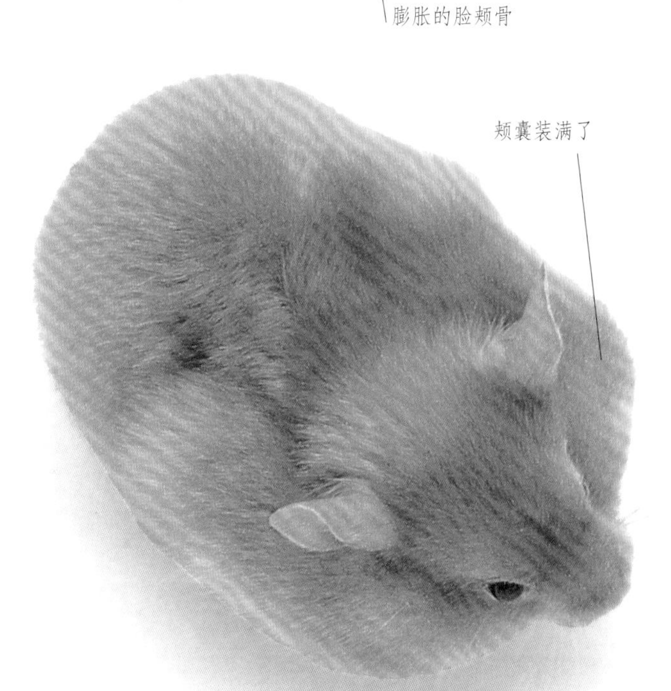

3 “购物袋”满了

像一个人双手各拎一个重重的袋子从超市回家一样，仓鼠也把它的颊囊用坚果装得满满的。

4 从袋子到地洞

仓鼠到达地洞时，开始从颊囊“卸货”。前爪像手一样将颊囊中的食物揉推到它的“储藏室”。在野外，人们发现仅一只仓鼠就能收集六十多千克坚果和其他食物。

巢居在家

用谷物秸秆筑起的鼠巢

哺乳动物世界存在着各种各样的巢穴。一部分哺乳动物在野外建筑显眼的巢穴，也有许多物种在地洞中筑巢，包括北美的林鼠、非洲的旱台鼠和澳大利亚的袋狸。刺巢鼠是澳大利亚一种兔子大小的老鼠，是哺乳动物中卓越的筑巢能手之一。这种动物能用树枝、嫩枝，甚至石头搭建起1米高、2米宽的结实巢穴保护自己免受捕猎者的侵害。遗憾的是，这种老鼠在澳大利亚大陆上已经灭绝了，只在离南部海岸不远的一个岛上还有一些。

松鼠巢里的灰色

冬天欧洲的森林里，树上会露出夹在树杈里的足球大小的松鼠巢，即灰松鼠的家。少数松鼠巢居住有各自的主人。像这一只灰松鼠，在冬天的巢里睡觉。松鼠整个冬天（主要是在正午）都很活跃，但若没有食物，就只能活很少几天。晚上和天气不好时，它们就待在冬天的巢里。松鼠巢外层是一团嫩枝和枝条，里面铺有树皮、草和零碎东西。这个灰松鼠巢的直径约45厘米，实际洞穴为30厘米。幼鼠在春天生在专门的育儿巢内。

灰松鼠筑巢用到的材料

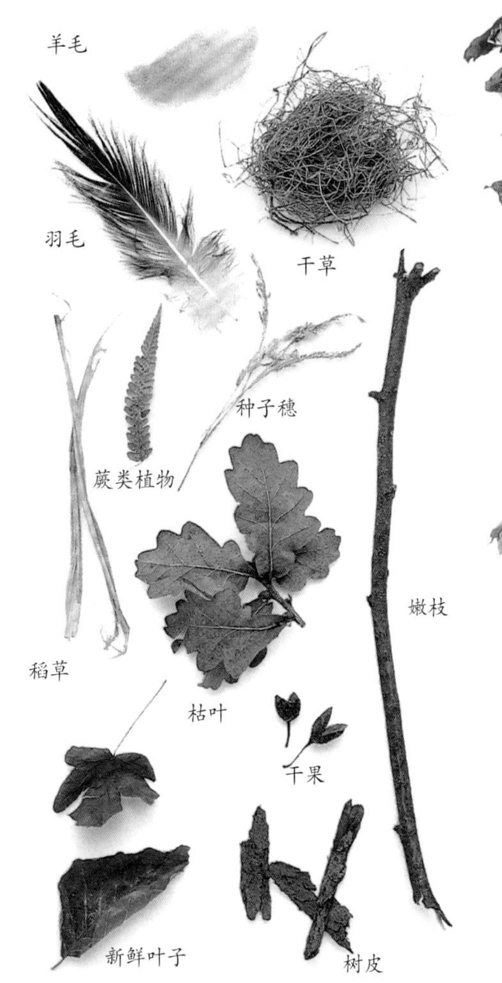

灰松鼠巢里有什么

灰松鼠能用任何合适的材料筑巢，甚至能用塑料袋、吸管和报纸来筑巢。

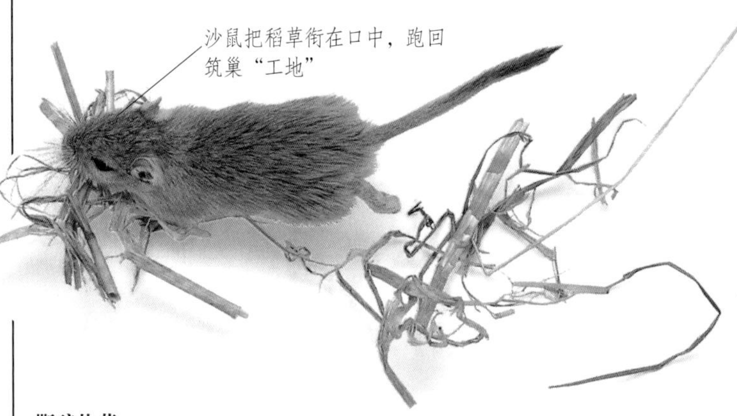

撕碎垫草

在野外，沙鼠——一种沙漠中的小啮齿动物挖掘地洞并用植物碎片铺到坑里。图中的这只沙鼠正在收集合适的材料。

第一天

这是夜晚两只沙鼠找到的“稻草原材料”。

第二天

这一晚用牙齿撕碎稻草建成一部分巢。

第三天

撕碎更多草，蓬松舒适的巢窝已成形。

灰松鼠巢剖面，显现出内部情况
冬天的巢建造精良，夏天的巢轻薄
舒适的里层
嫩枝和树叶做成的外层
灰松鼠转来转去，使巢成为圆形
巢是筑在树杈间的

地下生活

草原是找到穴居哺乳动物的最好区域。这些区域树木很少，主要的庇护所在地下。北美的草原犬鼠和美洲黄鼠，南美的毛丝鼠和长耳豚鼠，非洲的根鼠和鼹形鼠，以及亚洲的黄鼠和沙鼠，都在草原上挖掘地道、建巢繁殖、躲避严寒酷暑。它们主要是植食动物，隔一段时间就出来一次。眼睛看不见的鼹形鼠等专门啃咬植物的根、鳞茎、球茎和植物的其他地下部分，因而可以永远待在地面下。

岸边的前门

鸭嘴兽进食后就退进河岸上的洞穴里。洞穴通常在树根下面，有几米长。用于繁殖的洞穴则长得多，妊娠期的雌鸭嘴兽进入时会隔一段长度用泥堵一下，来防御洪水和入侵者以及保持自己身体的温暖。它在洞穴尽头铺着草的窝内产卵。

雪洞

在冬天，北极熊妈妈在雪里挖一个洞穴。一个月后，它的幼崽出生了。春天到了，北极熊一家就从洞穴里出来了，幼崽们营养充足，但是熊妈妈却又瘦又饿，急切地要享用4个月以来第一顿美餐——海豹。

土丘下面的鼹鼠

哺乳动物穴居冠军是欧洲鼹鼠，它们居住、繁殖、睡觉和饮食都在地下。草地里几个新土丘是鼹鼠复杂的洞穴系统的唯一标志，洞穴在地下1米或更深，可能延伸100米长。洞穴的大小主要由土壤的肥沃程度决定。在草地里挖洞比在沙石土壤里费的工夫要少。鼹鼠的大部分食物来自地下道墙壁上掉下来的生物。

解密鼹鼠洞

1 堡垒——鼹鼠主巢上面较大的永久性土堆。

2 巢——雌性鼹鼠在春天繁殖，在铺有草、树叶和其他柔软材料的窝里生下4只粉红色的幼鼠。

3 鼹鼠妈妈——鼹鼠妈妈常在夜晚冒险去地面收集铺窝的材料。

4 表面路线——某些通道的线路在土壤表层。

5 是朋友，还是敌人？——欧洲鼹鼠喜欢独处。无意闯入的鼹鼠通常会被赶走，除非是在早春，因为那可能是配偶。

6 储藏室——秋季鼹鼠把虫子的头咬下来放进储藏室。

7 纵横交错的地道——每一个角度都有地道线路。

要览图

哺乳动物的脚趾

原始哺乳动物多靠四肢和五趾爪子行走。如今，几乎所有变异都可以看到。马用足尖走路，每只脚只有一个脚趾，鼩鼱等小哺乳动物仍然有五趾。一般而言，四肢长的哺乳动物运动起来比较迅速，而四肢短的则象征力量大并可能具有挖掘能力。瞪羚和羚羊具有超细的四肢以保证速度，海豹和蝙蝠则都具有宽大的四肢以推开水和空气。脚趾的顶端是爪子、指甲、蹄子、肉垫和其他结构。

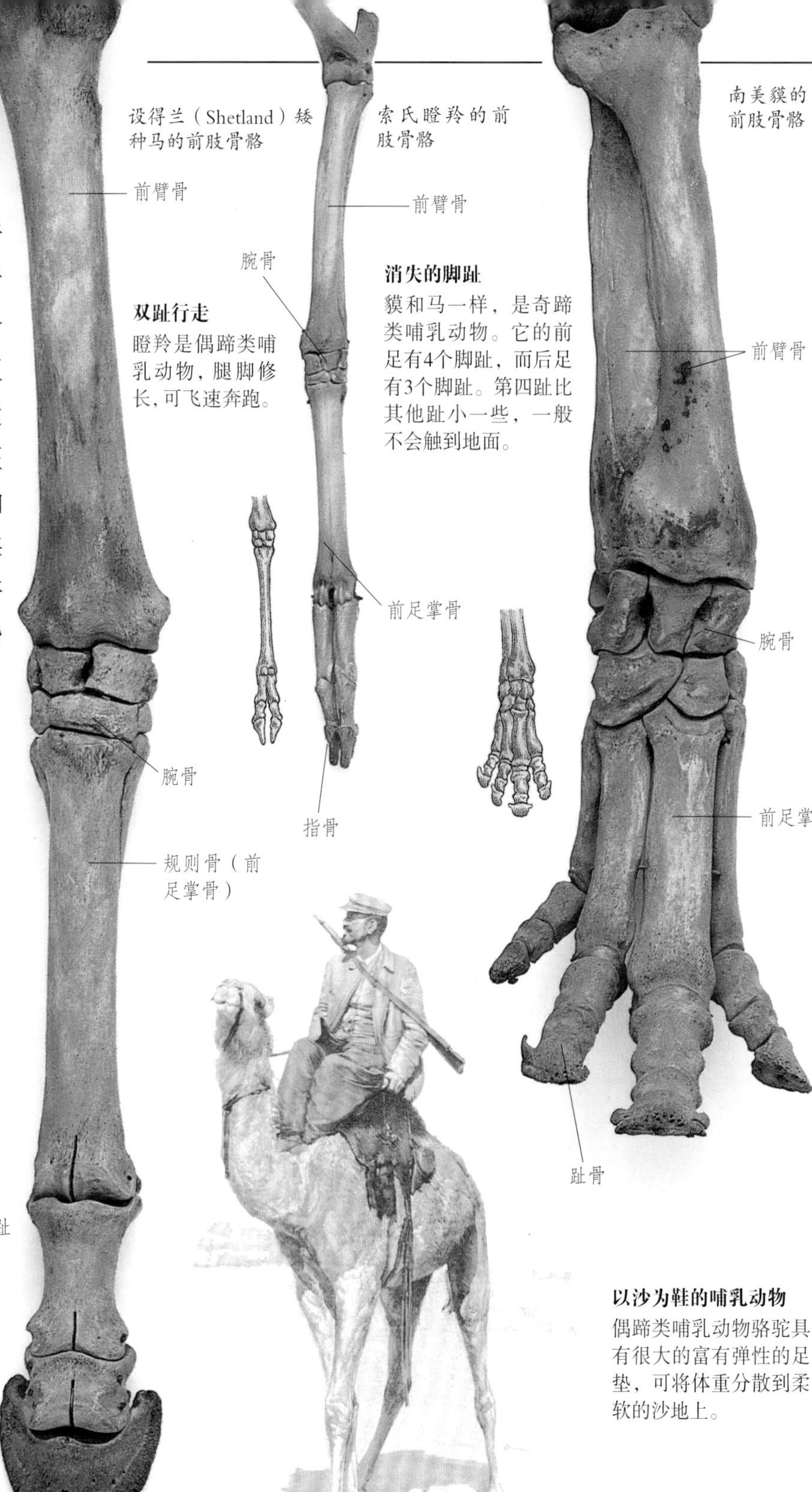

双趾行走
瞪羚是偶蹄类哺乳动物，腿脚修长，可飞速奔跑。

消失的脚趾
貘和马一样，是奇蹄类哺乳动物。它的前足有4个脚趾，而后足有3个脚趾。第四趾比其他趾小一些，一般不会触到地面。

五趾设计
哺乳动物四肢进化以五趾告终，如人类的手和脚。许多啮齿动物、灵长类动物和肉食动物保持了这一“五趾”形式。有蹄类哺乳动物失去了部分趾。这两页图中四肢上的每部分骨头自始至终都用同一颜色表示。（括号里的名字指的是脚和小腿上相对应的骨头。）

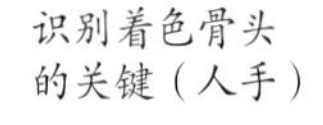
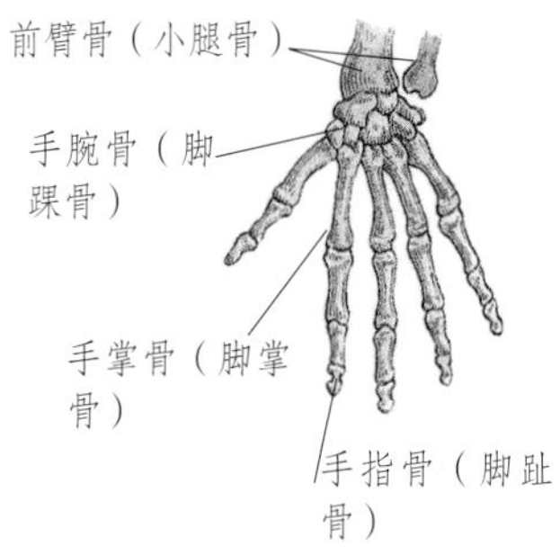

以沙为鞋的哺乳动物
偶蹄类哺乳动物骆驼具有很大的富有弹性的足垫，可将体重分散到柔软的沙地上。

蹄内部
斑马的蹄是由坚硬并有保护作用的角质构成的，在蹄与脚趾骨之间有一个具减震作用的脂肪垫（跖垫）。

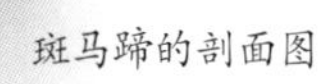
斑马蹄的剖面图

单趾行走
马细长的腿骨经过进化只剩下了一个脚趾，即第三趾（中间的趾），与又长又厚的规则骨相连结。整个结构已经没有了前后肢的趾，肌肉和关节是轻便与强壮的结合，从而使马得以疾速运动。

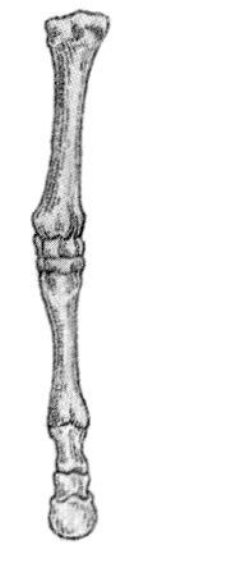

灵活的脚
岩蹄兔的脚上长着扁平的指甲，而非真正的蹄。前足4个趾，后足3个趾。

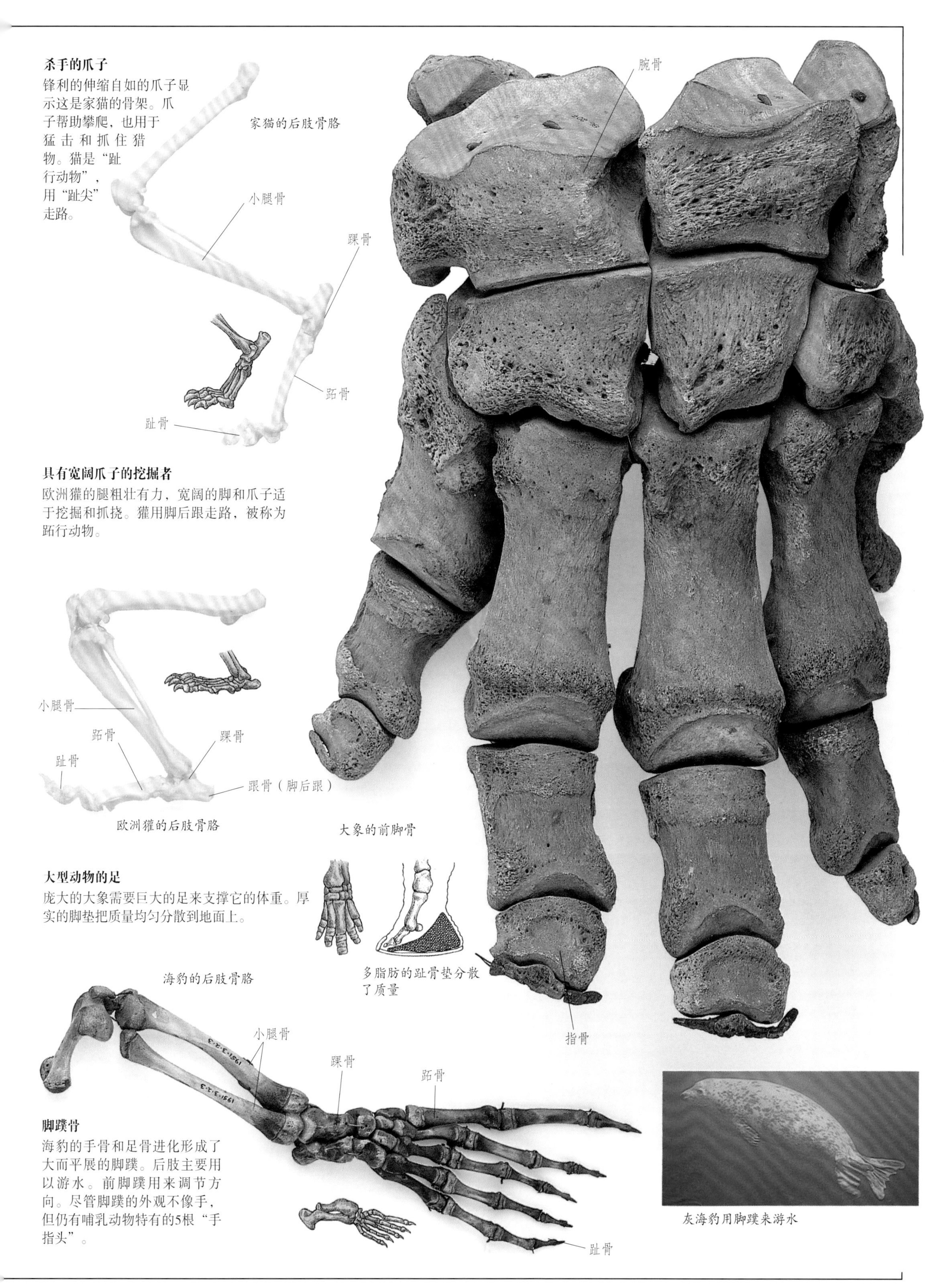

杀手的爪子

锋利的伸缩自如的爪子显示这是家猫的骨架。爪子帮助攀爬，也用于猛击和抓住猎物。猫是“趾行动物”，用“趾尖”走路。

具有宽阔爪子的挖掘者

欧洲獾的腿粗壮有力，宽阔的脚和爪子适于挖掘和抓挠。獾用脚后跟走路，被称为跖行动物。

大型动物的足

庞大的大象需要巨大的足来支撑它的体重。厚实的脚垫把质量均匀分散到地面上。

脚蹼骨

海豹的手骨和足骨进化形成了大而平展的脚蹼。后肢主要用以游水。前脚蹼用来调节方向。尽管脚蹼的外观不像手，但仍有哺乳动物特有的5根“手指头”。

哺乳动物的踪迹

穿过野外的任何一个地方，我们都会察觉到许多动物。但哺乳动物具有灵敏活跃的习性和敏锐的感官，因为害怕撞到大动物而不轻易出现，夜行动物则或隐藏得很好或在睡觉。我们常常只从它们留下的痕迹得知它们的存在——脚印和腹部或尾巴在地面上拖拉的痕迹，带有齿印的剩余食物残渣、粪便、洞穴入口，挂在树枝或荆棘上的毛发，以及鹿角等废弃物。此处所示的脚印是走兽留下的真实脚印：真实而散乱，没有被清理过。脚印是通过诱导动物，让其先在染有无毒墨水的垫子上走过，然后踏到纸上留下的。但爪印在软泥或雪里才能呈现出来。我们可以从足迹中足印的间距和深度看出动物是在跑还是在走。

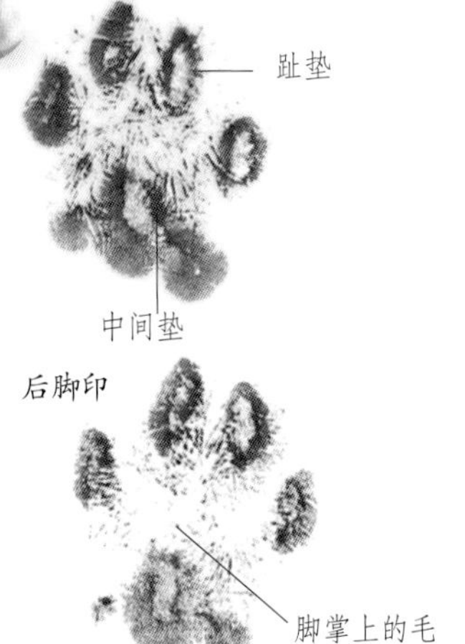

趾行动物——小猫

家猫是趾行动物（用趾行走，趾垫与分成三瓣的主脚掌明显分离。这里看不见有爪印：爪子为了保持尖锐一直缩在里面。每个前足第一个趾由于太高，也不会留下印迹。因此，前脚印和后脚印都是4个脚趾，而且大致一样。

分趾蹄

动物在柔软的地里会留下大量的脚印。动物越重，脚印就越清晰。一只半吨重的水牛留下了清晰的“分趾蹄”印，显示出它是偶蹄类哺乳动物。

兔子快跑

当兔子坐着或跳跃时，前脚印呈圆形。但当兔子跑起来时，由于它后脚只是脚尖着地，前后脚印的区别就不大明显了。

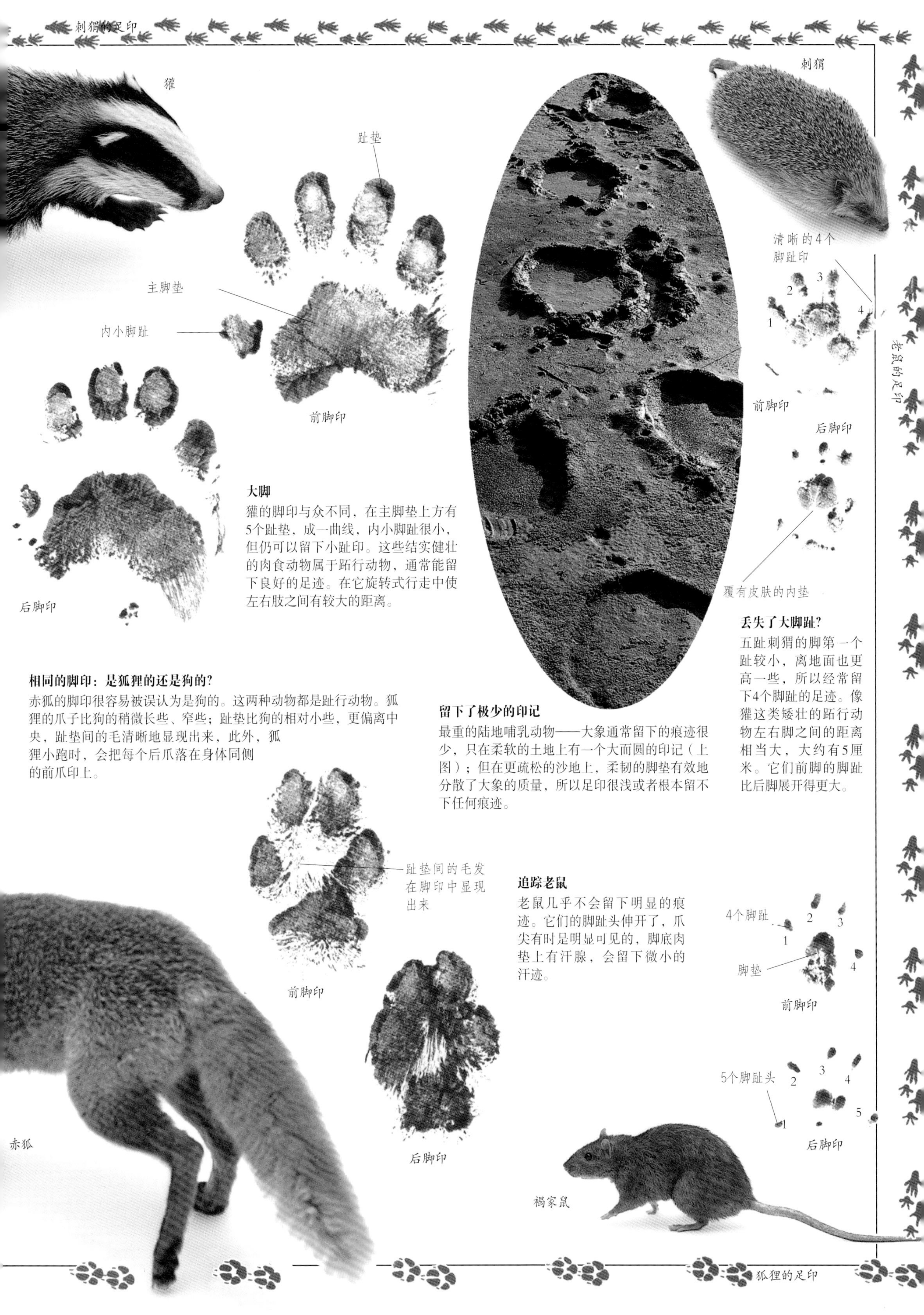

大脚

獾的脚印与众不同，在主脚垫上方有5个趾垫，成一曲线，内小脚趾很小，但仍可以留下小趾印。这些结实健壮的肉食动物属于跖行动物，通常能留下良好的足迹。在它旋转式行走中使左右肢之间有较大的距离。

丢失了大脚趾?

五趾刺猬的脚第一个趾较小，离地面也更高一些，所以经常留下4个脚趾的足迹。像獾这类矮壮的跖行动物左右脚之间的距离相当大，大约有5厘米。它们前脚的脚趾比后脚展开得更大。

相同的脚印：是狐狸的还是狗的?

赤狐的脚印很容易被误认为是狗的。这两种动物都是趾行动物。狐狸的爪子比狗的稍微长些、窄些；趾垫比狗的相对小些，更偏离中央，趾垫间的毛清晰地显现出来，此外，狐狸小跑时，会把每个后爪落在身体同侧的前爪印上。

留下了极少的印记

最重的陆地哺乳动物——大象通常留下的痕迹很少，只在柔软的土地上有一个大而圆的印记（上图）；但在更疏松的沙地上，柔韧的脚垫有效地分散了大象的质量，所以足印很浅或者根本留不下任何痕迹。

追踪老鼠

老鼠几乎不会留下明显的痕迹。它们的脚趾头伸开了，爪尖有时是明显可见的，脚底肉垫上有汗腺，会留下微小的汗迹。

探查哺乳动物

印度的追踪者靠他们的侦查工作获取食物。

如今，大多数人与自然世界的接触极少，不过仍有人以我们祖先的方式与大自然生活在一起。他们凭借已有的知识和生活经验去判别原始的踪迹。动物啃咬过的物体或粪便，哪怕是少得可怜的痕迹都会被迅速鉴定出来，可以引导人们找到可食用的肉、可做工具的骨头，以及可做衣服和遮蔽物的兽皮。

持久的骨头

哺乳动物身体上的骨头、牙齿、角、鹿茸及其他坚硬部分能存在很久。特定的一个裂缝或凹痕能表明动物的死亡方式。牙齿上的磨损可以表明此动物是否年老体衰死于疾病。

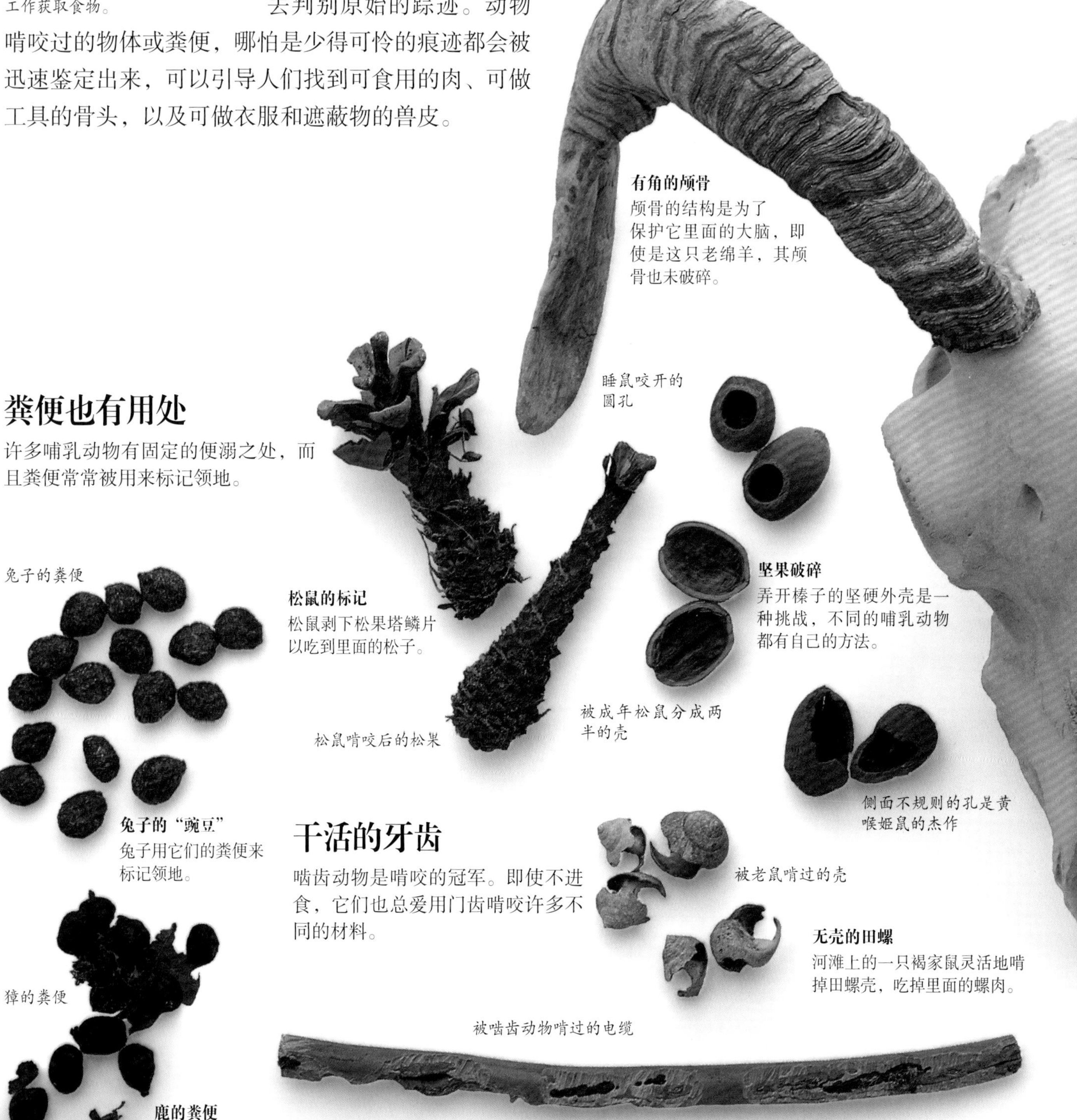

有角的颅骨
颅骨的结构是为了保护它里面的大脑，即使是这只老绵羊，其颅骨也未破碎。

睡鼠咬开的圆孔

粪便也有用处

许多哺乳动物有固定的便溺之处，而且粪便常常被用来标记领地。

兔子的粪便

松鼠的标记
松鼠剥下松果塔鳞片以吃到里面的松子。

松鼠啃咬后的松果

坚果破碎
弄开榛子的坚硬外壳是一种挑战，不同的哺乳动物都有自己的方法。

被成年松鼠分成两半的壳

侧面不规则的孔是黄喉姬鼠的杰作

兔子的“豌豆”
兔子用它们的粪便来标记领地。

干活的牙齿

啮齿动物是啃咬的冠军。即使不进食，它们也总爱用门齿啃咬许多不同的材料。

被老鼠啃过的壳

无壳的田螺
河滩上的一只褐家鼠灵活地啃掉田螺壳，吃掉里面的螺肉。

獐的粪便

被啮齿动物啃过的电缆

鹿的粪便
鹿类的食物营养成分低，所以会排泄出大量的粪便。

停电
老鼠可能会啃咬电缆，有时动物会触电而死，曾引发过火灾或停电。

被冲到岸边的脊椎骨

这个海狗的脊椎骨被海水漂白了，正好被冲到非洲骷髅海滨的沙滩上。海水引起了化学腐蚀，清除掉骨上附着的物质，展现出骨头的内部结构。

太硬了

由于牙齿太硬，而且牙根伸入颌骨，所以捕食者很少吃猎物的颌和牙齿。

脱落

鹿每年都脱落鹿角，再长出一副新的来。雄鹿用它的角和其他的雄性决斗，还在夏季用它们来摩擦树木来为其领地设置标记。

自然死亡

在城市，每年大约有一半狐狸死亡是由车辆造成的。这些骨头是在一条主干道附近找到的。

很多翅膀

这表明附近有蝙蝠。它们偏爱食用飞蛾的躯体，而把干翅膀丢到洞穴下方。

铁丝网上的毛皮

人造铁丝网就像人造灌木丛，能够钩挂住过往动物的一些皮毛。毛被挂住的高度，挤着穿过的洞的大小，还有毛的颜色和性质，都是重要的线索。

哺乳动物的分类

哺乳动物共有27个目，这里各举一例说明。一些目包含成百上千种动物，而另一些则只有一种动物。随着科学家们对哺乳动物的进化和相互关系的发现增多，哺乳动物的分类方法也一直在变。

亚洲象

长鼻目

现存的长鼻目动物有3种：亚洲象和非洲草原象、非洲森林象。已灭绝的猛犸象曾属于本目。大象之所以独特，在于它们生活在雌性为主导的社会结构中。

袋鼠

大多数袋鼠不能行走，而是用后肢跳跃

有袋类

一般有袋类单列在一个目中，但有些科学家认为应该分为7个目。其中4个目原产于澳大利亚及其附近岛屿，而另外3个日则发现于北美洲和南美洲。有袋类在其腹部的袋子——育儿袋中携带其幼崽。

海狮

鳍脚类

鳍脚类来源于“带鳍的脚”的拉丁文，包括海豹、海狮、海狗、海象等36种动物，隶属于食肉目。鳍脚类动物一生中大部分时间都生活在水里，它们的身体结构使它们适于水生环境。在陆地上，它们则不能很好地移动。

鸭嘴兽

单孔目

单孔目包括5种卵生哺乳动物：鸭嘴兽和4种针鼹。单孔目动物仅发现于澳大利亚、塔斯马尼亚、印度尼西亚东部几个小岛和新几内亚。单孔目动物在过去的200万年间没有发生显著变化。

蹄兔

蹄兔目

蹄兔外表上像啮齿动物或兔子，但实际上是有蹄动物。它们有马、大象、海牛和土豚等群体的特征。蹄兔共有7种。

皮翼意思是“皮肤翅膀”

鼯猴

皮翼目

本目包含鼯猴，鼯猴仅有2个种，都产于东南亚。鼯猴貌似狐猴，能靠拍打皮翼而滑翔，因此有时它被称作“飞狐猴”。鼯猴是植食性动物，具有非常尖锐的牙齿。

食虫目

本目动物以昆虫为食，通常形体比较小。本目共有约500种动物，包括刺猬、鼹鼠、鼩鼱等。食虫目有发达的听觉、嗅觉和触觉，但是视觉不好。除了在澳大利亚外，它们到处可见。

鼹鼠

沙鼠

啮齿目

啮齿动物有一对一生都在生长的门齿。啮齿动物用这些牙咬穿食物，以及它们所遇到的任何东西。老鼠、松鼠、仓鼠和沙鼠都是啮齿动物，约有2300种。

狐狸

食肉目

大部分食肉动物都是陆地哺乳动物。它们的牙齿易于辨认，其牙齿的形状适于抓住肉并将肉撕成片。食肉动物常常是具有极好的感官的中型动物，共有约290种，包括狐狸、狗、猫、狼、熊等。

翼手目

本目包括蝙蝠，它是唯一有能力飞行的哺乳动物。蝙蝠视力不良，依赖回声定位或听觉来引导飞行方向。它们只在夜晚出来觅食。本目有1200种蝙蝠，占所有哺乳动物的五分之一。

鲸目

本目共有鲸、海豚和鼠海豚等90种。人们对鲸目做过许多研究，其行为常常展示了它们好玩的特性和非凡的智力。现在分类将鲸目与偶蹄目合并为鲸蹄目。

贫齿类

贫齿的意思是“没有牙齿”，但只有一些动物如食蚁兽，一颗牙齿也没有，其他的贫齿类动物如树獭和犰狳，具有无牙根的臼齿。贫齿类只发现于美洲，分为披毛目和带甲目。穿山甲曾属于本类，但现在被单独分为一个目了。

偶蹄目

本目具有多样性，包含约240个物种。偶蹄意思是“偶数趾的”，指的是每只脚上趾的数目，通常是2个，有时是4个。猪、长颈鹿、河马都属于此目。

兔形目

兔形目包括约90种穴兔、野兔和鼠兔。它们具有很高的生殖率，大多数雌兔一年内能生产许多窝兔崽。像啮齿动物一样，它们具有长长的门齿，而且一生都在生长。

管齿目

本目只有土豚这一种动物。这一多毛的夜行动物以蚂蚁和白蚁为食。它用大大的爪子挖开昆虫的巢穴，然后将其长长的舌头伸进去抓到猎物。土豚依靠嗅觉和听觉搜寻出猎物巢穴。

灵长目

灵长目共有约400种，人类就是其中之一。灵长目动物有长长的四肢、灵活的手指和脚趾。它们具有视野宽阔的向前看的眼睛，与其他同等大小的动物相比，它们的大脑更大些。

海牛目

本目包含儒艮和海牛，两者常常都被称作海牛。这些哺乳动物重达1150千克，生活在水中，现在濒临灭绝。

奇蹄目

本目是由趾数为奇数的有蹄哺乳动物组成的。它们用蹄行走，共有17个物种，包括犀牛、马、斑马和貘等。大部分奇蹄目动物都是草食动物。

鳞甲目

穿山甲曾被归类于贫齿类，但现在独占一个目。穿山甲的别名是鲮鲤，它有许多排重叠的鳞片来保护身体。它们没有牙齿，但有长长的舌头。

第五章
植　物

植物对地球上的生命来说至关重要。因为高等生物都是间接或直接地依赖植物获取养料的，而大部分植物则利用光合作用给自身提供养料。

什么是植物

植物对地球上的生命来说至关重要。因为高等生物都是间接或直接地依赖植物获取养料的。而大部分植物则利用光合作用给自身提供养料。所有的植物都可以归为两大类。一是开花植物，具有真正的花朵。二是无花植物以及裸子植物，前者包括“原始”植物，比如藓类、蕨类、木贼、地钱，后者是以巨杉这样的针叶树为代表的植物。当今世界上大约有25万种开花植物，几乎无处不在。

这不是植物

通常结构简单的植物和动物很难区分。水螅虫，外表像植物，生活在海洋里，其实是无脊椎动物。

地衣

这是一种植物

地衣是两种不同的有机体真菌和藻类共生的无花植物。藻类细胞生活在菌丝的包围下，通过光合作用给菌类提供养料。

石灰岩上的地衣

这曾是一种植物

图中巨大的石松高45米，曾经占地表植被的很大一部分。3亿年后，它们的遗骸变成了煤炭。

同一时期的同系植物

蕨类和木贼都是原始植物，都不开花，靠孢子繁殖，约3亿年前开始出现。

木贼

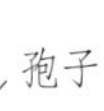

孢子

鹿舌草

最大和最小的植物

世界上最大的植物是一种针叶树，即加利福尼亚巨杉，可长到超过95米高。最小的开花植物是没有根系的浮萍，直径只有0.3毫米。

地钱

地钱是无花植物，生长在潮湿地带，靠孢子繁殖。

开花植物

开花植物结种很独特，种子在子房里发育，随后长成果实。三色堇就是典型的开花植物。

藓类植物

藓类植物不开花，靠孢子繁殖。

活化石

海藻是无分支无花植物。硅藻是一种单细胞海藻，有坚硬透明的外壳，由二氧化硅构成。这张显微镜图片中，每一种硅藻都有不同形状的硅类细胞膜。

形如绿毯

有些水生藻类形成长长的细胞链，构成黏稠的“海草毯”。

植物的构造

开花植物白天和夜间都很忙。白天，叶子吸收光能，植物利用该能量生产养料，这些养料以碳水化合物的形式存在。第二步程序在夜间进行。养料生产出来之后，就从叶子被输送到所需的地方。同时，根从土壤吸收的水分和矿物质以相反的方向被输送到茎和枝。植物全天24小时进行呼吸。植物成熟之后，便开始进行开花、授粉、结果等一系列复杂的过程。

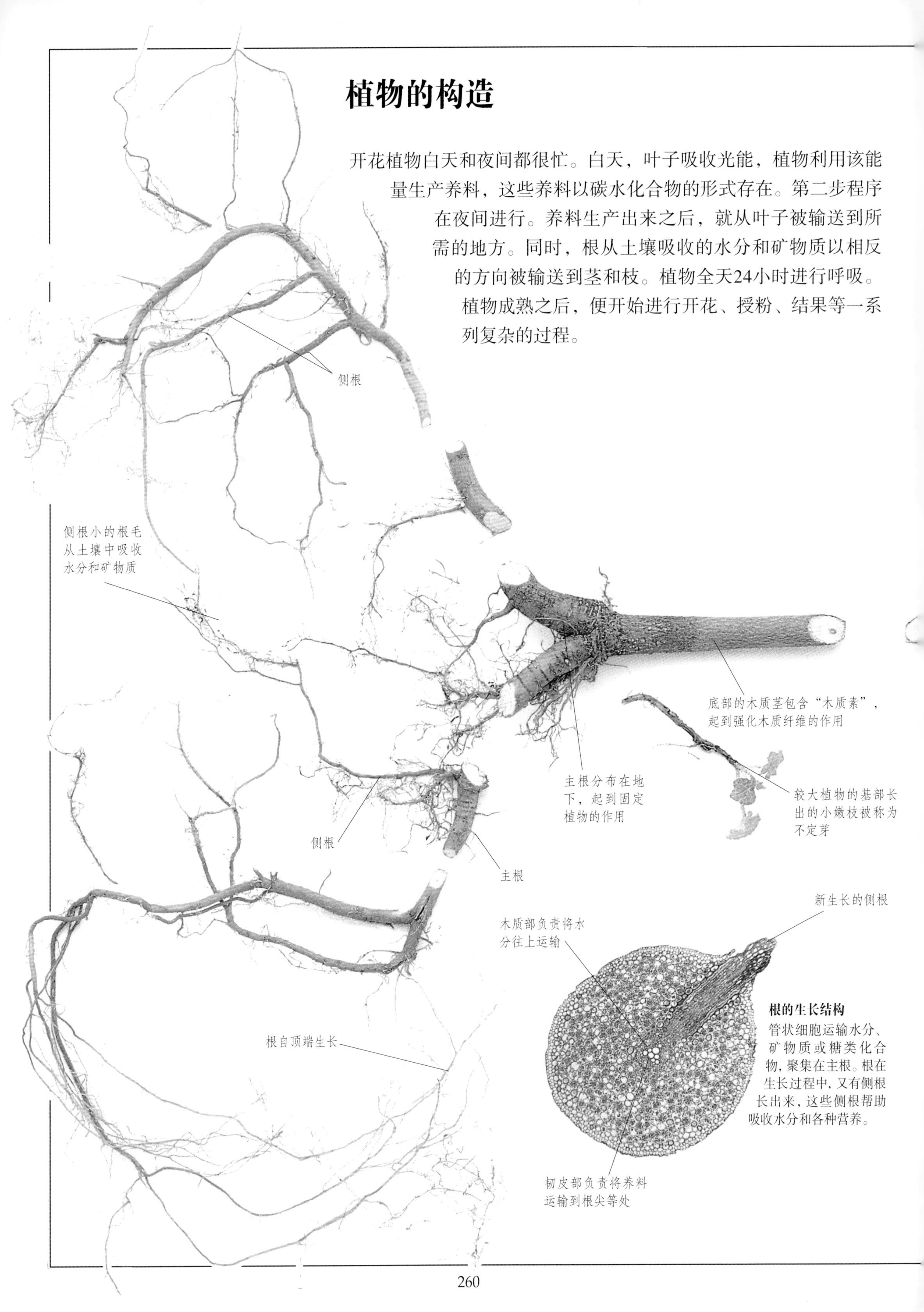

根的生长结构

管状细胞运输水分、矿物质或糖类化合物，聚集在主根。根在生长过程中，又有侧根长出来，这些侧根帮助吸收水分和各种营养。

输导组织

植物通过管状细胞上下传递水分、矿物质和糖类化合物。木质部负责向上运输水分和矿物质。韧皮部负责上下输送碳水化合物到需要的地方。

叶脉

开花植物不是单子叶植物，就是双子叶植物。单子叶植物的叶子通常是平行脉。双子叶植物的叶子通常是网状脉。

花蕾

花蕾由萼片包裹，萼片起到保护作用。

含苞欲放的花蕾

花瓣逐渐生长，花萼轻轻张开，含苞待放，露出花药和柱头。

花朵

花瓣颜色鲜艳，吸引昆虫对其进行授粉。花药产生花粉，柱头接受花粉。

历史悠久的消遣

园艺绝不是一项新的消遣方式。这位16世纪的园艺家看来对自己做的事情相当了解。

这幅由16世纪的植物学家克鲁修斯雕刻的木版画，反映了树锦葵的全貌

植物的诞生

一粒种子里面包含着微小的生命。胚是种子内部的基本成分，幼苗靠胚汲取生长所需的养料。胚汲取养料以维持生命并加快发芽过程。营养物质贮存在胚乳或子叶中。种子可能在数周、数月，甚至数年里都处于休眠状态。一旦条件合适，种子会立刻苏醒过来并开始生长。种子在萌发过程中吸收水分，胚细胞开始分裂，最终突破种皮 。一开始，胚根向下生长，紧接着胚芽发育成叶和茎。

体形小却力气大
植物生长时能够产生强大的力量。有些幼苗能从新修的沥青路面冒出来。

3 利用太阳
长出真叶之后，幼苗开始利用光合作用生产养料。到目前为止，还主要是子叶贮藏大量的营养物质，供胚发育需要。

弯曲的胚芽

种皮里面是子叶

向下生长的最早出现的根

1 萌芽
在黑暗潮湿的环境下，红花菜豆种开始萌发。一开始种皮分裂。胚根出现并向下生长。随后，长出胚芽，起初两片胚芽弯曲生长，顶端由子叶保护。胚芽将发育成茎和叶。

最早出现的真叶

胚芽向光直立生长

2 向阳生长
随着胚芽逐渐生长，幼苗出土。幼苗出土之后，开始向阳直立生长，并出现第一片真叶。红花菜豆的子叶仍然被包裹着，这被称为子叶“留土萌发”。植物中也有子叶“出土萌发”的，比如向日葵，子叶出土后，逐渐变绿并开始为幼苗提供养料。

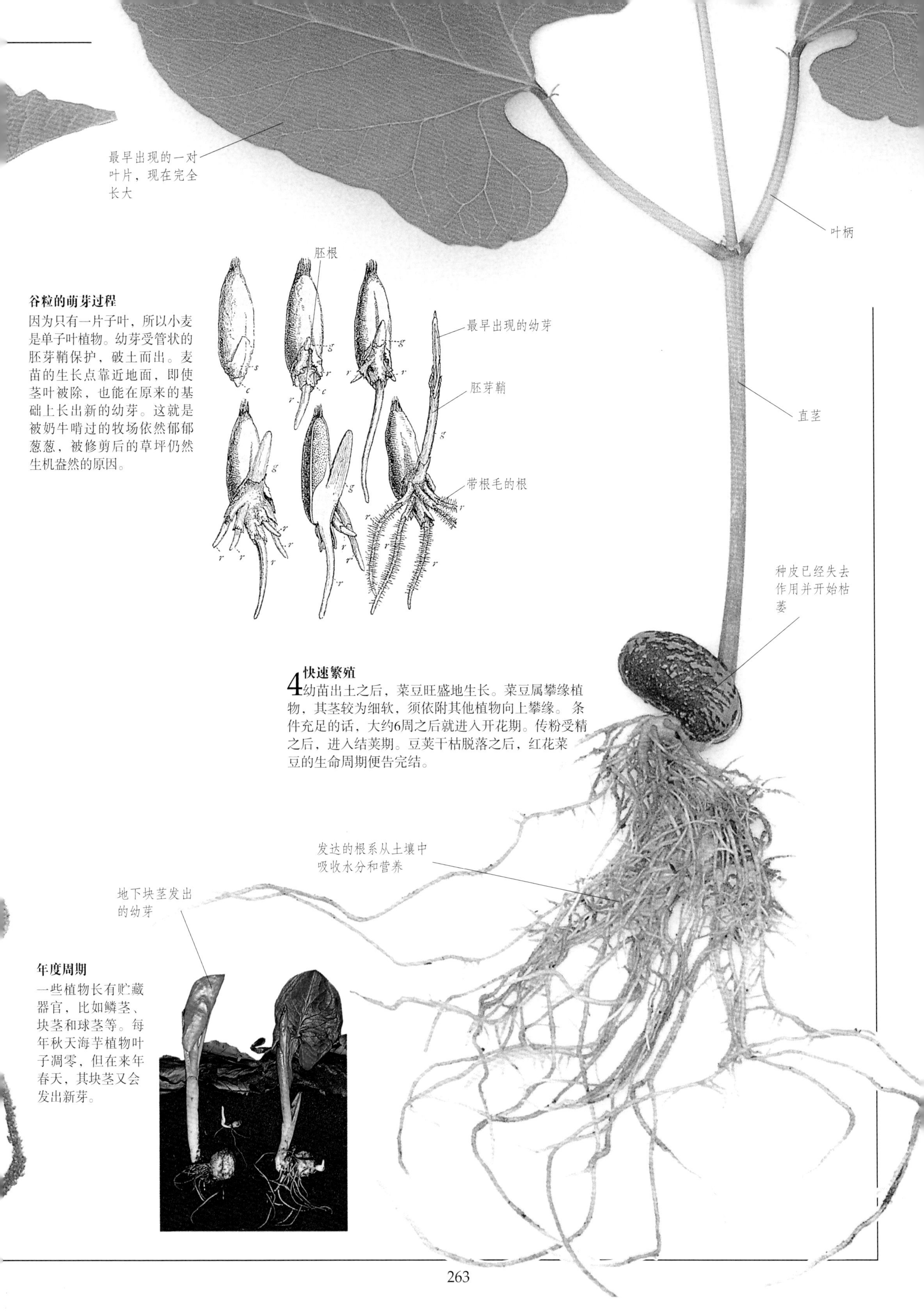

谷粒的萌芽过程

因为只有一片子叶，所以小麦是单子叶植物。幼芽受管状的胚芽鞘保护，破土而出。麦苗的生长点靠近地面，即使茎叶被除，也能在原来的基础上长出新的幼芽。这就是被奶牛啃过的牧场依然郁郁葱葱，被修剪后的草坪仍然生机盎然的原因。

4 快速繁殖

幼苗出土之后，菜豆旺盛地生长。菜豆属攀缘植物，其茎较为细软，须依附其他植物向上攀缘。条件充足的话，大约6周之后就进入开花期。传粉受精之后，进入结荚期。豆荚干枯脱落之后，红花菜豆的生命周期便告完结。

年度周期

一些植物长有贮藏器官，比如鳞茎、块茎和球茎等。每年秋天海芋植物叶子凋零，但在来年春天，其块茎又会发出新芽。

开花

所有的植物都有一套特殊的控制机构，来确保花朵每年在恰当时间绽放。影响植物开花的主要因素是夜晚的长短。一些植物在日照短的情况下开花。其他植物，尤其是远离赤道生长的植物，只在盛夏时节开花，因为这时白天时间相对较长。一些花不受日照时间影响。开花之后，其他机制开始起作用。有些花随着太阳转动，而有些花则每晚闭合，第二天早晨再重新开放。

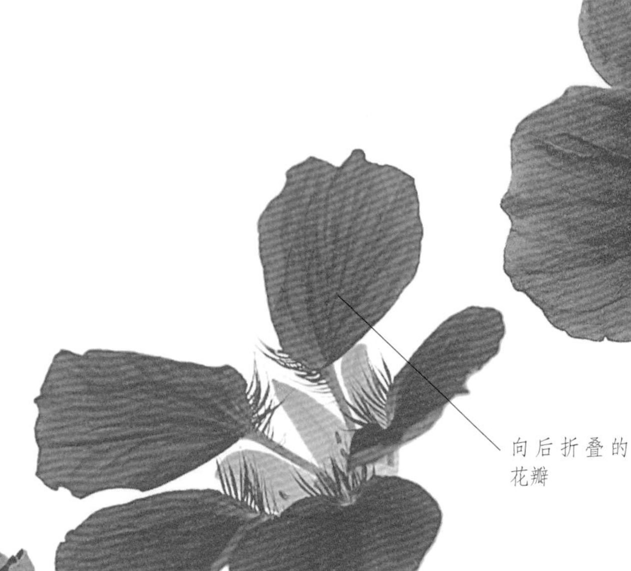

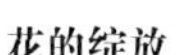

花的绽放

旱金莲产于南美洲。在远离赤道的地方，要到仲夏时期才开花。光照条件达到之后，开始出现花蕾。花蕾均由5瓣萼片保护。花蕾开始绽放时，萼片展开，露出5片橙黄色的花瓣，花瓣向外生长，向后折叠。其中一瓣萼片延长成一长距，位于花序后面。它能产生花蜜，吸引昆虫对花进行授粉。

含苞欲放

蜜导指引昆虫到达花蜜所在地。为了能够采到花蜜，昆虫必然会爬过花药，这一过程使昆虫浑身沾满花粉。几天之后，花药枯萎，3个柱头开始接受其他同类植物的花粉。采蜜的昆虫在柱头对其完成授粉。

植物的寿命周期

开花植物的寿命长短各不相同，从几个月到几百年不一。一株普通的罂粟花在一年里完成从发芽、开花、结种到死亡的过程。这种植物被称为一年生植物。野胡萝卜需要两年的时间来完成上述过程。它们只在第二年开花，第一年为生长和营养物质储备期。这类植物被称为二年生植物。多年生植物指的是能多年生长的植物，如蒲公英。草本多年生植物寿命周期长，根系发达。

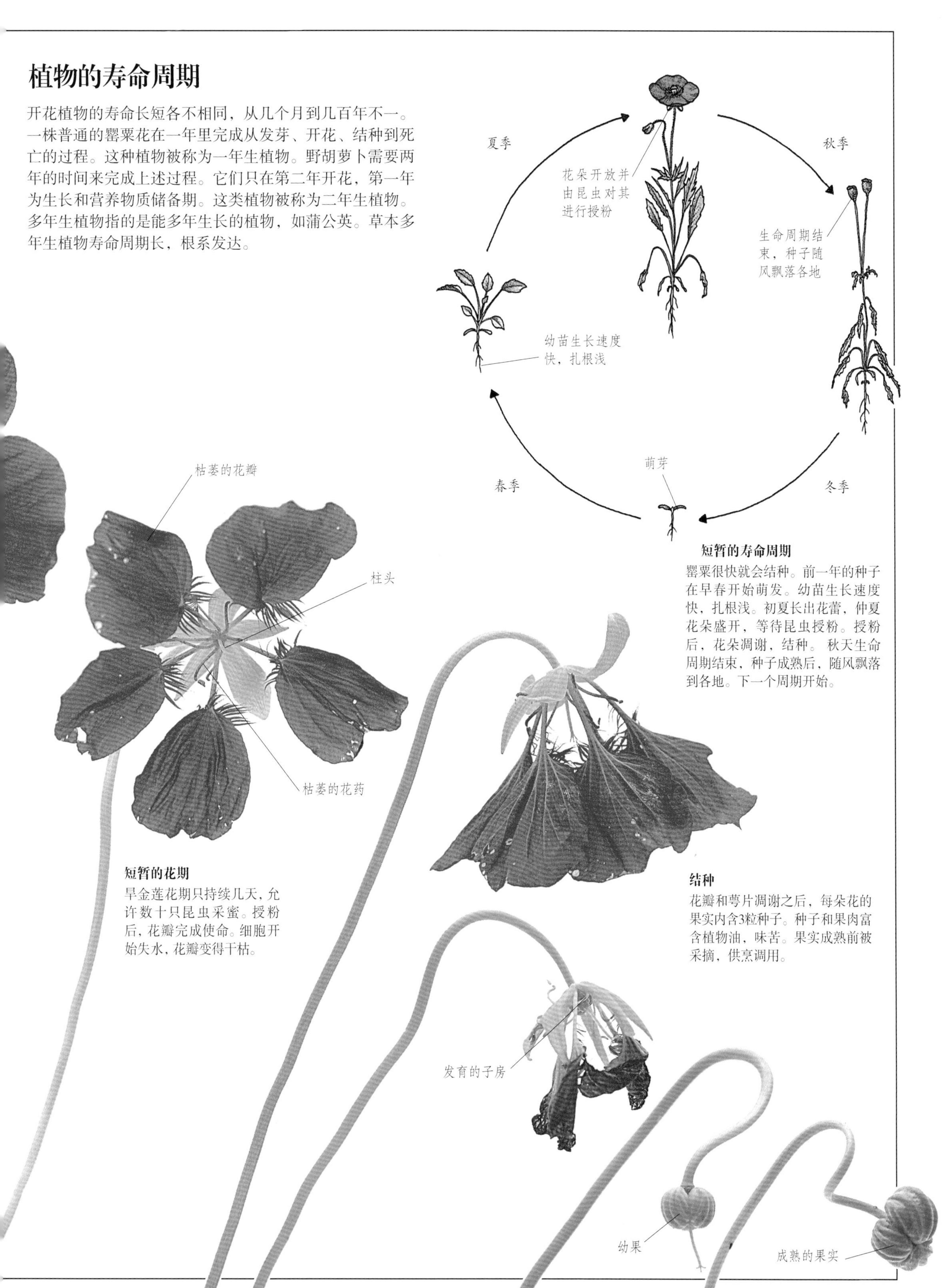

短暂的寿命周期

罂粟很快就会结种。前一年的种子在早春开始萌发。幼苗生长速度快，扎根浅。初夏长出花蕾，仲夏花朵盛开，等待昆虫授粉。授粉后，花朵凋谢，结种。秋天生命周期结束，种子成熟后，随风飘落到各地。下一个周期开始。

短暂的花期

旱金莲花期只持续几天，允许数十只昆虫采蜜。授粉后，花瓣完成使命。细胞开始失水，花瓣变得干枯。

结种

花瓣和萼片凋谢之后，每朵花的果实内含3粒种子。种子和果肉富含植物油，味苦。果实成熟前被采摘，供烹调用。

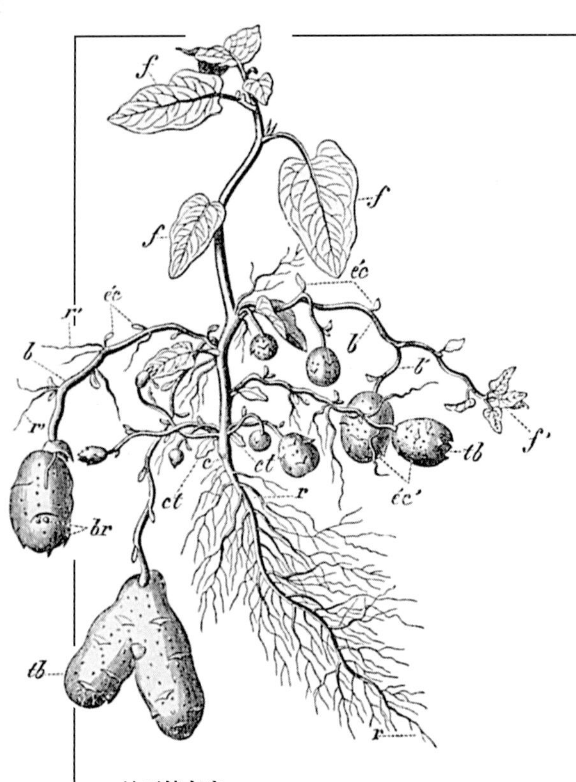

光合作用产生的养料

大多数植物能够自己生产养料。其生产养料的关键在于一种叫作叶绿素的绿色色素，叶绿素使植物显现特有的绿色。它利用光能，把二氧化碳和水转变为富含能量的化合物，即葡萄糖。该过程被称为光合作用。

地下储存室

土豆拥有肥大的地下茎，通常称为块茎。块茎一般用来储存由光合作用产生的养料。这些养料，通常以淀粉的形式存在。块茎的顶芽生长发育成幼苗，若养料供给充足，则生长较快。

无光条件下的植物

这个土豆已经有6个月没得到光的照射。因为处在近乎完全黑暗之中，土豆不能利用光合作用生产养料。这些土豆嫩芽是依靠母体早年生长时储备的营养物质生长起来的。母体利用光能生产养料，大部分以淀粉的形式储存在土豆块茎中。

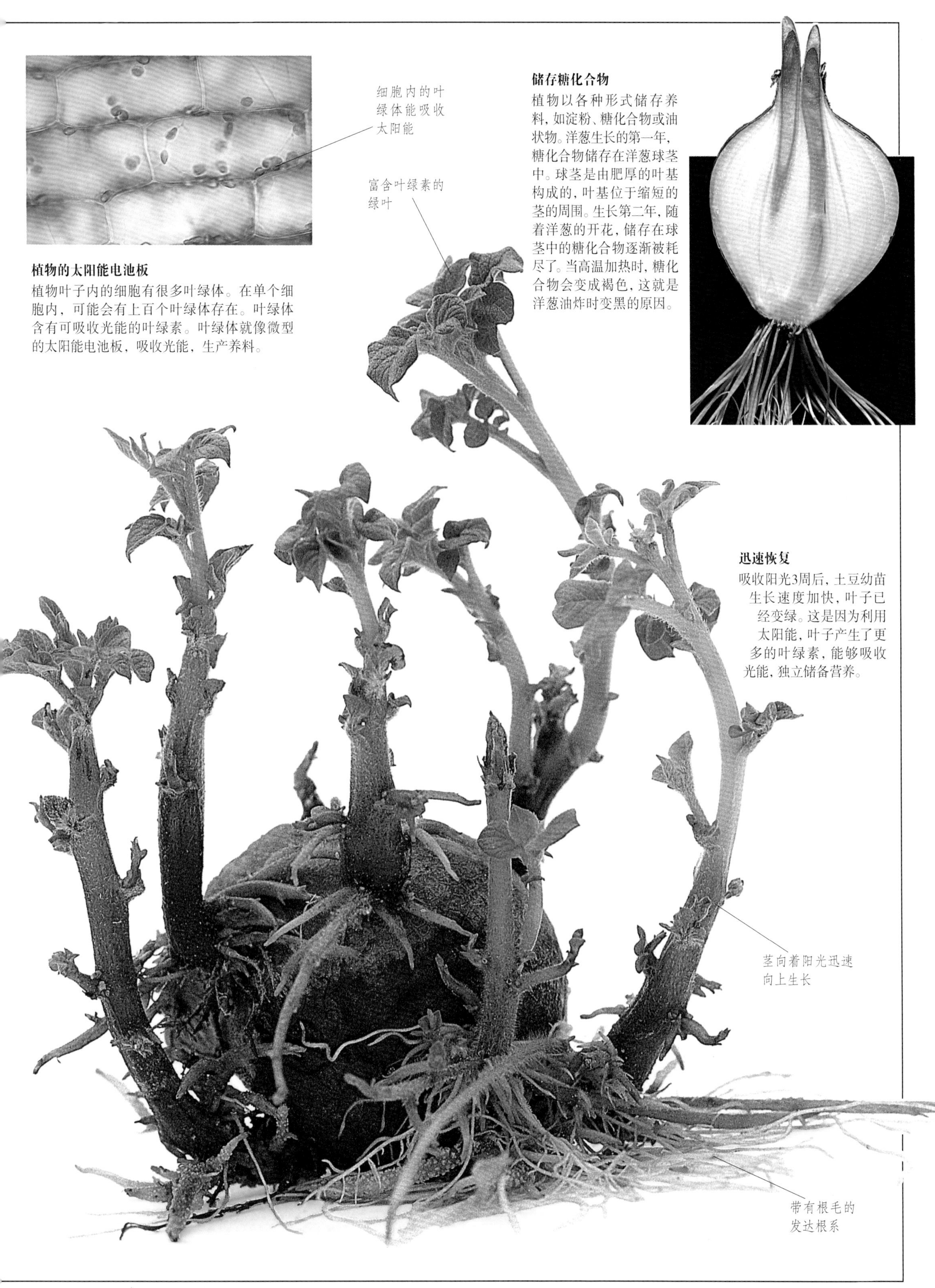

植物的太阳能电池板

植物叶子内的细胞有很多叶绿体。在单个细胞内，可能会有上百个叶绿体存在。叶绿体含有可吸收光能的叶绿素。叶绿体就像微型的太阳能电池板，吸收光能，生产养料。

储存糖化合物

植物以各种形式储存养料，如淀粉、糖化合物或油状物。洋葱生长的第一年，糖化合物储存在洋葱球茎中。球茎是由肥厚的叶基构成的，叶基位于缩短的茎的周围。生长第二年，随着洋葱的开花，储存在球茎中的糖化合物逐渐被耗尽了。当高温加热时，糖化合物会变成褐色，这就是洋葱油炸时变黑的原因。

迅速恢复

吸收阳光3周后，土豆幼苗生长速度加快，叶子已经变绿。这是因为利用太阳能，叶子产生了更多的叶绿素，能够吸收光能，独立储备营养。

简单花的解剖

开花植物在进化过程中变化很大。大自然造就了形态各异、色彩缤纷的花朵。它们虽然形态各异，大小不一，但都有着共同的规律。开花植物都使用相同的基本结构进行育种。这两页的百合花构造相当简单，其各部分相互分开，清晰可见，共分三大部分。雄性部分（雄蕊）产生花粉，雌性部分（心皮）产生胚珠，胚珠是种子的前体。花萼和花瓣位于雄蕊和雌蕊的外围，起到吸引昆虫的作用。

百合科

百合科及其亲缘植物属于开花植物中最大的科之一。

花蕾如何绽放

百合的花蕾中，雌蕊和雄蕊部分在花被保护下紧挨在一起。花蕾绽放是因为花蕾中的某一部分与其他部分相比，生长速度较快。花被片基部的内部比外部生长得快。这迫使花被片外倾至和花柄的连接处。

生殖部分

百合花是两性花。雌蕊，即心皮，位于中央部分。雌蕊包含子房和柱头。子房是生长种子的器官，花柱连接柱头和子房。柱头是授粉期间花朵接受花粉的部位。雄体包含6枚雄蕊。雄蕊由花药和花丝组成，花药产生花粉粒，花丝支撑花药。花粉粒成熟后，花药在裂口处断开。

依次成熟

雄蕊和雌蕊的成熟时间不同。这样花朵不能进行自花传粉。下面看一下毛蕊老鹳草的3个发展阶段。在前两个阶段，雄蕊发育成熟后，向上挺直，自行断裂，释放花粉，但这时柱头并没有成熟，因此不能对其进行授粉。等柱头成熟之后，能够接受花粉，雄蕊已经枯萎，花粉也已经散落了。

引人注目

百合花的外环共有3枚萼片，内环也有3枚萼片。这些花被就像是百合花的广告招牌，吸引采蜜的昆虫。

复杂花

从侧面生出花蕾

这两页上的这些花是来自喜马拉雅山脉的凤仙花。尽管它们同百合花的基本构造相同，但是在进化过程中两者发生了很大的变化，以致这两种花截然不同。同百合花相比，凤仙花的结构更复杂、更特别。它们的外形确保了昆虫进入花朵采蜜时，能够从花药处带走花粉粒。花瓣后面的管状距产生花蜜，吸引昆虫。昆虫为了采蜜，必须首先停留在花盘上，然后在花朵里攀爬，并伸出“长舌”。当蜜蜂处于这种位置时，背部碰到花药，这样就会沾到花粉，当它落在另一朵花上时，就会将花粉传给另一朵花。

发育中的花距

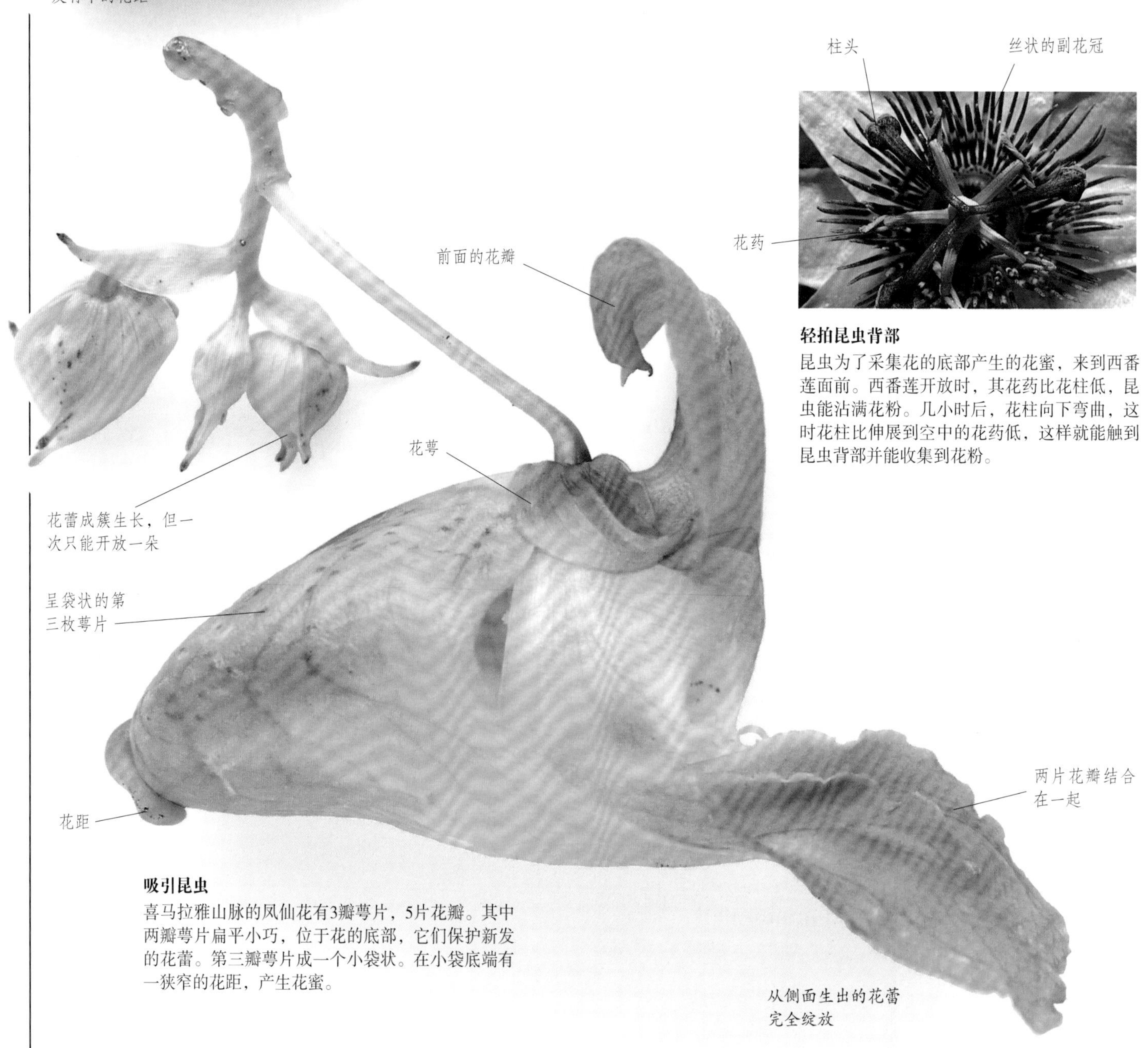

轻拍昆虫背部

昆虫为了采集花的底部产生的花蜜，来到西番莲面前。西番莲开放时，其花药比花柱低，昆虫能沾满花粉。几小时后，花柱向下弯曲，这时花柱比伸展到空中的花药低，这样就能触到昆虫背部并能收集到花粉。

吸引昆虫

喜马拉雅山脉的凤仙花有3瓣萼片，5片花瓣。其中两瓣萼片扁平小巧，位于花的底部，它们保护新发的花蕾。第三瓣萼片成一个小袋状。在小袋底端有一狭窄的花距，产生花蜜。

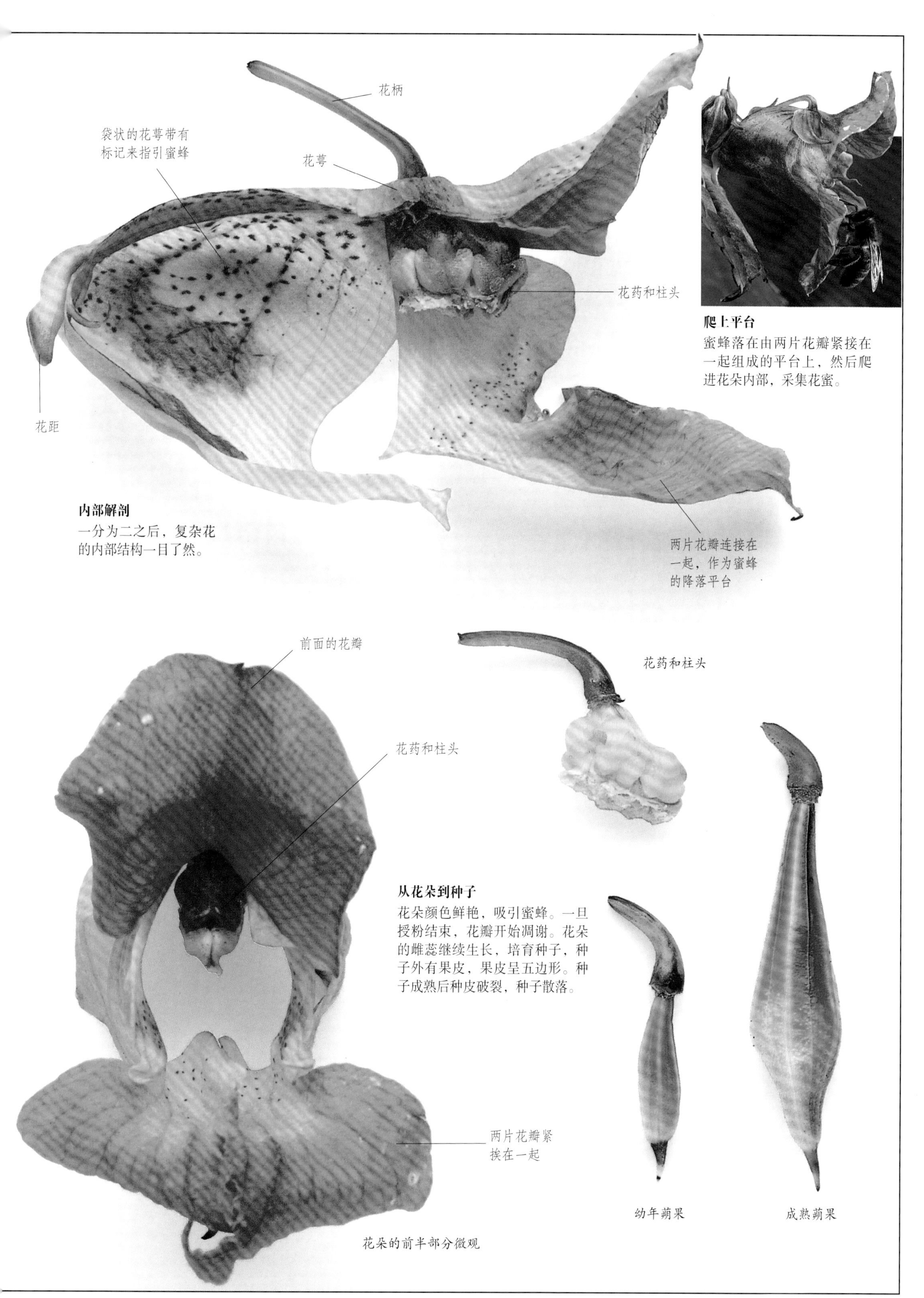

爬上平台

蜜蜂落在由两片花瓣紧接在一起组成的平台上，然后爬进花朵内部，采集花蜜。

内部解剖

一分为二之后，复杂花的内部结构一目了然。

从花朵到种子

花朵颜色鲜艳，吸引蜜蜂。一旦授粉结束，花瓣开始凋谢。花朵的雌蕊继续生长，培育种子，种子外有果皮，果皮呈五边形。种子成熟后种皮破裂，种子散落。

花朵的前半部分微观

各种各样的花

这两页上总共有多少朵花？这个问题可不像听起来那么简单。因为加起来总数目至少会达3300朵。一些植物，比如郁金香，一株只开一朵花。一些植物，比如犬蔷薇，一株会开很多花，但每一朵都是独立生长开放的。许多植物花朵生长在一个花托上，我们称之为头状花序。头状花序形状各异，花朵大小数量不一。世界上最大的花是大花草，但与世界上最大的头状花序相比，则显得十分渺小了。这种头状花序花是生长在南美洲的粗茎凤梨属的稀有物种，能够长到将近10米。

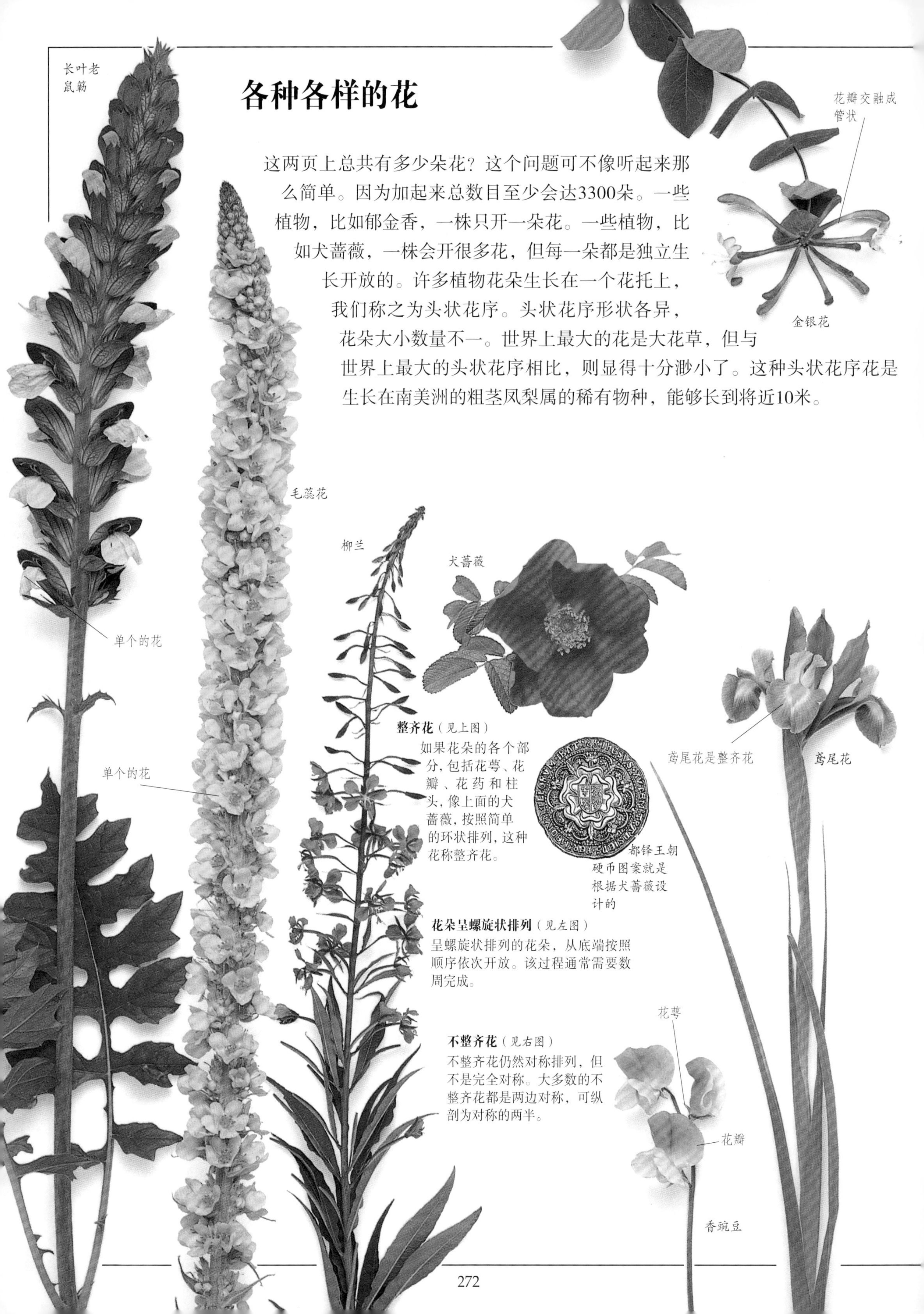

整齐花（见上图）

如果花朵的各个部分，包括花萼、花瓣、花药和柱头，像上面的犬蔷薇，按照简单的环状排列，这种花称整齐花。

花朵呈螺旋状排列（见左图）

呈螺旋状排列的花朵，从底端按照顺序依次开放。该过程通常需要数周完成。

不整齐花（见右图）

不整齐花仍然对称排列，但不是完全对称。大多数的不整齐花都是两边对称，可纵剖为对称的两半。

引人注目的花被

一些花，如铁线莲的花萼和花瓣，长得很像，难以区分。我们称这些部分为花被。

没长花瓣?

菊科植物的舌状花不一定有明显的纹理。许多种类的甘菊有白色的纹理（见右图），但有些种类纹理却模糊不清。

头状花

向日葵和雏菊等植物的花头称为头状花，因为它们是由许多小花簇拥在一起组成的。向日葵的花头由上百种小花组成，包括盘花和舌状花。盘花位于花头中央，舌状花位于盘花的外缘，只有一片花瓣。蓍草（见下图）的花头，由许多独立的盘花组成，盘花大约由5片舌状花围绕构成。这些花头包含1 000多个小花。

伞形花序的花

花团锦簇不仅引人注目，而且能够为授粉的昆虫提供更好的降落平台。伞形科的植物，比如豕草（见右图），拥有伞形花序。

植物如何授粉

经过成千上万年的演变，开花植物外观迷人，颜色鲜艳，吸引昆虫在植物之间传播花粉粒。花粉粒从花药到达柱头，进行授精，产出果实。一些植物能够进行自花传粉，但大部分的植物都要靠其他同类植物的花粉来进行授粉，称为异花传粉。花粉能够借风力或水力进行传送，但最重要的传粉者是昆虫。有花植物，颜色鲜艳，分泌蜜汁，借此来吸引昆虫。一些有花植物靠不同的昆虫进行传粉，比如蜜蜂、大黄蜂、食蚜蝇和蝴蝶等。而其他一些植物，依靠单一的昆虫进行传粉。比如丝兰属植物，只依靠一种被称为丝兰蛾的小飞蛾进行传粉。

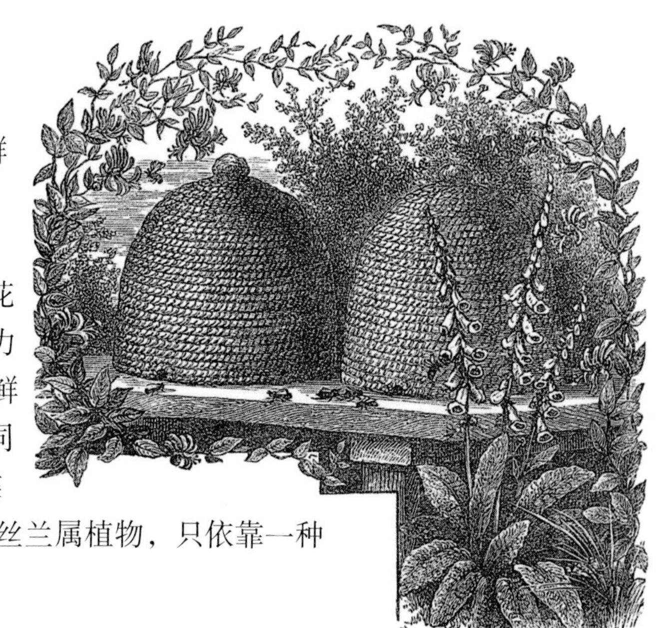

蜂巢
工蜂把花蜜和花粉带回蜂房，喂养幼虫。

花朵的“饮食供应站”
蜜导指引蜜蜂找到花蜜。蜜蜂采集花蜜时，后肢黏附的花粉被收集在花粉筐中并带回蜂房。

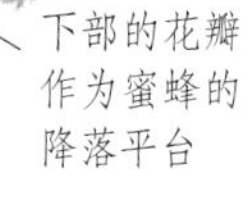

打开花朵
柳穿鱼的花朵靠大黄蜂、蜜蜂进行授粉。蜜蜂必须打开紧闭的花朵，钻入花中采蜜。

花蜜管

显眼的嫩黄色指引蜜蜂降落

钻入花朵
蜜蜂钻入花中采蜜时，碰到花药。花粉粒便黏附在蜜蜂的背部。

吸食花蜜
蜜蜂吸食花蜜时，背部黏附的花粉传到柱头上，完成授粉。

扮演雌性

一些兰花经常利用高明的手段，确保授粉。兰花的花朵外观和气味都很像雌性的苍蝇、黄蜂或蜜蜂。这样骗取雄性前来交配，花粉黏附到蜜蜂的身体上，当昆虫意识到自己受骗飞走时，花粉就传送给另一朵花了。

花粉粒

尽管最大的花粉粒直径仅有0.2毫米，它们却有着极其复杂的结构。当花粉粒落在同类植物的柱头之后，花粉管开始沿着花柱生长，最终进入胚珠。

蝴蝶传粉

蝴蝶也是重要的传粉者。当它们落在花上，吸食花蜜时，花粉黏附在蝴蝶身体上，然后被传送给另外一朵花。因为蝴蝶嗅觉敏锐，靠蝴蝶授粉的花朵通常会香气扑鼻。因为夏末蝴蝶繁殖快，数量多，多数开花植物选择在这个时间开放。

吸管

蝴蝶和飞蛾的口器是中空的，像吸管一样吸取花蜜。口器长短不一，从几毫米到30厘米不等。平时不用时，就缠绕在蝴蝶的头部。

奇怪的传粉者

许多花靠蜜蜂和蝴蝶传粉，但是一些花朵的传粉者非常特别。有些花朵靠苍蝇传粉，这些苍蝇是被腐烂的气味吸引。有些花朵依赖于鸟类传粉，它们是被花朵鲜艳的颜色和花蜜香甜的气味吸引。许多花朵都很好地适应了这些特殊的传粉者。这类传粉者不仅包括昆虫和鸟类，而且包括蝙蝠、老鼠，甚至鼻涕虫。

地下授粉

澳大利亚的一些兰花从腐烂的植物残余中吸收养料，在地下生长开花。左边图片即是其中一种。这些花可能靠生活在土壤中的某些生物来进行授粉，虽然目前并不清楚到底是哪种生物。

引诱苍蝇

很多苍蝇被腐烂的气味所吸引。因此，靠苍蝇传粉的花朵通常散发腐烂气味。一些花，比如兰花，光滑的表面也能吸引苍蝇。

红色信号

靠鸟类传粉的植物通常有红色或粉色的花瓣或花头。鸟类的色觉很敏锐，红色的花朵容易吸引鸟类。光萼荷因为生长在高高的树上，花朵必须醒目才能引起鸟类注意。除了蝴蝶，大部分的昆虫不能识别红色，因此靠昆虫授粉的花很少有红色。

专门为蜂鸟准备的小刷子

许多种木槿都靠蜂鸟授粉。蜂鸟停留在花朵上，利用长长的鸟喙来采食花蜜。采食花蜜时，蜂鸟的头部擦过花药，沾满花粉，同时，头部掠过柱头，柱头则收集另一朵花的花粉。这里的花是直立式的，在自然状态下，它是沿水平方向伸展的。

奇异之美

黄色的马蹄莲靠一种叫作蕈蚊的昆虫传授花粉。雄蕊和雌蕊分别生长在中央穗或肉穗花序上，由嫩黄的苞片包围。昆虫携带其他同类的雄蕊花粉，爬到苞片底部，被向下伸展的绒毛困住。昆虫挣扎的同时就对雌蕊进行授粉。绒毛枯萎之后，昆虫才能够爬出，浑身沾满成熟的雄蕊的花粉，然后转向另一株植物。

负鼠授粉

澳大利亚蜜负鼠是一种小体形的有袋动物，以一些花的花粉和花蜜为食，如山龙眼。蜜负鼠采集食物的方式与众不同，它利用长鼻子和刷子一样的舌头采集食物。除了负鼠，其他两种能够传粉的哺乳动物是啮齿类动物和蝙蝠。

囚禁者

这朵外形怪异的花是南美匍匐植物的一种。它散发烂鱼的气味来吸引苍蝇。苍蝇钻入花朵之后，就整夜地被包在花朵里。只有当花开始凋谢的时候，浑身沾满花粉的苍蝇才可以逃脱。

从花到果实

花朵授粉之后，通常要通过授精，才能结出种子和果实。花粉粒落在同类植物的柱头上，然后萌发产生花粉管。花粉管从柱头经花柱进入胚珠，进行受精。花粉粒的其中一个精子与胚珠内的卵细胞结合。受精卵分裂形成胚。另一个精子与胚珠内的另外两个卵细胞结合，在胚周围形成营养物质储备或胚乳。

胚、胚乳及其保护层种皮，构成了种子。子房保护种子，并最终发育成果实。果实通常帮助种子传播。最显眼的果实通常香甜、多汁、色彩鲜艳，吸引动物采食以便传播种子。

冬季盛宴
红翼鸫采食落在地上的苹果，这样可能会有益于苹果种子的传播。

早期
即使在野玫瑰开花之前，野玫瑰果的大体形状已经清晰可见。花柄的顶端是花朵着生的部分，就像这个花骨朵一样，雌蕊部分、子房和胚珠都位于花托部分。

盛开的玫瑰
花蕾绽放后，花朵散发香气，吸引蜜蜂进行传粉。授粉完成，胚珠受精结束后，花柄开始隆起。

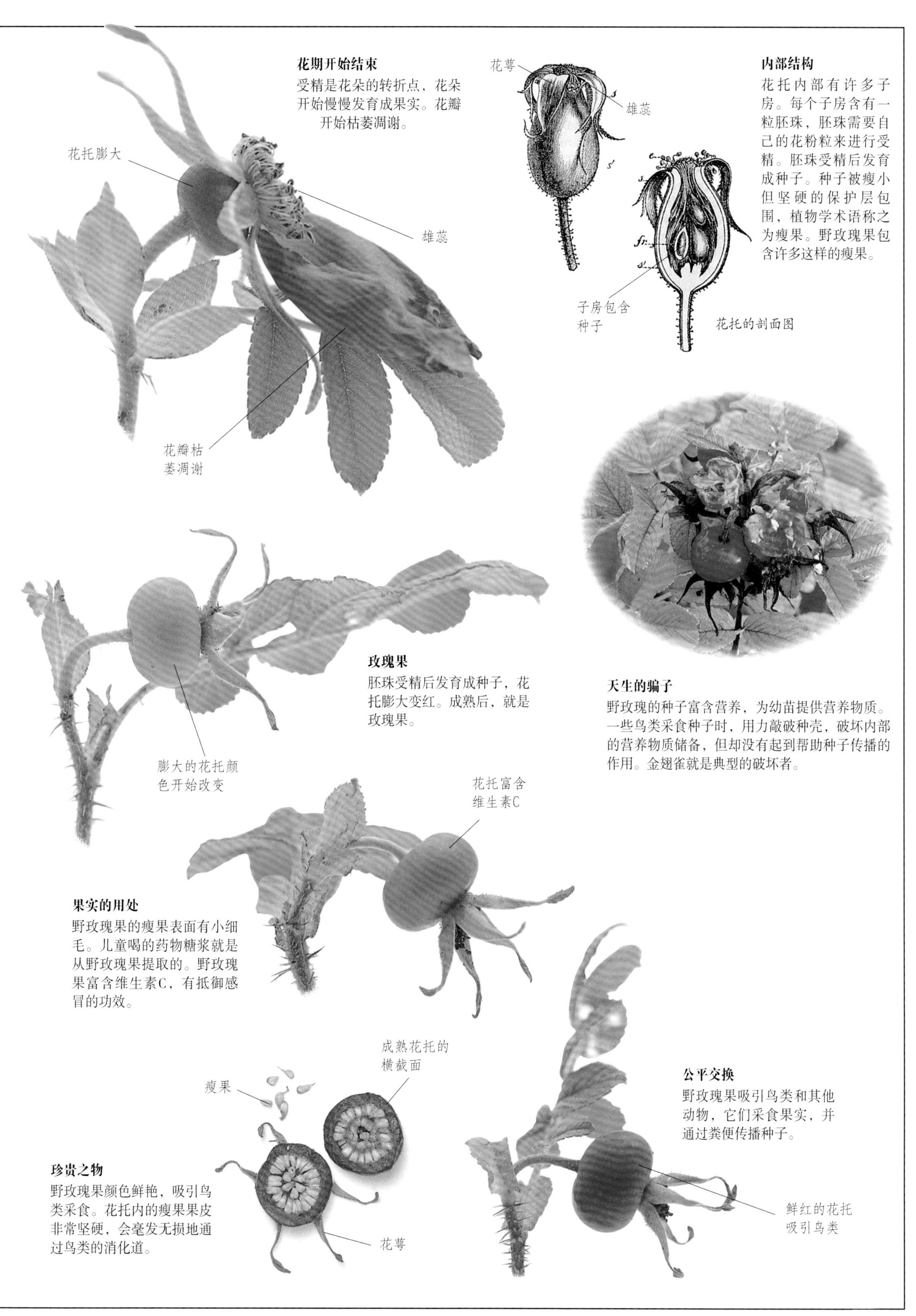

花期开始结束

受精是花朵的转折点，花朵开始慢慢发育成果实。花瓣开始枯萎凋谢。

内部结构

花托内部有许多子房。每个子房含有一粒胚珠，胚珠需要自己的花粉粒来进行受精。胚珠受精后发育成种子。种子被瘦小但坚硬的保护层包围，植物学术语称之为瘦果。野玫瑰果包含许多这样的瘦果。

玫瑰果

胚珠受精后发育成种子，花托膨大变红。成熟后，就是玫瑰果。

天生的骗子

野玫瑰的种子富含营养，为幼苗提供营养物质。一些鸟类采食种子时，用力敲破种壳，破坏内部的营养物质储备，但却没有起到帮助种子传播的作用。金翅雀就是典型的破坏者。

果实的用处

野玫瑰果的瘦果表面有小细毛。儿童喝的药物糖浆就是从野玫瑰果提取的。野玫瑰果富含维生素C，有抵御感冒的功效。

公平交换

野玫瑰果吸引鸟类和其他动物，它们采食果实，并通过粪便传播种子。

珍贵之物

野玫瑰果颜色鲜艳，吸引鸟类采食。花托内的瘦果果皮非常坚硬，会毫发无损地通过鸟类的消化道。

种子如何传播

龙牙草

植物进化演变出许多传播种子的有效方法。有些植物，如豆荚成熟后自行开裂，种子散落于空中。有些植物的种子果实轻盈，靠风力和水力传播到四面八方。动物也能起到传播种子的作用。许多植物的种子有钩刺，能够挂在动物的毛皮上。一些物种的种子在美味的浆果内发育成熟。虽然动物和鸟类采食浆果，但是种子会毫发无损地通过消化道，随粪便排出体外，进而生根发芽。

莲蓬

莲子位于莲房孔内

干莲蓬

免费搭便车

有些果实毛茸茸的，长有挂钩或体刺，能够附着在路经此处的动物的皮毛上。当这些果实被蹭下来或挠下来掉到地上之后，便开始扎根发芽了。

古埃及莲花

水中传播

莲花是一种水生植物，莲蓬头部扁平，内含莲子。莲子成熟后，落到水面上逐流而去。莲子寿命极长。有些莲子成熟脱落后200多年才开始发芽。

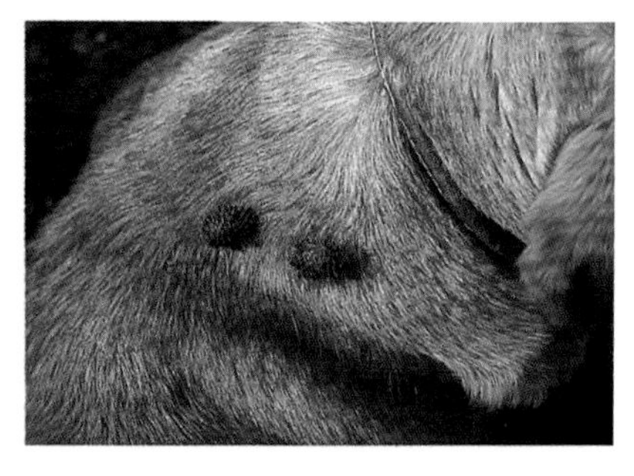
果实附着在狗背上

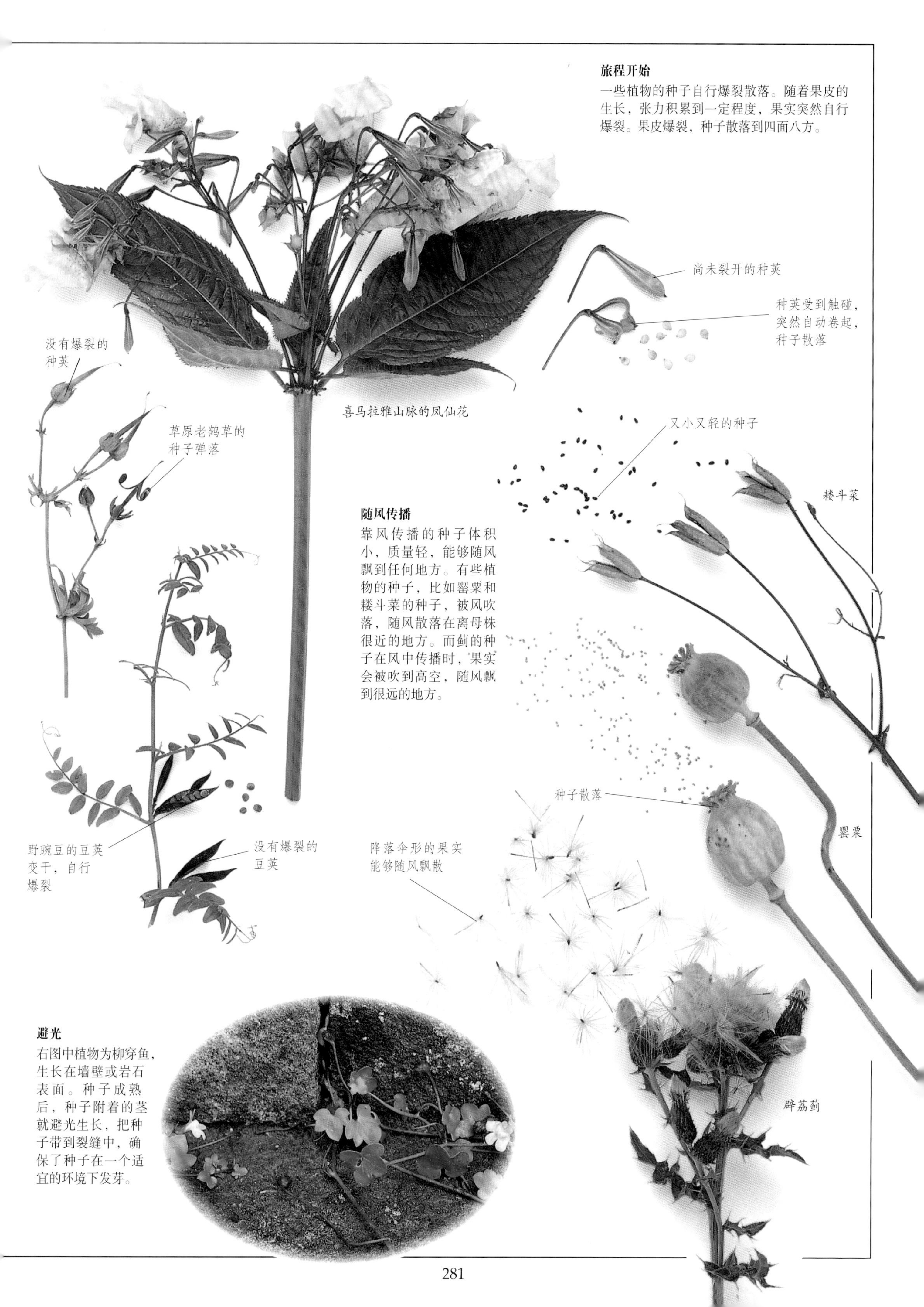

旅程开始

一些植物的种子自行爆裂散落。随着果皮的生长，张力积累到一定程度，果实突然自行爆裂。果皮爆裂，种子散落到四面八方。

随风传播

靠风传播的种子体积小，质量轻，能够随风飘到任何地方。有些植物的种子，比如罂粟和耧斗菜的种子，被风吹落，随风散落在离母株很近的地方。而蓟的种子在风中传播时，果实会被吹到高空，随风飘到很远的地方。

避光

右图中植物为柳穿鱼，生长在墙壁或岩石表面。种子成熟后，种子附着的茎就避光生长，把种子带到裂缝中，确保了种子在一个适宜的环境下发芽。

风中育子

蒲公英的种子被包裹在果实里，果实体积小，轻如鸿毛，呈降落伞形，能够飘浮在空中。蒲公英被吹散之后，便开始了一段漫长遥远的旅程。蒲公英的花朵，和向日葵一样，是由许多小花构成的头状花序，每一朵小花都会结果。许多植物，如水兰、狗舌草和蓟，都是靠风来传播种子的。其中一些植物的果实呈降落伞形。另一些果实长满细绒毛，像一个绒球。这些植物大部分都属于杂草，繁殖能力强。

蒲公英果实微小，能够随风飘浮

花头开放，等待昆虫对其进行授粉

在种子形成之前，花朵闭合

苞片保护正在发育的种子穗

1 开花时间
蒲公英花在上午开放，下午或下雨的时候闭合。

2 开始发育成种子
蒲公英花时而开放、时而闭合。花朵最终闭合，种子开始形成。黄色的花瓣开始枯萎凋谢，位于果实顶端的一小圈绒毛开始长长。果实开始生长，最终长成降落伞状。

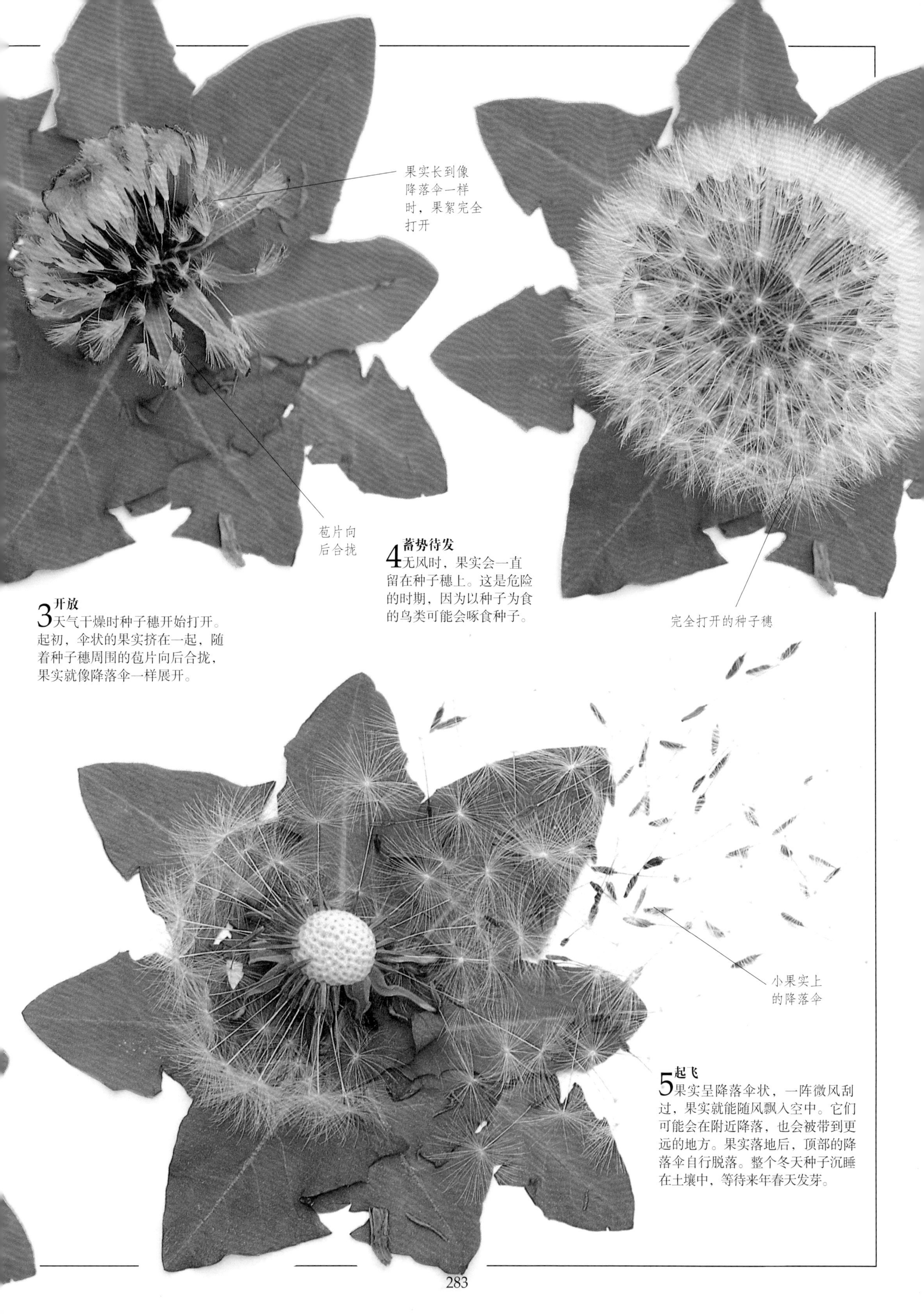

4 蓄势待发

无风时，果实会一直留在种子穗上。这是危险的时期，因为以种子为食的鸟类可能会啄食种子。

3 开放

天气干燥时种子穗开始打开。起初，伞状的果实挤在一起，随着种子穗周围的苞片向后合拢，果实就像降落伞一样展开。

5 起飞

果实呈降落伞状，一阵微风刮过，果实就能随风飘入空中。它们可能会在附近降落，也会被带到更远的地方。果实落地后，顶部的降落伞自行脱落。整个冬天种子沉睡在土壤中，等待来年春天发芽。

营养繁殖

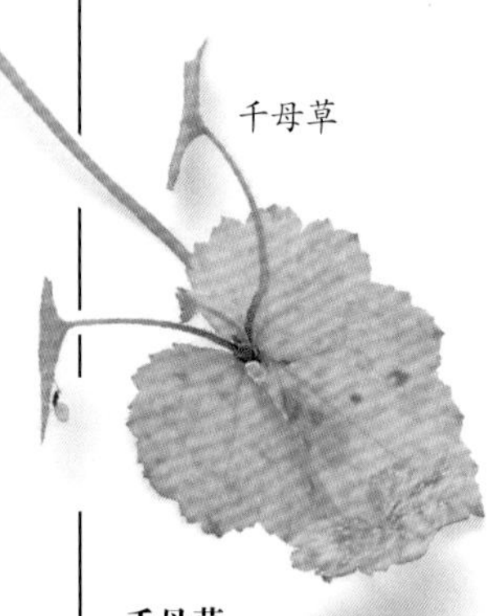

千母草
千母草的繁殖方式与众不同。新生幼苗长在原来老叶上，看起来像是骑在千母草上一样。

植物有两种不同的繁殖方式。除了种子繁殖之外，营养器官的一小部分也可以发育成一个新的个体。这被称为营养繁殖。当植物以这种方式繁殖时，幼体保持母株的遗传性状，而种子繁殖的籽苗和母株有些差别。一些古老的植物就是通过营养繁殖保留下来的，例如加利福尼亚的木馏油灌木。每一个新株都是单个的木馏油灌木在生长蔓延过程中，通过营养繁殖，逐渐长出新的草茎。最初的木馏油植物位于中心位置，已有10 000多年，早已经枯死，但是周围的新个体则枝繁叶茂，生生不息。

匍枝毛茛

母株

匍匐茎
一些植物，比如匍枝毛茛，通过匍匐枝繁衍。匍匐枝长到一定长度后，在叶节点生出新的个体，匍匐枝最终完全枯死。

掉落的新个体

草莓植株

母株

匍匐枝

叶节点处的新芽

棒叶落地生根

叶子顶端的新个体
高凉菜属肉质植物，大部分肉质植物在叶子的边缘繁殖新的个体。其他的一些，就像这棵棒叶落地生根，在叶尖长出新的个体。新个体成熟后，从母株脱落，在土壤中扎根生长。

草莓的匍匐茎
草莓结果后，匍匐枝伸长。草莓种植者等到新的个体扎根之后便剪断匍匐茎。

难以置信的神话
北美洲大草原上的风滚草非常有名。它开花之后，若风力太大就会被连根拔起，通常会被吹到很远的地方。风滚草沿着地面滚动时，还可散播种子，繁衍生长。

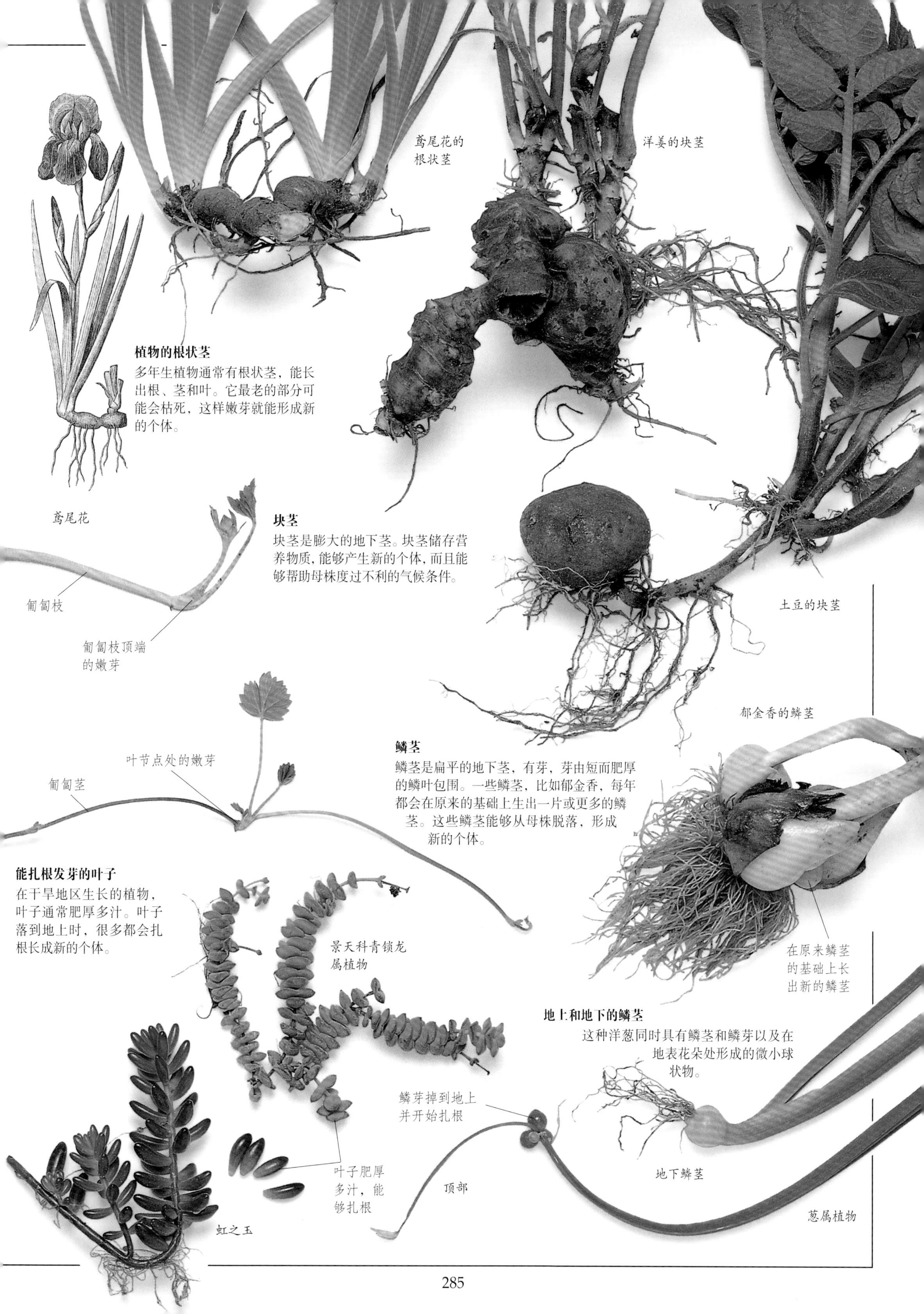

植物的根状茎

多年生植物通常有根状茎，能长出根、茎和叶。它最老的部分可能会枯死，这样嫩芽就能形成新的个体。

块茎

块茎是膨大的地下茎。块茎储存营养物质，能够产生新的个体，而且能够帮助母株度过不利的气候条件。

鳞茎

鳞茎是扁平的地下茎，有芽，芽由短而肥厚的鳞叶包围。一些鳞茎，比如郁金香，每年都会在原来的基础上生出一片或更多的鳞茎。这些鳞茎能够从母株脱落，形成新的个体。

能扎根发芽的叶子

在干旱地区生长的植物，叶子通常肥厚多汁。叶子落到地上时，很多都会扎根长成新的个体。

地上和地下的鳞茎

这种洋葱同时具有鳞茎和鳞芽以及在地表花朵处形成的微小球状物。

郁郁葱葱的叶子

水生植物常常有着轻软的叶子，水流过时，叶子不会受到损伤

叶子千姿百态。造成叶子外形差异的原因之一是各类植物对阳光的吸收处理方式不同。生长在热带雨林的植物，因为地面光线弱，所以需要巨大的叶子来获得更多的阳光。在悬崖上生长的植物，光线充足，但要承受强风的冲击，其叶片小且坚硬。有些植物有不止一种叶子。这在水下生长、水上开花的植物上体现得尤为明显。水生毛茛便是一个例子。水下的叶子细软如毛，以免水流撕裂；水上的叶子扁平宽大，便于浮在水面。

变化的颜色
汉荭鱼腥草在秋天或干燥季节，叶子便由绿变红。

成熟叶

形状各异
桉树有两种截然不同的叶子形状。幼态叶呈圆形，紧紧包围树枝。成熟叶有叶柄，细短，呈镰形。

叶子带毛
有些叶子表面有“毛”，能够减少水分的丧失。例如，除虫菊的叶子。

幼态叶

平行脉（见左图）
有些植物的叶子，如兰花和百合的叶子是平行脉。

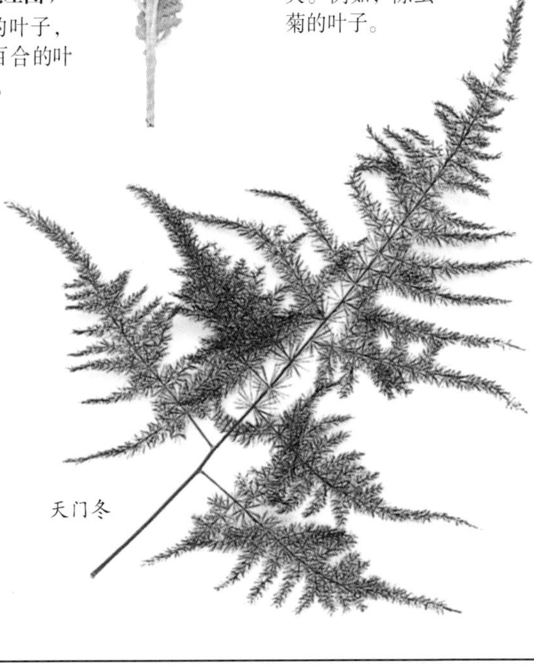

强壮的叶脉支撑叶子

迎风生长
天门冬生长在多风的海岸。它没有真正的叶子，有柔软的绿色叶状茎，能够抵挡强风。

水边巨人
根乃拉草生长在热带雨林的河畔。它们的叶子巨大无比，直径可达2米。

天门冬

根乃拉草叶片的下表面

有斜痕的叶子

龟背竹生长在热带雨林，攀缘生长在树上。龟背竹的叶子有许多缺刻和孔眼。

常绿植物的叶子(见左图)

常绿植物冬天不落叶，它们的叶子要十分坚硬，才能经受多年的风吹、日晒、雨淋。杜鹃花的叶子表面有蜡质层，以防水分流失变干。植物的叶子背面能够保持湿润，抵御害虫。

杂色的叶子

园林植物多杂色叶子。疗肺草因其叶子有斑点，外观似肺而得名。

自我保护

植物不能和动物一样，从敌人面前溜掉，因此它们进化出了独特的“武器”和“盔甲”来保护自己。大多数植物的主要敌人是那些以植物为食的动物。这些动物体形不一：体形较小的昆虫吸食树液，蚕食叶子；体形较大的哺乳动物会吃掉整株植物。为了不让体形较小的敌人靠近，许多植物叶子表面长有一层绒毛。长有体刺、螫毛和刺毛的植物利用这种特殊的武器来抵御体形较大的动物。作为最后一道防线，许多植物的细胞含有化学成分，散发出异常的气味。

高度戒备的蚂蚁

一些阿拉伯胶树靠蚂蚁来防范前来采食的动物。阿拉伯胶树给蚂蚁提供食物和住处，蚂蚁则投桃报李，凶猛地攻击前来采食树叶的动物。蚂蚁以针刺芳香的髓心为食，也经常从叶子底部的蜜腺吸食花蜜。阿拉伯胶树的小枝顶端长有球形突出物，内含蛋白质和脂肪，这就确保蚂蚁能够保护整片叶子。

化学战

荨麻的刺就像是皮下注射器。动物碰到荨麻时，荨麻刺刺穿其皮肤，释放一种化学混合物，令动物疼痛难忍。

遭遇麻烦

露兜树是热带植物，叶子坚硬像剑。其边缘和叶子中脉有成排的毒刺。

保护叶子

在干热气候条件下生长的植物，叶子是动物的食物和水分来源。许多植物，如仙人掌，利用体刺来保护自己。左图中这种植物生长在马达加斯加岛，其体刺比叶子还长，体形较大的动物很难接近。

掉入陷阱

有些茎易弯曲，上面的针刺会把经过的动物绊倒。有些针刺是笔直的，比如玫瑰上的刺；有些刺是弯曲的；有些植物茎上的刺，既向内长，又向外长。

全副武装的花

蓟这种植物进化得非常成功：一是其有效的种子传播系统，二是其能够很好地保护自己。大多数蓟在茎和叶上都有体刺。它们通常有带刺的苞片，保护发育中的花头。

溺水而死

起绒草的叶子对生，形成杯状，雨后会盛满水。蛇和昆虫想要爬上植物采食嫩芽时，要么原路返回，要么淹死在水中。

额外的兵器

冬青叶不仅像皮革一样坚韧，周围还长有坚硬的体刺。一般来说，冬青树最下面的叶子长刺最多。接近顶端的叶子几乎没有体刺，因为被吃的危险较小。

匍匐植物和攀缘植物

在湿度和温度合适的地方，植物之间就会相互争夺阳光。最高的植物往往可以得到最多的阳光，但是，它们又不得不消耗最多的能量，长出强壮的茎或者树干来支撑叶子。但也有些走捷径到达高处的植物，那就是附生植物和攀缘植物。它们利用其他植物乃至建筑物，费很小的力气就可到达有光的地方。附生植物可以沿树干生长，也可以沿其他植物的上部分枝干生长，并且伴着树干和上部分枝干的生长而增高。这些植物在地上没有根系，能够从空气和雨水中吸收所需要的水分。它们有些缠绕在其他植物上，有些则在遇到支撑物时，就伸出敏感的触须或者卷须盘旋而上，有些则靠坚硬的侧枝、皮刺、根系或触毛长高。

螺旋生长

螺旋生长的植物会以既定的方向弯曲生长。红花菜豆通常是按顺时针方向弯曲生长的。一个16世纪的艺术家在制作一幅木刻描绘攀缘木棍生长的菜豆时发现了这一细节。

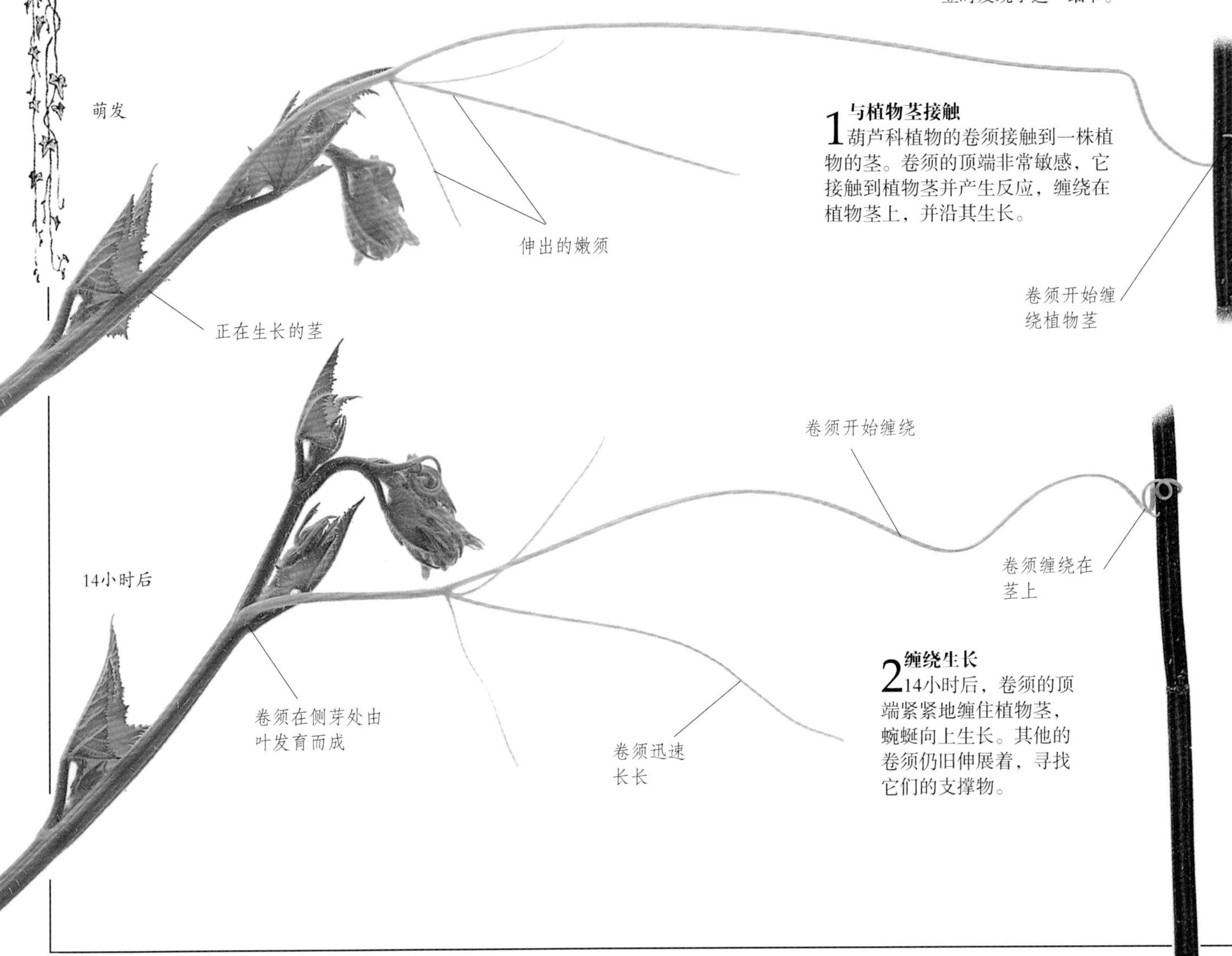

1 与植物茎接触

葫芦科植物的卷须接触到一株植物的茎。卷须的顶端非常敏感，它接触到植物茎并产生反应，缠绕在植物茎上，并沿其生长。

2 缠绕生长

14小时后，卷须的顶端紧紧地缠住植物茎，蜿蜒向上生长。其他的卷须仍旧伸展着，寻找它们的支撑物。

3 蜿蜒向上

与植物茎接触24小时后，卷须形成了双螺旋。卷须变短，这样就把整株植物拉向了支撑点。另一束卷须则开始向着植物茎继续向上生长。

附着在表面

很多与葡萄藤类似的植物都有卷须，并且卷须的顶端都长有吸根似的小叶枕。它们附着在其他植物或是墙上生长。

用根系攀爬

常春藤用它短短的不定根紧附在树上或垂直的表面上。不定根把自己固定在裂缝里，以此来支撑向上爬行中的整株植物。常春藤并不是寄生植物，只是用其他植物做支撑物。

4 迅速生长

卷须与植物茎接触48小时后，像弹簧一样紧紧地蜿蜒向上生长，牢固地支撑了整株植物。

肉食者

许多植物吃昆虫和其他小动物。这些肉食植物分为两类。一类能够主动出击，移动身体某个部位来捕捉猎物，像是捕蝇草。另一类则静待猎物。它们仅仅是散发出能令猎物垂涎欲滴的气味，将其吸引过来，然后将其粘在表面或溺死在液体中。肉食植物的猎物大部分都是昆虫。一旦昆虫被捉，就会被植物分泌出的消化液慢慢消化掉。肉食植物也靠光合作用来制造养料。它们捕捉的昆虫只作为食物补充剂。因为它们生长在水涝地，这些地方的土壤缺乏硝酸盐和其他必要的营养成分，很多植物需要这些额外的食物来源。

独特的叶子

这两页上的动物陷阱都是利用叶子设计而成的。葡萄牙毛毡苔的叶子黏性很强，人们常把它挂在室内，捕捉苍蝇。

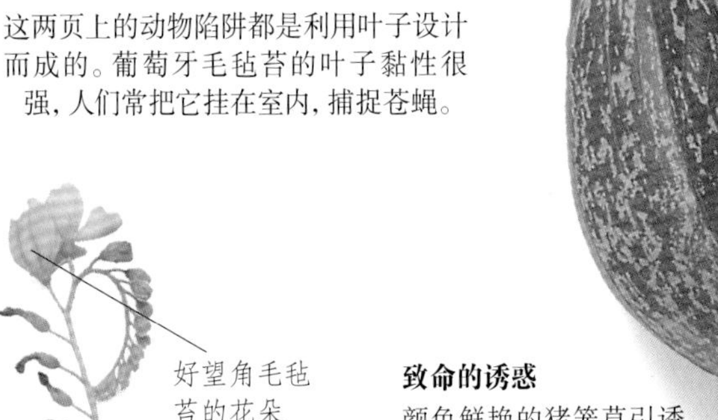

捕虫囊顶盖可防水

捕虫囊口缘

致命的诱惑

颜色鲜艳的猪笼草引诱路过的昆虫。

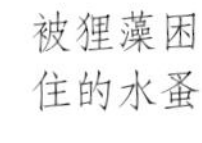

好望角毛毡苔的花朵

毛毡苔叶子上的触毛粘住的苍蝇

黏性毛毡苔

毛毡苔的叶子上布满触毛，分泌出黏性胶水似的液体。昆虫落在叶子上时，被粘在触毛上，触毛收缩起来，把昆虫捉住。

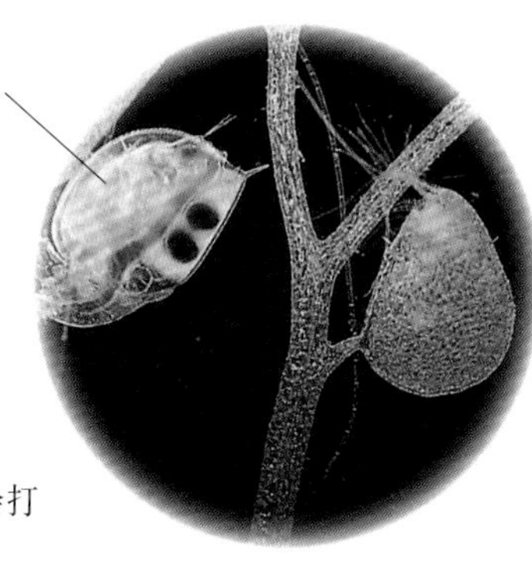

被狸藻困住的水蚤

水下陷阱

狸藻是水生植物，它用微小的捕虫囊在长满感应毛的叶片上设置陷阱。如果有小虫游过，这个像气泡的气囊就会打开，将小虫吸入囊中。

好望角毛毡苔

静待猎物

捕虫堇的叶子既扁又黏，有好几层。一旦有小虫落在叶子上，就会被粘在叶面上。叶子的边缘逐渐向里卷曲，然后小虫就被消化了。世界上大约有50种捕虫堇，它们大部分生长在沼泽地。

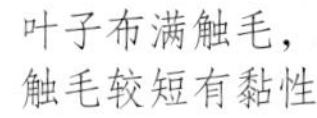

叶子布满触毛，触毛较短有黏性

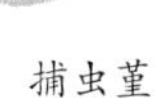

捕虫堇

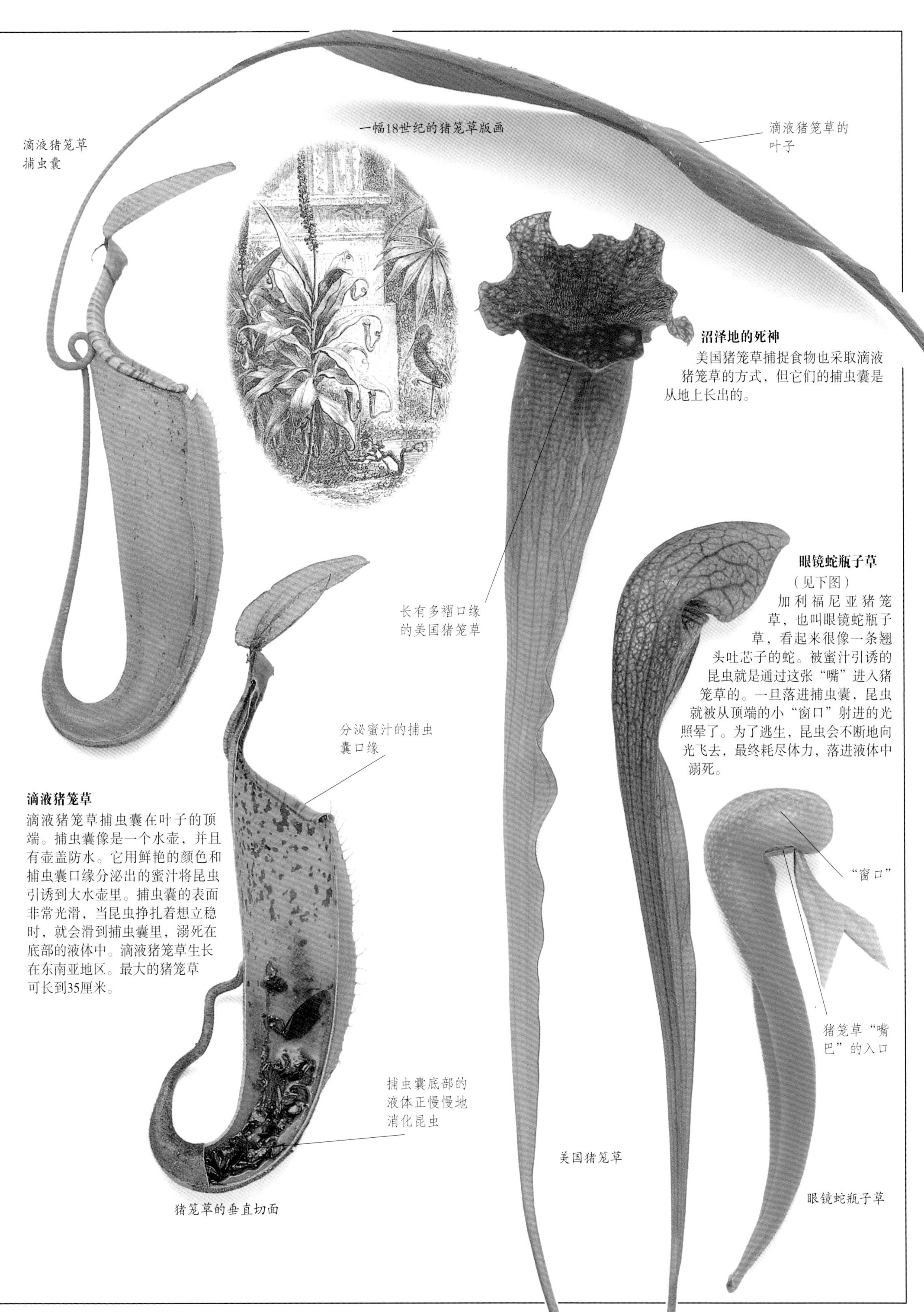

沼泽地的死神

美国猪笼草捕捉食物也采取滴液猪笼草的方式，但它们的捕虫囊是从地上长出的。

眼镜蛇瓶子草

（见下图）

加利福尼亚猪笼草，也叫眼镜蛇瓶子草，看起来很像一条翘头吐芯子的蛇。被蜜汁引诱的昆虫就是通过这张“嘴”进入猪笼草的。一旦落进捕虫囊，昆虫就被从顶端的小“窗口”射进的光照晕了。为了逃生，昆虫会不断地向光飞去，最终耗尽体力，落进液体中溺死。

滴液猪笼草

滴液猪笼草捕虫囊在叶子的顶端。捕虫囊像是一个水壶，并且有壶盖防水。它用鲜艳的颜色和捕虫囊口缘分泌出的蜜汁将昆虫引诱到大水壶里。捕虫囊的表面非常光滑，当昆虫挣扎着想立稳时，就会滑到捕虫囊里，溺死在底部的液体中。滴液猪笼草生长在东南亚地区。最大的猪笼草可长到35厘米。

昆虫被困

对毫无防备的昆虫来说，维纳斯捕蝇草独特的叶尖极具吸引力。因为不但其外表看起来像是一个安全的着陆点，而且蜜汁还散发着昆虫食物的气味，所以，昆虫都被它引诱来了。但昆虫一旦落在上面，它的叶尖就会以闪电般的速度插入昆虫体内。捕蝇草用长在叶片上的感觉腺确认出所捕的猎物后，会有一个稍慢的关闭期，大约有一秒钟。如果猎物体内含有蛋白质，陷阱就会完全闭合，然后就开始消化了。叶尖上的两片由中脉相连的肾形圆裂片，便是维纳斯捕蝇草的诱捕器。整片叶子是绿色的，所以它可以进行光合作用。诱捕器表面有大量的触发毛，它们就像装有精巧设备的触发器一样工作。如果仅有一根触发毛被触动，比如说被一个雨点触动，那么，诱捕器仍然保持打开状态。可是，如果有两根或更多的触发毛被连续地触动，诱捕器就会迅速闭合捕获猎物。

一种极其恐怖的拷问手段
就像这幅版画所示，不是只有昆虫才会遭遇到这种恐怖的死亡方式。

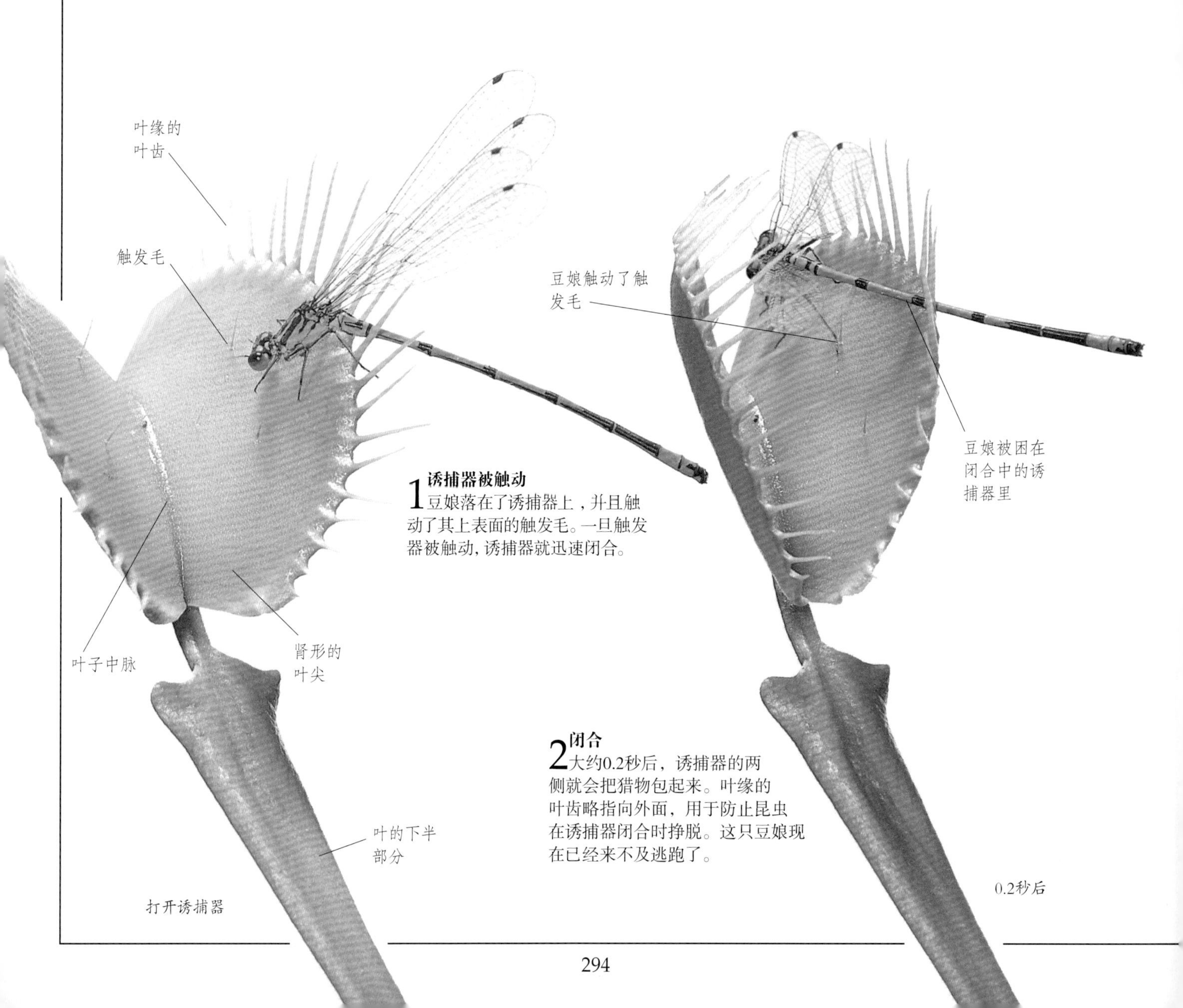

1 诱捕器被触动
豆娘落在了诱捕器上，并且触动了其上表面的触发毛。一旦触发器被触动，诱捕器就迅速闭合。

2 闭合
大约0.2秒后，诱捕器的两侧就会把猎物包起来。叶缘的叶齿略指向外面，用于防止昆虫在诱捕器闭合时挣脱。这只豆娘现在已经来不及逃跑了。

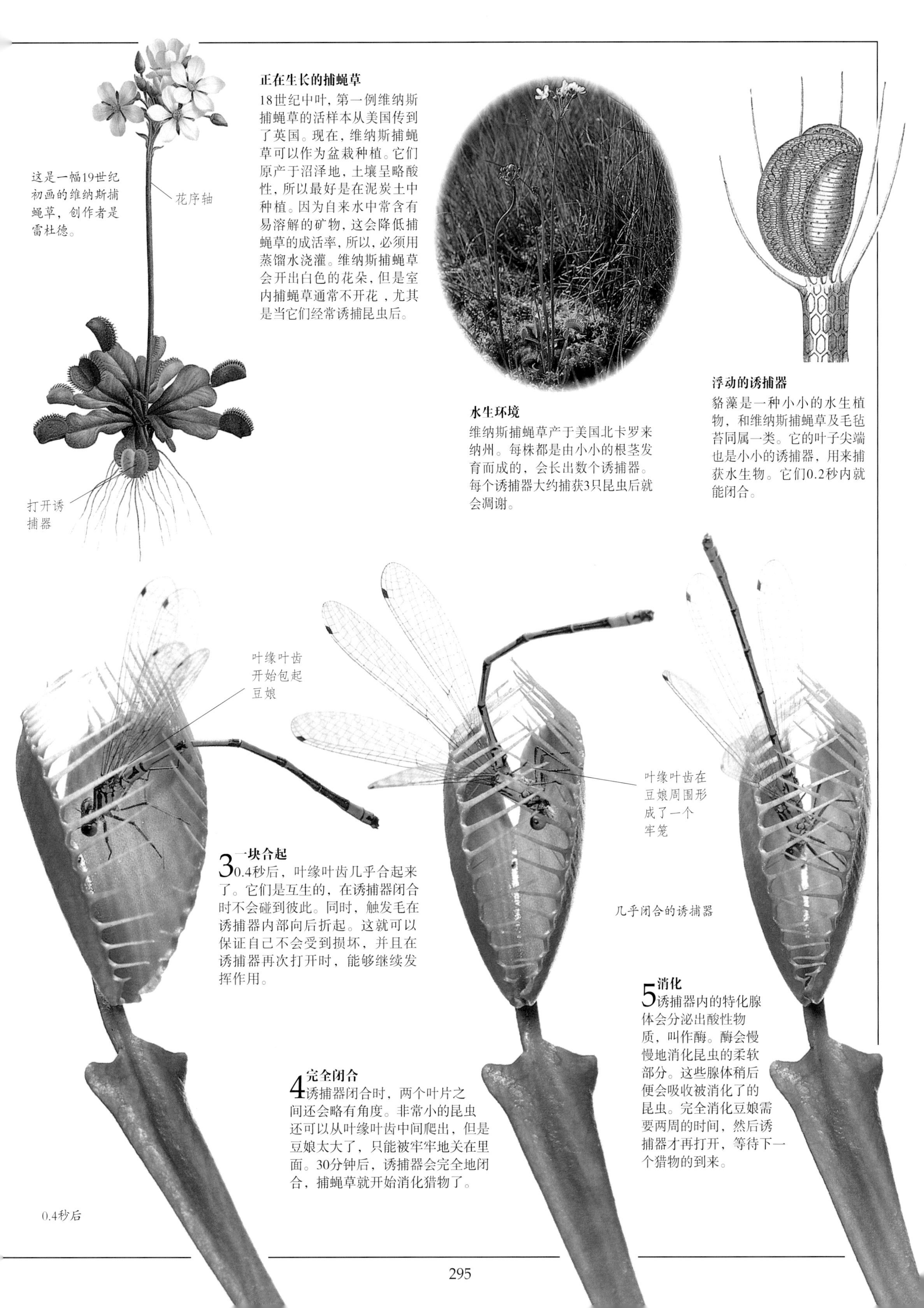

这是一幅19世纪初画的维纳斯捕蝇草，创作者是雷杜德。

正在生长的捕蝇草

18世纪中叶，第一例维纳斯捕蝇草的活样本从美国传到了英国。现在，维纳斯捕蝇草可以作为盆栽种植。它们原产于沼泽地，土壤呈略酸性，所以最好是在泥炭土中种植。因为自来水中常含有易溶解的矿物，这会降低捕蝇草的成活率，所以，必须用蒸馏水浇灌。维纳斯捕蝇草会开出白色的花朵，但是室内捕蝇草通常不开花，尤其是当它们经常诱捕昆虫后。

水生环境

维纳斯捕蝇草产于美国北卡罗来纳州。每株都是由小小的根茎发育而成的，会长出数个诱捕器。每个诱捕器大约捕获3只昆虫后就会凋谢。

浮动的诱捕器

貉藻是一种小小的水生植物，和维纳斯捕蝇草及毛毡苔同属一类。它的叶子尖端也是小小的诱捕器，用来捕获水生物。它们0.2秒内就能闭合。

3 一块合起

0.4秒后，叶缘叶齿几乎合起来了。它们是互生的，在诱捕器闭合时不会碰到彼此。同时，触发毛在诱捕器内部向后折起。这就可以保证自己不会受到损坏，并且在诱捕器再次打开时，能够继续发挥作用。

4 完全闭合

诱捕器闭合时，两个叶片之间还会略有角度。非常小的昆虫还可以从叶缘叶齿中间爬出，但是豆娘太大了，只能被牢牢地关在里面。30分钟后，诱捕器会完全地闭合，捕蝇草就开始消化猎物了。

5 消化

诱捕器内的特化腺体会分泌出酸性物质，叫作酶。酶会慢慢地消化昆虫的柔软部分。这些腺体稍后便会吸收被消化了的昆虫。完全消化豆娘需要两周的时间，然后诱捕器才再打开，等待下一个猎物的到来。

寄生植物

寄生植物都具有欺骗性。它们进化出一种从寄主植物那里获取营养的方式。因为不需要阳光，所以很多寄生植物基本上生活在背阴处。它们用吸根将自己吸附在寄主植物的茎或根上，这些吸根称为吸器。这些吸器插进寄主植物的营养通道，吸收维持寄生植物存活的糖类化合物和矿物质。有些植物只是部分寄生，称为“半寄生植物”，比如槲寄生和小米草。这些植物长有绿色的叶子，可以通过光合作用自己生产养料。

古老的传统
在槲寄生下亲吻这一英国风俗非常古老。古代英国的德鲁伊教曾将这种植物奉为图腾。

大花草花朵

开花时展开的硕大萼片

奇臭无比的庞然大物
世界上最大的花是一种大花草，它是一种寄生植物，寄生在藤蔓的根上，生长于东南亚的丛林中。每朵花近7千克重，直径可达1米。它散发着一种腐烂尸体般的恶臭，吸引苍蝇来传播花粉。大花草是50种全寄生植物中最大的。

肥厚多汁的萼片

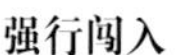

菟丝子花朵

缠绕寄主植物茎的菟丝子茎

强行闯入
菟丝子茎缠绕着寄主植物茎。这些茎长出吸器，再插进寄主植物的养料通道。幼小的菟丝子有根，可以帮它们移植生长，但是在生长过程中，根会枯萎。

菟丝子花朵

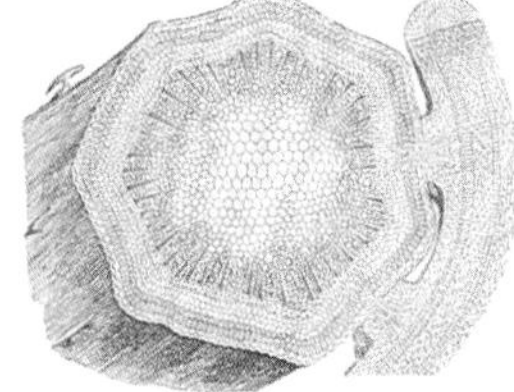

插入寄主植物茎的吸器

附生植物

依靠其他植物存活的植物并不都是寄生植物。事实上，它们中大部分只是附生者而已，附生在较大的植物上，并且不会危害到这些大植物。这种植物被称为“附生植物”。这种生存方式非常实用，几乎所有的树上都有附生植物。附生植物在凉爽地区通常比较小，结构也比较简单，比如藻类、地衣和苔藓。在离赤道较近的潮湿地区，它们就会大得多。有些植物终生附生在树上，有些则只有在生命开始时或结束时附生在树上。有些攀缘植物幼苗附生于“寄树”上，然后再扎根于地下，比如绞杀植物。有些则沿“寄树”攀缘，一直攀至接近阳光的高处，而根却枯死了。

这些较大的木质攀缘者被称为藤本植物，生长在中美洲的森林中

叶子的特殊表层可减少水分流失

图中附生在树上的附生植物——兰科草本植物，生长于斯里兰卡的森林中

凤梨科植物的“私家池塘”

凤梨科植物是个大家庭，其中包括菠萝。它们中很多是附生在其他植物上的。不像兰科草本植物能够用长长的气生根吸取水分，凤梨科属植物用坚挺且长而尖的叶子将雨水储存到一个中央水库（如右图所示）。然后，叶片上的触毛便吸取这些水分供植物使用。一株大的凤梨科植物可以储存5升水。

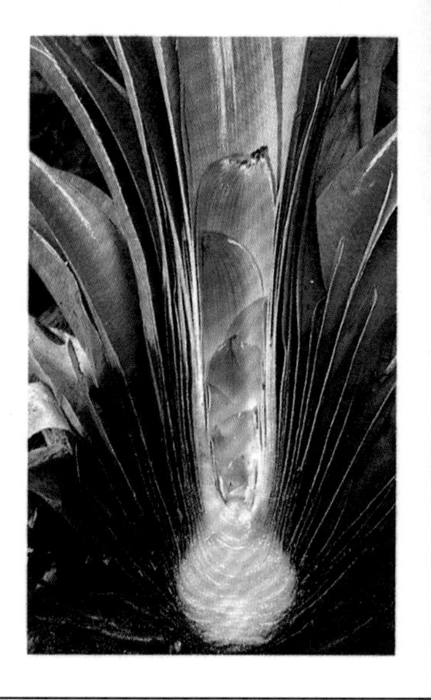

附生的兰科草本植物

世界上大约有18 000种兰科草本植物。大部分的热带兰科草本植物都附生在其他植物上。它们的种子很小，一株兰科草本植物便可结出100万粒种子。附生植物的种子被风吹到树皮上后，就会发芽生长。每种附生兰科植物都长有3种气生根，可以用来附住大植物，也可以吸取矿物质，还可以从大气中吸收水分。有些附生兰科植物会用膨胀的茎，即假鳞茎来储藏水分和营养物质。

鬼斧神工之绳

藤本植物用柔韧的木质茎攀爬其他植物。其他植物，如绞杀植物，以附生开始，再扎根于地下。它们的根形成网状根系包围树干，并最终把支柱植物绞死。

适应水中生活

水生开花植物有其独特的进化史。它们的祖先原本已离开水域并在陆地上进化，然而，随着时间的推移，它们又回到水中生长。只有很少的开花植物生长在海洋里，比如鳗草。更多的植物生长在池塘、湖泊以及江河中。它们大部分都在水域底部扎根，也有一些没有根，这些没根的植物便从水中吸收所需的养分。一些水生植物始终生活在水下，不大引人注意。有些植物则组成了挺水植物这一类群，比如芦苇和灯芯草。它们长出水面，并通常在水边形成茂密的草圃。

生长在水中
舌蕊毛茛属于挺水植物。它在水下开始生长，很快就长到水面以上。在离水面60厘米处开花，可吸引昆虫授粉。

历史上著名的藏身之处
法老的女儿在水边发现了藏匿在灯芯草里的摩西。

沉水叶
裂状水盾草沉水叶，在水中不会损坏。

这幅维多利亚时期的版画刻画的是沿埃及尼罗河生长的纸莎草

漂浮在水面上

睡莲的嫩叶像短短的管子一样卷在水下。到了春天，它们便可长到水面上，展开浮在水面上。一些池塘和湖泊里的睡莲和其他植物的浮水叶将水面完全覆盖，将其他水下植物生存所需的光照掠夺殆尽。它们的叶不易断裂，坚韧如皮革，水很容易就从叶面上流走。

用于造纸的植物

纸莎草是一种芦竹，高达3米。古埃及人发现它茎中央的木髓可以用来制造一种材料，这种材料可以写字，也就是最早的纸。

亚马孙河的庞然大物

亚马孙河王莲的浮水叶直径可达2米多。

生存于雪线之上

植物生长地所处的海拔越高，温度越低。除此之外，这些地区雨量稀少，土壤贫瘠且为冻土，水分短缺。尽管这些地区条件恶劣，却仍有很多植物生活在这里。有人在喜马拉雅山脉海拔6 000多米的地方发现了开花植物，它们躲避在冻裂的岩石缝隙中。这些植物被称为高山植物。它们比较小，且较为密集，能够存活于高高的山峰上，或者冰冻的极地中。高山植物通常像垫子一样铺在地上，可以抵御寒冷和干燥的狂风。

高山植物收藏家搭建的一个临时帐篷

高山疗伤绒毛花

生长在背阴处

高山疗伤绒毛花生长在阿尔卑斯山的高处，其叶布满触毛。

仙女木

布满触毛的叶子

仙女木生长在从阿尔卑斯山到北极之间的高地上。叶下细密的触毛可以防止流失太多的水分，并起隔离作用。

迅速行动

春天到了，高山植物开始开花了，山坡一刹那变得五颜六色。山区的夏天比较短暂，高山植物得赶在冬天来临之前迅速地开花结种。

辐射危害

热带高山山顶的阳光要比地球其他地区的强烈得多。银箭草生长在夏威夷海拔4 000米的高山上。它的叶子上布满了细密的白色触毛，可以抵挡有害的紫外线照射。

植物垫

新西兰的赫叶木本婆婆纳是一种常绿植物，叶片小而坚韧，可以抵挡严寒。它又长又肥厚的垫子，可以储存热量，抵挡风害，减少水分流失。每到春天，上面便有一层白花覆盖。

赫叶木本婆婆纳

地面上展开的垫子

很多高山植物都以垫子的形式匍匐在地面上，可以遮挡寒风的侵袭。上图垫子式的植物原产于喜马拉雅山脉，名为通泉草。

小型灌木丛

阿尔卑斯山的瑞香，以小型灌木丛状生长。海拔较低处的瑞香体形稍大些。

小小的叶子

高山勿忘草属于勿忘草属。叶子比较小，这可以更好地抵挡狂风。

多彩的高地

北美的福禄考非常美丽，花朵艳丽。它们紧贴着多石的山坡生长，吸引昆虫进行授粉。

双重防卫

高山上的岩玫瑰有两种方式来抵御恶劣的天气。这种灌木丛生的植物更能抵抗大风。叶和茎上布满了细密的触毛，在夜间可以起到保温的作用。

两种繁殖方式

鹤嘴牻牛儿苗生长在比利牛斯山上。它既可以用种子繁殖，又可以用匍匐的根系蔓延生长。

高山上的低矮植物

在海拔很高的地方生长的高山植物，叶子要比其生长于低地的亲缘植物小得多，比如金丝桃。

无水生存

有些植物可以存活在水分极其稀少的干燥地区，如仙人掌可以在滴雨不下的情况下存活数年。世界上最干燥的地方，下雨不规律，偶尔下暴雨。生长在这些地区的植物演化出了很多种生存方式。很多仙人掌的根都很长，并且大部分都离地表很近，这样就可以在下雨的时候大面积地吸收水分。植物具有多种调节功能，水分一旦被吸收，就会被储存起来。水分通常从植物气孔蒸发，气孔是长在叶片表面的小毛孔。这些植物可以控制自己的气孔，如果水分蒸发得过多，它们就会把气孔关闭。很多仙人掌仅在晚上打开气孔。有些植物落光叶子，避免水分蒸发。

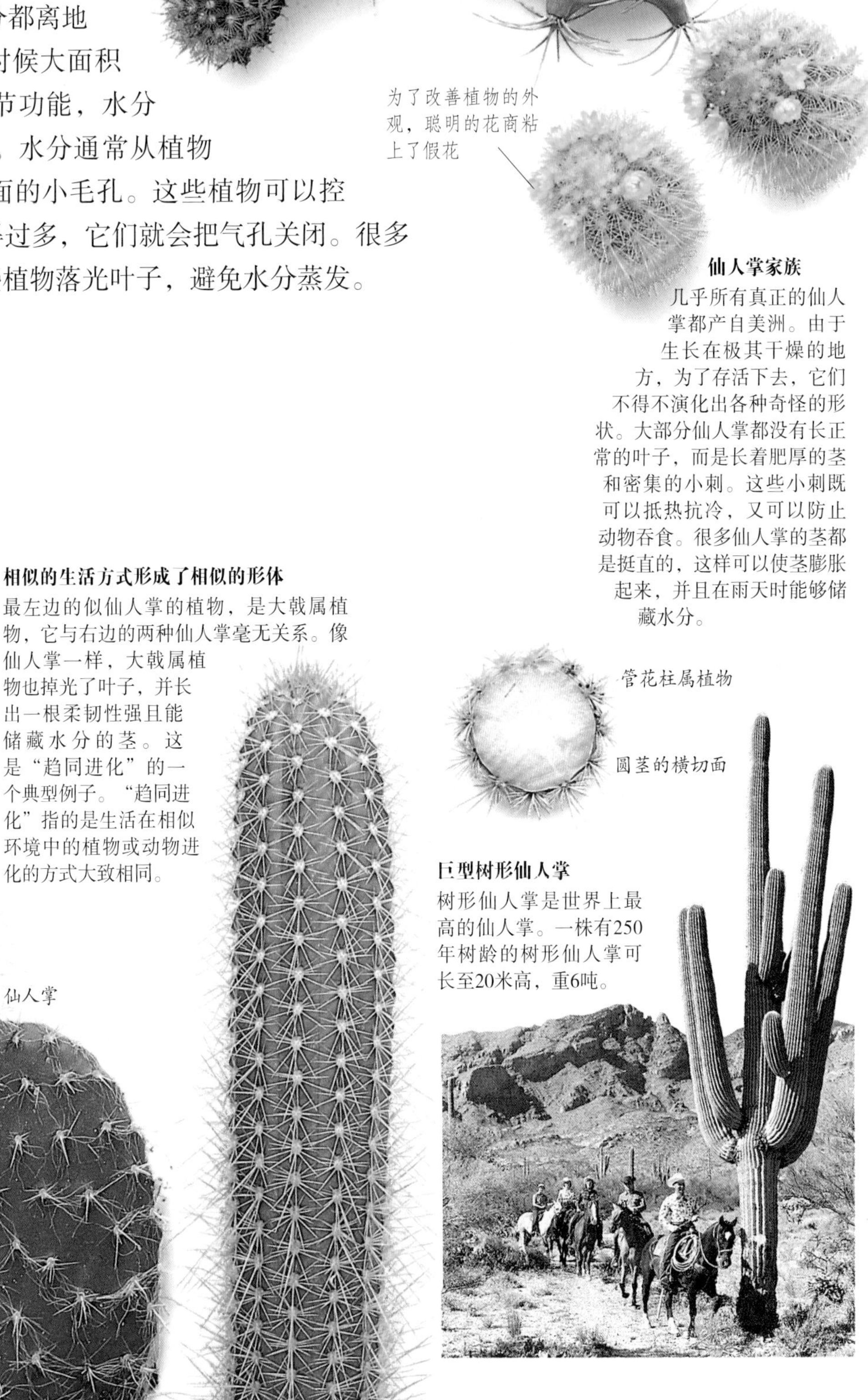

仙人掌家族

几乎所有真正的仙人掌都产自美洲。由于生长在极其干燥的地方，为了存活下去，它们不得不演化出各种奇怪的形状。大部分仙人掌都没有长正常的叶子，而是长着肥厚的茎和密集的小刺。这些小刺既可以抵热抗冷，又可以防止动物吞食。很多仙人掌的茎都是挺直的，这样可以使茎膨胀起来，并且在雨天时能够储藏水分。

相似的生活方式形成了相似的形体

最左边的似仙人掌的植物，是大戟属植物，它与右边的两种仙人掌毫无关系。像仙人掌一样，大戟属植物也掉光了叶子，并长出一根柔韧性强且能储藏水分的茎。这是“趋同进化”的一个典型例子。“趋同进化”指的是生活在相似环境中的植物或动物进化的方式大致相同。

巨型树形仙人掌

树形仙人掌是世界上最高的仙人掌。一株有250年树龄的树形仙人掌可长至20米高，重6吨。

多肉植物

有些植物长有肥厚多汁的叶或茎，用以储存水分，被称为多肉植物，包括仙人掌属。多肉植物主要有3类。茎多肉植物用茎来储藏水分，常常处于最干燥的环境中，比如仙人掌。叶多肉植物用叶来储藏水分，生长在微湿的环境中。最后一类是根多肉植物，肥厚的根可以当作储存水分的小水库。

宝石花

银波锦的叶子肥厚多汁，蜡质的叶面可以减少水分的蒸发

狗舌草叶面上的白色“叶霜”保护植物免于强烈的紫外线的照射

叶多肉植物

叶多肉植物生长在半沙漠地区和盐碱地，这些地方的盐碱情况意味着植物必须储存足够的淡水。如果天气持续干燥，叶子就会皱起来。下雨时，叶子就会吸收水分，膨胀起来。

水晶掌肥厚的叶子储藏了很多水，膨胀起来了

藤项链叶子看起来就像是被穿在了一根线上而得名

褐斑伽蓝

抗旱的叶子

多肉植物叶子90%的质量都来源于储藏的水分。叶子长有蜡质叶面，以便减少蒸腾作用。有些多肉植物叶面长有绒毛，可以保持叶子凉爽，减少水分流失。

花期短暂

很多沙漠植物是“短命者”。它们仅在雨后迅速生长，然后便迅速结束生命周期。右图中成千上万朵沙漠“向日葵”在美国犹他州的沙漠里绽放。

食物的来源之一——植物

人们将植物作为粮食作物来种植已有数千年的历史。最早的游牧民族为了寻找食物，游荡在荒野之中。后来，这些牧民定居下来，并开始种植粮食作物。到了为来年的农作物选择种子时，他们便选择长得壮的植物种子。这样年复一年，他们种的农作物品质越来越优良，这一方法持续至今。因为世界上不同地区的农业定居点都是独立建立起来的，所以不同的地区耕种不同的农作物。我们今天所吃的食物来自世界各地。

秘鲁的市场

马铃薯原产于南美洲的安第斯山脉。现在秘鲁仍产有很多种马铃薯，从这个集市上就能看得出来。

生长在黑暗之中

菊苣如果生长在阳光下，尝起来就会有股苦味。为了减少苦味，人们将菊苣修剪至地面，让它们在几乎黑暗的环境下重新生长。如果栽植的菊苣在阳光下长大，就会长得很接近于它的祖先。

原始的玉米植株和玉米棒

种植的菊苣芽褪了色

现在的玉米棒

原始玉米

玉米是一种谷类，属于禾本科。玉米原在中美洲种植，现在仍可以在那里找到原始形态的玉米。因为人们进行选择性育种，现在玉米棒个头大了许多。

野生菊苣

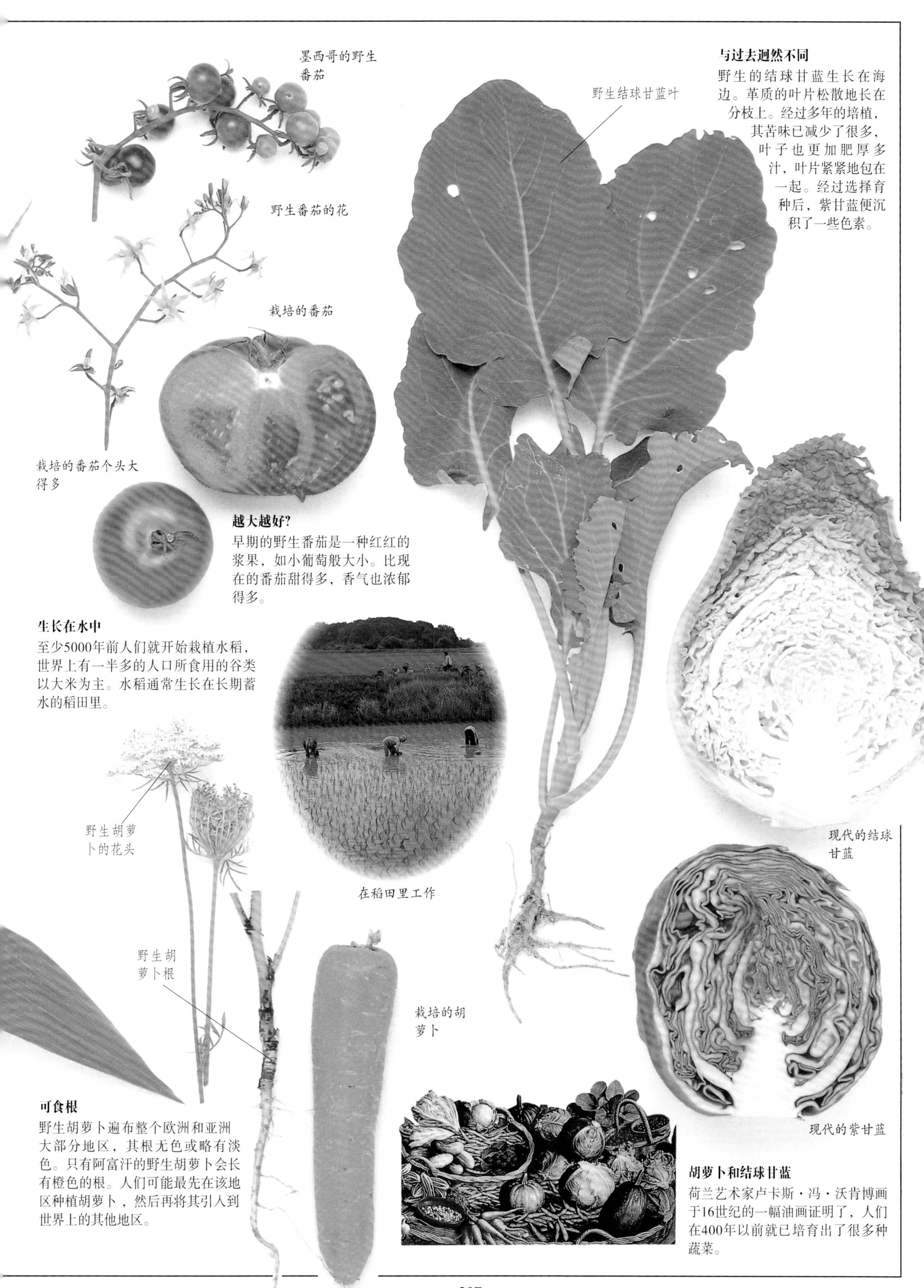

与过去迥然不同

野生的结球甘蓝生长在海边。革质的叶片松散地长在分枝上。经过多年的培植，其苦味已减少了很多，叶子也更加肥厚多汁，叶片紧紧地包在一起。经过选择育种后，紫甘蓝便沉积了一些色素。

越大越好?

早期的野生番茄是一种红红的浆果，如小葡萄般大小。比现在的番茄甜得多，香气也浓郁得多。

生长在水中

至少5000年前人们就开始栽植水稻，世界上有一半多的人口所食用的谷类以大米为主。水稻通常生长在长期蓄水的稻田里。

可食根

野生胡萝卜遍布整个欧洲和亚洲大部分地区，其根无色或略有淡色。只有阿富汗的野生胡萝卜会长有橙色的根。人们可能最先在该地区种植胡萝卜，然后再将其引入到世界上的其他地区。

胡萝卜和结球甘蓝

荷兰艺术家卢卡斯·冯·沃肯博画于16世纪的一幅油画证明了，人们在400年以前就已培育出了很多种蔬菜。

小麦的故事

人类种植小麦，并以此作为食物的重要来源至少已有9 000年的历史了。人们已经在古埃及人的陵墓里发现了储藏的麦粒，并且认为小麦是古希腊人和古罗马人的主要谷物。小麦的培育起源于新月沃土，包括以色列、土耳其和伊朗的部分地区。世界上大部分地区都种植小麦，并且小麦的品种也得到了极大的改良。原始的小麦麦秸又细又高，在恶劣天气下极易受到损坏，比如单粒小麦和二粒小麦。小麦颗粒较小，意味着产量低。现在，人们已培育出了产量高、抗旱、抗病的优良品种。

人民大众的食物

人们种植谷物作为粮食已有数千年的历史了，正如这幅创作于11世纪的画所示。

收割谷物

成熟的种子会从植株上散落下来。早期的农民挑选那些还长有种子的植株，以便种植后能收割谷物。

野生单粒小麦颗粒

二粒小麦颗粒

野生单粒小麦

这种野生禾本植物很可能是人类种植的小麦的祖先之一。它的秸秆又细又高，麦穗小，颗粒也小。

单粒小麦

土耳其的部分地区仍种有这种早期的小麦品种，用来当作动物饲料。它颗粒较小，且不易脱粒。

野生二粒小麦

这种野生禾本植物是二粒小麦的祖先，是另一种原始小麦。其麦穗和颗粒都比单粒小麦的大。

二粒小麦

在古希腊罗马时代，二粒小麦是主要的谷物。它是现代人们培育的小麦的祖先之一。

一望无际的麦田

现在的小麦要比一个世纪前的小麦矮得多。小麦培育者已经减少了麦秸的数量，所以小麦不易倒伏，但也增加了收割的难度。

斯佩耳特小麦

二粒小麦和野生山羊草杂交促成了小麦的一大飞跃。其结果便是产出了斯佩耳特小麦，目前在欧洲西北部仍有种植。

硬质小麦

另一种与二粒小麦关系密切且颗粒较大的小麦是硬质小麦。因为其面粉可用来制作面条和饼干，所以人们现在大量种植硬质小麦。人们对其进行了精细培育，其小麦颗粒要比原来的大。

面包小麦

面包小麦也是二粒小麦和野生山羊草的杂交种，在现在的小麦种植中面积最大。它的颗粒较大且面筋含量高，这使得面团有弹性，做出的面包较轻且气孔较多。

药物和毒药

在古代，植物是主要的药材来源。经过反复试验，人们发现有些特殊的植物可以治疗一些疾病。这些植物的详细资料在药物书籍中都有所记载。现在，在制药行业中人们仍使用很多植物。它们制成的化学药物大部分都可能有毒，但是也有一小部分在治疗某些疾病时是非常有用的。现在人们仍在继续寻找新的药物，药物学家每年都会检测来自世界各地的各种植物。

曼德拉草

有些曼德拉草根看起来像人，曾用于医学。有一种迷信的说法认为曼德拉草刚露出地面时会尖叫，听到它尖叫的人都会死去，所以它通常会被一只狗拔出来。

芦荟

用芦荟生产的化妆品

荷荷巴

美容功效

植物常被用于制作化妆保养品。现在化妆品中最受欢迎的两种植物是荷荷巴和芦荟。它们都生长在干燥地区，并都含有能使皮肤光滑细嫩的油脂。

产于东方

大约5000年前，中国人已经发现了人参的药用价值。它的根能够辅助治愈疾病。

韩国的红参根

生长在土耳其的罂粟

罂粟

人们种植罂粟已有数千年的历史，并将其作为毒品的一种来源。生鸦片便是干燥凝结了的罂粟汁液。将罂粟未成熟的蒴果用刀割裂，汁液便会渗出。

含有蓖麻油和蓖麻毒的蓖麻子

12世纪的药物书中的一小部分

蓖麻

致命的一剂

古埃及人就已将蓖麻油用于提纯系统。蓖麻子含有蓖麻毒，是剧毒之一。一粒蓖麻子所含的蓖麻毒就足以毒死一个成年人。

黛粉叶

因其毒液而得名。如果吞食黛粉叶，嘴巴就会肿胀得难以说话。

黛粉叶的叶子

是酒还是毒品?

龙舌兰，即威廉斯仙人球，含有墨斯卡灵，这是一种致幻物质，墨西哥人喝的龙舌兰酒制作原料并非威廉斯仙人球，而是墨西哥的另一种植物，即蓝龙舌兰。

龙舌兰

用蓝龙舌兰酿造的龙舌兰酒

致命的浆果

阿托品提取于颠茄，可用于眼科手术和治疗胃病。

从古柯到可卡因

许多世纪前，南美洲的印第安人发现，咀嚼古柯的叶子可以减轻痛苦，防止疲劳。古柯叶含有可卡因。虽然可卡因是一种昂贵的麻醉药，却存有让人上瘾的危险性。

待售的古柯叶

古柯叶

19世纪末的印第安人喝着奎宁杜松子酒

颠茄是致命的茄属植物

毛地黄

有益于心脏的植物

毛地黄叶子中含有治疗心脏疾病的物质。剂量大了，就会导致心悸和头晕，较小的剂量则会有助于减慢心率，增强心肌的收缩力。

治愈疟疾的药物

奎宁可从南美的金鸡纳树皮上提取，用于治疗疟疾。

金鸡纳叶

植物收集者

现在世界各地很多常见的植物，事实上都远离其原产地了。比如，倒挂金钟原产于南美洲，紫藤原产于中国和日本，杜鹃花原产于喜马拉雅山脉地区，郁金香原产于西亚和中亚。植物收集者从世界各地收集了无数植物。19世纪和20世纪早期，植物学家们为了寻找未知的植物而跋山涉水，走得越来越远。一些植物收集者在远航的途中历经磨难，但是发现新事物的好奇心激励着他们探索最遥远、最危险的地方。

19世纪一个背着收集箱的植物收集者

图尔纳福尔氏黄芩便是以发现者约瑟夫·皮顿·德·图尔纳福尔命名的。

皇家使命

约瑟夫·皮顿·德·图尔纳福尔是一位植物学家，曾被法国国王路易十四派到东地中海。他回国时带回了一千多种植物的标本和种子。

东行

照片中是一群在20世纪20年代远赴中国收集植物的植物学家。植物学家多年来一直对中国有浓厚的兴趣。右边的照片中是一个现代植物学家在丛林中收集植物。

这是一个19世纪的植物采集箱，里面装有胡克氏野扇花，它是野扇花的一个品种，是众多以胡克命名的植物中的一种

父亲和儿子

威廉·胡克和他的儿子约瑟夫·胡克都对植物非常痴迷。威廉·胡克是英国皇家植物园邱园的第一位主管。

法国梧桐叶

特雷德斯坎特父子俩

西行

约翰·特雷德斯坎特和他的儿子都是英国贵族花园的园艺师。老特雷德斯坎特在俄罗斯收集植物，小特雷德斯坎特在美国收集植物。小特雷德斯坎特将一些树种引进到欧洲，包括鹅掌楸和英国梧桐。

紫鸭跖草——一种以老约翰·特雷德斯坎特命名的边境植物

满足皇室口味

植物收集是古代的一种职业。埃及壁画显示了公元前1495年的探险，这是最早的有记载的一次探险。收集者为哈特谢普苏特女王从非洲之角带回了乳香木。

保存完好的植物学典籍

收集植物的皇后

皇后约瑟芬是拿破仑的妻子，她在马尔梅松的寝宫里建造了一个别致的花园，里面种满了从世界各地运来的玫瑰。

研究植物

植物收集分两类，一是收集活植物体，二是收集经过处理并保存的植物标本。经过处理并保存的植物标本大部分被压制过，并被储藏在植物标本室里，等待植物学家的检测。收集活植物体也同样很重要，有时可以保证稀有植物不会灭绝。了解植物的一种好方法便是自己收集花朵，然后把它们制作成标本。然而，你不可以摘生长在乡野间的野花，因为那样会使它们无法结种。在一些国家，法律保护所有的野花。你可以自己收集几粒种子种植植物，便有机会在不伤及植物的前提下研究它们。

植物标本室的标本卡

保存标本的瓶子

装有干标本的盒子

植物夹具

修枝剪

泥铲

植物学家收集植物的工具

植物标本室收集植物，先将标本压制使之变得干燥，然后将其用标本卡裱好，并附上标注，说明是何时何地发现的。想详细研究该植物的就可以查询该植物标本卡。

更好地了解植物

将野花画下来或是拍下来是了解野花的最好方法之一。如果你把它们画下来，就会注意到很多细节。利用放大镜人们能够更细致地观察叶子和花瓣。收集种子，再培育植物，这一过程需要耐心和细心。

保存样本

可以用简单的螺旋压力机压挤植物。将标本置于两页吸水纸之间，为了让吸水纸更好地吸收水分，差不多每天都要更换吸水纸。几周后，标本才能彻底变干。

植物的种类

植物王国可分为很多种群，包括已知约400 000种独立的物种。大部分植物有机体属于开花植物（或被子植物）。此处所示的植物种类包含了所有主要植物类别。

银杏

银杏

银杏原产于中国。它有裸子植物的特征，又有自己独特的特征，所以独成一科。与大部分的裸子植物不同，银杏是落叶植物，并长着扇形叶。

藓类和苔类

藓类和苔类属于苔藓类植物，种类可达14 000种。这些小植物通常生长在阴凉潮湿的地方。它们在4.25亿年前出现，对煤炭和泥炭的形成具有很大的贡献。

开花植物

开花植物（或被子植物）包括300 000个物种，是植物中最大的一类。花朵是植物的特殊部分，并可长成果实，果实里会含有种子。开花植物分两个种类：单子叶植物和双子叶植物。

小麦

玫瑰

单子叶植物的子叶是单一的。叶子通常又细又长，脉序为平行脉。单子叶植物包括谷类、某些蔬菜、某些水果以及兰科植物与百合花类。它们大约有55 000种。

双子叶植物是指具有两片子叶的植物。叶脉通常是网络状。双子叶植物至少有250 000个物种，它们包括大部分的灌木以及所有的阔叶树。

双子叶植物茎通常为木质茎

结球甘蓝

仙人掌

菠萝

韭葱

蕨类植物

蕨类植物有12 000种，生长在潮湿的环境中。有些蕨类叶子称为孢子叶，在叶子背面长有孢子。这些孢子会萌发成新的蕨类。

石松类

石松可追溯到4.3亿年前。现在的石松比较小，叶子重叠，茎匍匐。石松靠孢子繁殖。

苏铁属

苏铁生长在热带地区，属于裸子植物类。侏罗纪时期有大量的苏铁，现在却仅存100种。

松柏类

松柏类植物大约有550个物种，大部分是高大的常绿树木。即使是在冬天，松柏类植物也能进行光合作用。

木贼类或楔叶类

这些古老的植物被称为楔叶目。大约在3亿年前可达15米高，现在仅存35种。

买麻藤属

一种长有球果的沙漠植物，现仅存约70种。

词汇表

昆虫

红斑天牛

腹节 昆虫身体的最后一节。

触角 头部两侧的感觉器官，功能较多，包括导航、味觉、“视觉”和听觉。

附属肢体 连接在昆虫身体上的其他肢体或者器官，比如触角。

节肢动物 一类身体分节、长有外骨骼的无脊椎动物，比如昆虫纲和蛛形纲生物。有些人把昆虫纲生物和蛛形纲生物混为一谈，其实不然。昆虫最明显的特征就是身体分为3节，长有3对节腿和一对触角。

水生 在水中成长或者生活（的生物）。

益虫 对人类有益的昆虫。有的昆虫帮助植物授粉；有的可以处理废物，促进循环；有的可以捕食害虫。这些都是益虫。

伪装 昆虫为了躲避捕食者或者不被猎物发现，而采用的保护色和拟态。

毛虫 蛾、蝶或叶蜂等的幼虫。

尾毛 成对的附属肢体，通常比较长。很多昆虫的腹节末端都长有尾毛。

几丁质 组成昆虫外骨骼的坚硬物质。

蝶蛹 蝶或蛾的蛹。

茧 用来保护蛹的丝质封套。

复眼 由很多独立的单眼组成的眼睛。

髋 腿的基部结构，是腿和身体的连接部分。

二态性 同一个物种中具有不同的体形、颜色的两类个体。

包膜 黄蜂的蜂巢外面的保护结构。黄蜂蜂巢的包膜是由木纤维和唾液的混合物建成的。

外骨骼 包裹着昆虫身体的硬质结构，在节点处由管道相连。

蛴螬（grub） 一种身体厚重的幼虫，胸部长有腿，头部发育得很好。外表很像鼻涕虫（蛞蝓）。

无脊椎动物 没有脊椎的动物。

稚虫 水生不完全变态昆虫的幼体，一般与成虫的食性不同。

千足虫 属于节肢动物，但不属于昆虫。

蛆 蝇类昆虫幼虫，没有腿，头部发育也不完全。

上颚 昆虫颚的第一部分。它在咀嚼类昆虫身上呈锯齿状；在善于吸吮类昆虫身上呈针状；在叮咬类昆虫身上则形成了叮咬人的器官。

小颚 为某些昆虫所特有，属于颚的第二组成部分。

中胸 昆虫胸部的中间部分，长有中腿和前翅。

变态 昆虫从卵到成虫的一系列变化。经历不完全变态的昆虫随着身体的生长而逐渐变化；而经历完全变态的昆虫身体变化比较大，其中一个生命形态叫作“蛹”。一般来说，昆虫变为成虫以后身体就不会继续生长了。

后胸 昆虫胸部的第三部分，长有后腿和第二对翅膀。有时候看上去像是腹部的一部分。

蜕皮 昆虫蜕掉外骨骼的过程。

杂色 长有不同颜色的表皮。

花蜜 花朵内部的液态糖性物质，是很多昆虫的食物。

若虫 陆生不完全变态昆虫的幼体。若虫与成虫很相似，只是翅膀没有完全发育。一般来说，若虫和成虫的食性是相同的。

单眼 生长在幼虫身体侧面的一种结构简单的眼睛，它们只能探测到光线，却不能形成图像。

卵囊 生殖腺分泌物形成的一种包状结构，包裹着卵。蟑螂的卵囊呈钱包状，螳螂的卵囊呈海绵状。

产卵器 雌性昆虫身体上的管状结构，用来产卵。很多昆虫都会把产卵器隐藏起来。

燕尾蝶的幼虫

经历完全变态的蝴蝶

须肢 一种像腿一样的分节结构。须肢具有感觉功能，能够探测食物的味道。

单性生殖 由未受精卵发育成个体。

寄生虫 一类依靠其他生物为生的生物。它们从宿主身上取食，却不给予宿主任何回报。体外寄生虫寄生在宿主体外，而体内寄生虫寄生在宿主体内。虱子属于体外寄生虫。

花粉 花朵产生的含有精子的粉状物。昆虫被花儿的香味吸引过来，身上沾满花粉，然后再飞到别的花上，就帮助花完成了授粉。

捕食性昆虫 一类靠捕食其他昆虫为生的昆虫。

吻 延长的口器，通常指苍蝇的嘴、臭虫的喙或者蝴蝶和蛾的舌头，还包括某些长舌蜜蜂的口器。

腹足 昆虫幼虫腹部的腿，实质上不是腿。胸部的腿才是真正的腿。腹足一般指的是毛虫身体后半部分肉墩状的结构。

前胸 胸部的第一部分。

蛹 完全变态昆虫的一个生命形态，位于幼虫和成虫之间。

蜂王蜂房 蜂巢中的一个特殊蜂房，里面的卵将发育成蜂王。

吻突 喙状物，一般指尖锐的口器。

食腐昆虫 一类以动物粪便或者动植物遗体为食的昆虫。

花粉栉 蜜蜂采集花粉的结构，包括腹部的花粉刷和腿上的花粉篮。

节 昆虫身体的划分单位。

群居昆虫 像蚂蚁和蜜蜂一样的昆虫，它们生活在一起，相互协作。

兵蚁 白蚁或蚂蚁巢中的一群个体。它们的头部较大，颚强壮有力。兵蚁既有雌性的，也有雄性的。它们的任务就是保护蚁巢，抵御外来入侵者。

跗节 腿部末端的节状附属肢体。

胫节 昆虫腿部的第四节。

胸节 昆虫身体的中间部分，与人类的胸部类似。其上长有真正的腿和翅膀，可分为3个部分：前胸、中胸和后胸。

气管 昆虫体内的一种管道，它们能把氧气运送到全身组织。

苍蝇 苍蝇只有一对翅膀，后翅退化成了平衡棒，用来保持飞行平衡，还可以测量风速。

鼓膜 昆虫身体上的一种结构，就像人类的耳膜。

紫外线 波长短于紫光的一种不可见射线，大部分哺乳动物看不到紫外线，而大部分昆虫都可以看到。

工蜂/工蚁 群居昆虫中的一类个体，它们不能生育，主要负责寻找食物。

显微镜下的天牛

恐龙

异特龙 一种原始的兽脚亚目肉食性恐龙。

菊石 一种已经灭绝的头足动物，长有螺旋状的腔壳，生活在中生代的海域中。

两栖动物 起源于石炭纪的冷血脊椎动物，它们的幼体用腮呼吸。现在的两栖动物有青蛙、蝾螈和火蜥蜴等。

甲龙 一种长有4条腿和鳞甲的植食性鸟臀目恐龙，身上长有骨板，覆盖着颈部、肩部和背部，并且长有适于切割植物的角质喙。

鸟类 可能是在侏罗纪晚期由兽脚亚目恐龙进化而来的。但某些科学家只用“鸟类”这个词语指代现在的鸟，而称最原始的鸟为“初鸟”。

双足动物 用两条下肢行走，而不是用全部四肢行走。

腕足动物 海洋无脊椎动物，长有两个介壳，它从寒武纪进化而来。

肉食动物 长有尖牙的吃肉的哺乳动物及其近亲和祖先，比如猫、狗、熊等；有时候用来表示所有吃肉的动物。

肉食龙下目 一种大型肉食性恐龙，长有巨大的头部和牙齿。这个名字曾经用来统称所有的兽脚亚目恐龙，不过现在将它限定在异特龙及其近亲身上。

鸭嘴龙

头足类动物 一种海生软体动物，长有大眼睛和进化完全的头部，头上长有触角。例如章鱼，鱿鱼等。

角龙 两足和四足的植食鸟臀目恐龙，长有长长的喙状嘴，并且头部后面长有骨质颈盾。

角鼻龙 兽脚亚目恐龙下的两个主要分支之一。

针叶树 一种结球果、长有针形叶子的树，比如松树或者枞树。

粪化石 粪便化石。

蛇颈龙的鳍状肢化石

白垩纪 中生代的第三个时期，1.45亿年—6500万年前。

苏铁 一种长得像棕树的种子植物，长长的叶子像蕨类。

梁龙 一种植食性蜥脚类恐龙；庞大的蜥臀目恐龙家族中的一员，长有长颈和长尾。

驰龙 一种类鸟的双足肉食性恐龙。

胚胎 处于发展早期的植物或者在胎内的动物。

进化 一个物种成为另一物种的过程。当一个个体的有机体产生变化的时候，进化就发生了（基因决定了生物体的大小、形状、颜色等性状）。个体把良性的突变传递下来，它们的良性突变不断积累，最终形成新的物种。

灭绝 某种动植物完全绝迹。

银杏

化石 保存在石头中的曾经存活生物的遗留物。牙齿和骨头比身体的柔软部分（比如内脏器官）更加容易形成化石。

胃石 动物（比如蜥脚类恐龙）吞入胃中用来辅助研磨食物的石头。

属 生物分类中的一级，等级位于科和种之间。

银杏 高达25米左右的落叶植物，它从三叠纪时期进化而来，并一直存活到今天，期间没有发生本质的变化。

鸭嘴龙 体形巨大、双足或四足的鸟臀目恐龙，来自白垩纪晚期，长有鸭嘴一样的喙状嘴，用来啃食植物。

植食性动物 以植物为食的动物。

禽龙 一种大型双足或四足植食性鸟臀目恐龙，来自白垩纪早期。

无脊椎动物 没有脊椎的动物。

侏罗纪 中生代的第二个时期，2亿年前—1.45亿年前。

哺乳动物 一类恒温、多毛的脊椎动物，它们以乳汁喂养幼崽。

手盗龙 一种长有长长的前臂和“手”的兽脚亚目恐龙，其中包括伶盗龙等肉食性恐龙，以及鸟类。

巨齿龙 一种原始的兽脚亚目肉食性恐龙，不如异特龙高等。

中生代 地质学纪元的“中间时期”，距今约1.5亿年前—6500万年前，包括三叠纪、侏罗纪和白垩纪3个时期；又被称为“恐龙时代”。恐龙在这个时期的末期灭绝了。

鸟臀目 恐龙的两个主要组别之一。鸟臀目恐龙的骨盆和鸟类的相似。

鸟脚下目 一类双足鸟臀目恐龙，长有长长的下肢。

窃蛋龙 一种兽脚亚目恐龙，长有喙状嘴和长长的腿。

肿头龙 一种双足鸟臀目恐龙，头骨很厚。

古生物学家 研究古生物学的人。

古生物学 研究植物和动物化石的科学。

翼龙类 一种生活在中生代、会飞的爬行动物，是恐龙的近亲。

爬行动物 一类有鳞且变温的脊椎动物，卵生。现存的爬行动物包括蜥蜴，蛇、海龟以及鳄鱼等。

蜥臀目 恐龙两大主要组别之一。蜥臀目恐龙的骨盆和蜥蜴的相似。

蜥脚下目 一群巨型植食性的四足蜥脚类恐龙，生活于中生代大部分时期。

伶盗龙

苏铁

蜥脚形亚目 一群大型植食性的四足蜥脚类恐龙，包括原蜥脚下目和蜥脚下目两类。

沉积物 沉积作用中悬浮在液体中连续沉降的固体颗粒。

头骨 头部的骨头框架，用来保护大脑、眼睛、耳朵以及鼻腔。

种 生物分类中的一级，位于属之下。同种生物可以交配繁殖。

剑龙 鸟臀目中一类植食性的四足恐龙，其颈部向下到背部再到尾巴，都长有两排高高的骨板。

坚尾龙类 兽脚亚目恐龙两个主要的类别之一。

槽齿类 初龙次亚纲爬行动物中的一个分支，其中包括恐龙、鳄鱼和翼龙等。

古生代 地质学纪元中的“古老时期”，距今约5.4亿年前–2.4亿年前，包括寒武纪、奥陶纪、志留纪、泥盆纪、石炭纪和二叠纪。

蛇颈龙 中生代的大型海洋爬行动物，长有鳍状肢和长颈。

猎食动物 以捕捉动物为食的生物。

保存 使某物（比如化石）免受伤害或腐蚀。

原蜥脚下目 一类早期植食性恐龙，生活在三叠纪晚期到侏罗纪早期之间。

鹦鹉龙 角龙下目鹦鹉嘴龙科的一属，属于双足恐龙。生活在白垩纪时期，长有长长的鹦鹉样的喙状嘴。

兽脚亚目 一种肉食性恐龙，长有尖牙和利爪。

巨龙 一种巨大的四足植食性蜥脚类恐龙。

化石痕迹 史前物种留下的痕迹，比如脚印、蛋、咬痕以及皮肤、头发和羽毛的痕迹化石。

三叠纪 中生代的第三个时期，大约从2.5亿年前持续到2亿年前。

暴龙 一类巨大的双足肉食性兽脚亚目恐龙。它具有明显的特征：巨大的头部，短小的前臂，只有两根指爪，以及巨大的后肢。它们兴盛于白垩纪晚期，主要分布在北美和亚洲。

恒温 通过将食物中的能量转化为热量，保持体温在一个恒定的水平，通常高于或者低于环境的温度。

镰刀龙

鸟类

鲣鸟群落

翼型 指具备飞行能力的鸟类翼部的剖面结构。

小翼羽 位于鸟类翅膀前边缘的一簇羽毛。

条纹 一根或者一组羽毛上自然生成的多彩的标记或者纹理。

羽枝 羽柄旁边的细小分支。

双眼视野 两只眼睛视野重叠的区域。

正羽 生长在鸟类头部和身体上的短小、相互重叠着的羽毛。

繁殖 通过生物的方法制造生物个体的过程。在“鸟类”一章中特指鸟类产卵和哺育幼鸟。

繁殖季节 最适宜野生动物和鸟类进行繁殖的季节。在“鸟类”一章中指每年适合鸟类交配、筑巢、产卵和哺育幼鸟的时期。

覆羽

孵卵斑 鸟类身体下面的一块赤裸皮肤，它在孵化过程中可以与卵接触以保持卵的温暖。

伪装 指鸟类身体上与周围特定的环境相融合、使自身难于被发现的颜色和图案。

盔状突 鸟类头上（鹤鸵）或喙上（犀鸟）的一种坚硬的角状凸出物。

群落 在一个生境内相互之间具有直接或间接关系的所有生物。在“鸟类”一章中指在一起繁殖、栖息的一大群鸟。

求偶 鸟类在交配前觅偶的行为。

覆羽 生在初级飞羽根部的一簇小羽毛。

夜行鸟 在夜晚、黎明或黄昏等光线暗淡的时刻活动的鸟。

嗉囊 鸟类消化道上用于储存食物的袋状物。亲鸟常用它携带食物回巢，喂养雏鸟。

鸟冠 鸟类头顶的装饰物。

摆水觅食 鸭科动物的觅食方式。喙在水面左右摆动，并且一张一合。

炫耀行为 一种显眼的行为模式，用于同类物种之间的交际，特别是在求偶和遭受威胁时。

分布区 某种动物（如鸟类）经常活动的场所的统称。

日行鸟 在白天或其他明亮时刻活动的鸟。

绒羽 非常柔软、纤细的羽毛。能够把空气紧紧地附着在鸟类的体表，以保持温暖。

卵齿 雏鸟喙尖上用来击破卵壳的细小结构。雏鸟孵出后，卵齿会很快脱落。

灭绝 曾经存在的生物完全消失，不再存在，比如渡渡鸟。

野外图鉴 一种口袋书，用来帮助读者识别各种不同的动植物。

羽化 羽翼成长到丰满的过程。

雏鸟 不能独立生活的幼小鸟类。它们一般还无法熟练地飞行。

飞羽 鸟类翅膀上用于飞行的较长羽毛。还可以分为初级飞羽（位于翅膀外部）和次级飞羽（位于翅膀内部）。

鸟群 一群一起飞行和觅食的同种鸟。

觅食 在一块区域搜寻食物。

砂囊 鸟类胃部后面紧靠食道的肌肉小袋，它能将吃下的植物食料研磨成浆状物。

栖息地 某种鸟类通常所生活的环境类型，比如湿地、森林和草地。

出壳 雏鸟用喙部细小的卵齿敲碎卵壳，而后破壳而出的过程。

隐蔽 人们可以藏在隐蔽的建筑物里观察鸟类，既不会被鸟类发现，又不会打扰到它们。

青山雀雏鸟

孵化 给卵膜中的动物胚胎提供持续的温暖，让其发育完善，破壳而出的过程。

无脊椎动物 一类不具备脊椎的小型动物，比如蠕虫、昆虫、蜘蛛等。

虹光 存在于某些羽毛或其他物体上的炫目光泽，这些物体能根据不同方向的入射光而改变色彩。

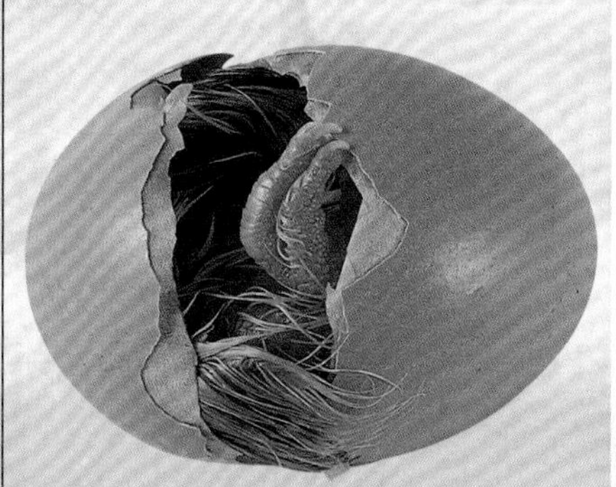

雏鸟破壳

鸟类保护区中的居所

幼鸟 还不具备繁殖能力的鸟。与成鸟相比，它们羽毛的颜色和图案通常会有所不同。

雏绒羽 鸟类在离巢前长出的第一套羽毛。

龙骨突 飞鸟胸骨的一种巨大的铠甲状外延物，它能固定强健的翼部肌肉。

角蛋白 一种特殊的蛋白质，是羽毛、毛发、指甲和蹄子的主要组成物质。

求偶竞技场 一种公共的炫耀场所。在繁殖季节，某些种类的雄鸟会聚集在一起向雌鸟炫耀。

颚 鸟类喙的两部分之一。位于上面的叫作上颚；下方的叫作下颚。

候鸟 会周期性地从繁殖地到越冬地迁徙的鸟类。

迁徙 为了寻找充足的食物供应或者适宜的繁殖场所，鸟类从一个地区飞行到另一个地区的行为。

单眼视野 仅有一只眼能够看到、双眼无法进行协同工作的区域。单眼视野中不包括双眼视野重叠的部分。

换羽 蜕去旧的羽毛，然后长出新的羽毛。

花蜜 花朵分泌出的一种甘甜液体。它可以在吸引鸟类和昆虫来觅食的同时帮助花朵传粉。

巢鸟 仍然待在巢中、无飞行能力的幼鸟。

鸟类学者 研究鸟类的人。专业的鸟类学者工作在鸟类观察站、博物馆、大学或者鸟类保护机构。

食茧 猫头鹰等鸟类吐出的坚硬小团，它是由食物中无法消化的部分（比如皮毛和骨骼）组成的。

羽衣 鸟类的羽毛。

粉䎃 白鹭等鸟类身上的一种特殊羽毛，能够碎裂成粉末。这种粉末可以用来清洁羽衣，使之保持良好的状态。

早成雏 孵化后不久，身披绒毛的雏鸟就能睁开眼睛，并且能离巢的鸟类。

梳羽 鸟类使羽毛处于良好状态的一种方式。用喙对羽毛进行梳理，可以使羽毛变得清洁光滑。

猎物 被其他动物猎杀的动物物种。

初级飞羽 长在鸟类翅膀外部的较长的飞羽，它主要用来飞行和转向。

食茧

羽柄 鸟类的长而中空的中央羽柄。

反刍 把已经吞下的食物重新返回到嘴里。许多亲鸟就是用反刍的方式来喂养幼鸟的。

栖息（栖息地） 鸟类停歇下来休息，通常在夜间。也指休息的场所。

腰带 鸟类背部下面、尾部上面的部分，它一般会被收拢后的翅膀覆盖。

腰羽 鸟类尾巴根部上长有的柔软光滑的羽毛。

食腐动物 一类觅食动物尸体的鸟类，比如秃鹫。

海鸟 这种鸟类大部分时间都在广阔的海洋上，只有在繁殖的时候才回到岸边。

地穴 地面上的巢穴，鸟类将卵产在其中。

次级飞羽 一组生长在初级羽毛内侧的羽毛。

物种 一群或多或少与其他群体形态不同，与同种可以交配繁殖的生物群体。

翼镜 存在于某些鸭科动物翅膀上的白色或明亮多彩的斑块。

飞行中的海鸟

爪 大部分哺乳类、鸟类及部分爬行类动物于手指及脚趾末端的表皮角质层附加物。有时特指猛禽锋利、弯曲的指甲。

腱 一种连接肌肉和骨骼的结缔组织，其质地坚韧。

三级飞羽 鸟类处于最内部的飞羽，它可以保证翅膀与身体连接处的顺滑，使飞行更加流畅。

上升暖气流 通常在悬崖和山坡侧面形成，鸟类能够凭借它翱翔到高空中。

脊椎动物 所有生有脊椎的动物。鸟类属于脊椎动物。

食肉鸟 以捕猎其他动物为食的鸟。

领地 被野生动物占据和利用，并且竭力保护、防止同种其他个体侵入的区域。

梳理羽毛的鹅

湿地 位于陆生生态系统和水生生态系统之间的过渡性地带。

游禽 可以在水面游动并主要在水面游弋的鸟类，它们生有带蹼的足，生活在水中或水边，比如鸭、鹅和天鹅等。

哺乳动物

羊膜 母体子宫内围绕在发育中的胚胎周围的一层薄膜。

偶蹄动物 一类有蹄的哺乳动物，每只脚上的脚趾数均为偶数，通常为2个，有的是4个。鹿、骆驼和绵羊均属于此类动物。

鲸须板 悬于大型鲸类的上腭的穗状板。鲸用鲸须板将小动物从海水中过滤出来供其食用。

保护色 动物通常通过将其与周围环境混为一体而避开捕食者注意。

软骨 动物体内的一种浓密胶状物质。一些动物整个骨骼都由软骨构成。在其他动物中，软骨构成关节处骨胳的覆盖物及耳朵等部分的框架。

细胞 大部分生物的微观构成单位。

脊索动物 主要的脊椎动物（具有脊椎的动物）。

分类 一种为显示生物之间的相互关系而对其归类的方法。

分趾 某些哺乳动物分成了两部分的蹄，如猪和鹿。

群体 聚居的许多相关生物。

食腐动物 以死亡的动物、植物和其他生物腐烂后的碎屑为食物的动物。

大熊猫是濒危物种

消化 将食物变成能被身体吸收的营养素和小分子物质的分解过程。大部分动物的消化是在贯穿身体的消化道中进行的。

趾行动物 只使用趾而不用平坦的脚掌行走的动物。

DNA 脱氧核糖核酸的缩写，是携带着建构生物和维持其生命所需信息的化学物。生物繁殖时，DNA从上一代传至下一代。

回声定位 通过超声波来感知物体的方法。蝙蝠、海豚和一些鲸鱼就是用这种方法在黑暗中和水中“看”事物的。

生态学 研究生物体与其周围环境之间相互关系的科学。

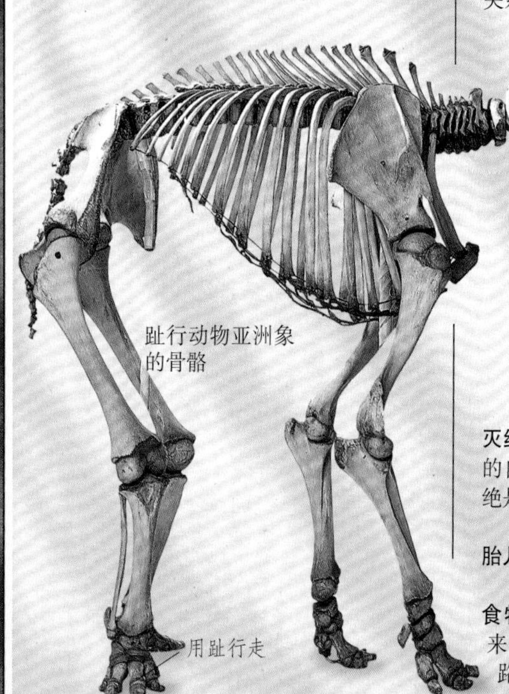

趾行动物亚洲象的骨骼

胚胎 动物或植物发育的初期阶段。

濒危物种 数量大量减少而有灭绝危险的物种。

进化 影响所有生物的缓慢的变化过程。它能逐渐改变物种的特征，并基于现有物种而产生新的物种。

灭绝 物种完全并永远消失。有时这是进化的自然结果，但当今世界越来越多的物种灭绝是由于污染和人类捕猎。

胎儿 处于发育后期还未出生的哺乳动物。

食物链 在生物群落中，将各物种联系起来，并在它们之间传递能量和营养物的食物路径。每个物种通常都参与几个不同的食物链。能量传递的数量层层递减。

化石 储存在岩石中的生物遗体或遗迹。

基因 遗传的基本单位。基因从一代传到下一代，并且决定生物体的特征。大部分基因都是由DNA组成的。

妊娠 幼体出生前在母体子宫内生长的时期。

食谷（或种子）动物 主要以谷物、种子、坚果及硬度类似的植物和纤维为食的动物。

草食 食用植物，通常是吃草或其他低洼处植物。

针毛 哺乳动物毛皮的外层，在潮湿的天气条件下可保护毛皮内层和皮肤。

白犀的妊娠期为16个月

栖息地 特定物种生存所需要的环境。

草食动物 主要以植物，尤其是叶、芽、茎、花、嫩枝和水果为食的动物。

冬眠 许多小动物在冬季时所经历的睡眠状态。冬眠时，动物的身体进入蛰伏状态，即动物体温下降，新陈代谢水平降低。

食虫动物 主要以昆虫或蠕虫为食的动物。

本能 动物无须学习而天生就会的一种行为模式。

幼年袋鼠 婴幼袋鼠或沙袋鼠。

磷虾 鲸、鱼和海豹所食用的微小的海栖生物。

生命周期 物种的每一代所发生的变化模式。

红颈大袋鼠
（有袋动物）

哺乳动物 具有毛皮并用乳汁哺育幼崽的恒温动物。

乳腺 雌性哺乳动物分泌乳汁的器官。

有袋动物 在母体的育儿袋中发育的哺乳动物，如袋鼠和沙袋鼠。

交配 雄性和雌性动物在有性生殖过程中的结合。

新陈代谢 生物体内发生的所有化学过程。

迁徙 动物常常依据季节变化定时地从一地到另一地的有规律的迁移活动。

单孔目动物 产卵的哺乳动物，如鸭嘴兽或针鼹。

脱皮（毛） 脱落毛发或毛皮的过程。

肌肉 躯体中的一种组织，它收缩引起动作。

神经 能在动物全身迅速传输信号的专门的细胞束。

神经系统 动物体内包括大脑的神经元网络。

夜行动物 夜晚活跃、白天休息的动物。

幼崽 动物的后代或子代。

杂食动物 取食无论植物、动物还是真菌各类食源的动物。

针鼹是单孔目动物

卵巢 雌性动物体内能产生卵细胞的器官。

五趾动物 具有5个脚趾或手指的动物。人类就是五趾动物。

信息素 由一个动物个体释放出的影响另一个体的化学物质。动物可释放出信息素用于标示踪迹、警告入侵者或吸引异性伙伴。

跖行动物 行走时每跨一步都会用全力将整个脚落在地面上的动物。

食鱼动物 主要以鱼类为食的动物。

胎盘 妊娠期间生长在子宫内的器官，它能将母体血液内的氧气和食物传到胎儿血液中。

肉食动物 猎取其他动物的动物。

猎物 被肉食动物摄食的动物。

灵长目动物 具有灵活的手指和脚趾，眼睛朝向前方的哺乳动物。人类就是灵长目动物。

繁殖 生殖后代。

啮齿动物 具有用于啃咬的尖锐门齿的哺乳动物。老鼠、松鼠都是啮齿类动物。

生殖细胞 专门用于繁殖的细胞。

骨骼 动物体的支撑构架，通常联结起来使身体运动。

物种 一群可以成功地彼此交配并繁衍后代的生物体，但却不能与其他生物交配。

乳兽 还在吃母乳的幼兽。

共栖现象 两种密切生活在一起的生物体之间的相互影响。

领地 动物所占领的地域。

有蹄动物 指有蹄子的哺乳动物。

植被 生长在某一地区内的植物群落的总体。

脊椎动物 具有脊椎的动物。主要有五大类：鱼类、两栖类、爬行类、鸟类和哺乳类。

温血 如果一个动物能通过消耗食物来获取自身的热量，那么即使它处在寒冷的环境中，也会是温暖的。哺乳动物的主要特征之一就是它是温血的。

大猩猩是最大的灵长目动物

植物

瘦果 一种只含一枚种子的干果。毛茛科植物的果实许多都是瘦果。

藻类 一种简单的不开花植物，通常生长在水中。藻类包括像海带、石莼这样的大型海藻，还有很多微小的种类。

被子植物 一种开花植物。不像裸子植物，被子植物在子房里长有种子，子房是一种坚硬的保护壳，可以发育为果实。

一年生植物 在一个生长季内完成生命周期的植物。

绿藻（海藻）

花药 产生花粉的雄蕊顶端部分。

叶腋 在茎的上半部分和叶片或分枝之间突出的角状物。幼芽生在叶腋上。

茎轴 植物主要的茎或根。

二年生植物 有两个生长季的植物。在第一个生长季节里播种，在第二个生长季节里开花、结果，然后死亡。

植物学 研究植物的科学。

苞片 一种较小的叶状物，生长在花茎的基部。

芽或蓓蕾 植物长出新枝叶的第一个可见的迹象，或者是包有正在生长的花朵的保护性结构。

鳞茎 伸出地面的茎，其肉质叶可以储藏养分。大部分的植物因有鳞茎，才能在干旱或寒冷的季节存活下来。

从鳞茎处萌发出的茎和叶

珠芽 可以长成独株植物的小芽。

毛边 一些植物带刺的种壳。

花萼 萼片的总称，起着保护花蕾的作用。花朵盛开时，花萼通常就会脱落。

心皮 花朵的雌性器官。心皮包括柱头、花柱和子房。

水仙花的鳞茎

细胞 生命物质的基本单位，只有用显微镜才能看到，包括细胞核，细胞核周围是细胞质，受细胞壁保护。

叶绿素 植物中所含有的绿色色素，可参与光合作用。

叶绿体 含有叶绿素的微观绿色结构，可以在植物细胞内吸收光能。

攀缘植物 附在其他物体上，比如墙和篱笆上，并向上和向外生长的植物。

花冠 一朵花中所有花瓣的总称。

子叶 预先长在种子内的一种特殊叶子。子叶看起来和普通的叶子很不一样。

落叶植物 季节性落叶的植物。

双子叶植物 种子中有两片子叶的植物。双子叶植物的叶子通常为阔叶，并且叶脉呈网状分布。

胚 植物发育的雏形。

胚乳 储藏在种子体内，是种子营养物质的来源。胚乳为种子的早期发育提供营养物质。

常绿植物 不会季节性落叶的植物，比如松树和冷杉。

花丝 花朵雄蕊的茎，支撑着花药。

（构成菊科植物的）小花 构成头状花序的小花。

萌芽期 种子开始发芽生长的时间。

裸子植物 种子不在子房里发育的植物。大部分的裸子植物都是针叶树。

耐寒植物 这种植物可以经得起极端低温，比如严寒和霜冻。

单子叶植物 被子植物分两类，单子叶植物便是其中一类。其叶脉为平行脉。被子植物的另一类是双子叶植物。

多细胞 由一个以上细胞组成。

花蜜 在很多花的腺体里自然分泌的甜汁。

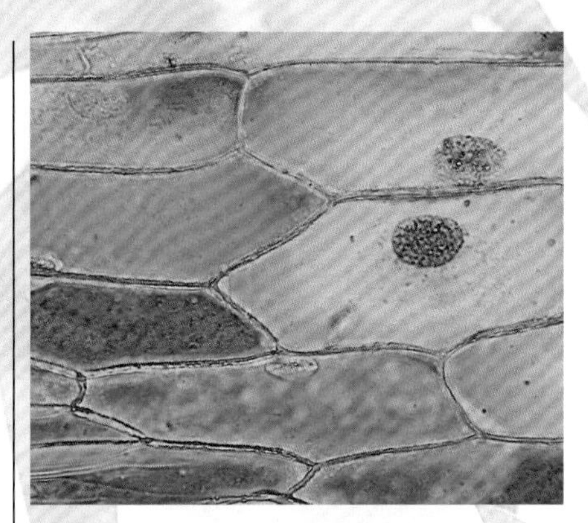

典型的植物细胞的微观视图

子房 一个雌性繁殖器官，里面孕育着已受精的种子。

胚珠 雌性细胞的集合体，经花粉受精后可以发育成种子。

冠毛 生长在种子周围的一圈非常密集的触毛，有的（如蒲公英）形似降落伞状，有助于种子随风散播。

降落伞状结构 有助于种子随风散播的所有构造，比如冠毛。

寄生生物 一种寄生在另一生物体上（里）的生物体，即寄生在寄主上的生物体，它可以从寄主身上得到养分和能量，而无须向寄主回报什么。

多年生植物 生长周期在两年以上的开花植物。

花被 由花萼和花冠共同组成的部分。

花瓣 长在花朵上的叶状扁平物，颜色通常比较艳丽，可以吸引动物传递花粉。

草莓是双子叶植物

韧皮部 为植物运输碳水化合物等有机养料的细胞体系。

色素 一种有色化学物质，植物用其来吸收光照。叶绿素是一种色素，是植物呈现绿色的原因。

幼苗 幼小植株，有时需附于母体上。

光合作用 植物生产自己的养料的过程，在这一过程中，叶绿素在阳光的照射下，将二氧化碳和水转化成有机物，并释放出氧气。

胚芽 胚的组成部分，将来发育成叶和茎。

花粉 包含雄性细胞的微粒。花粉由花朵的花药产生。

授粉 花粉被从一朵花传递到另一朵花的过程。雄蕊花药的花粉给雌蕊柱头或胚珠授粉，然后发育成种子。昆虫和鸟类通常会在开花植物间传递花粉，风和水也会传递花粉。

花托 开花植物或无花植物都有花托，植物的生殖器官或孢子都着生在上面。

根茎 在地表下生长的茎。在地下生长的同时，根茎会发出新芽。

根 将植物牢固地固定在固体表面（比如土壤），并能吸收水分和养料。

匍匐茎 平卧地面时可以长出新的植株并可以长出根系的植物茎。

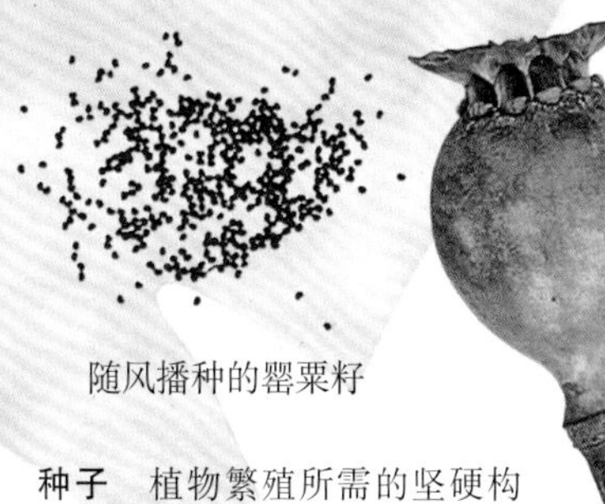

随风播种的罂粟籽

种子 植物繁殖所需的坚硬构造。种子里含有胚，利用它所需的营养物质就可独立地发育成新的植株。

萼片 保护花蕾的扁平叶状物。花朵开放时，萼片通常就会脱落。

苗 植物呈现在地面以上的部分，包括茎、叶及花朵。

肉穗花序 肥厚肉质的穗状花序。

佛焰苞 包着部分头状花序的叶状苞片。

物种 看起来相似并通常在同一环境下一起繁殖的一群个体，可以是植物或其他生命个体的群体。

孢子 一些生物体的单细胞生殖单元。

花距 花萼上特化出的管状结构，一般存有花蜜，用以吸引传粉者。

雄蕊 产生花粉的部分，由花丝和花药两部分组成。

淀粉 储藏在植物内的主要营养物质。化学上称为碳水化合物，这一营养物质是至关重要的能量储备。

竹子是单子叶植物

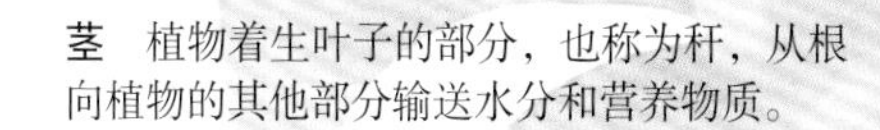

茎 植物着生叶子的部分，也称为秆，从根向植物的其他部分输送水分和营养物质。

气孔 气体进出植物内部的通道。

卷须 植物像线一样的部分，它向外生长，并缠绕在附近的物体上以便其直立起来。

主根 向下生长的主要根系。

娇弱的植物 不抗冻的植物。

种皮 包着种子的坚硬外壳。

蒸腾作用 植物运输水分的过程。根吸收水分，然后水分从叶片的气孔上蒸发。

块茎 茎形成的块状物，通常为植物的其他部分储藏重要的营养物质。马铃薯就是块茎。

彩斑常春藤叶

伞形花序 呈伞状的花序。

轮生体 围绕植物茎生长的叶子、萼片或花瓣的集合体。

彩斑 颜色为对比色的斑点。植物的彩斑叶是由于叶子色素不同所导致的。

植被 特定产地或环境中生长的植物。

木质部 为植物运输水分的细胞体系。灌木和乔木坚韧的木质部细胞可以形成木材。

合子 受精卵。

花枝 从母体上发出的能开花的枝子或是能结果实的枝子。

感 谢

昆虫

DK出版社衷心感谢以下各位对本书的帮助：
AcknowledgementsThe author wouldlike to thank his many colleagues at theNatural History Museum who helpedwith this project, particularly SharonShute, Judith Marshall, Bill Dolling,George Else, David Carter, NigelFergusson, John Chainey, Steve Brooks,Nigel Wyatt, Philip Ackery, PeterBroomfield, Bill Sands, Barry Bolton,Mick Day, Dick Vane-Wright.

Dorling Kindersley would like to thank:Julie Harvey at the Natural HistoryMuseum, London Zoo, Dave King forspecial photography on pp. 60–61, DavidBurnie for consultancy, and KathyLockley for picture research.

For this edition, the publisher would alsolike to thank: Dr George McGavin forassisting with revisions; Claire Bowers,David Ekholm–JAlbum, Sunita Gahir,Joanne Little, Nigel Ritchie, Susan StLouis, Carey Scott, and Bulent Yusef forthe clipart; David Ball, Neville Graham,Rose Horridge, Joanne Little, and SueNicholson for the wallchart.The publisher would like to thank thefollowing for their kind permission toreproduce their images:

Picture credits t = top, b = bottom, c =centre, f = far, m = middle, l = left, r =right

Aldus Archive: 65bl. Angel, Heather/ Biophotos: 11br; 14m; 15tr. BiophotoAssociates: 40ml; 45br. Boorman, J.:46m. Borrch, B./Frank Lane: 22tl.Borrell, B./Frank Lane: 60tr, 71cr. Bunn,D.S.: 54tl. Burton, Jane/ Bruce Coleman:35b; 38mr; 40tl; 43br. Cane, W./NaturalScience Photos: 36m; 65bm. Clarke,Dave: 27tm; 51b. Clyne, Densey/OxfordScientific Films: 61tl; 61tm; 61tr. Cooke,J.A.L./Oxford Scientific Films: 16tl.Corbis: Benjamin Lowy 72bl. Couch,Carolyn/ Natural History Museum: 19br.Craven, Philip/ Robert Harding PictureLibrary: 11t. Dalton, Stephen/NHPA:41ml. David, Jules/Fine Art Photos: 42tr.Courtesy of FAAM: BAE SystemsRegional Aircraft 16–17ca; With thanksto Maureen Smith and the Met OfficeUK. Photo by Doug Anderson 17cr.Fogden, Michael/ Oxford ScientificFilms: 14ml. Foto Nature Stock/FLPA:70cr. Goodman, Jeff/ NHPA: 13ml. Hellio& Van Ingen/NHPA: 68bl. Holford,Michael: 19mr. Hoskings, E. & D.:43tm.James, E.A./NHPA: 50br. King, Ken/Planet Earth: 61m. Kobal Collection:44tl. Krist, Bob/Corbis: 72cr. Krasemann,S./NHPA: 51tr. Lofthouse, Barbara: 29tr.Mackenzie, M.A./I Robert HardingPicture Library: 41br. Mary EvansPicture Library: 65tm, 68tr. MindenPictures/FLPA: 75b. National FilmArchive: 36tl. Natural History Museum:16tr; 18bl, 69tr, 70c. Oliver, Stephen:73bc. Overcash, David/Bruce Coleman:19bl. Oxford Scientific Films: 24tl.Packwood, Richard/ Oxford ScientificFilms: 60tr. Pitkin, Brian/ NaturalHistory Museum: 46m. Polking, Fritz/FLPA: 68tl. Popperphoto: 65tl. RobertHarding Picture Library: 34tl. Rutherford, Gary/Bruce Coleman: 11bm. Sands, Bill: 59m. Shaw, John/ BruceColeman Ltd: 71br. Shay, A./ OxfordScientific Films: 24bm. Springate, N.D./Natural History Museum: 67bm. Taylor,Kim/Bruce Coleman: 25tl; 35b. Taylor,Kim: 37m. Thomas, M.J./FLPA: 72b.Vane-Wright, Dick/Natural HistoryMuseum: 20br. Ward, P.H. & S.L./Natural Science Photos: 48mr. Williams,C./Natural Science Photos: 40ml. Young,Jerry: 70bl.

Illustrations:
John Woodcock: 14, 45, 59; Nick Hall: 17,19

Wallchart:
Alamy Images: Michael Freeman br; BAE Systems Regional Aircraft: fcl (Aircraft); Corbis: crb; LynseyAddariobl; Roger Ressmeyer cr (Lightning);FAAM / Doug Anderson, MaureenSmith & Met Office, UK: cl; SciencePhoto Library: NOAA cl (Storm)

恐龙

DK出版社衷心感谢以下各位对本书的帮助：
Angela Milner & the staff of the BritishMuseum (Natural History); KewGardens & Clifton Nurseries foradvice & plant specimens; TrevorSmith's Animal World; The Institute ofVertebrate Palaeoanthropology,Beijing, for permission to photographChinese dinosaurs; Brian Carter forobtaining plant specimens; VictoriaSorzano for typing; William Lindsayfor advice on pp 118-119 & pp 120-121;Fred Ford & Mike Pilley of RadiusGraphics; Richard Czapnik for design;Dave King for special photography onpp 72-73 & pp 76-77; Jane Parker for theindex.
Professor Michael Benton for assistingwith revisions; Steve Setford foreditorial assistance; Rose Horridge,Myriam Megharbi, & Sarah Smithiesfor picture research; Claire Bowers,David Ekholm-JAlbum, Sunita Gahir,Joanne Little, Nigel Ritchie, Susan StLouis, Carey Scott, & Bulent Yusef forthe clipart; David Ball, NevilleGraha:, Rose Horridge, Joanne Little,& Sue Nicholson for the wallchart.
DK出版社衷心感谢以下各位许可使用他们的图片：
Picture credits t=top, b=bottom,m=middle, l=left, r=right

Alamy Images: Greg Vaughn 115b;American Museum of Natural History:110bl, 120tl; /C. Chesak 108bl;ANT/NHPA: 73tr;Artia Foreign Trade Corporation: /Zdenek Burian 76m;BBC Hulton Picture Library: 74tl, 77tm,97t;The Bridgeman Art Library: 83bl;The British Museum (Natural History):118tl, 118ml, 121tr;Bruce Coleman Ltd: 80-81; ljaneBurton 72ml, 79br, 95ml, 101tl, 102tl, 105tr,116tl, 123bl, 125tl; /Janos Jurka 100tl;Corbis: 135b; / James L. Amos 134mr; /Tom Bean 130-131; / Derek Hall/FrankLane Picture Agency 134tl;Jules Cowan: 117bl (background only);Albert Dickson: 112bl;DK Images: Graham High 136bl; JonHughes 108b1,:137br; Jon Hughes/Bedrock Studios 114bl; Natural HistoryMuseum, London 84-85 (tail), 85bl,85tl, 85tr,108, 108tl, 108-109tc, 109r, 114cl,114cra, 114-75cb, 116br; Luis Rey 137 era,Senckenberg, Forschungsinstitut undNaturmuseum, Frankfurt 116bl, 116crb;The South Florida Museum of NaturalHistory 117 tc/ 117tr;Alistair Duncan:137 ml;Robert Harding:131tr;The Illustrated London News: 112tl;The Image Bank: /L. Castaneda 81mr;The Kobal Collection: 129m;Dreamworks/ Paramount 115tl; JurassicPark III⑥ ILM (Industrial Light &Magic) 134bl;The Mansell Collection:94tl, 108mr,122tr;Mary Evans Picture Library: 75bl, 75m,78tl, 82bl, 91ml, 100ml, 101bm, 128tl, 128bl,128mr;Museo Arentino De CirendasNaterales, Buenos Aires: 130bl;The Natural History Museum,London: 89bl, 130tl, 131tm, 134-135;Natural Science Photos: / ArthurHayward 90tr,95bl, 103tr; /G. Kinns96tl; /C.A. Walker 106tl;David Norman: 119mr;Planet Earth Pictures: /Richard Beales98tl;tKen Lucas 97mr;Rex Features: 132-133,135m; / SimonRuntin 134br;Royal Tyrrel Museum, Canada: 132mr,136-137;Science Photo Library: / David A.
Hardy 115tl;/Philippe Plailly/Eurelios 131ml, 135t.

Picture research: Angela Murphy, CeliaDealing

Illustrations by: Bedrock: 78m, 80tl;Angelika Elsebach: 87tl, 102b;Sandie Hill:86br, 94tr, 110tr;Mark Iley: 84bl;Malcolm McGregor: 109bl;Richard Ward: 24bm, 113b;Ann Winterbotham: 76tl;John Woodcock: 72tr, 73mr, 80b, 80ml

Wallchart:DK Images: Luis Rey br.

鸟类

The publisher would like to thank:Phyilip Amies; the staff of the NaturalHistory Department, City of BristolMuseum; the staff of the BritishMuseum Natural History) at Tring;Martin Brown of the Wildfowl Trust,Slimbridge; and Rosemary Crawfordfor their advice and invaluable help inproviding specimens; Steve Parker andAnne-Marie Bulat for their work on theinitial stages of the book; Fred Ford andMike Pilley of Radius Graphics, andRay Owen and Nick Madren forartwork; Tim Hammond for editoralassistance.

The author for assisting with revisions;Claire Bowers, David Ekholm–JAlbum,Sunita Gahir, Joanne Little, NigelRitchie, Susan St Louis, Carey Scott,and Bulent Yusef for the clipart; DavidBall, Neville Graham, Rose Horridge,Joanne Little, and Sue Nicholson for thewallchart.

Publisher' s note:No bird has been injured or in anyway harmed during the preparation ofthis book.

Picture credits: t=top, b=bottom,c=centre, l=left, r=right.

Ardea London: Tony&Liz Bomfod142mr.

Bridgeman Art Library: 141tr; 156tr; 180t;189b.

Bruce Coleman Ltd: 192cl; JohnnyJohnson 193bl; Gordon Langsbury 141b;142b; Allan G. Ports 197tr; RobertWilmshurst 143b.

Mary Evans Picture Library: 134bl, br; 137tr,mr; 138t, mr, b; 148bl; 152t; 154t; 158mr; 160m;164t, mr; 166t; 169t; 182tl, tr, bl; 184t; 186b.Gables: 194-195bkg, 198-199bkg.

Sonia Halliday: 188tr.

Robert Harding: Brian Hawkes 175t.

Frank Lane Picture Agency: 140bl, 142m,144t, 157t, ml, 161b, 163tr, 165mr, bl, tl, 174m,175m, 188tl, m, 191; R. Austing 160 br;C. Carvalho145t; J.K. Fawcett 140mr;T. & P. Gardner 149bl; John Hawkins141tl; 147tl; 163m; Peggy Heard 189m; R.

Jones 145m; Derek A. Robinson 136m, 175b;H. Schrempp 160bl; Roger Tidman 164tr;B.S. Turner 170t; R. Van Tidman 165br;John Watkins/ Tidman 161ml; RobertWilmshurst/ Tidman 140 br; 174t; 177t; W.

Wisniewski/ Tidman 165ml; J.

Zimmermann/ Tidman 159tr; 164b.

Natural History Museum: 202cl, cr, bl,199ca, bl.

NHPA: Bruce Beehler 192br; G.I. Bernard149ml, mr; Manfred Danegger 141m;Hellio & Van Ingen 168b; Michael Leach162m; Crimson Rosella 197tl; Jonathanand Angela Scott196c; Philip Wayre147br; Alan Williams 196cr.

Mansell Collection: 134t, 138ml; 162t; 182m.

Oxford ScientifFilms: RichardHerrmann 196bc; Ronald Toms 196tl.

Pickthall Library: 143t.

Planet Earth Pictures: A.P. Barnes 143m.

Press-Tige Pictures: 140mr.

Science Photo Library: SinclairStammers 134m.

South of England Rare Breed Centre:194crb.

Survival Anglia: Jen & Des Bartlett182br; Jeff Foott 159mr.

Alan Williams: 199tl.

Jerry Young: 194tl.

Wallchart:DK Images: Natural History Museum,London ca, crb, tr.

For further information see:
www.dkimages.com

哺乳动物

DK出版社衷心感谢以下各位对本书的帮助:

Jane Burton and Kim Taylor for all their ideas,hard work, and enthusiasm.

Dave King and Jonathan Buckley for additionallive animal photography. Daphne Hills, AlanGentry and KimBryan at the Natural History Museumfor the loan of the specimens and for checkingthe text, and Colin Keates for photographing thecollections.

Hudson's Bay, London, for loan of furs.

Will Long and Richard Davies of OxfordScientific Films for photographing the sectionthrough the molehill.

Jo Spector and Jack.

Intellectual Animals, Molly Badham, and Nickand Diane Mawby for loaning animals.

Elizabeth Eyres, Victoria Sorzano, Anna Walsh,Angela Murphy, Meryl Silbertand Bruce Coleman Ltd.

Radius Graphics for artwork.

David Burnie for consultancy.

DK出版社衷心感谢以下各位许可使用他们的图片:

Picture creditst = top; b = bottom; m = middle; l = left;r = right

Archive for Kunst und Geshichte, Berlin: 202b;211b

Pete Atkinson/Seaphot: 249b

Jen and Des Bartlett/Bruce Coleman Ltd: 219b

G I Bernard: 227bl; 215m

Liz and Tony Bomford /Survival Anglia:223t

Danny Bryantowich: 213bl

Jane Burton: 217mJane Burton/Bruce Coleman Ltd: 207b; 208b;211mr; 217t; 224b; 226b; 236t; 243m;

John Cancalosi/Bruce Coleman Ltd: 217m

SarahCook/Bruce Coleman Ltd: 254b

Peter Davey/Bruce Coleman Ltd: 239bm

WendyDennis/FLPA – Images of nature: 257b

Jeff Foott/Bruce Coleman Ltd: 249t

Frank Greenaway: 253m

David T. Grewcock/Frank Lane Picture Agency:243tm

D Gulin/Dembinsky/FLPA – Images of nature:255tr

David Hosking/FLPA – Images ofnature: 254cl, 257c

Johnny Johnson/Bruce Coleman Ltd: 255br

ZigLeszczynski/Oxford Scientific Films: 238m

Will Long and Richard Davies/Oxford ScientificFilms Ltd: 247

Mansell Collection: 209t

Mary Evans Pic. Library: 198tl; 206bm; 210m; 216m;

218m; 219m; 221m; 227bl; 236b; 239br; 248m

RichardMatthews/Seaphot: 217t

Military Archive & Research ServicesLines.: 212b

Minden Pictures/FLPA – Images ofnature: 254tr, 255bl, 261br

Stan Osolinski/Oxford Scientific FilmsLtd: 234t

Richard Packwood/Oxford ScientificFilms Ltd: 206br

J E Palins/Oxford Scientific Films Ltd: 206bl

Dieter and Mary Plage/Bruce ColemanLtd: 251r

Dr Ivan Polunin/NHPA: 256bl

Masood Qureshi/Bruce Coleman Ltd: 235b

HansReinhard: 216m

Jonathan Scott/Planet Earth: 243mt

Sunset/FLPA – Images of nature: 260t

Kim Taylor/Bruce Coleman Ltd: 222b

UniversityMuseum of Oxford: 260bl

Martin Withers/FLPA – Images ofnature: 256c, 259t

Illustrations by John Woodcock:

198; 199; 200; 201; 203; 204; 209; 210; 217; 248; 249

植物

DK出版社衷心感谢以下各位对本书的帮助：
Brinsley Burbidge, Valerie Whalley, John Lonsdale, Milan Swaderlig, Andrew McRobb, Marilyn Ward and Pat Griggs of the Royal Botanic Gardens, Kew.
Arthur Chater at the Natural History Museum.
David Burnie for consultancy.
Dave King for special photography on pages 260～261.
Fred Ford and Mike Pilley at Radius for artwork.

DK出版社衷心感谢以下各位许可使用他们的图片：
Picture credits:t = top, b = bottom, m = middle, l = left,r = rightA-Z Botanical: 307m
Heather Angel/Biofotos: 295tm; 301ml
V. Angel/Daily Telegraph Colour Library: 291bm
Australian High Commission: 276tr; 309tr
A.N.T./NHPA: 277mr
J. and M. Bain/NHPA: 263bl
G.I. Bernard/Oxford Scientific Films: 259tl; 298brG.I. Bernard/NHPA: 267tr; 270mr; 288m; 292mrDeni Bown/Oxford Scientific Films: 316bcBridgeman Art Library: 307mb; 310br
Brinsley Burbidge/Royal Botanic Gardens, Kew:302bm; 310m
M.Z. Capell/ZEFA: 262tr
James H. Carmichael/NHPA: 305br
Gene Cox/Science Photo Library: 259m
Stephen Dalton/NHPA: 271tr; 274ml; 282tl; 288tr;292ml
P. Dayanandan/Science Photo Library: 261tl
Jack Dermid/Oxford Scientific Films: 284br
Dr. Dransfield/Royal Botanic Gardens, Kew 297
Mary Evans Picture Library: 296 tl; 298bl; 300ml;298tl, tr; 312tr; 313 br; 314tm
Patrick Fagot/NHPA: 323bl
Robert Francis/South American Pictures: 306tl
Linda Gamlin: 279mr; 281bm
Brian Hawkes/NHPA: 275tl
Hulton Picture Library: 294tl
E.A. Janes/NHPA: 280bl; 320br
Peter Lillie/Oxford Scientific Films: 317b, 319b
Patrick Lynch/Science Photo Library: 258tm; 260brMansell Collection: 260bl; 311bm Marion Morrison/South American Pictures: 311m
Peter Newark’s Western Americana: 304br
Oxford Scientific Films: 318tl
Brian M. Rogers/Biofotos: 298bm
Royal Botanic Gardens, Kew: 268tl; 295tl; 312m; 313mJohn Shaw/NHPA: 261tr; 316tl, brSurvival Anglia: 259tl
Silvestris Fotoservice/FLPA:317tl
John Walsh/Science Photo Library: 267tl
M.I. Walker/NHPA: 322tr
J. Watkins/Frank Lane Picture Agency: 302bl
Alan Williams: 320tr
Rogers Wilmshurst/Frank Lane: 278tr
David Woodfall/NHPA: 320c Steven Wooster: 321tr

Illustrations by: Sandra Pond and Will Giles:264～265, 269, 290

Picture research by: Angela Jones and LornaAinger

举报电话：(010) 88254396；(010) 88258888
传　　真：(010) 88254397
E-mail：dbqq@phei.com.cn
通信地址：北京市万寿路173信箱
电子工业出版社总编办公室
邮　　编：100036